中等职业教育国家规划教材
全国中等职业教育教材审定委员会审定

# 分析化学

## 第三版

付云红　孙　巍　主　编
张春艳　张　雪　副主编

化学工业出版社
·北京·

## 内 容 简 介

《分析化学》由理论和实验两部分组成。理论部分以分析化学的基本原理为主，主要介绍了误差及其处理方法、酸碱滴定法、配位滴定法、氧化还原滴定法、沉淀滴定法、重量分析法和物质的定量分析过程。实验部分与理论部分相配套，侧重实验基本技能及实验方法的训练。为便于学生巩固和检验所学知识，每章后还安排了思考与实践。

本书内容简明实用，符合中等职业教育的教学要求，适合作为中等职业学校化工、轻工、材料、冶金、医药、环保及相关专业的教材，也可作为化验分析人员的参考书。

### 图书在版编目（CIP）数据

分析化学/付云红，孙巍主编．—3 版．—北京：化学工业出版社，2022.9（2024.1 重印）

中等职业教育国家规划教材　全国中等职业教育教材审定委员会审定

ISBN 978-7-122-41496-0

Ⅰ.①分⋯　Ⅱ.①付⋯②孙⋯　Ⅲ.①分析化学-中等专业学校-教材　Ⅳ.①O652.1

中国版本图书馆 CIP 数据核字（2022）第 084604 号

---

责任编辑：王文峡　　　　　　　　　装帧设计：韩　飞
责任校对：边　涛

---

出版发行：化学工业出版社（北京市东城区青年湖南街 13 号　邮政编码 100011）
印　　装：河北鑫兆源印刷有限公司
787mm×1092mm　1/16　印张 14¾　字数 356 千字　2024 年 1 月北京第 3 版第 2 次印刷

购书咨询：010-64518888　　　　　　　售后服务：010-64518899
网　　址：http://www.cip.com.cn
凡购买本书，如有缺损质量问题，本社销售中心负责调换。

---

定　价：45.00 元　　　　　　　　　　　　　　　　　　　　　　　　版权所有　违者必究

# 第三版前言

分析化学是化工、轻工、材料、冶金、医药、环保及相关专业的一门主干专业基础课程。本书根据教育部颁布的中等职业教育分析化学课程教学大纲编写而成,内容由理论和实验操作两部分构成。前者以分析化学基本原理为主,各章由学习指南、学习要求、基本理论、计算示例、本章小结、思考与实践等六项内容组成;后者以实验基本操作技术及实验方法为主,分为实验基本操作技术和定量分析实验两部分,定量分析实验部分又分为基本实验和拓展实验,并与理论部分相配套。

根据中等职业学校的培养目标,贯彻"以学生为主体,以能力为根本"的指导思想,编者在课程内容、体系和方法方面做了有益的探索。每章开篇的"学习指南"点明各章内容特点和应用,在学习要求中渗透学法的指导;"学习要求"旨在使学生明确学习目标,发挥学生学习的主动性和积极性。每章中编排的"知识窗"介绍一些新知识、新技术,以激发学生的学习兴趣,拓展学生的知识视野。每章后的"本章小结"总结本章的重点、难点及规律性,帮助学生提纲挈领,理清知识脉络;每章后的"思考与实践"分为填空、选择、判断、问答、计算题等多种形式,便于学生巩固和检验所学知识,提高分析问题和解决问题的能力。带*号的内容可选学选做。

本书第一版于2002年出版,第二版于2008年出版。自出版发行以来,受到众多学校师生和广大读者的关注和好评。随着教学改革、知识更新以及新的标准和规范的发布,分析检测技术也在不断发展更新,为更好地适应中等职业教育培养高素质的劳动者和分析检测中、初级专门人才的需要,编者对本书第二版进行了修订。本次修订保留了原教材的基本框架,完善了部分内容。本书第三版与第二版相比,具有以下特点:

1. 课后习题注重对基础知识和基本技能进行考核,删去了思考与实践中难度偏深的内容,替换调整与分析检验教学内容不相匹配的内容,增设、调整了习题类型,对本书的思考与实践给出了参考答案。

2. 实验操作部分依据最新的国家标准对内容进行相应的完善、补充、调整。

3. 加强信息化技术的教学应用,结合实际需要在教材中配套视频、动画、图片等数字化信息资源,以二维码链接的方式扫描查看,拓展了学习内容和学习方式。

本书由本溪市化学工业学校付云红、孙巍担任主编，张春艳、张雪担任副主编。在本次教材的修订中，付云红负责组织、统稿和整理工作，孙巍做了大量的具体工作，并负责第 2、5、8 章以及第 10 章的 10 个实验，张春艳负责第 4、6、7 章以及第 10 章的 8 个实验，张雪负责第 1、3、9 章以及第 10 章的 8 个实验。感谢周玉敏、张文英、孙喜平、王政军对本书所做的工作。化学工业出版社对本书的第二版修订给予了热情的支持和指导。在此，向为本书的第二版修订做出贡献的所有人员表示衷心的感谢！

由于编者水平有限，对于书中的不妥之处，恳请读者批评指正。

编　者  
2022 年 3 月

# 第一版前言

本书是根据教育部 2002 年颁布的中等职业学校分析化学教学大纲编写的。

分析化学是环境类专业的一门主干专业基础课程，本书内容由理论部分和实验操作部分构成。前者以分析化学基本原理为主，各章均由学习指南、学习要求、基本理论、计算示例、小结、思考与实践等六项内容组成；后者以实验基本操作技术及实验方法为主，分为实验基本操作技术和定量分析实验两部分，定量分析实验部分又分为基本实验和选做实验，并与理论部分相配套。

根据中等职业学校的培养目标，贯彻"以学生为主体，以能力为根本"的指导思想，编者在课程内容、体系和方法方面做了有益的探索。每章开篇的"学习指南"点明各章内容特点和应用，在学习要求中渗透学法的指导；"学习要求"旨在使学生明确学习目标，发挥学生学习的主动性和积极性。每章中编排的"知识窗"介绍一些正在发展中的新知识、新技术，以激发学生的学习兴趣，拓展学生的知识视野。每章后的"小结"总结本章的重点、难点及规律性结论，帮助学生提纲挈领，理清知识脉络；每章后的"思考与实践"分为填空、选择、问答、计算题等多种形式，便于学生巩固和检验所学知识，提高分析问题和解决问题的能力。理论部分中带 * 号的内容可选学。实验操作部分中基本实验的选题大多比较成熟，贴近实际工作，侧重应用，突出了结论对分析应用的指导作用。对于选做实验部分，各校可结合具体情况灵活安排。

全书由本溪市化工学校周玉敏任主编，长沙环境保护学校王红云为主审。第 1、2 章和实验第一部分的第 1、2 章由周玉敏编写，第 3、4 章由本溪市化工学校付云红编写，第 5、7 章和实验第一部分的第 3 章由扬州化工学校张文英编写，第 6、8 章由内蒙古化工学校孙喜平编写，实验第二部分由黑龙江省化工学校王政军编写，最后由周玉敏统一修改定稿。胡大钶、付新华、姜淑敏、鄢景森、郭强等参加了本书的校对、审稿工作，贺业凤、张枭为本书的出版做了大量的工作，在此一并致谢。

教育部职业教育与成人教育司教材处、参编人员所在学校的有关领导对本教材的编写给予了大力支持，化学工业出版社对该书的编写工作给予了热情的指导和帮助，编者在此致以深切的谢意。

由于编者水平有限，加之时间仓促，错误之处在所难免，恳请同行及读者提出宝贵意见。本书在编写过程中，参考了大量的专著和资料（见参考文献），特在此向各位作者致以诚挚的敬意和感谢。

编　者  
2002 年 2 月

# 目 录

## 1. 绪论 — 1

学习指南 …… 1
学习要求 …… 1
1.1 分析化学概述 …… 1
  1.1.1 分析化学的任务和作用 … 1
  1.1.2 分析方法的分类 …… 2
  1.1.3 分析化学的发展趋势 …… 3
1.2 定量分析中的误差 …… 4
  1.2.1 误差的分类及产生的原因 …… 4
  1.2.2 误差和偏差的表示方法 … 5
  1.2.3 提高分析结果准确度的方法 …… 8
1.3 分析结果的数据处理和报告 …… 9
  1.3.1 有效数字及其运算规则 …… 9
  1.3.2 可疑数值的取舍 …… 11
  1.3.3 置信区间和置信度 …… 12
  1.3.4 分析结果的报告 …… 13
知识窗 环境污染对人体的危害 …… 14
本章小结 …… 14
思考与实践 …… 15

## 2. 滴定分析概论 — 18

学习指南 …… 18
学习要求 …… 18
2.1 滴定分析简介 …… 18
  2.1.1 基本概念 …… 18
  2.1.2 滴定分析对化学反应的要求 …… 19
  2.1.3 滴定分析方法的分类 …… 19
  2.1.4 滴定分析的方式 …… 19
2.2 标准溶液 …… 20
  2.2.1 化学试剂一般知识 …… 20
  2.2.2 标准溶液浓度的表示方法 …… 23
  2.2.3 标准溶液的配制 …… 24
  2.2.4 分析用水要求及检验 …… 25
2.3 滴定分析计算 …… 26
  2.3.1 计算原则——等物质的量反应规则 …… 26
  2.3.2 计算示例 …… 27
知识窗 分析人员的环境安全意识 … 31
本章小结 …… 31
思考与实践 …… 32

## 3. 酸碱滴定法 — 35

学习指南 …… 35
学习要求 …… 35
3.1 水溶液中的酸碱电离平衡 …… 36
  3.1.1 酸碱水溶液的电离

　　　　平衡 …………………………… 36
　3.1.2　分析浓度和平衡浓度 …… 36
　3.1.3　酸的浓度和酸度 ………… 36
3.2　酸碱平衡中溶液 pH 的计算 … 37
　3.2.1　强酸（碱）溶液 …………… 37
　3.2.2　一元弱酸（碱）溶液 ……… 38
　3.2.3　多元弱酸（碱）溶液 ……… 39
　3.2.4　水解盐溶液 ……………… 40
　3.2.5　两性物质的溶液 ………… 43
知识窗　pH 的应用 ………………… 43
3.3　缓冲溶液 ……………………… 43
　3.3.1　缓冲溶液的作用原理 …… 43
　3.3.2　缓冲溶液 pH 的计算 …… 44
　3.3.3　缓冲溶液的选择与
　　　　配制 …………………… 45
知识窗　人体血液中的缓冲溶液 …… 46
3.4　酸碱指示剂 …………………… 47
　3.4.1　酸碱指示剂的作用
　　　　原理 …………………… 47
　3.4.2　酸碱指示剂的变色
　　　　范围 …………………… 47
　3.4.3　影响指示剂变色范围的
　　　　因素 …………………… 47
　3.4.4　常见指示剂 ……………… 48
知识窗　自制指示剂——植物指
　　　　示剂 …………………… 49

3.5　滴定曲线及指示剂的选择 …… 49
　3.5.1　滴定曲线 ………………… 49
　3.5.2　指示剂的选择 …………… 51
　3.5.3　多元酸滴定条件和指示剂的
　　　　选择 …………………… 52
　3.5.4　水解盐的滴定条件和指示剂
　　　　的选择 ………………… 52
3.6　酸碱标准溶液的配制和
　　标定 ………………………… 53
　3.6.1　碱标准溶液的配制和
　　　　标定 …………………… 53
　3.6.2　酸标准溶液的配制和
　　　　标定 …………………… 54
　3.6.3　注意事项 ………………… 55
知识窗　酸、碱、无机盐类与水体
　　　　污染 …………………… 56
3.7　酸碱滴定的应用 ……………… 56
　3.7.1　直接滴定法 ……………… 56
　3.7.2　返滴定法 ………………… 58
　3.7.3　置换滴定法 ……………… 59
　3.7.4　间接滴定法 ……………… 60
知识窗　甲醛与人体健康 …………… 60
3.8　计算示例 ……………………… 61
本章小结 …………………………… 62
思考与实践 ………………………… 64

## 4. 配位滴定法　　68

学习指南 …………………………… 68
学习要求 …………………………… 68
4.1　配位滴定法概述 ……………… 68
　4.1.1　配合物知识简介 ………… 68
　4.1.2　用于配位滴定的配位反应
　　　　应具备的条件 ………… 69
　4.1.3　氨羧配位剂 ……………… 69
4.2　EDTA 及其配合物 …………… 69
　4.2.1　EDTA 的结构及性质 …… 69
　4.2.2　EDTA 与金属离子的配位
　　　　特点 …………………… 70
4.3　配合物的稳定常数和条件稳定

　　常数 ………………………… 71
　4.3.1　配合物的稳定常数 ……… 71
　4.3.2　酸效应及酸效应系数 …… 72
　4.3.3　条件稳定常数 …………… 73
　4.3.4　配位滴定的最高允许酸度
　　　　和酸效应曲线 ………… 74
4.4　金属指示剂 …………………… 75
　4.4.1　金属指示剂的作用
　　　　原理 …………………… 75
　4.4.2　金属指示剂应具备的
　　　　条件 …………………… 76
　4.4.3　指示剂的封闭、僵化现象

及消除 …………………… 76
4.5 提高配位滴定选择性的
　　方法 ………………………… 77
　4.5.1 控制溶液的酸度 ………… 78
　4.5.2 利用掩蔽方法 …………… 78
　4.5.3 利用化学分离 …………… 80
4.6 EDTA 标准溶液的配制和
　　标定 ………………………… 80
　4.6.1 EDTA 标准溶液的
　　　　配制 ………………………… 80
　4.6.2 EDTA 标准溶液的
　　　　标定 ………………………… 80

4.7 配位滴定方式及应用 ………… 80
　4.7.1 直接滴定法 ……………… 80
　知识窗　水的硬度与人体健康 …… 82
　4.7.2 返滴定法 ………………… 82
　4.7.3 置换滴定法 ……………… 82
　知识窗　铝制餐具对健康的潜在
　　　　　危害 ………………………… 83
　4.7.4 间接滴定法 ……………… 83
4.8 计算示例 ……………………… 84
本章小结 …………………………… 86
思考与实践 ………………………… 87

## 5. 氧化还原滴定法　　　　　　　　　　　　　　　　　　　90

学习指南 …………………………… 90
学习要求 …………………………… 90
5.1 概述 …………………………… 90
　5.1.1 氧化还原反应及其特点 … 90
　5.1.2 电极电位 ………………… 90
　5.1.3 条件电极电位 …………… 92
5.2 氧化还原反应的平衡和
　　速率 ………………………… 92
　5.2.1 氧化还原反应的方向 …… 92
　5.2.2 氧化还原反应的次序 …… 93
　5.2.3 氧化还原反应的程度 …… 94
　5.2.4 氧化还原反应的速率 …… 94
5.3 氧化还原滴定指示剂 ………… 95
　5.3.1 氧化还原指示剂 ………… 95
　5.3.2 自身指示剂 ……………… 96
　5.3.3 专属指示剂 ……………… 96
5.4 高锰酸钾法 …………………… 96
　5.4.1 概述 ………………………… 96
　5.4.2 $KMnO_4$ 标准溶液的
　　　　配制 ………………………… 97
　5.4.3 应用实例 ………………… 98

5.5 重铬酸钾法 …………………… 100
　5.5.1 概述 ……………………… 100
　5.5.2 $K_2Cr_2O_7$ 标准溶液的
　　　　配制 ……………………… 100
　5.5.3 应用实例 ………………… 101
知识窗　铬对人体的危害 ………… 103
5.6 碘量法 ………………………… 104
　5.6.1 概述 ……………………… 104
　5.6.2 标准溶液的制备 ………… 105
　5.6.3 应用实例 ………………… 106
5.7 其他氧化还原滴定法 ………… 108
　5.7.1 溴酸钾法 ………………… 108
　5.7.2 铈量法 …………………… 109
5.8 计算示例 ……………………… 110
　5.8.1 高锰酸钾法计算 ………… 110
　5.8.2 重铬酸钾法计算 ………… 111
　5.8.3 碘量法计算 ……………… 113
知识窗　分析检验在食品安全
　　　　　保障中的重要性 ………… 114
本章小结 …………………………… 114
思考与实践 ………………………… 115

## 6. 沉淀滴定法　　　　　　　　　　　　　　　　　　　　　119

学习指南 …………………………… 119
学习要求 …………………………… 119

6.1 莫尔法 ………………………… 119
　6.1.1 原理 ……………………… 119

| | |
|---|---|
| 6.1.2 滴定条件 …………… 120 | 6.3 法扬司法 ……………… 123 |
| 6.1.3 应用范围及实例 …… 121 | 6.3.1 原理 ………………… 123 |
| 6.1.4 硝酸银标准溶液的配制 | 6.3.2 滴定条件 …………… 123 |
| 和标定 …………… 121 | 6.3.3 应用范围及实例 …… 124 |
| 6.2 福尔哈德法 …………… 121 | *6.4 电位滴定法 …………… 124 |
| 6.2.1 原理 ………………… 121 | 6.5 计算示例 ……………… 125 |
| 6.2.2 滴定条件 …………… 121 | 知识窗 LCA 在环境评估中的 |
| 6.2.3 应用范围及实例 …… 122 | 应用 ……………… 126 |
| 6.2.4 硫氰化钾标准溶液的 | 本章小结 …………………… 127 |
| 配制和标定 ……… 123 | 思考与实践 ………………… 127 |

## 7. 重量分析法　　130

| | |
|---|---|
| 学习指南 …………………… 130 | 知识窗 纳米材料及技术在水污染 |
| 学习要求 …………………… 130 | 治理中的应用 …………… 134 |
| 7.1 概述 …………………… 130 | 7.3 沉淀的条件 …………… 134 |
| 7.1.1 重量分析法的分类和 | 7.3.1 沉淀的形成过程 …… 134 |
| 特点 ……………… 130 | 7.3.2 晶形沉淀的沉淀条件 … 135 |
| 7.1.2 重量分析法的主要操作 | 7.3.3 无定形沉淀的沉淀 |
| 过程 ……………… 130 | 条件 ……………… 135 |
| 7.1.3 试样称取量的估算 …… 131 | 7.4 重量分析计算及应用实例 … 135 |
| 7.2 重量分析对沉淀的要求 …… 131 | 7.4.1 换算因数 …………… 135 |
| 7.2.1 沉淀式和称量式 ……… 131 | 7.4.2 应用实例——水质中硫酸 |
| 7.2.2 影响沉淀溶解度的 | 盐的测定 ………… 137 |
| 因素 ……………… 132 | 知识窗 废水的化学沉淀处理法 … 137 |
| 7.2.3 影响沉淀纯净度的 | 本章小结 …………………… 138 |
| 因素 ……………… 133 | 思考与实践 ………………… 139 |

## 8. 物质的定量分析过程　　141

| | |
|---|---|
| 学习指南 …………………… 141 | 8.2.4 试样分解方法的选择 … 148 |
| 学习要求 …………………… 141 | *8.3 干扰组分的分离 ……… 149 |
| 8.1 试样的采取与制备 …… 141 | 8.3.1 沉淀分离法 ………… 149 |
| 8.1.1 组成比较均匀的试样的 | 8.3.2 萃取分离法 ………… 152 |
| 采取和制备 ……… 142 | 8.3.3 色谱分离法 ………… 154 |
| 8.1.2 组成很不均匀的试样的 | 8.3.4 离子交换分离法 …… 155 |
| 采取和制备 ……… 143 | 知识窗 日常生活中的分离 …… 156 |
| 8.2 试样的分解 …………… 144 | 8.4 分析结果准确度的保证和 |
| 8.2.1 溶解法 ……………… 144 | 评价 ……………… 157 |
| 8.2.2 熔融法 ……………… 146 | 8.4.1 概述 ………………… 157 |
| 8.2.3 烧结法 ……………… 148 | 8.4.2 示例 ………………… 157 |

知识窗　分离技术的发展趋势 …… 158
本章小结 …………………………… 158
思考与实践………………………… 159

## 9. 化学分析实验的基本操作技术　　161

实验指南 ……………………… 161
实验要求 ……………………… 161
9.1　电子天平和称量方法 …… 162
　9.1.1　电子天平的构造 ……… 162
　9.1.2　电子天平的优点 ……… 163
　9.1.3　电子天平的使用方法 … 163
　9.1.4　称量试样的方法 ……… 164
9.2　滴定分析仪器及操作技术 … 164
　9.2.1　滴定管 ………………… 164
　9.2.2　容量瓶 ………………… 167
　9.2.3　移液管和吸量管 ……… 169
　9.2.4　容量仪器的校正 ……… 170
9.3　重量分析操作 …………… 171
　9.3.1　沉淀 …………………… 171
　9.3.2　过滤和洗涤 …………… 172
　9.3.3　烘干和灼烧 …………… 175
本章小结 ……………………… 177
思考与实践…………………… 178

## 10. 定量分析实验　　180

实验一　电子天平称量练习 …… 180
实验二　滴定分析仪器操作
　　　　练习 ………………… 181
实验三　NaOH 标准溶液的配制和
　　　　标定 ………………… 182
实验四　HCl 标准溶液的配制和
　　　　标定 ………………… 183
实验五　混合碱中 NaOH 和 $Na_2CO_3$
　　　　含量的测定 …………… 185
实验六　EDTA 标准溶液的配制和
　　　　标定 ………………… 186
实验七　水的总硬度的测定 …… 188
实验八　铅铋混合物中 $Pb^{2+}$、$Bi^{3+}$
　　　　含量的连续滴定 ……… 189
实验九　高锰酸钾标准溶液的配制和
　　　　标定 ………………… 190
实验十　水样中化学需氧量（COD）
　　　　的测定（$KMnO_4$ 法）… 192
实验十一　硫代硫酸钠标准溶液
　　　　的配制和标定 ……… 193
实验十二　水中溶解氧（DO）的
　　　　测定 ………………… 195
实验十三　碘标准溶液的配制和
　　　　标定 ………………… 197
实验十四　果脯中二氧化硫的
　　　　测定 ………………… 198
实验十五　硝酸银标准溶液的制备
　　　　和水中可溶性氯化物的
　　　　测定 ………………… 199
实验十六　废水中悬浮物的
　　　　测定 ………………… 201
实验十七　水中 $SO_4^{2-}$ 的测定 … 202
实验十八　污水中油的测定 …… 203
*实验十九　食品添加剂冰乙酸
　　　　中乙酸含量的
　　　　测定 ………………… 204
*实验二十　水中 $CO_3^{2-}$ 含量的
　　　　测定 ………………… 205
*实验二十一　尿素中氮含量的
　　　　测定 ………………… 206
*实验二十二　双氧水含量的
　　　　测定 ………………… 207
*实验二十三　铝盐中铝含量的
　　　　测定 ………………… 208
*实验二十四　氯化钡中结晶水的
　　　　测定 ………………… 209
*实验二十五　水中溶解性总固体
　　　　（矿化度）的测定 … 210

*实验二十六　水中化学需氧量（重铬酸钾法）　…　211
　　　　　　（COD）的测定

## 附录　213

附录1　弱酸、弱碱在水中的电离
　　　　常数（25℃）…………　213
附录2　常用的缓冲溶液 ………　215
附录3　常用酸碱溶液的密度和
　　　　浓度 …………………　216
附录4　常用标准溶液的保存
　　　　期限 …………………　216
附录5　金属离子与氨羧配位剂配合
　　　　物的形成常数（18~25℃，
　　　　$I = 0.1$）……………　216
附录6　氧化还原电对的标准电极
　　　　电位及条件电极电位 …　217
附录7　难溶化合物的溶度积
　　　　（18~25℃，$I = 0$）…　219
附录8　常见化合物的摩尔质量
　　　　$M$（g/mol）…………　220
附录9　元素的原子量 …………　222
附录10　思考与实践参考答案 …　222

## 参考文献　223

# 二维码资源目录

| 序号 | 二维码编号及名称 | 页码 |
|---|---|---|
| M1-1 | 分析检测技术的应用 | 2 |
| M1-2 | 仪器分析法分类 | 3 |
| M1-3 | 精密度与准确度 | 5 |
| M1-4 | 大国工匠——方文墨 | 6 |
| M1-5 | 误差的范围与出现概率之间的概率 | 7 |
| M2-1 | 滴定管简介 | 19 |
| M2-2 | 化学危险品的标志 | 21 |
| M2-3 | 剧毒试剂 | 21 |
| M2-4 | 剧毒化学品 | 21 |
| M2-5 | 废液和废渣的简单化学处理 | 21 |
| M3-1 | 强电解质与弱电解质比较 | 36 |
| M3-2 | 溶液 pH 的测定方法 | 37 |
| M3-3 | 杰出的化学家——侯德榜 | 38 |
| M3-4 | 盐类水解的类型 | 40 |
| M3-5 | HAc-NaAc 溶液在不同 pH 的缓冲指数及缓冲容量 | 41 |
| M3-6 | 酸碱指示剂颜色变化与 pH | 47 |
| M3-7 | 甲基红指示变色过程 | 48 |
| M3-8 | 酚酞指示变色过程 | 48 |
| M3-9 | 浓盐酸的稀释 | 54 |
| M3-10 | 混合碱滴定曲线 | 56 |
| M4-1 | EDTA 各种存在形式在不同 pH 时的分布曲线 | 70 |
| M4-2 | EDTA 与金属离子生成稳定螯合物的结构图 | 71 |
| M4-3 | EDTA 配合物的 lgK'MY-pH 曲线 | 73 |
| M4-4 | 指示剂封闭原理 | 76 |
| M4-5 | 铬黑 T 在不同区间 pH 所呈现的颜色不同 | 81 |
| M4-6 | 配位滴定法的应用实例——葡萄糖酸钙口服液含量测定简介 | 81 |
| M4-7 | 配位滴定法的应用实例——铝盐中铝含量测定操作方法 | 83 |
| M5-1 | 化学名人——能斯特 | 91 |
| M5-2 | 氧化还原反应平衡与条件电极电位 | 92 |
| M5-3 | 氧化还原反应进行程度 | 94 |
| M5-4 | 无汞测铁 | 101 |
| M6-1 | 莫尔法与福尔哈德法对比 | 119 |
| M6-2 | 莫尔法的应用实例 | 121 |
| M6-3 | 福尔哈德法的应用实例 | 122 |
| M6-4 | 法扬司法的应用实例 | 124 |
| M7-1 | 沉淀形式与称量形式 | 130 |
| M7-2 | 提高沉淀纯度的措施 | 133 |
| M7-3 | 吸附共沉淀 | 133 |
| M7-4 | 混晶共沉淀 | 133 |
| M7-5 | 吸留与包藏 | 133 |
| M7-6 | 后沉淀现象 | 134 |
| M7-7 | 晶型沉淀与非晶型沉淀的沉淀条件比较 | 134 |
| M7-8 | 定向速度对沉淀物形态的影响 | 134 |
| M7-9 | 晶形沉淀的形成过程 | 135 |
| M7-10 | 非晶形沉淀的形成过程 | 135 |
| M8-1 | 固体试样采样工具 | 142 |
| M8-2 | 气体试样采样工具 | 143 |
| M8-3 | 试样研磨与筛分 | 144 |
| M8-4 | 萃取过程 | 152 |
| M8-5 | 液膜萃取 | 152 |
| M8-6 | 色谱奠基人——茨维特 | 154 |
| M8-7 | 柱色谱分离 | 154 |
| | 附录10 思考与实践参考答案 | 222 |

# 1. 绪 论

> **学习指南**

**分析化学**是化工、轻工、冶金、医药、环境等许多专业的重要专业基础课程之一。通过本章的学习，应对分析化学的任务、作用、发展趋势和发展方向有所认识，还要掌握误差的基本理论、有效数字的确定及运算方法，为后几章的学习做好准备。

学习中要善于运用对比分析的方法，把握好系统误差与随机误差、准确度与精密度、平均偏差与标准偏差的区别与联系。

学好分析化学，首先要充分利用"分析化学用语"这个工具；其次要加强记忆、理解分析化学基本知识；第三要注意实验的正确操作和实验现象的观察；第四要掌握相辅相成学习法。

> **学习要求**

了解分析化学的任务、作用和分析方法的分类；
了解分析化学的发展趋势和发展方向；
掌握准确度和精密度在分析结果处理中的表达方法；
掌握平均偏差、标准偏差的定义和计算方法；
掌握有效数字的确定和运算方法；
了解用 $Q$ 检验法进行可疑值的取舍。

## 1.1 分析化学概述

### 1.1.1 分析化学的任务和作用

**分析化学**是获取物质的化学信息，研究物质的组成、状态和结构的科学，它是一门独立的化学信息科学。

研究物质组成是分析化学的基本内容。对物质组成的分析可分为两类：一类是定性分析；另一类是定量分析。**定性分析**的任务是检测物质中原子、原子团、分子等成分的种类；**定量分析**的任务是确定组成物质的各个组分的含量。在进行分析时，首先要确定物质含有哪些组分，然后选择适当的分析方法来测定各组分的含量。但在大多数情况下，对基层的分析工作者来说，分析试样的来源、主要成分及杂质是已知的，只需要对其组成进行准确的定量分析，因此，本书主要讨论定量分析的各种方法。

分析化学是研究物质及其变化的重要方法之一，其基本理论、实验方法、分析测试技术不仅为化学科学的发展奠定了非常重要的基础,而且也为其他自然科学的发展和现代工农业生产、国防建设发挥了重要作用。

在科学技术领域,如环境、信息、材料、能源和生命科学等21世纪社会最为关注的问题几乎都离不开分析化学;在工农业生产方面,资源的勘探,原料的配比,生产过程的控制、管理及成品质量检验,新产品的开发和研制,"三废"的综合利用,全面实现清洁生产,环境污染监测,土壤普查,农作物营养诊断,农药残留量分析,新品种的培育及遗传工程等的研究都是以分析结果作为判断的重要依据;在尖端科学和国防建设中,分析化学具有更重要的实际意义,如原子能材料、超导材料、超纯物质、航天技术等的研究。随着我国加入WTO,进出口商品的大量增加,引进产品的"消化"和"吸收",中国产品要走向世界,都为分析化学提供了一个更大的舞台,可以说,凡是涉及化学现象的任何领域、任何研究都离不开分析化学。分析化学是人类认识、改造和利用物质世界的"眼睛""参谋"和重要手段。

M1-1 分析检测技术的应用

随着社会的不断发展,物质生活越来越丰富,人们也越来越渴望科学健康的生活,分析化学知识可以告诉人们如何准确地把握营养均衡,合理补充微量元素和矿物质,以及人体所需其他物质的量化标准,以实现健康生活的愿望。

计算机技术在分析化学中的广泛应用,使分析化学信息传递、信息处理的全过程得以实现。21世纪是新知识、新技术、新产品层出不穷,社会变化日新月异的时代,分析化学与其他学科相互交叉与渗透日益密切。通过分析化学的学习,要求学生掌握分析化学的基本原理,正确掌握分析化学的基本操作,培养学生的综合职业能力,这对拓展学生的知识领域、开阔学生的视野、增强其创新思维意识是十分必要的。

### 1.1.2 分析方法的分类

分析化学的内容非常丰富,除按任务可分为定性分析和定量分析外,还可根据分析对象、试样用量、测定原理和操作方法以及生产要求的不同,分成不同的种类,见表1-1。

表1-1 分析方法的分类

| 分类依据 | 分类 | 特征 |
| --- | --- | --- |
| 分析对象 | 无机分析<br>有机分析 | 无机化合物的分析<br>有机化合物的分析 |
| 试样用量 | 常量分析<br>半微量分析<br>微量分析<br>超微量分析 | $m>0.1\text{g};V>10\text{mL}$<br>$0.1\text{g}>m>0.01\text{g};10\text{mL}>V>1\text{mL}$<br>$0.01\text{g}>m>0.0001\text{g};1\text{mL}>V>0.01\text{mL}$<br>$m<0.0001\text{g};V<0.01\text{mL}$ |
| 组分在试样中的质量分数 | 常量组分<br>微量组分<br>痕量组分分析 | 质量分数>1%<br>1%>质量分数>0.01%<br>质量分数<0.01% |
| 测定原理和操作方法 | 化学分析<br>仪器分析 | 据化学反应的计量关系确定待测组分含量<br>以待测组分的物理或物理化学性质为基础 |
| 生产要求 | 例行分析<br>仲裁分析 | 配合生产的日常分析<br>指定单位用指定方法进行准确度很高的分析 |

注:$m$表示样品用量;$V$表示试样体积。

在生产实际当中,最常见的工作就是利用化学分析和仪器分析的方法对物质进行定量分析。

化学分析法是以物质的化学计量反应为基础的分析方法，可用通式表示为：

$$被测组分＋试剂＝反应产物$$

在定量分析中，化学分析法是根据物质化学反应的计量关系来确定待测组分含量的。由于采取的具体测定方法不同，又分为滴定分析法和重量分析法。

滴定分析法和重量分析法通常用于高含量或中含量组分的测定，即待测组分的含量一般在 1%以上。**重量分析法**的准确度比较高，至今还有一些测定是以重量分析法为标准方法的，但该法操作烦琐费时，分析速度较慢，故目前主要应用于仲裁分析和标样分析。**滴定分析法**操作简便、快速，测定结果的准确度也较高（在一般情况下相对误差为 0.2%左右），所用仪器设备又很简单，是重要的例行测试手段之一，也是在日常生产常规分析中有着广泛应用的一种定量分析技术，因此滴定分析法在生产实践和科学试验上都具有很大的实用价值。

**仪器分析法**是以物质的物理性质或物理化学性质为基础的分析法。因这类方法测定时常常需要使用比较复杂的仪器，故称为仪器分析法。常见的仪器分析法有光学分析法、电化学分析法、色谱分析法和质谱分析法等。

① 光学分析法：主要有分光光度法、原子吸收法、发射光谱法及荧光分析法等。

② 电化学分析法：常用的有电位法、电导法、电解法、极谱法和库仑分析法等。

③ 色谱分析法：常用的有气相色谱法、液相色谱法、薄层色谱法和纸色谱法等。

M1-2　仪器分析法分类

④ 其他分析法：如质谱分析法、热分析法和电子能谱法等。

仪器分析操作简便、快速、灵敏，适宜于低含量组分的测定。由于仪器分析法中关于试样的处理、方法准确度和校验等往往需要应用化学分析法来完成，因此化学分析法仍是所有分析方法的基础，只有掌握好化学分析的基础知识和基本技能，才能正确地掌握和运用仪器分析方法。

### 1.1.3　分析化学的发展趋势

分析化学的发展同现代科学技术的总体发展水平是分不开的。新兴科学技术的发展要求分析化学提供更多的关于物质组成和结构的信息，同时新兴科学技术的发展也为分析化学的发展不断提供新的理论、方法和手段，这样，又大大促进了分析化学的快速发展。可以说，分析化学是近年来发展最为迅速的学科之一。

当代分析化学发展的趋势，在分析理论上趋向于与其他科学相互渗透，在分析方法上趋向于各类方法相互融合，在分析技术上趋向于准确、灵敏、快速、遥测和自动化。不仅如此，分析化学的任务也不再限于测定物质的成分和含量，而且还要知道物质结构、价态、状态等性质，因而它研究的领域也由宏观发展到微观，由表观深入到内部，从总体进入到微区、表面或薄层，由静态发展到动态。

科技的发展和社会的需求使分析化学成为分析科学，分析化学正面临着第三次重大变革。分析化学的发展方向是高灵敏度、高选择性、快速、自动、简便、经济，分析仪器自动化、数字化和计算机化，并向智能化、信息化纵深发展。

## 1.2 定量分析中的误差

定量分析的目的是准确测定被测组分的含量。要求测定的结果必须达到一定的准确程度，方能满足生产和科学研究的需要。然而绝对准确的测量是没有的，即使采用最可靠的分析方法，使用最精密的仪器，并由技术非常熟练的分析人员对同一试样进行多次重复测定，测得结果与真实值含量也不一定完全吻合。这就说明分析过程中客观上存在难以避免的误差。因此，人们在进行定量分析时，不仅要得到被测组分的含量，而且必须对分析结果进行评价，判断分析结果的可靠程度，检查产生误差的原因，以便采取相应的措施，最大限度地减免误差，把误差降低到最低，使分析结果尽量接近客观真实值。

### 1.2.1 误差的分类及产生的原因

按性质不同误差可分为两类：系统误差和随机误差。

**（1）系统误差**

由于某些固定的原因产生的分析误差叫**系统误差**。其显著特点是朝一个方向偏离，即正负、大小都有一定的规律性，当重复进行测定时系统误差会重复出现，若能找出原因，并设法加以校正，系统误差就可以消除，因此也称可测误差。产生系统误差的主要原因分述如下。

① 方法误差　由于方法本身不完善所造成的误差。这种误差与方法本身固有的特性有关，与分析者的操作技术无关。例如：滴定分析法中，反应的不完全、副反应的发生及指示剂误差；称量分析中沉淀的溶解、灼烧时沉淀的分解或挥发等。

② 仪器误差　由于仪器或工具本身不精密而造成的误差。例如：天平、砝码和容器器皿刻度不准等。

③ 环境误差　由于周围环境不完全符合要求而引起的误差。如温度、湿度、振动、照明及大气污染等因素，使测定结果不准确。

④ 试剂误差　由于试剂不纯或标定欠准等造成的误差。

⑤ 操作误差　由于操作人员的主观偏见或视觉辨别能力差，以及操作不当或技术不熟练造成的误差。例如：滴定终点判断不准，取样缺乏代表性，操作条件控制不当，没有严格按照操作规程行事等。

**（2）随机误差（偶然误差）**

由于一些偶然和意外的原因产生的分析误差叫**随机误差**（也称偶然误差）。如温度、压力等外界条件的突然变化，仪器性能的微小变化，操作稍有出入等原因所引起的误差。在同一条件下多次测定所出现的随机误差，其大小、正负不定，是非单向性的，因此不能用校正的方法来减少或避免此项误差。

随机误差似乎没有规律性，但经过人们大量的实践发现，当测量次数很多时，随机误差的分布服从一般的统计规律。

① 大小相近的正误差和负误差出现的机会相等，即绝对值相近而符号相反的误差是以同等的机会出现的；

② 误差较小的数值出现的机会多，误差较大的数值出现的机会少，个别特别大的误差出现的机会极少。

偶然误差的这种规律性，可用图 1-1 的曲线表示，这条曲

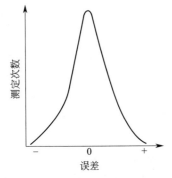

图 1-1　误差的正态分布曲线

线称为误差的正态分布曲线,其形状是对称的,中央呈高峰,两边越来越低。

从上述规律可以得出,随着测定次数的增加,偶然误差的算术平均值将逐渐减小。因此,在消除系统误差的前提下,如果操作细心,平行测定次数越多,分析结果的算术平均值越接近于真实值。应该指出,由于操作者的过失,如仪器不洁净、溅失试液、看错砝码、试剂加错、记录错误和计算错误等而造成的错误结果,是不能通过增加测定次数减免的,因此必须严格遵守操作规程,认真仔细地进行实验。如果在分析过程中已发现或怀疑有错误,应将这次测定废弃,不可将它与其他结果放在一起计算平均值。如果在测定结果中出现相差很大的测定值,则应分析原因,弃去这次结果,重新测定一次。

### 1.2.2 误差和偏差的表示方法

(1) 准确度与误差

**准确度**指在一定条件下,试样的测定结果与真实值之间相符合的程度。准确度的高低以误差来表示。误差越小,分析结果准确度越高。**误差**一般用绝对误差和相对误差来表示。绝对误差 $E$ 即测定值($x_i$)与真实值($T$)之间的差值。

$$E = x_i - T \tag{1-1}$$

相对误差 $RE$ 是指绝对误差在真实值中所占的百分率:

$$RE = \frac{E}{T} \times 100\% \tag{1-2}$$

**【例 1-1】** 测定某铁矿中 $Fe_2O_3$ 的含量为 60.25%,已知真实值为 60.29%,求其绝对误差和相对误差。

**解**
$$E = 60.25\% - 60.29\% = -0.04\%$$
$$RE = \frac{-0.04\%}{60.29\%} \times 100\% = -0.07\%$$

绝对误差和相对误差都有正值和负值,分别表示分析结果偏高或偏低。由于相对误差能反映误差在真实值中所占的比例,故常用相对误差来表示或比较各种情况下测定结果的准确度。

(2) 精密度与偏差

在不知道真实值的情况下,无法用准确度与误差来评价分析数据的可靠性,而只能采用精密度与偏差。

**精密度**简称精度,是指在相同条件下,一组平行测定结果之间相互接近的程度。它体现测定结果的重现性。精密度的大小用偏差来表示,偏差越小,说明测定值的精密度越高,测定结果的重现性越好。偏差也分绝对偏差和相对偏差。

M1-3 精密度与准确度

**偏差**有以下几种表示方法。

① 个别测定偏差 设测定次数为 $n$,各次测得值($x_1, x_2, x_3, \cdots, x_n$)的算术平均值为 $\bar{x}$,则个别绝对偏差($d_i$)是各次测得值($x_i$)与它们的平均值之差。即

$$\bar{x} = \frac{x_1 + x_2 + x_3 + \cdots + x_n}{n} = \frac{1}{n}\sum_{i=1}^{n} x_i$$

绝对偏差:
$$d_i = x_i - \bar{x} \tag{1-3}$$

相对偏差:
$$Rd_i = \frac{d_i}{\bar{x}} \times 100\% \tag{1-4}$$

上述绝对偏差与相对偏差都是指个别测定结果与平均值比较所得的偏差。

② 平均偏差 对多次测定结果的精密度,常用平均偏差表示。平均偏差也分绝对平均

偏差与相对平均偏差。

绝对平均偏差：各次测得值绝对偏差的绝对值之和被测定次数除所得的数值为绝对平均偏差，简称平均偏差，以 $\bar{d}$ 表示。

即
$$\bar{d} = \frac{|d_1|+|d_2|+|d_3|+\cdots+|d_n|}{n} \tag{1-5}$$

$$\bar{d} = \frac{\sum|d|}{n}$$

相对平均偏差：平均偏差在平均值中所占的百分率称为相对平均偏差。

$$相对平均偏差 = \frac{\bar{d}}{\bar{x}} \times 100\% \tag{1-6}$$

绝对平均偏差和相对平均偏差都无正负之分。

③ 标准偏差　当测定所得数据的分散程度较大时，计算其平均偏差还不能看出精密度的好坏，用标准偏差和相对标准偏差来衡量精密度更有意义。

标准偏差是指个别测定偏差的平方值的总和（$\sum d^2$）除以测定次数（$n$）减 1 后的开方值，也称为均方根偏差，用 $S$ 表示。

$$S = \sqrt{\frac{\sum d^2}{n-1}} \tag{1-7}$$

标准偏差与平均值的比以百分率表示时，称为相对标准偏差，用 RSD 表示，又称变异系数。

$$\text{RSD} = \frac{S}{\bar{x}} \times 100\% \tag{1-8}$$

M1-4　大国工匠——方文墨

【例 1-2】　用重量分析法测定硅酸盐中 $SiO_2$ 的质量分数，甲乙两人各测定 5 次，甲的五个分析结果为 37.20%、37.32%、37.34%、37.40%、37.52%，乙的五个分析结果为 37.24%、37.28%、37.34%、37.44%、37.48%，计算甲乙分析结果的绝对平均偏差、相对平均偏差、标准偏差和相对标准偏差。

**解**　测定数据及计算结果如下：

| 测定数据 | | $|d|$/% | | $d^2/(\%)^2$ | |
| --- | --- | --- | --- | --- | --- |
| 甲 | 乙 | 甲 | 乙 | 甲 | 乙 |
| 37.20% | 37.24% | 0.16 | 0.12 | 0.0256 | 0.0144 |
| 37.32% | 37.28% | 0.04 | 0.08 | 0.0016 | 0.0064 |
| 37.34% | 37.34% | 0.02 | 0.02 | 0.0004 | 0.0004 |
| 37.40% | 37.44% | 0.04 | 0.08 | 0.0016 | 0.0064 |
| 37.52% | 37.48% | 0.16 | 0.12 | 0.0256 | 0.0144 |

$\bar{x}_甲 = 37.36\%$，$\bar{x}_乙 = 37.36\%$，$\sum|d|_甲 = 0.42\%$，$\sum|d|_乙 = 0.42\%$，$\sum d^2_甲 = 0.0548(\%)^2$，$\sum d^2_乙 = 0.0420(\%)^2$

绝对平均偏差　$\bar{d}_甲 = \bar{d}_乙 = \dfrac{\sum|d|_{甲(乙)}}{5} = \dfrac{0.42\%}{5} = 0.08\%$

相对平均偏差 $= \dfrac{\bar{d}_甲}{\bar{x}_甲} \times 100\% = \dfrac{\bar{d}_乙}{\bar{x}_乙} \times 100\% = \dfrac{0.08\%}{37.36\%} \times 100\% = 0.21\%$

标准偏差　$S_甲 = \sqrt{\dfrac{\sum d^2_甲}{n-1}} = \sqrt{\dfrac{0.0548(\%)^2}{4}} = 0.12\%$

$$S_乙 = \sqrt{\frac{\sum d_乙^2}{n-1}} = \sqrt{\frac{0.0420(\%)^2}{4}} = 0.10\%$$

相对标准偏差　　$\mathrm{RSD}_甲 = \dfrac{S_甲}{\bar{x}_甲} \times 100\% = \dfrac{0.12\%}{37.36\%} \times 100\% = 0.32\%$

$\mathrm{RSD}_乙 = \dfrac{S_乙}{\bar{x}_乙} \times 100\% = \dfrac{0.10\%}{37.36\%} \times 100\% = 0.27\%$

由计算结果可知，甲、乙两组的绝对平均偏差和相对平均偏差相同，但对比乙组数据可以发现，甲组中个别数据偏差较大，这说明用标准偏差表示分析结果的精密度比用平均偏差更好一些，因为单次测量值的偏差平方以后，较大的偏差就能显著地反映出来，能更好地说明数据的精密度。

④ 极差　一般化学分析中，平行测定数据不多，当测定数据为2～3个时，常采用极差（$R$）来说明偏差范围。

$$R = 测定最大值 - 测定最小值$$

$$相对极差 = \frac{R}{\bar{x}} \times 100\%$$

⑤ 公差（也称允差）　公差是某分析方法所允许的平行测定间的绝对偏差。公差的数值是将多次分析数据经过数理统计处理而确定的，是生产实践中用以判断分析结果合格与否的依据。若两次平行测定的数值之差在规定允差的绝对值两倍以内，均认为有效；如果测定结果超出允许的公差范围，称为"超差"，该项分析应重做。

(3) 准确度和精密度的关系

从上述讨论可知，准确度与精密度是衡量测定结果好坏的依据，但二者在性质上是有严格区别的。**准确度**是指测定值与真实值相接近的程度，它以真实值作为标准，表示测定结果的正确性，由系统误差和偶然误差决定。而**精密度**是指一组平行测定结果之间相互接近的程度，它以平均结果为标准，表示测定结果的重现性，只与偶然误差有关。

对下面的例子进行一个分析：甲、乙、丙、丁四人分析同一铁矿中 $Fe_2O_3$ 的含量，各分析4次，结果见表1-2。

表1-2　四个测定者对同一铁矿中 $Fe_2O_3$ 含量的分析数据

| 次　　数 | 甲 | 乙 | 丙 | 丁 |
|---|---|---|---|---|
| 1 | 60.12% | 60.10% | 60.32% | 60.13% |
| 2 | 60.09% | 60.20% | 60.30% | 60.15% |
| 3 | 60.17% | 60.15% | 60.31% | 60.38% |
| 4 | 60.18% | 60.25% | 60.28% | 60.42% |
| 平均值 | 60.14% | 60.18% | 60.30% | 60.27% |

若已知铁矿中 $Fe_2O_3$ 的真实含量为60.29%，从四人分析情况看，甲的分析结果的精密度较高，但平均值与已知含量相差较大，说明准确度低；乙的分析结果的精密度不高，准确度也不高；丙的分析结果的精密度和准确度都比较高；丁的平均值虽然接近真实值，但几个数据彼此相差甚远，而仅是由于正负误差相互抵消才凑巧使结果接近真实值，因而其结果也是不可靠的。

由此例可以看出：精密度是保证准确度的基础，只有在精密度比较高的前提下，才能保证分析结果的可靠性。但是精密度好的，准确度不一定好，只有在减免或校正了系统误差的前提下，精密度高，其准确度也才高。若精

M1-5　误差的范围与出现概率之间的概率

密度很差，说明所测结果不可靠，虽然由于测定次数多，有可能使正负偏差相互抵消，但已失去衡量准确度的前提。对于一个合乎要求的分析测定，应该是精密度好准确度也好的分析结果。

### 1.2.3 提高分析结果准确度的方法

提高分析结果准确度的途径是减少分析过程中的系统误差和偶然误差，并应摒弃一切过失操作。

(1) 消除测定过程中的系统误差

系统误差既然是由于某种固定的原因而造成的误差，则根据具体情况和要求可以采用不同的方法来检验和校正。

① 对照试验　将已知准确含量的标准样，按照与被测试样同样的方法进行分析，所得测定值与标准值比较，得一分析误差，用此误差校正被测试样的测定值，就可使测定结果更接近真实值。

② 空白试验　由试剂和器皿带进杂质所造成的系统误差，一般可以做空白试验来消除。空白试验就是在不加样品的情况下，按样品分析的操作条件和步骤进行分析试验，所得结果称为空白值，然后从样品的分析结果中扣除空白值，即得到比较可靠的分析结果。

③ 仪器校正　当分析结果的允许相对误差较小时，应对测量仪器如滴定管体积、砝码质量、移液管与容量瓶的相对体积比进行校正，并将校正值应用到分析结果的计算中去。应该指出，在一个操作过程中必须使用同一仪器，这样可以使因仪器而带来的误差完全抵消或部分抵消。

④ 防止操作误差　在采取一系列措施设法消除系统误差和随机误差的同时，还应该注意避免个人主观偏见和操作不正确带来的误差。例如，滴定时终点观察不准确、追求与前一次测定数据相吻合等。这就需要努力提高操作技术水平，以严谨认真的科学态度来对待工作。

(2) 减少偶然误差

在消除系统误差的前提下，增加平行测定次数，可以减少甚至消除随机误差，分析结果的算术平均值更接近真实值。因此，增加平行测定次数取多次测定的算术平均值为测定结果，可提高测定结果的准确度。在一般化学分析中，如果操作细心，每个样品测定2~4次，基本上能得到比较准确的分析结果。

(3) 减少测量误差

在称量分析中测量误差主要表现在称量上。一般分析天平的绝对误差为±0.0001g，称取一份样品需要称量两次，这样可能造成的最大绝对误差是±0.0002g。若称量的允许相对误差不超过0.1%，则称取样品的最低质量应该是：

$$\frac{0.0002}{0.1\%}=0.2(g)$$

在滴定分析中，测量误差主要体现在体积测量上。一般常量滴定管读数常有±0.01mL的误差，完成一次滴定，需要读数两次，这样可能造成的最大绝对误差是±0.02mL。若测量体积的允许相对误差不超过0.1%，则用滴定管滴定时消耗滴定剂的最低用量是：

$$\frac{0.02}{0.1\%}=20(mL)$$

一般滴定剂的消耗量为20~40mL。

## 1.3 分析结果的数据处理和报告

### 1.3.1 有效数字及其运算规则

在分析工作中，为了得到准确的测量结果，不仅要准确地测定各种数据，还必须要正确地记录和计算。记录的数字不但表示样品中被测组分含量的多少，而且也反映了测定的准确程度。

(1) 有效数字

有效数字是指在分析工作中实际能测量到的数字。其最末一位是估计的、可疑的，是"0"也得记上。这一规定明确地决定了有效数字应保留的位数，而不应该随意增多或减少有效数字的位数。

例如：用感量为万分之一的分析天平进行称量时，可以称量准确到小数点后第三位，而小数点后第四位是不可靠的，可能有±0.0001g的误差，若称得某物体质量为0.5804g，则其实际质量为(0.5804±0.0001)g内的某一数值。

读取、记录和使用有效数字，关键在于会确定它的位数，而位数的多少则取决于测量仪器和工具的精度。也就是说，有效数字所表示的准确程度应与测试时所用仪器、工具和测试方法的精度相一致。例如：

| 试样的质量 | 1.0006g | 5位 | （分析天平称量） |
| | 6.30g | 3位 | （托盘天平称量） |
| 溶液的体积 | 22.50mL | 4位 | （滴定管量取） |
| 标准溶液的浓度 | 0.1000mol/L | 4位 | |
| | 0.0980mol/L | 3位 | （相当于4位） |
| 离解常数 | $1.8\times10^{-5}$ | 2位 | |
| pH | 4.30、12.08 | 2位 | |
| 试剂体积 | 15mL | 2位 | （量筒量取） |
| 被测组分含量 | 21.06% | 4位 | |
| | 0.008% | 1位 | |

在1.0006g中间的三个"0"和0.1000mol/L中后边的三个"0"都是有效数字。在0.008%中的"0"只起定位作用，不是有效数字。在0.0980mol/L中，前面的"0"起定位作用，最后一位"0"是有效数字。

综上所述可知，数字之间的"0"和末尾的"0"都是有效数字，而数字前面所有的"0"只起定位作用。

关于有效数字的位数，还需说明和注意以下几个问题。

① 凡有效数字第1位等于或大于8的，有效数字可以多计1位。如上例标准溶液的浓度0.0980mol/L，已接近0.1000mol/L，因此可粗略地认为它是4位有效数字。

② pH的有效数字，取决于小数部分的数字的位数，整数部分只说明该数是10的多少次方，只是起定位作用。

③ 在单位换算时，要特别注意写清有效数字的位数，比如：$5.65g=5.65\times10^{3}mg=5.65\times10^{6}\mu g$，不能写成$5.65g=5650mg=5650000\mu g$，否则明明3位有效数字，变换单位后就成了4位或7位有效数字了，这显然是不合理的。

④ 对于非测量所得的准确数，可视为无限多位的有效数字。例如：某一数值的 2 倍中的 "2"，绝不是一位有效数字，此处不可误解。

(2) 数字修约规则

在分析测定过程中，往往包括几个测量环节，然后根据测量所得数据进行计算并求得分析结果。当测量数据的有效数字位数不同时，计算中就要考虑对多余的数字进行修约。修约数字时应按"四舍六入五留双"的原则，即当尾数≥6 时，进入；尾数≤4 时，舍去；当尾数恰好为 5 而后面数为"0"时，若 5 的前一位是奇数则入，是偶数（包括 0），则舍，若 5 后面还有不是 0 的任何数，皆入。

【注意】数字修约时只能对原始数据进行一次修约到需要的位数，不能逐级修约。

例如：3.154547 只取 3 位有效数字时，应为 3.15，而不得按下法连续修约为 3.16。

$$3.154547 \rightarrow 3.15455 \rightarrow 3.1546 \rightarrow 3.155 \rightarrow 3.16$$

【例 1-3】 将下列数据修约为两位有效数字。

5.247 → 5.2　　　　　0.8471 → 0.85
82.50 → 82　　　　　7.050 → 7.0
57.51 → 58　　　　　9.5498 → 9.5

(3) 有效数字的运算规则

① 加减法　几个数字相加减时，应以各数字中小数点后位数最少（绝对误差最大）的数字为依据，决定结果的有效位数。

【例 1-4】 $0.0131 + 26.34 + 3.05873 = ?$

解　　正确计算　　　　不正确计算

```
      0.01              0.0131
     26.34             26.34
  +)  3.06              3.05873
     ─────             ─────────
     29.41             29.41183
```

上例中相加的 3 个数据中，26.34 中的"4"已是可疑数字，因此最后结果有效数字的保留应以此数为准，即保留有效数字的位数到小数点后第二位。所以左面的写法是正确的，而右面的写法是不正确的。

② 乘除法　几个数字相乘除时，应以各数字中有效数字位数最少（相对误差最大）的数字为依据决定结果的有效位数。若某个数字的第一位有效数字≥8，则有效数字的位数应多算一位（相对误差接近）。

【例 1-5】 $0.0131 \times 26.34 \times 3.05873 = ?$

解　$0.0131 \times 26.34 \times 3.05873 = 1.05$

在这道题中，3 个数字的相对误差分别为：

$$相对误差 = \frac{\pm 0.0001}{0.0131} \times 100\% = \pm 0.8\%$$

$$相对误差 = \frac{\pm 0.01}{26.34} \times 100\% = \pm 0.04\%$$

$$相对误差 = \frac{\pm 0.00001}{3.05873} \times 100\% = \pm 0.0003\%$$

在上述计算中，以第一个数的相对误差最大（有效数字为三位），应以它为准，将其他数字根据有效数字修约原则，保留 3 位有效数字，然后相乘结果得 1.05。

③ 计算中遇到常数，如阿伏伽德罗常数、摩尔气体常数、π、e 等公式中的准确数以及倍数、幂次数等自然数，可视为无限多位有效数字，因此其位数多少不影响最后的取值。即在计算中需要几位，可以写成几位。如 π 取两位有效数字时为 3.1，取三位有效数字时为 3.14。

④ 分析结果的数据应与技术要求量值的有效位数一致。对于高含量组分（>10%）一般要求以四位有效数字报出结果；对于中等含量的组分（1%~10%），一般要求以三位有效数字报出结果；对于微量组分（<1%），一般只以两位有效数字报出结果。测定杂质含量时，若实际测得值低于技术指标一个或几个数量级，可用"小于"该技术指标来报结果。

### 1.3.2 可疑数值的取舍

在分析工作中，以正常和正确的操作为前提，通过一系列平行测定所得到的数据中，有时会出现某一数据与其他数据相差较大的现象，这样的数据是值得怀疑的，称这样的数值为可疑值。对这样一个数值是保留还是弃去，应该根据误差理论的规定，正确地取舍可疑值，取舍方法很多，如 $Q$ 检验法、$4d$ 法、格鲁布斯法等，本书仅介绍 $Q$ 检验法。

（1）$Q$ 检验法的步骤

① 将测定数据按大小顺序排列，即 $x_1$，$x_2$，$x_3$，…，$x_n$。

② 计算可疑值与最邻近数据之差，除以最大值与最小值之差，所得商为 $Q$ 值。由于测得值是按顺序排列，所以可疑值可能出现在首项或末项。

若可疑值出现在首项，则

$$Q_{计算} = \frac{x_2 - x_1}{x_n - x_1} \qquad （检验 x_1）$$

若可疑值出现在末项，则

$$Q_{计算} = \frac{x_n - x_{n-1}}{x_n - x_1} \qquad （检验 x_n）$$

③ 根据所要求的置信度（分析结果在某一范围内出现的概率）和测定次数，查表 1-3 得出 $Q$。如果计算 $n$ 次测量的 $Q_{计算}$ 值比表中查到的 $Q$ 值大或相等则弃去，若小则保留。即

$$Q_{计算} \geqslant Q \qquad （弃去）$$
$$Q_{计算} < Q \qquad （保留）$$

表 1-3　舍弃商 $Q$ 值表（置信度 90%）

| 测定次数 $n$ | 3 | 4 | 5 | 6 | 7 | 8 | 9 | 10 |
|---|---|---|---|---|---|---|---|---|
| $Q$ (90%) | 0.94 | 0.76 | 0.64 | 0.56 | 0.51 | 0.47 | 0.44 | 0.41 |

④ $Q$ 检验法符合数理统计原理，计算简便，适用于平行测定次数为 3~10 次的检验。

（2）应用示例

【例 1-6】　标定某 NaOH 溶液的浓度，平行测定四次结果为 0.1013mol/L、0.1015mol/L、0.1012mol/L、0.1019mol/L，用 $Q$ 检验法确定 0.1019 值能否弃去？（置信度 90%）

**解**
$$Q_{计算} = \frac{0.1019 - 0.1015}{0.1019 - 0.1012} = \frac{0.0004}{0.0007} = 0.57$$

查 $Q$ 表知：4 次测定的 $Q$ 值 $=0.76$

$$0.57 < 0.76$$

故数据 0.1019 应保留。

### 1.3.3 置信区间和置信度

在完成一次分析测定工作后，一般是把测定数据的平均值作为结果报出。但在要求准确度较高的分析实验中，仅给出测定结果的平均值是不够的，还应给出测定结果的可靠性和可信度，用以说明总体平均值（$\mu$）所在的范围（置信区间）和落在此范围内的概率（置信度）。

**置信区间**是指在一定的置信度下，以测定平均值（$\bar{x}$）为中心，包括总体平均值 $\mu$ 在内的可靠性范围。在消除了系统误差的前提下，对于有限次数的测定，平均值的置信区间为：

$$\mu = \bar{x} \pm t \frac{S}{\sqrt{n}} \tag{1-9}$$

式中 $\bar{x}$——有限次数测定的平均值；

$S$——标准偏差；

$n$——测定次数；

$t$——置信因数，随测定次数与置信度而定，见表 1-4；

$\pm t \dfrac{S}{\sqrt{n}}$——围绕平均值的置信区间。

表 1-4　不同置信度和不同测定次数的 $t$ 值

| 测定次数 | 置信度 | | | | 测定次数 | 置信度 | | | |
|---|---|---|---|---|---|---|---|---|---|
| | 90% | 95% | 99% | 99.5% | | 90% | 95% | 99% | 99.5% |
| 2 | 6.314 | 12.706 | 63.657 | 127.32 | 8 | 1.895 | 2.365 | 3.500 | 4.029 |
| 3 | 2.920 | 4.303 | 9.925 | 14.089 | 9 | 1.860 | 2.306 | 3.355 | 3.832 |
| 4 | 2.353 | 3.182 | 5.841 | 7.453 | 10 | 1.833 | 2.262 | 3.250 | 3.690 |
| 5 | 2.132 | 2.776 | 4.604 | 5.598 | 11 | 1.812 | 2.228 | 3.169 | 3.581 |
| 6 | 2.015 | 2.571 | 4.032 | 4.773 | 12 | 1.725 | 2.086 | 2.845 | 3.153 |
| 7 | 1.943 | 2.447 | 3.707 | 4.317 | ∞ | 1.645 | 1.960 | 2.576 | 2.807 |

**置信度**是指以测定结果平均值为中心，包括总体平均值落在 $\mu = \bar{x} \pm t \dfrac{S}{\sqrt{n}}$ 区间的概率，置信度的高低说明估计的把握程度大小。

**【例 1-7】** 锰矿中锰含量经 4 次测定结果为：9.50%、9.60%、9.68%、9.41%。计算置信度为 95% 的置信区间。

**解**
$$\bar{x} = \frac{(9.41 + 9.50 + 9.60 + 9.68)\%}{4} = 9.55\%$$

$$S = \sqrt{\frac{(0.14\%)^2 + (0.05\%)^2 + (0.05\%)^2 + (0.13\%)^2}{4-1}} = 0.12\%$$

查表 1-4，知 $n=4$、置信度为 95% 时 $t=3.182$，则

$$\mu = 9.55\% \pm 3.182 \times \frac{0.12\%}{\sqrt{4}} = (9.55 \pm 0.19)\%$$

即置信度为95%时置信区间为 (9.55±0.19)%，说明锰含量在 (9.55±0.19)% 范围内的可能性为95%。

### 1.3.4 分析结果的报告

一般来说，分析任务不同，对分析结果准确度的要求不同，平行测定次数和分析结果的报告也不同。

① 在例行分析和生产中间控制分析中，一个试样一般做2次平行测定。如果两次分析结果之差不超过允差的2倍，则取平均值报告分析结果；如果超过允差的2倍，则应再做一份分析，最后取两个差值小于允差2倍的数据，并以平均值报告结果。

【例1-8】某化工产品中杂质含量的测定，若允许差为0.04%，而样品平行测定结果分别为0.40%和0.56%，则应如何报告分析结果？

**解** 因 0.56%−0.40%=0.16%>2×0.04%，故应再做一份分析。若这次分析结果为0.50%，因

$$0.56\% - 0.50\% = 0.06\% < 2 \times 0.04\%$$

则应取0.56%与0.50%的平均值0.53%报告分析结果。

② 多次测定结果。在要求比较严格的商品检验或开发性实验中，往往需要对同一试样进行多次测定。这种情况下应以多次测定的算术平均值或中位值报告结果，并报告平均偏差及相对平均偏差。

中位值（$x_m$）是指一组测定值按大小顺序排列时中间项的数值。当 $n$ 为奇数时，正中间的数只有一个；当 $n$ 为偶数时，正中间的数有两个，中位值是指这两个值的平均值。采用中位值的优点是计算方法简单，它与两个极端值的变化无关。

【例1-9】用氟硅酸钾滴定法测定黏土中 $SiO_2$ 的含量，测定结果分别为32.44%、32.30%、32.20%、32.50%、32.24%。计算这组数据的算术平均值、中位值、平均偏差和相对平均偏差。

**解** 将测得数据按大小顺序列成下表：

| 顺序 | $x$ | $d=x-\bar{x}$ | 顺序 | $x$ | $d=x-\bar{x}$ |
|---|---|---|---|---|---|
| 1 | 32.50% | +0.16% | 4 | 32.24% | −0.10% |
| 2 | 32.44% | +0.10% | 5 | 32.20% | −0.14% |
| 3 | 32.30% | −0.04% | $n=5$ | $\sum x=161.68\%$ | $\sum|d|=0.54\%$ |

由此得出：

中位值 $x_m = 32.30\%$

算术平均值 $\bar{x} = \dfrac{\sum x}{n} = \dfrac{161.68\%}{5} = 32.34\%$

平均偏差 $\bar{d} = \dfrac{\sum d}{n} = \dfrac{0.54\%}{5} = 0.11\%$

相对平均偏差 $\dfrac{\bar{d}}{\bar{x}} \times 100\% = \dfrac{0.11\%}{32.34\%} \times 100\% = 0.34\%$

 **知识窗**

## 环境污染对人体的危害

自然环境和社会环境是人类生存的必要条件，其质量的好坏直接影响人体健康。随着人类活动排放的各种污染物越来越多，使人们生活的环境质量在逐渐下降。污染物会通过各种媒介侵入人体，造成人体的各种器官组织功能失调，引发各种疾病，严重时导致死亡，这种状况称为"环境污染疾病"。

环境污染对人体健康的危害具有广泛性、长期性和潜伏性等特点，具有致癌、致畸、致突变的作用，不仅影响当代而且还可能影响后代。对人体健康来说，所谓远期危害是指此种危害作用并不是在短期内即可表现出来，而是往往需要经过一段较长的潜伏期才能表现出来，例如某些环境因素可以致癌即是如此。此外，有些危害并不在当代就表现出来，而是作用于机体的遗传物质将在后代表现出来，或是作用于正在发育中的胚胎，使出生的婴儿发育有缺陷。因此对环境污染问题，除应注意一般急、慢性的中毒外，更应注意它的远期危害。

对环境本身来说，所谓远期危害是指某些污染物质污染环境后，一时可能不表现出其危害作用，但一旦环境被污染后它将产生深远的长期的影响。例如某些湖泊被汞严重污染后，要清除此种汞的危害则不是短期内可以办到的事，它在很长时间内都将发生不良的影响。因此在环境保护工作中，除注意消除一些明显的污染源外，也应注意防止一些能造成长远影响潜在危害的污染源。

 **本章小结**

分析化学是获取物质的化学信息，研究物质的组成、状态和结构的科学，它是一门独立的化学信息科学。

1. 分析方法的分类

根据样品性质、分析要求等选择适当的分析方法。

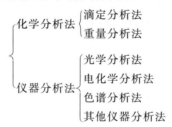

2. 定量分析中的误差

（1）系统误差

由于某些固定原因所产生的分析误差（又称可测误差）。其正负大小有一定的规律性，即总是朝着一个方向偏离。

系统误差产生的原因包括方法误差、仪器误差、环境误差、试剂误差和操作误差。

（2）随机误差

由于一些偶然和意外的原因产生的误差（又称偶然误差）。其大小、正负不定，是非单向性的。

随机误差的分布服从一般的统计规律。

（3）减小和避免误差的方法

通常采用对照试验、空白试验、校准仪器、增加平行测试次数、减少测量误差等措施消除或减小系统误差和随机误差，提高分析结果的准确程度。

（4）准确度与精密度

准确度用误差表示。

$$误差\begin{cases}绝对误差(E)=测定值(x_i)-真实值(T)\\相对误差(RE)=\dfrac{绝对误差(E)}{真实值(T)}\times100\%\end{cases}$$

精密度用偏差表示。

$$偏差\begin{cases}绝对偏差(d_i)=测得值(x_i)-算术平均值(\overline{x})\\相对偏差(Rd_i)=\dfrac{绝对偏差(d_i)}{算术平均值(\overline{x})}\times100\%\end{cases}$$

当测定次数为 $n$ 次时：

个别绝对偏差

$$d_i=x_i-\overline{x}$$

则

$$平均偏差\ \overline{d}=\dfrac{\sum|x_i-\overline{x}|}{n}$$

$$相对平均偏差=\dfrac{\overline{d}}{\overline{x}}\times100\%$$

3. 计算和报告分析结果

① 在实验数据的记录和计算过程中，要遵守有效数字的保留和运算规则。

② 在实验分析中，实验数据在允许误差范围内可取平行测定的平均值报告分析结果，在多次测定中，可取算术平均值或中位值报告分析结果，同时报告平均偏差和相对平均偏差。

③ 对于超过允许误差的情况，应初步查找产生误差的原因，并能提出一些相应的减免误差的办法。

 思考与实践

**1. 填空题**

（1）准确度是指_____，以_____表示；精密度是指_____，以_____表示。

（2）精密度高的分析结果，准确度_____，但准确度高的分析结果，一定需要_____。_____是保证准确度的先决条件。

（3）系统误差主要包括_____、_____、_____和_____。

(4) 系统误差在一定条件下，是＿＿＿＿＿＿，重复测定时＿＿＿＿＿＿，它的大小、正负可以测定出来，因而是可以＿＿＿＿＿＿的。

(5) 随机误差是由于某些＿＿＿＿＿＿造成的，也叫＿＿＿＿＿＿误差。随机误差在分析测定中是＿＿＿＿＿＿出现的。

(6) 消除系统误差的方法有＿＿＿＿＿＿、＿＿＿＿＿＿、＿＿＿＿＿＿、＿＿＿＿＿＿；增加平行测定次数可减少＿＿＿＿＿＿误差。

(7) 有效数字是指在分析工作中＿＿＿＿＿＿的数字。有效数字不仅表示＿＿＿＿＿＿，还反映出测定的＿＿＿＿＿＿。

(8) 15.6g 某固体物质，若以 mg 表示时应写成＿＿＿＿＿＿ mg，而不能写成＿＿＿＿＿＿ mg。

(9) 用正确的有效数字表示下列数据：用准确度为 0.01mL 的 25mL 移液管移出溶液的体积应记录为＿＿＿＿＿＿ mL，用量筒量取 25mL 溶液应记录为＿＿＿＿＿＿ mL；用误差为 0.1g 的台秤称取 6g 样品应记录为＿＿＿＿＿＿。

(10) 称取某样品 2.3g，经测定最后计算出该样品分析结果为 5.3864%，正确的报告应该是＿＿＿＿＿＿。

### 2. 单选题

(1) 测得值与真实值之间的差值为（　　）。
　　A. 绝对误差　　B. 相对误差　　C. 绝对偏差　　D. 相对偏差

(2) 下列不正确的叙述是（　　）。
　　A. 系统误差是可以测定的　　　　B. 随机误差是偶然发生的
　　C. 方法误差属于系统误差　　　　D. 随机误差给分析结果带来的影响是一定的

(3) 滴定分析操作中出现下列情况，导致偶然误差的有（　　）。
　　A. 滴定管未经校准　　　　　　　B. 滴定时有溶液溅出
　　C. 指示剂选择不当　　　　　　　D. 试样中含有干扰离子

(4) 测定过程中出现下列情况，导致系统误差的是（　　）。
　　A. 砝码未经校正　　　　　　　　B. 滴定管的读数读错
　　C. 几次读取滴定管的读数不能取得一致　　D. 试样在称量时吸湿了

(5) 下列数据中不是三位有效数字的有（　　）。
　　A. 0.85　　B. 0.203　　C. 7.90　　D. $15 \times 10^4$

(6) 下列数据均保留两位有效数字，修约结果错误的是（　　）。
　　A. 1.25→1.3　　B. 1.35→1.4　　C. 1.454→1.5　　D. 1.5456→1.6

(7) 测定某铁矿石中硫的含量，称取样品 0.2952g，下列分析结果合理的是（　　）。
　　A. 32%　　B. 32.4%　　C. 32.42%　　D. 32.420%

### 3. 判断题

(1) 对物质组成的分析可分为定性分析和定量分析两类。（　　）

(2) 滴定分析法和重量分析法通常用于高含量或中含量组分的测定，即待测组分的含量一般在 0.1% 以上。（　　）

(3) 随机误差也称为可测误差。（　　）

(4) 准确度的高低以偏差表示，精密度的高低以误差表示。（　　）

(5) 有效数字应按"四舍六入五留双"的原则进行修约。（　　）

(6) 分析测定结果的偶然误差可通过适当增加平行测定次数来减免。（　　）

(7) 两位分析者同时测定某一试样中硫的质量分数，称取试样均为 3.5g，分别报告结果如下。甲：0.042%，0.041%；乙：0.04099%，0.04201%。甲的报告是合理的。（　　）

(8) 对于非测量所得的准确数，可视为无限多位的有效数字。（　　）

（9）数字修约时可以对原始数据进行多次修约。（    ）

（10）有效数字的最末一位是估计的、可疑的，是"0"也得记上。（    ）

**4. 计算题**

（1）下列数值各含有几位有效数字？

　　A. 2.405　　　B. 0.076　　　C. 10.300　　　D. $6.4 \times 10^{-5}$

（2）将下列数据修约为两位有效数字。

　　A. 5.655　　　B. 11.53　　　C. 3.150　　　D. 25.48

（3）根据有效数字运算规则，计算下列各式：

　　A. $0.0454 + 6.127 + 2.56$　　　　　　B. $\dfrac{50.32}{8.609 \times 0.08460}$

　　C. $2.04 \times 10^{-5} - 8.61 \times 10^{-6}$　　　D. $(1.212 \times 3.18) + 4.8 \times 10^{-4} - (0.0121 \times 0.008142)$

（4）分析某矿石中铁的含量，所得结果为35.20%，若铁的真实含量为35.48%，问分析结果的绝对误差和相对误差分别是多少？

（5）分析天平的称量误差为±0.0002g，为使称量的相对误差小于±0.1%，应至少称取多少克试样？若称量试样0.0500g，相对误差又是多少？说明什么问题？

（6）在滴定分析中滴定管的读数误差为±0.02mL，为使读数的相对误差小于±0.1%，应至少用标准溶液多少毫升？若滴定用去2.00mL，相对误差又是多少？说明什么问题？

（7）分析某试样含铝量，以$Al_2O_3$表示分析结果为16.68%、16.63%、16.59%、16.64%、16.55%，计算分析结果的平均偏差和相对平均偏差。

（8）甲、乙、丙三人同时分析铁矿中的含磷量，每次取样为3.2g，三人分别报告结果如下：甲0.052%；乙0.0524%；丙0.05248%。问哪一份报告合理？

# 2. 滴定分析概论

## 学习指南

酸碱反应、氧化还原反应、配位反应、沉淀反应是化学反应中的四种基本反应类型。将满足一定条件的上述反应类型的化学反应用于滴定分析，即形成了四种滴定分析方法：酸碱滴定法、氧化还原滴定法、配位滴定法和沉淀滴定法。运用这四种滴定分析方法可以测定物质的含量，如水的碱度、硬度的测定，漂白粉中有效氯的测定，尿素中含氮量的测定等。

本章将学习滴定分析的基本概念、有关理论、计算方法及实际应用的知识。本章内容是后续各章节内容的基础，必须予以足够的重视。掌握等物质的量反应规则，正确选取物质的基本单元，多多演练书中的例题和习题是很有必要的。

## 学习要求

了解滴定分析法的分类和四种滴定分析方法依据的原理；
掌握直接滴定法中滴定反应应具备的条件及滴定分析中常用的几种方式；
掌握标准溶液的配制方法；
掌握物质的量浓度的含义及表示方法；
了解分析实验室用水要求及其检验方法；
掌握等物质的量反应规则，正确选取物质的基本单元及滴定分析的有关计算。

## 2.1 滴定分析简介

### 2.1.1 基本概念

滴定分析又称容量分析，是化学分析的重要组成部分，在环境监测、工业分析、农产品检验中得到广泛应用。

**滴定分析**是将已知准确浓度的试剂溶液滴加到被测试样溶液中，与被测组分进行定量的化学反应，达到化学计量点，根据消耗试剂溶液的体积和浓度计算被测组分含量的分析方法。

一般将已知准确浓度的试剂溶液称为"**标准溶液**"，又叫"**滴定剂**"。通过滴定管滴加标准溶液并进行化学反应的操作，称为"**滴定**"。被测物质溶液称为"**试样溶液**"，简称"**试液**"。当滴定到标准溶液的量和被测物的量正好符合化学反应式所表示的化学计量关系时，称为反应达到了"**化学计量点**"。为了确定化学计量点，常在试液中加入一种少量物质，借助它的颜色变化来指示化学计量点的到达，这种物质称为"**指示剂**"，当指示剂变色时，即停止滴定，此时的状态被称为"**滴定终点**"。由于一般指示剂不一定恰好在化学计量点变色，由此造成的分析误差,称为"**终点误差**"。因此滴定分析需要选择合适的指示剂,使滴定终点尽可能接近化学计量点。

滴定分析一般适用于被测组分含量在1%以上的常量组分分析,有时采用微量滴定管也可用于测定微量组分。滴定分析比较准确,测定的相对误差通常为0.1%~0.2%。与重量分析相比,滴定分析具有简便、快速、应用范围广等优点。

### 2.1.2 滴定分析对化学反应的要求

① 反应必须严格按一定的化学方程式进行,即反应具有确定的化学计量关系。

② 反应必须进行完全,即当滴定达到化学计量点时,被测组分有99.9%以上转化为生成物,这样才能保证分析的准确度。

③ 反应速率要快,加入滴定剂后反应最好即刻完成。对于速率较慢的反应(如某些氧化还原反应),有时可通过加热或加入催化剂等办法来加快反应速率。

④ 有适当的指示剂或其他方法,简便可靠地确定滴定终点。

### 2.1.3 滴定分析方法的分类

按反应类型不同,滴定分析方法可分为以下四种。

(1) 酸碱滴定法

以酸碱中和反应为基础的滴定分析方法,称为酸碱滴定法。其反应实质为生成难电离的水。

$$H^+ + OH^- = H_2O$$

常用强酸(如HCl或$H_2SO_4$)溶液作滴定剂测定碱性物质以及能和酸进行定量反应的其他物质;或用强碱(如NaOH)溶液作滴定剂测定酸性物质以及能和碱进行定量反应的其他物质。

(2) 氧化还原滴定法

以氧化还原反应为基础的滴定分析方法。常用$KMnO_4$、$K_2Cr_2O_7$、$Na_2S_2O_3$等作滴定剂,测定具有还原性或氧化性的物质,以及能和氧化剂或还原剂发生间接反应的物质,例如:

$$5Fe^{2+} + MnO_4^- + 8H^+ = 5Fe^{3+} + Mn^{2+} + 4H_2O$$

$$I_2 + 2S_2O_3^{2-} = 2I^- + S_4O_6^{2-}$$

(3) 配位滴定法

以配位反应为基础的滴定分析方法。常用乙二胺四乙酸二钠盐(缩写为EDTA)溶液作滴定剂测定一些金属离子,例如:

$$Mg^{2+} + Y^{4-} = MgY^{2-}$$

式中,$Y^{4-}$表示EDTA的阴离子。

(4) 沉淀滴定法

以沉淀反应为基础的滴定分析方法。常用$AgNO_3$溶液作滴定剂测定卤素离子,例如:

$$Ag^+ + Cl^- = AgCl \downarrow$$

### 2.1.4 滴定分析的方式

(1) 直接滴定法

用标准溶液直接进行滴定,利用指示剂或仪器测试指示化学计量点到达的滴定方式,称为直接滴定法。如NaOH溶液滴定$H_2SO_4$,用$KMnO_4$溶液滴定$Fe^{2+}$等。一般能满足滴定分析要求的反应,都可以用于直接滴定。如果反应不能完全符合滴定分析要求的反应条件,可以采用下述几种

M2-1 滴定管简介

方式进行滴定。

(2) 返滴定法

在被测物质中先准确加入一定量过量的标准溶液,反应完全后再用另一种标准溶液返滴剩余的第一种标准溶液,从而测定被测组分的含量。此法适用于反应速率较慢,需要加热才能反应完全的物质,或者直接法无法选择指示剂等类型的反应。例如：$Al^{3+}$ 与 EDTA 反应速率慢,不能直接滴定,常采用返滴定法,即在一定的 pH 条件下,于被测的 $Al^{3+}$ 试液中加入过量的 EDTA 溶液,加热至 50~60℃,促使反应完全。溶液冷却后加入二甲酚橙指示剂,用标准锌溶液返滴剩余的 EDTA 溶液,从而计算试样中铝的含量。

(3) 置换滴定法

将被测物和加入的适当过量的试剂反应,生成一定量的新物质,再用一标准溶液来滴定生成的物质,由滴定剂消耗量、反应生成的物质与被测组分的定量关系计算出被测组分的含量。此法适用于直接滴定法时有副反应的物质。例如：用 $K_2Cr_2O_7$ 标定 $Na_2S_2O_3$ 溶液时,不能采用直接滴定法,因为二者反应不仅生成 $S_4O_6^{2-}$,同时还有 $SO_4^{2-}$ 生成,因此没有一定量的关系。但是,采用置换滴定法,即在酸性 $K_2Cr_2O_7$ 溶液中,加入过量的 KI 置换出一定量的 $I_2$,再用 $Na_2S_2O_3$ 标准溶液直接滴定生成的 $I_2$,则反应就能定量进行,反应为：

$$Cr_2O_7^{2-} + 6I^- + 14H^+ = 2Cr^{3+} + 3I_2 + 7H_2O$$

$$I_2 + 2S_2O_3^{2-} = 2I^- + S_4O_6^{2-}$$

(4) 间接滴定法

某些被测组分不能直接和滴定剂反应,但可通过其他的化学反应间接测定其含量。例如：$KMnO_4$ 不能和 $Ca^{2+}$ 直接作用,因为 $Ca^{2+}$ 没有氧化还原的性质,但 $Ca^{2+}$ 能和 $C_2O_4^{2-}$ 反应,形成 $CaC_2O_4$ 沉淀,将沉淀过滤后用 $H_2SO_4$ 使其溶解,再用 $KMnO_4$ 标准溶液滴定 $C_2O_4^{2-}$,从而间接测 $Ca^{2+}$,反应为：

$$Ca^{2+} + C_2O_4^{2-} = CaC_2O_4 \downarrow$$

$$CaC_2O_4 \downarrow + SO_4^{2-} = CaSO_4 + C_2O_4^{2-}$$

$$2MnO_4^- + 5C_2O_4^{2-} + 16H^+ = 2Mn^{2+} + 10CO_2 \uparrow + 8H_2O$$

返滴定法、置换滴定法、间接滴定法的应用,扩展了滴定分析的应用范围。

## 2.2 标准溶液

### 2.2.1 化学试剂一般知识

(1) 化学试剂的分类

化学试剂种类繁多,目前还没有统一的分类标准。目前比较常见的分类方法有按试剂的用途、试剂的纯度以及危险程度为标准进行分类。一般按化学试剂的用途,可将化学试剂分为两大类,即一般试剂和特殊试剂。按试剂的纯度划分,可分为高纯、光谱纯、分光纯、基准试剂、优级纯、分析纯和化学纯等 7 种。国家和主管部门颁布质量指标的主要有优级纯、分级纯和化学纯 3 种。按危险程度可将化学危险品分为 8 类,即爆炸性试剂；液化气体和压缩气体；易燃液体；易燃固体,易自燃、遇湿易燃试剂；氧化性试剂；毒害性试剂；腐蚀性试剂；放射性试剂。

M2-2 化学危险品的标志

M2-3 剧毒试剂

M2-4 剧毒化学品

在化学分析实验中比较常见的分类方法是按化学试剂的纯度及杂质含量的多少进行分类。通常将化学试剂分为以下三个等级。

① 优级纯试剂　优级纯试剂又称保证试剂，纯度高，杂质少，为一级品，用于精确分析和科学研究。

② 分析纯试剂　分析纯试剂又称分析试剂，纯度略低于优级纯，为二级品，用于一般的分析和科研。

③ 化学纯试剂　化学纯试剂的纯度低于分析纯，为三级品，用于工业分析及教学实验。

按我国《化学试剂包装及标志》（GB 15346—2012）的规定，用各种颜色的瓶签标志化学试剂的等级，见表 2-1。

表 2-1　我国化学试剂的等级及标志

| 级　别 | 一级品 | 二级品 | 三级品 |
| --- | --- | --- | --- |
| 纯度分类 | 优级纯试剂 | 分析纯试剂 | 化学纯试剂 |
| 瓶签颜色 | 深绿色 | 金光红色 | 中蓝色 |
| 符号 | G.R. | A.R. | C.P. |

（2）化学试剂的选用

选择化学试剂时，要考虑不同规格的试剂对测定结果准确度的影响，但是，由于纯度越高的试剂其价格也越高，因此本着节约的原则，在满足测定准确度要求的前提下，要依据实验的要求，合理选择不同级别的试剂。既不要盲目追求高级别而造成浪费，也不能随意降低试剂级别而影响测定结果的准确度。因此，化学试剂选用的原则应是在满足检验要求的前提下，尽量选用低级别的试剂。分析检验中所选用的试剂一般不应低于分析纯。

（3）化学试剂的贮存

化学试剂应保存在通风、干燥、洁净的房间里，防止污染和变质。化学试剂较多时，应按各种试剂的化学性质分类保管。

① 剧毒试剂的贮存　剧毒试剂如氰化钠（钾）、氧化砷、汞盐等应贮存于保险柜中，并由专人保管，用时严格登记。

M2-5　废液和废渣的简单化学处理

② 易挥发试剂的贮存　易挥发试剂应贮存在低温暗处且有通风设备的房间内。

③ 易燃、易爆试剂的贮存　易燃、易爆试剂应贮存于铁皮柜或砂箱中。所有试剂瓶外面都应擦拭干净，贮存在干燥洁净的药柜内，最好置于阴暗避光的房间。

④ 易侵蚀玻璃的试剂应保存于聚乙烯瓶内。

（4）化学试剂的取用

取用化学试剂时，必须看清标签，核对试剂的名称、规格及浓度等，确保准确无误后方可取用。取用时,瓶塞应倒置在桌面上,不能横放,以免受到污染。取完后应立即盖好瓶塞,并将试剂瓶放回原处,注意标签应朝外放置。

取用试剂时,不要超过指定用量,多取的试剂不能倒回原瓶,可以放入指定的容器中。任何化学试剂都不能用手直接取用。

① 固体试剂的取用　固体试剂通常盛放在便于取用的广口瓶中。取用固体试剂要用洁净干燥的药匙,它的两端分别是大小两个匙,取较多试剂使用大匙一端,取少量试剂或所取试剂欲加入到较小口径的试管时,则用小匙一端。用过的药匙必须洗净干燥后存放在洁净的器皿中。

向试管中加入粉末状固体时,可将药匙或放有试剂的纸槽,伸入平放的试管中约 2/3 处,然后竖直试管,使试剂落入试管底部,如图 2-1 所示。

向试管中加入块状固体时,应将试管倾斜,使其沿管壁缓慢滑下;不得垂直悬空投入,以免击破管底,如图 2-2 所示。

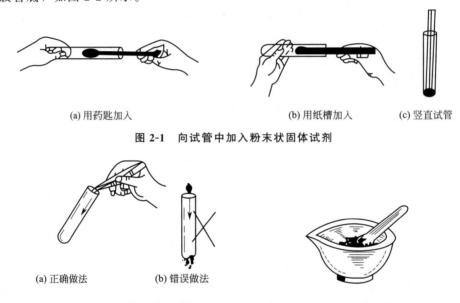

(a) 用药匙加入　　　　　　(b) 用纸槽加入　　　(c) 竖直试管

图 2-1　向试管中加入粉末状固体试剂

(a) 正确做法　　(b) 错误做法

图 2-2　向试管中加入块状固体　　　　图 2-3　研磨固体

固体颗粒较大时,可在洁净干燥的研钵中研磨后取用,如图 2-3 所示。取用一定质量的试剂时,应选用适当容器或干净的蜡光纸在天平上称量。

② 液体试剂的取用　液体试剂通常放在细口瓶或带有滴管的滴瓶中。

从细口瓶取用试剂时采用倾注法。先将瓶塞取下倒置在桌面上,再把试剂瓶贴有标签的一面握在手心,然后逐渐倾斜试剂瓶使试剂沿试管内壁流下,或沿玻璃棒注入烧杯中,取出所需试剂后,应将试剂瓶口在试管口或玻璃棒上靠一下,再将试剂瓶竖直,盖紧瓶塞,放回原处,标签向外,如图 2-4 所示。

从滴瓶中取用少量液体试剂时,先提起滴管,使管口离开液面,再用手指紧捏胶帽排出管内空气。然后将滴管插入试液中,放松手指吸入试剂。再提起滴管,垂直放在试管口或其他容器上方将试剂逐滴加入。

向试管中滴加试液时,滴管只能接近试管口,不能远离试管或伸入试管口内。远离容易将试液滴落到试管外部,伸入试管内则容易使滴管沾污,使原试剂受到污染。

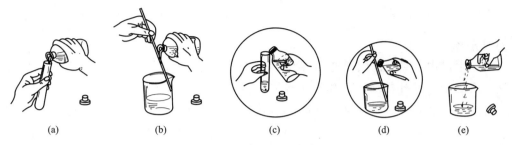

图 2-4　用倾注法取用液体试剂
(a) 将液体试剂倾入试管中；(b) 将液体试剂倾入烧杯中；
(c)、(d) 将瓶口在试管口或玻璃棒上靠一下；(e) 错误操作

滴瓶上的滴管只能配套使用，不能随意调换。使用后应立即放回原瓶中，不可乱放，以免沾污或拿错。

用胶帽吸取溶液后，应始终保持胶帽朝上，不能平持或斜拿，以防试液流入胶帽，腐蚀胶帽并玷污试剂。胶帽用后，应将剩余的溶液挤回滴瓶中。

【注意】不能捏着胶帽将滴管放回滴瓶，以免其中充满试剂。

滴定分析是通过标准溶液的用量和浓度，计算出试液中被测组分的含量。因此，正确配制标准溶液，准确标定其浓度，对于提高滴定分析的准确度具有非常重要的意义。

### 2.2.2　标准溶液浓度的表示方法

滴定分析所用标准溶液的浓度通常用物质的量浓度表示。**物质的量浓度**（$c$）简称浓度。若物质 A 作为溶质，则其物质的量浓度 $c_A$ 定义为溶液中所含 A 的物质的量 $n_A$ 与溶液的体积 $V$ 之比，单位是 mol/L。

$$c_A = \frac{n_A}{V} \tag{2-1}$$

按照国际单位制（SI）和我国法定单位制，物质的量的单位是摩尔（mol）。摩尔是一系统的物质的量，该系统中所含的基本单元数与 0.012kg $^{12}$C 的原子数目相等。在使用摩尔作计量单位时，基本单元应予指明，可以是原子、分子、离子、电子及其他粒子，或是这些粒子的特定组合。因此，在表示物质的量、物质的量浓度和摩尔质量时，同时必须指明基本单元。

在滴定分析中，为了便于计算分析结果，规定了标准溶液和被测物质选取基本单元的原则：酸碱反应以给出或接受一个 $H^+$ 的特定组合作为基本单元；氧化还原反应以给出或接受一个电子的特定组合作为基本单元；EDTA 配位反应和卤化银沉淀反应通常以参与反应物质的分子或离子作为基本单元。依据这些规定，常用标准溶液物质的量浓度的含义就可以确定下来了。例如：

$c(NaOH) = 0.50 mol/L$，表示每升溶液中含有 0.50mol NaOH（约 20g），基本单元是 NaOH 分子。

$c\left(\frac{1}{2}H_2SO_4\right) = 1.000 mol/L$，表示每升溶液中含有 $H_2SO_4$ 49.04g，基本单元是 $H_2SO_4$ 分子的二分之一。

$c\left(\dfrac{1}{5}KMnO_4\right)=0.1000mol/L$,表示每升溶液中含 $KMnO_4$ 3.16g,基本单元是 $KMnO_4$ 分子的五分之一。

在实际生产中,对大批试样进行某组分的例行分析,有时常采用滴定度表示标准溶液浓度。滴定度是指每毫升标准溶液相当于被测组分的质量,用 $T_{被测组分/滴定剂}$ 表示。例如,用 $K_2Cr_2O_7$ 标准溶液测定铁含量时,$T_{Fe/K_2Cr_2O_7}=0.5028mg/mL$ 表示 1mL $K_2Cr_2O_7$ 标准溶液可将 0.5028mg $Fe^{2+}$ 氧化成 $Fe^{3+}$。用这个滴定度乘以滴定用去的标准溶液的体积 $V$ (mL),即 $m=TV$,就可以很快得到分析结果。

### 2.2.3 标准溶液的配制

标准溶液的配制一般有两种方法。

(1) 直接法

准确称取一定量的纯物质,溶解后在容量瓶中准确稀释至一定体积,根据物质的质量和溶液的体积可直接计算出该标准溶液的准确浓度。例如:配制 $c\left(\dfrac{1}{6}K_2Cr_2O_7\right)=0.1mol/L$ 的 $K_2Cr_2O_7$ 溶液 250mL,首先称取优级纯试剂 $K_2Cr_2O_7$ 1.2~1.3g(称准至 0.0001g),溶于水后定量地转移到 250mL 容量瓶中,用水稀释至刻度。根据称量的准确质量和溶液体积,计算出溶液的准确浓度。

用直接法配制标准溶液的物质必须符合下列条件:

① 具有足够的纯度,一般要求纯度在 99.95% 以上,而杂质含量不应影响分析结果的准确度;

② 物质的组成与其化学式完全符合,若含结晶水,结晶水的量也必须与化学式相符;

③ 性质稳定,例如在空气中不吸收水和 $CO_2$,贮存时不被空气中的氧所氧化,在烘干时不分解等;

④ 具有较大的摩尔质量,使称量相对偏差较小;

⑤ 使用时易溶解。

符合这些条件的物质称为**基准物质**或基准试剂。常用的基准物质有无水 $Na_2CO_3$、NaCl、KCl、$K_2Cr_2O_7$ 和 $KHC_8H_4O_4$ 等。基准物质使用之前一般需经过干燥处理。表 2-2 列出了一些常用基准物质的干燥条件和应用范围。

表 2-2 常用基准物质的干燥条件和应用范围

| 基准物质 | | 干燥后的组成 | 干燥条件/℃ | 标定对象 |
|---|---|---|---|---|
| 名 称 | 化学式 | | | |
| 碳酸氢钠 | $NaHCO_3$ | $Na_2CO_3$ | 270~300 | 酸 |
| 无水碳酸钠 | $Na_2CO_3$ | $Na_2CO_3$ | 270~300 | 酸 |
| 硼砂 | $Na_2B_4O_7 \cdot 10H_2O$ | $Na_2B_4O_7 \cdot 10H_2O$ | 放在装有 NaCl 和蔗糖饱和溶液的干燥器中 | 酸 |
| 邻苯二甲酸氢钾 | $KHC_8H_4O_4$ | $KHC_8H_4O_4$ | 105~110 | 碱 |
| 二水合草酸 | $H_2C_2O_4 \cdot 2H_2O$ | $H_2C_2O_4 \cdot 2H_2O$ | 室温空气干燥 | 碱或 $KMnO_4$ |
| 重铬酸钾 | $K_2Cr_2O_7$ | $K_2Cr_2O_7$ | 120 | 还原剂 |
| 溴酸钾 | $KBrO_3$ | $KBrO_3$ | 130 | 还原剂 |
| 三氧化二砷 | $As_2O_3$ | $As_2O_3$ | 室温干燥器中 | 氧化剂 |
| 草酸钠 | $Na_2C_2O_4$ | $Na_2C_2O_4$ | 130 | 氧化剂 |
| 碳酸钙 | $CaCO_3$ | $CaCO_3$ | 110 | EDTA |

续表

| 基准物质 | | 干燥后的组成 | 干燥条件/℃ | 标定对象 |
| --- | --- | --- | --- | --- |
| 名 称 | 化 学 式 | | | |
| 氧化锌 | ZnO | ZnO | 800 | EDTA |
| 氯化钠 | NaCl | NaCl | 500~600 | $AgNO_3$ |
| 氯化钾 | KCl | KCl | 500~600 | $AgNO_3$ |

用来配制标准溶液的物质大多数不能满足基准物质的条件。如 NaOH 极易吸收空气中的 $CO_2$ 和水分；浓 HCl 易挥发；$KMnO_4$、$Na_2S_2O_3$ 都含有少量杂质，且溶液不稳定。因此对于这一类物质必须采用标定法配制。

(2) 标定法 (又称间接法)

将试剂先配成近似所需浓度的溶液，再用基准物质或已知浓度的标准溶液来测定它的准确浓度。

① 用基准物质标定　称取一定量的基准物质，溶解后用配制的溶液滴定，根据基准物质的质量和滴定时所消耗配制溶液的体积，求出该溶液的准确浓度。这种利用基准物质来确定标准溶液准确浓度的操作过程称为"标定"。例如：欲配制浓度为 0.1mol/L 的 HCl 溶液，先量取适量浓 HCl 稀释，配成浓度大约为 0.1mol/L 的盐酸溶液，然后准确称取一定量的基准物质 ($Na_2CO_3$ 或 $Na_2B_4O_7 \cdot 10H_2O$) 进行标定，根据化学计量点时 HCl 溶液的用量和基准物质的质量，可求出 HCl 溶液的准确浓度。

② 与标准溶液比较　准确移取一定量的待标定溶液，用已知浓度的标准溶液滴定；或者反过来，准确移取一定量的标准溶液，用待标定溶液滴定。根据化学计量点时两种溶液所消耗的体积和标准溶液的浓度，就可求出待标定标准溶液的准确浓度。这种用标准溶液来测知待标定溶液准确浓度的操作称为"比较"。例如，欲确定 0.1mol/L 的 HCl 溶液的准确浓度，可以用已知准确浓度的 NaOH 标准溶液进行比较。这样也可求得 HCl 标准溶液的准确浓度，很显然，比较法不如直接标定法可靠。

### 2.2.4　分析用水要求及检验

#### 2.2.4.1　分析实验室用水要求

分析工作中经常会用到水，根据用途不同，实验室用水对水质的要求也不同。GB/T 6682—2008《分析实验室用水规格和试验方法》将适用于化学分析和无机痕量分析等的实验用水分为一级、二级、三级三个级别，其要求见表 2-3。

表 2-3　实验室用水要求

| 项　目 | | 一　级 | 二　级 | 三　级 |
| --- | --- | --- | --- | --- |
| pH 范围(25℃) | | — | — | 5.0~7.5 |
| 电导率(25℃)/(mS/m) | ≤ | 0.01 | 0.10 | 0.50 |
| 可氧化物质(以 O 计)/(mg/L) | ≤ | — | 0.08 | 0.40 |
| 吸光度(254nm,1cm 光程) | ≤ | 0.001 | 0.01 | — |
| 蒸发残渣(105℃±25℃)/(mg/L) | ≤ | — | 1.0 | 2.0 |
| 可溶性硅(以 $SiO_2$ 计)/(mg/L) | ≤ | 0.01 | 0.02 | — |

注：1. 由于在一级水、二级水的纯度下，难于测定其真实的 pH，因此，对一级水、二级水的 pH 范围不作规定。

2. 由于在一级水的纯度下，难于测定可氧化物质和蒸发残渣，因此对其限量不作规定。可用其他条件和制备方法来保证一级水的质量。

一级水通常用于有严格要求的分析实验,包括对颗粒有要求的实验,如高效液相色谱分析用水;二级水通常用于无机痕量分析等实验,如原子吸收光谱分析用水;三级水通常用于一般化学分析实验。按国家标准规定,标准滴定溶液及化学实验中所用的制剂及制品的制备所用的水要保证在三级以上,杂质测定用标准溶液的制备用水要保证在二级以上。

普通自来水是将天然水经过初步净化处理制得的,仍然含有各种杂质,只能用于初步洗涤仪器及作水浴等方面。而要用于配制溶液等分析工作,必须通过适当的方法将其进一步纯化。经纯化后可以满足分析实验工作要求的水称为分析实验室用水,为了叙述方便,也常将其简称为纯水。

#### 2.2.4.2 分析实验室用水的检验

分析实验室用水检验分标准检验法和一般检验法。标准检验法严格但很费时,一般化验工作用的纯水可用测定电导率和化学检验法进行检验。

(1) 电导率检验法

在外加电场作用下,水中的杂质离子能发生定向移动而导电,其导电能力与水中杂质离子的数量有关。杂质离子越多,水的纯度越低,电导率越高;反之,电导率越低。所以通过电导率的测定,可以检验纯水中杂质离子的含量。

【注意】取水样后要立即测定,注意避免空气中的二氧化碳溶于水中使水的电导率增大。测量用的电导仪和电导池应定期进行检定。目前大部分的制水设备已可以实现在线自动检测电导率功能,可随时检测产水质量。

(2) 化学检验法

① 阳离子的检验 取水样 10mL 于试管中,加入 2~3 滴氨-氯化铵缓冲溶液(pH=10)、2~3 滴铬黑 T 指示剂。如果水呈现蓝色,表明无金属阳离子;若水呈现紫红色,表明含有阳离子。

② 氯离子的检验 取水样 10mL 于试管中,加入数滴硝酸银水溶液(将 1.7g 硝酸银溶于水中,加浓硝酸 4mL,用水稀释至 100mL),摇匀,在黑色背景下观察溶液,若溶液无色透明,表明无氯离子存在;若溶液出现白色浑浊,说明水中尚有氯离子存在。

【注意】如硝酸银溶液未经硝酸酸化,加入水中可能出现白色或变为棕色沉淀,这是氢氧化银或碳酸银造成的。

③ pH 的检验 pH 的检验采取指示剂法。

首先取水样 10mL 于试管中,加甲基红指示剂 2 滴,应不显红色。另取一试管,取水样 10mL,加溴麝香草酚蓝指示剂 5 滴,不显蓝色即符合要求。

用于测定微量硅、磷等的纯水,应该先对水进行空白试验,才可应用于配制试剂。

## 2.3 滴定分析计算

### 2.3.1 计算原则——等物质的量反应规则

滴定分析的计算原则是**等物质的量反应规则**。这个规则是指对于一定的化学反应,如选择适当的基本单元,那么在任何时刻所消耗的反应物的物质的量均相等。在滴定分析中,可以根据具体反应选用适当的基本单元。这样,在滴定达到化学计量点时,待测物质的物质的量 $n_B$ 与标准溶液的物质的量 $n_A$ 相等。这就是等物质的量反应规则,可表示为:

$$n_A = n_B \tag{2-2}$$

也可表示成 $n(A) = n(B)$，下角标或后面括弧中指明的是基本单元。

例如，用 NaOH 标准溶液滴定 $H_2SO_4$ 溶液时，反应方程式为：

$$H_2SO_4 + 2NaOH = Na_2SO_4 + 2H_2O$$

按照选取基本单元的原则，在该反应中，一分子 $H_2SO_4$ 给出 2 个 $H^+$，应以 $\frac{1}{2}H_2SO_4$ 为基本单元；一分子 NaOH 接受一个 $H^+$，其基本单元就是化学式。显然，参加反应的 $H_2SO_4$ 的物质的量 $n\left(\frac{1}{2}H_2SO_4\right)$ 等于参加反应的 NaOH 的物质的量 $n(NaOH)$，即 $n_A = n_B$。

**【注意】** $n_A = n_B$ 为滴定分析计算的基础公式，在不同的情况下有不同的公式。

### 2.3.2 计算示例

(1) 两种溶液之间

若 $c_A$、$c_B$ 分别代表滴定剂 A 和待测组分 B 两种溶液的物质的量浓度（mol/L），$V_A$、$V_B$ 分别代表两种溶液的体积（L），则当反应到达化学计量点时：

$$n_A = n_B$$

根据物质的量浓度的定义 $c = n/V$，有

$$c_A V_A = c_B V_B \tag{2-3}$$

或表示成

$$c(A)V(A) = c(B)V(B)$$

**【注意】** 由于等式两侧的物理量相同，所以体积单位只要相同即可，而不必一定转换成升（L）。

**【例 2-1】** 滴定 25.00mL NaOH 溶液，需用 $c\left(\frac{1}{2}H_2SO_4\right) = 0.2500$ mol/L 的 $H_2SO_4$ 溶液 26.50mL，求 NaOH 溶液的物质的量浓度。

**解** 滴定反应式为：

$$H_2SO_4 + 2NaOH = Na_2SO_4 + 2H_2O$$

上式中，$H_2SO_4$ 失去 2 个 $H^+$，因此选取 $\frac{1}{2}H_2SO_4$ 作为硫酸的基本单元；而 NaOH 接受一个 $H^+$，因此 NaOH 的基本单元就是其化学式。

由 $c(A)V(A) = c(B)V(B)$ 得

$$c\left(\frac{1}{2}H_2SO_4\right)V(H_2SO_4) = c(NaOH) \cdot V(NaOH)$$

则

$$c(NaOH) = \frac{0.2500 \times 26.50}{25.00} = 0.2650 \text{(mol/L)}$$

式(2-3)也适用于某种溶液被稀释的计算。虽然稀释前后浓度发生了变化，但溶质物质的量未变。

**【例 2-2】** 现有 2000mL 浓度为 0.1024mol/L 的某标准溶液，欲将其浓度恰调整为 0.1000mol/L，问需加入多少毫升水？

**解** 利用式(2-3)，下角标 A、B 分别代表稀释前后溶液的两种状态。

设应加水 $V(H_2O)$，则

$$V_B = V_A + V(H_2O)$$
$$c_A V_A = c_B [V_A + V(H_2O)]$$

$$0.1024 \times 2000 \times 10^{-3} = 0.1000 \times [2000 + V(H_2O)] \times 10^{-3}$$

得
$$V(H_2O) = 48.00 \text{ (mL)}$$

(2) 溶液与固体物质之间

若 $m_B$、$M_B$ 分别代表物质 B 的质量(g) 和摩尔质量 (g/mol)，则 B 的物质的量为：

$$n_B = \frac{m_B}{M_B} \tag{2-4}$$

当 B 与滴定剂反应完全时，有

$$c_A V_A = \frac{m_B}{M_B} \tag{2-5}$$

或表示成
$$c(A)V(A) = \frac{m(B)}{M(B)}$$

**【例 2-3】** 选用草酸 ($H_2C_2O_4 \cdot 2H_2O$) 作基准物质，标定浓度约为 0.2 mol/L 的 NaOH 溶液的准确浓度。今欲控制消耗 NaOH 溶液体积在 25 mL 左右，应称取基准物质的质量为多少克？

**解** 反应式为：
$$H_2C_2O_4 + 2NaOH == Na_2C_2O_4 + 2H_2O$$

因为草酸在反应中失去两个 $H^+$，故其基本单元为 $\frac{1}{2}(H_2C_2O_4 \cdot 2H_2O)$，而 NaOH 接受一个 $H^+$，因此 NaOH 的基本单元就是其化学式。

根据 $c(A) \cdot V(A) = \frac{m(B)}{M(B)}$ 得

$$c(NaOH)V(NaOH) = \frac{m(H_2C_2O_4 \cdot 2H_2O)}{M\left[\frac{1}{2}(H_2C_2O_4 \cdot 2H_2O)\right]}$$

$$m(H_2C_2O_4 \cdot 2H_2O) = c(NaOH)V(NaOH)M\left[\frac{1}{2}(H_2C_2O_4 \cdot 2H_2O)\right]$$

$$= 0.2 \times 25 \times 10^{-3} \times \frac{1}{2} \times 126.07 = 0.32 \text{ (g)}$$

式(2-5) 还适用于根据所需溶液的浓度和体积计算溶质的质量；根据基准物质的质量和被标定溶液所消耗的体积计算标准溶液的浓度。在后一种情况下，B 代表基准物质，A 代表被标定的溶液。

**【例 2-4】** 欲配制 $c\left(\frac{1}{6}K_2Cr_2O_7\right) = 0.1000$ mol/L 的 $K_2Cr_2O_7$ 标准溶液 250.00 mL，应称取基准 $K_2Cr_2O_7$ 多少克？

**解** 按式(2-5) 有

$$c\left(\frac{1}{6}K_2Cr_2O_7\right)V(K_2Cr_2O_7) = \frac{m(K_2Cr_2O_7)}{M\left(\frac{1}{6}K_2Cr_2O_7\right)}$$

$$m(K_2Cr_2O_7) = c\left(\frac{1}{6}K_2Cr_2O_7\right)V(K_2Cr_2O_7)M\left(\frac{1}{6}K_2Cr_2O_7\right)$$

$$= 0.1000 \times 250.00 \times 10^{-3} \times 49.03$$

$$= 1.226 \text{ (g)}$$

【例2-5】 用基准 $Na_2C_2O_4$ 标定 $KMnO_4$ 溶液。称取 $0.2045g\ Na_2C_2O_4$，溶于水后加入适量 $H_2SO_4$ 酸化，然后用 $KMnO_4$ 溶液滴定，用去 $28.64mL$。求 $KMnO_4$ 溶液的物质的量浓度。

**解** 滴定反应为：

$$2MnO_4^- + 5C_2O_4^{2-} + 16H^+ = 2Mn^{2+} + 10CO_2\uparrow + 8H_2O$$

反应中一分子 $Na_2C_2O_4$ 给出 2 个电子，基本单元为 $\frac{1}{2}Na_2C_2O_4$。按式(2-5) 有

$$c\left(\frac{1}{5}KMnO_4\right) \cdot V(KMnO_4) = \frac{m(Na_2C_2O_4)}{M\left(\frac{1}{2}Na_2C_2O_4\right)}$$

则

$$c\left(\frac{1}{5}KMnO_4\right) = \frac{0.2045}{28.64\times10^{-3}\times\frac{1}{2}\times134.0}$$

$$= 0.1066(mol/L)$$

(3) 待测组分的质量分数

设试样质量为 $m$，则试样中 B 的质量分数为：

$$w_B = \frac{m_B}{m} = \frac{c_A V_A M_B}{m} \tag{2-6}$$

或表示成

$$w(B) = \frac{c(A) \cdot V(A) \cdot M(B)}{m}$$

或试样溶液体积为 $V$，则试样中 B 的质量浓度（g/L）为：

$$\rho_B = \frac{m_B}{V} = \frac{c_A V_A M_B}{V} \tag{2-7}$$

或

$$\rho(B) = \frac{c(A) \cdot V(A) \cdot M(B)}{V}$$

【注意】 物质的量浓度（$c_A$）和摩尔质量（$M_B$）的下角标或后面括弧中指明的是基本单元；而溶液的体积（$V_A$）、纯物质的质量（$m_B$）、质量分数（$w_B$）及质量浓度 $\rho_B$ 的下角标或后面括弧中标明的是相应物质的化学式。

【例2-6】 $0.2497g\ CaO$ 试样溶于 $25.00mL\ c(HCl)=0.2803mol/L$ 的 HCl 溶液中，剩余酸用 $c(NaOH)=0.2786mol/L\ NaOH$ 标准溶液返滴定，消耗 $11.64mL$，求该试样中 CaO 的质量分数。

**解**

$$CaO + 2H^+ = Ca^{2+} + H_2O$$

由反应可知，CaO 的基本单位取 $\frac{1}{2}CaO$，则

$$w(CaO) = \frac{[c(HCl)V(HCl) - c(NaOH)V(NaOH)]M\left(\frac{1}{2}CaO\right)}{m}$$

$$= \frac{(0.2803 \times 25.00 \times 10^{-3} - 0.2786 \times 11.64 \times 10^{-3}) \times \frac{1}{2} \times 56.08}{0.2497}$$

$$= 0.4227$$

在分析实践中，有时不是滴定全部试样溶液，而是取其中一部分进行滴定。这种情况应将 $m$ 或 $V$ 乘以适当的分数。如将质量为 $m$ 的试样溶解后定容为 250.00mL，取 25.00mL 进行滴定，则每份被滴定的试样质量应是 $m \times \frac{25}{250}$。如果滴定试液做了空白试验，则式(2-5)、式(2-6) 和式(2-7) 中的 $V_A$ 应减去空白值。

**【例 2-7】** 称取 $Na_2CO_3$ 试样 2.0211g，以水定容于 250.00mL 容量瓶中，摇匀。用移液管吸取 25.00mL，用 $c(HCl) = 0.2020$ mol/L 的标准溶液滴定至终点，消耗标准溶液 17.80mL，求该试样中 $Na_2CO_3$ 的质量分数。

**解** 
$$Na_2CO_3 + 2HCl = 2NaCl + CO_2\uparrow + H_2O$$

由反应式可知，$Na_2CO_3$ 的基本单元为 $\frac{1}{2}Na_2CO_3$。实际被滴定的试样质量为 $m \times \frac{25}{250}$，于是

$$w(Na_2CO_3) = \frac{c(HCl)V(HCl)M\left(\frac{1}{2}Na_2CO_3\right)}{m \times \frac{25}{250}}$$

$$= \frac{0.2020 \times 17.80 \times 10^{-3} \times \frac{1}{2} \times 106.00}{2.0211 \times \frac{25}{250}}$$

$$= 0.9429$$

（4）滴定度与物质的量浓度之间的换算

滴定度是指 1mL 标准溶液相当于待测物质的质量，以 $T$ 表示。当式(2-5) 中的 $V_A = 1$mL 时，所得的 $m_B$ 即为滴定度，可写成 $T_{B/A}$。因此，当取 $V_A = 1$mL 时：

$$c_A V_A = \frac{m_B}{M_B}$$

可写成
$$c_A \times 1 \times 10^{-3} = \frac{T_{B/A}}{M_B}$$

则
$$T_{B/A} = c_A M_B \times 10^{-3} \tag{2-8}$$

或表示成
$$T_{B/A} = c(A)M(B) \times 10^{-3}$$

**【例 2-8】** 求浓度为 0.1015mol/L 的 HCl 溶液对 $NH_3$ 的滴定度 $T_{NH_3/HCl}$。

**解** 反应式为：

$$HCl + NH_3 = NH_4Cl$$

在上式中，HCl 失去 1 个 $H^+$，而 $NH_3$ 接受一个 $H^+$，因此 HCl 和 $NH_3$ 的基本单元就是其化学式。

$$T_{NH_3/HCl} = c(HCl) \cdot M(NH_3) \times 10^{-3} = 0.1015 \times 17.03 \times 10^{-3} = 0.001729 (g/mL)$$

### 分析人员的环境安全意识

现代生活离不开化学。化学工业的迅速发展给人类社会带来了文明与进步，同时也带来了负面影响——环境污染。

分析工作人员应当具有实验室安全知识和强烈的环境意识。减少污染、保护环境、创建无污染实验室是每一个分析人员的责任和义务。分析人员要通过查阅手册，了解所使用的化学试剂、新合成的化学物质、所用原料及产品的毒性。贮存化学药品时，要注意毒物的相加、相乘作用。例如盐酸和甲醛，本来盐酸是实验室常用的化学试剂，具有挥发性，但将两种化学试剂贮存在一个药品柜中，就会在空气中合成极少量的氯甲醚，而氯甲醚是致癌物质。随着环境科学、职业医学、工业毒理学的毒性研究日益深入，有毒化学品新的名单在不断填充，因此分析人员及时掌握这一信息，了解化合物毒性的新观点新认识，对于做好中毒预防及保护环境至关重要。

此外，化学实验给环境带来的污染问题是不容忽视的，必须重视对污染物的正确处理。排放废弃物时，一方面要遵守各项法令法规的要求，另一方面要考虑到对自然环境和人体健康的危害，不能随意排放实验室的废弃物，特别是化学废弃物，即便是数量甚微，在排放前也必须进行适当的处理。作为分析工作人员要养成收集废弃物的习惯，并掌握每一种废弃物的处理方法。当然，随着废液组成的变化和环境的改变，处理方法也将随着发生改变，这就要求实验人员不断学习，研究出更合理、更实用的处理方法。

1. 滴定分析是最重要的化学分析法，只有按一定的化学计量关系进行完全的化学反应才能用于滴定分析，且反应速率要快，有适当方法确定滴定终点。包括：

$$\begin{cases} 酸碱滴定法 \\ 配位滴定法 \\ 氧化还原滴定法 \\ 沉淀滴定法 \end{cases}$$

根据被测定组分的性质，选择一种适用的滴定分析法。方法确定之后，另一项重要的工作是配制准确浓度的标准溶液，其配制方法有两种：

$$\begin{cases} 直接配制法 \\ 间接配制法 \end{cases}$$

然后取一定量的试样溶液，加入适当指示剂，用标准溶液滴定到化学计量点。根据试样量、消耗标准溶液的体积和浓度，计算被测组分的含量。

2. 了解分析实验室用水要求及其检验方法。
3. 滴定分析的计算原则和应用

按照等物质的量反应规则，首先应正确选取物质的基本单元：

（1）酸碱反应以给出或接受一个 $H^+$ 的特定组合作为基本单元；

（2）氧化还原反应以给出或接受一个电子的特定组合作为基本单元；

（3）EDTA 配位反应和卤化银沉淀反应，通常以参与反应物质的分子或离子作为基本单元。

在这个前提下，被测组分物质的量（$n_B$）与滴定剂物质的量（$n_A$）必然相等。由此得出两个基本关系式：

$$c_A V_A = c_B V_B \qquad \text{（两个溶液之间）}$$

$$c_A V_A = \frac{m_B}{M_B} \qquad \text{（溶液与纯物质之间）}$$

其他计算公式都可由这两个基本关系式推导而出，并主要用于以下计算：

① 应用于标准溶液浓度的计算，如直接配制、标定计算、稀释计算以及浓度换算等。

② 应用于滴定试样分析结果的计算，如试样中被测组分质量、质量分数和质量浓度、物质的量浓度和滴定度之间的换算等。

4. 通过滴定实验，练习掌握滴定操作，学习观察和判断滴定终点的方法。

### 思考与实践

**1. 填空题**

（1）用于滴定分析的反应，应具备的主要条件有_____；_____；_____；且溶液中无干扰杂质存在。

（2）滴定分析的方法，根据反应类型的不同，分为_____法、_____法、_____法与_____法等四种。

（3）在滴定过程中，指示剂正好发生颜色变化的_____，亦即滴定操作的终止点，称为_____。

（4）先用_____标准溶液与被测组分反应，反应完全后再以另一标准溶液滴定_____，由_____用量之差求出被测组分含量的方法叫返滴定法。

（5）使用摩尔时，基本单元应予指明，可以是_____、电子及其他粒子，或是这些粒子的_____，后者一般是根据_____进行分割或组合的。

（6）以_____表示的浓度称为滴定度，它通常以_____为符号，单位为_____。

（7）在下列反应中，应取的基本单元为：$Mg(OH)_2$ 是_____；$CaCO_3$ 是_____；$KBrO_3$ 是_____；KI 是_____。

$$Mg(OH)_2 + HCl =\!\!= Mg(OH)Cl + H_2O \qquad CaCO_3 + 2HCl =\!\!= CaCl_2 + CO_2\uparrow + H_2O$$

$$BrO_3^- + 6Cu^+ + 6H^+ =\!\!= Br^- + 6Cu^{2+} + 3H_2O \qquad Ag^+ + I^- =\!\!= AgI\downarrow$$

（8）根据以下相应的反应产物，判断反应物应取的基本单元：$NaHC_2O_4$ 为_____；$KHC_2O_4$ 为_____；$KHC_2O_4 \cdot H_2C_2O_4 \cdot 2H_2O$ 为_____；$Na_2C_2O_4$ 为_____。

$$NaHC_2O_4 \longrightarrow Na_2C_2O_4 \qquad KHC_2O_4 \longrightarrow CO_2$$

$$KHC_2O_4 \cdot H_2C_2O_4 \cdot 2H_2O \longrightarrow CO_2 \qquad Na_2C_2O_4 \longrightarrow CaC_2O_4\downarrow$$

（9）两种溶液之间进行反应时，适用的计算公式为_____；将浓溶液稀释成稀溶液时的计算公式为_____。

(10) 直接法制备标准溶液,是准确称取_____,溶解后准确配成_____的溶液,再根据_____计算出其准确浓度。

## 2. 单选题

(1) 滴定分析用标准溶液是(　　)。
　　A. 确定了浓度的溶液　　　　　　B. 用基准试剂配制的溶液
　　C. 用于滴定分析的溶液　　　　　D. 浓度以 $c\left(\dfrac{1}{Z}B\right)$ 表示

(2) 标准溶液与被测组分定量反应完全,即二者的计量比与反应式所表示的化学计量关系恰好相符时,反应就达到了(　　)。
　　A. 化学计量点　　　B. 理论终点　　　C. 滴定终点

(3) 物质的量浓度又可称为(　　)。
　　A. 浓度　　　B. 量浓度　　　C. 物质的浓度

(4) 终点误差的产生是由于(　　)。
　　A. 滴定终点与化学计量点不符　　　B. 滴定反应不完全
　　C. 试样不够纯净　　　　　　　　　D. 滴定管读数不准确

(5) 将浓溶液稀释为稀溶液时,或用固体试剂配制溶液时,以下说法错误的是(　　)。
　　A. 稀释前后溶质的质量不变　　　　B. 稀释前后溶质的质量分数不变
　　C. 稀释前后溶质的物质的量不变　　D. 稀释前后试剂的质量改变

## 3. 判断题

(1) 滴定分析中,滴定终点一定是化学计量点。(　　)

(2) 化学试剂选用的原则应是在满足检验要求的前提下,尽量选用低级别的试剂。分析检验一般选用试剂不应低于优级纯。(　　)

(3) 取用试剂可以超过指定用量,多取的试剂再倒回原瓶。(　　)

(4) 剧毒试剂如氰化钾应贮存在保险柜中,并由专人保管,用时严格登记。(　　)

(5) 液体试剂通常放在广口瓶或带有滴管的滴瓶中。(　　)

(6) 滴定分析所用标准溶液的浓度通常用物质的量浓度表示。(　　)

(7) 标准溶液的配制中,直接法是将试剂先配成近似所需浓度的溶液,再用基准物质或已知浓度的标准溶液来测定它的准确浓度。(　　)

(8) 基准物质要求具有足够的纯度,一般要求纯度在99.95%以上,而杂质含量不应影响分析结果的准确度。(　　)

(9) 标准滴定溶液及化学实验中所用的制剂及制品的制备所用的水要保证在三级以上。(　　)

(10) 滴定分析的计算原则是等物质的量反应规则。(　　)

## 4. 计算题

(1) 有 NaOH 溶液,其浓度 $c(NaOH)=0.5450\text{mol/L}$,问取该溶液 100mL,需加水多少毫升可配成 $c(NaOH)=0.5000\text{mol/L}$ 的溶液?

(2) 欲配制 $c\left(\dfrac{1}{2}Na_2CO_3\right)=0.2000\text{mol/L}$ 的 $Na_2CO_3$ 溶液 1000.0mL,问应称取 $Na_2CO_3$ 基准物质多少克?

(3) 用 $c(NaOH)=0.1072\text{mol/L}$ 的 NaOH 标准溶液滴定 30.00mL HCl 溶液至终点,用去 31.43mL,求 HCl 溶液的浓度 $c(HCl)$。

(4) 欲制备 $c\left(\dfrac{1}{2}H_2SO_4\right)=0.2000\text{mol/L}$ 的 $H_2SO_4$ 溶液 1000.0mL,问需取 $c\left(\dfrac{1}{2}H_2SO_4\right)=0.5172\text{mol/L}$ 的 $H_2SO_4$ 溶液多少毫升?

(5) 用 $c(NaOH)=0.1062\text{mol/L}$ 的 NaOH 标准溶液滴定 25.00mL HCl 溶液至终点,用去 26.18mL,求 HCl 溶液的物质的量浓度 $c(HCl)$ 和质量浓度 $\rho(HCl)$。

(6) 已知浓盐酸的密度 $\rho$ 为 1.19g/mL,其中含 HCl 约 37%,求 HCl 的物质的量浓度。欲配制 1L 浓度为 0.2mol/L 的 HCl 溶液,应取浓盐酸多少毫升?

(7) 取 $Na_2CO_3$ 试样 0.1510g,用 $c(HCl)=0.1201\text{mol/L}$ HCl 标准溶液滴定,用去 23.14mL,求该样中 $Na_2CO_3$ 的质量分数。

(8) 取 0.4298g $BaCO_3$ 试样溶于 25.00mL $c(HCl)=0.2500\text{mol/L}$ 的 HCl 溶液,剩余的 HCl 以 $c(NaOH)=0.2000\text{mol/L}$ 的 NaOH 溶液返滴定,消耗 10.58mL,计算该样中 $BaCO_3$ 的质量分数。

(9) 称取工业草酸 $(H_2C_2O_4 \cdot 2H_2O)$ 1.678g,溶解于 250mL 容量瓶中,移取 25.00mL,以 0.1044mol/L NaOH 溶液滴定,消耗 24.66mL,求工业草酸的纯度。

(10) 取石灰石样品 0.3000g,加入 25.00mL $c(HCl)=0.2500\text{mol/L}$ 的 HCl 溶液,煮沸除去 $CO_2$ 后,用 $c(NaOH)=0.2000\text{mol/L}$ 的 NaOH 溶液回滴,用去 5.84mL。求样品中 $CaCO_3$ 的质量分数。若折算成 CaO,其质量分数是多少?

(11) 为了配制滴定度 $T_{Fe/K_2Cr_2O_7}=0.005000\text{g/mL}$ 的 $K_2Cr_2O_7$ 溶液 1L,需称取基准物质 $K_2Cr_2O_7$ 多少克?滴定反应为:

$$Cr_2O_7^{2-}+6Fe^{2+}+14H^+ == 2Cr^{3+}+7H_2O+6Fe^{3+}$$

# 3. 酸碱滴定法

### 学习指南

酸碱滴定法是滴定分析中的一类重要的分析方法。通过本章内容的学习，可以掌握酸碱滴定分析方法在实际中的应用。通过利用酸碱滴定分析方法，结合多种滴定分析方式及计算方法，进行分析测定，可以解决在酸碱滴定分析领域中所遇到的诸如酸碱标准溶液的浓度、各种物质的含量测定等各种问题。

要学好本章内容，需要在头脑中建立平衡的概念，注意用平衡移动的观点理解酸碱滴定中各种溶液 pH 的变化。在此基础上，掌握确定不同类型酸碱滴定突跃范围的方法，并以此为根据，依据指示剂的变色范围及指示剂的选择原则进行酸碱滴定。但是由于被测物质种类各不相同，应注意采用不同的滴定方式。同时，要进一步巩固滴定分析的计算方法，使其能熟练地运用到酸碱滴定的计算中。

### 学习要求

掌握各种不同情况下溶液 pH 的计算方法；
掌握不同类型酸碱滴定的突跃范围和化学计量点的 pH 计算方法；
掌握酸碱指示剂的选择原则和不同类型的酸碱滴定的滴定条件；
掌握常见的酸碱标准溶液的配制和标定方法；
掌握常见物质的测定方法和有关计算；
了解酸碱指示剂的作用原理及变色范围；
了解缓冲溶液的缓冲原理、性质和配制方法。

酸碱滴定法又称中和滴定法，是以酸碱中和反应为基础进行滴定的分析方法。其反应的实质是 $H^+$ 和 $OH^-$ 发生中和反应，生成难电离的水。

$$H^+ + OH^- \Longrightarrow H_2O$$

滴定分析法要求用于滴定分析的化学反应应具有反应完全、定量、快速、有适当方法指示滴定终点等特点，大多数的酸碱反应都能满足这些要求，因此，一般的酸、碱及能与酸、碱直接或间接发生反应的物质，几乎都能用酸碱滴定法进行测定，所以，酸碱滴定法是滴定分析中最重要的方法之一。

## 3.1 水溶液中的酸碱电离平衡

### 3.1.1 酸碱水溶液的电离平衡

要正确地运用酸碱滴定法进行分析测定，必须首先了解水溶液中酸碱的电离平衡以及滴定过程中溶液酸碱性的变化情况。

强酸、强碱等强电解质在水溶液中是完全电离的，而弱电解质在水溶液中则存在着电离平衡。

M3-1 强电解质与弱电解质比较

在一定条件（如温度、浓度）下，当弱电解质分子电离成离子的速度与离子重新结合成分子的速度相等时，电离过程就达到了平衡状态，叫**电离平衡**。电离平衡是一个动态平衡，当条件变化时，平衡会发生移动。

弱电解质在溶液中电离达平衡时，电离部分的离子浓度的乘积与未电离部分的分子（或离子）浓度之比，在一定温度下为一常数，称此常数为弱电解质的电离平衡常数，简称电离常数，用 $K$ 表示。电离常数的大小与温度有关，与弱电解质的最初浓度无关。通常弱酸的电离常数用 $K_a$ 表示，弱碱的电离常数用 $K_b$ 表示。$K_a$、$K_b$ 的负对数称为电离指数，常用 $pK_a$、$pK_b$ 表示（各种弱酸、弱碱的电离常数和电离指数见附录表1）。以醋酸的电离为例：

$$HAc \rightleftharpoons H^+ + Ac^-$$

达到平衡时，溶液中离子浓度不再发生变化，此时

$$K_a = \frac{[H^+][Ac^-]}{[HAc]}$$

式中，[HAc]、[Ac$^-$]、[H$^+$] 分别表示平衡时各型体的浓度。

水是一种很弱的电解质，也能电离：

$$H_2O \rightleftharpoons H^+ + OH^-$$

水的电离常数可表示为：

$$K_w = [H^+][OH^-]$$

$K_w$ 叫水的离子积常数，简称水的离子积。不仅在纯水中，在酸性或碱性的稀溶液中，[H$^+$] 和 [OH$^-$] 的乘积也是一个常数。25℃时，$K_w = 1.0 \times 10^{-14}$。

### 3.1.2 分析浓度和平衡浓度

**分析浓度**就是溶液中所含溶质的物质的量浓度，以 mol/L 为单位，以 $c$ 表示。

**平衡浓度**指在平衡状态时，溶液中存在的各型体的物质的量浓度，以 mol/L 为单位，用 [ ] 表示。以 HAc 为例：

$$HAc \rightleftharpoons H^+ + Ac^-$$

醋酸的总浓度即分析浓度 $c(HAc)$；平衡时，各种型体的浓度即平衡浓度。它们之间的关系为：

$$c(HAc) = [HAc] + [Ac^-] = [HAc] + [H^+]$$

由醋酸的电离平衡可以看出，其水溶液中的 [H$^+$] 和 $c(HAc)$ 是不同的，而只有 [H$^+$] 才能决定溶液的酸碱性。

### 3.1.3 酸的浓度和酸度

**酸的浓度**是酸的分析浓度，它包括溶液中已电离的酸和未电离的酸的总浓度。

**酸度**是指溶液中已电离的氢离子的浓度，即 [H$^+$]，其大小与酸的性质和浓度有关。

溶液酸度较小时，常以 pH 表示。

pH 是氢离子浓度的负对数，即 $pH=-\lg[H^+]$。

同理，碱的浓度为碱的分析浓度；碱度为溶液中已电离的氢氧根离子的浓度，即 $[OH^-]$，其大小与碱的性质和浓度有关。碱度较小的时候用 pOH 来表示，即 $pOH=-\lg[OH^-]$。

25℃时，无论何种水溶液，pH 和 pOH 的关系都为：

$$pH+pOH=14.00$$

## 3.2 酸碱平衡中溶液 pH 的计算

在分析化学有关组分平衡浓度的计算中，一般对计算结果准确度的要求不是很高，而且各平衡常数的测定通常也有百分之几的误差，因此计算可用近似的方法进行处理，但要求计算结果的相对误差在一定范围之内，本章一般定为 5%。

M3-2 溶液 pH 的测定方法

### 3.2.1 强酸（碱）溶液

设强酸 HA 的浓度为 $c(mol/L)$。强酸在水中完全电离：

$$HA \Longrightarrow H^+ + A^-$$

$$[H^+]=[A^-]=c$$

但是，当强酸或强碱的浓度很小时，例如小于 $10^{-7}mol/L$，这时溶液的酸度除考虑酸或碱本身电离出来的 $H^+$ 或 $OH^-$ 之外，还要考虑溶剂水电离出来的 $H^+$ 或 $OH^-$（本书不计算）。

**【例 3-1】** 求 0.10mol/L 的 HCl 溶液的 pH。

**解** HCl 是强酸，在水溶液中完全电离。

$$HCl \Longrightarrow H^+ + Cl^-$$

$$[H^+]=c(HCl)=0.10mol/L \qquad pH=1.00$$

但是，对于多元强酸则应注意，由于其所采用的基本单元不同，其 $[H^+]$ 与酸的浓度的关系也有所不同。

**【例 3-2】** 分别求出 $c(H_2SO_4)=0.1mol/L$ 的 $H_2SO_4$ 溶液和 $c\left(\dfrac{1}{2}H_2SO_4\right)=0.1mol/L$ 的 $H_2SO_4$ 溶液的 pH。

**解** $H_2SO_4$ 是二元强酸，在水溶液中也是分步电离的，第一步完全电离，第二步的电离常数为 $1.2\times10^{-2}$，可近似认为完全电离。

$$H_2SO_4 \Longrightarrow 2H^+ + SO_4^{2-}$$

当以 $H_2SO_4$ 为基本单元时，1mol $H_2SO_4$ 能电离出 2mol $H^+$，所以

$$[H^+]=nc=2\times0.1=0.2 \text{ (mol/L)} \qquad pH=0.7$$

当以 $\dfrac{1}{2}H_2SO_4$ 为基本单元时，$1mol\left(\dfrac{1}{2}H_2SO_4\right)$ 能电离出 1mol $H^+$，所以

$$[H^+]=c\left(\dfrac{1}{2}H_2SO_4\right)=0.1mol/L \qquad pH=1.0$$

因此，对于多元强酸，当所选择的基本单元不同时，其 $[H^+]$ 与酸的浓度的关系也有所不同。

强碱溶液碱度的计算与之相似。例如，0.1mol/L 的 NaOH 溶液：

$$[OH^-]=c(NaOH)=0.1\text{mol/L}$$
$$pOH=1.0 \quad pH=14-1.0=13.0$$

对强酸和强碱的混合溶液，其 pH 由二者反应后剩余的 $H^+$ 或 $OH^-$ 的物质的量决定，若二者的 $H^+$ 或 $OH^-$ 的物质的量相等，则混合溶液 pH=7.0。

**【例 3-3】** 含有 $2.0\times10^{-2}$ mol 的 HCl 溶液中加入 $3.0\times10^{-2}$ mol 的 NaOH 溶液后，将溶液稀释至 1L，计算混合溶液的 pH。

**解** HCl 和 NaOH 在水中发生中和反应：

$$HCl+NaOH = NaCl+H_2O$$

由于其反应的摩尔比为 1:1，且 NaOH 的物质的量大于 HCl 的物质的量，NaOH 有剩余，因此反应后的溶液为 NaOH 溶液，溶液的 pH 由剩余的 NaOH 的量决定。

剩余 NaOH 的物质的量 $n=3.0\times10^{-2}-2.0\times10^{-2}=1.0\times10^{-2}$（mol）

混合后溶液的体积 $V=1L$

则混合后 NaOH 溶液的浓度为：

$$c=n/V=1.0\times10^{-2}/1=1.0\times10^{-2} \text{（mol/L）}$$

所以
$$[OH^-]=1.0\times10^{-2} \text{mol/L}$$
$$pOH=2.00 \quad pH=14.00-2.00=12.00$$

### 3.2.2 一元弱酸（碱）溶液

以一元弱酸 HAc 为例，设其浓度为 $c$(mol/L)，弱酸在水溶液中不完全电离：

$$HAc \rightleftharpoons H^+ + Ac^-$$

M3-3 杰出的化学家——侯德榜

当计算结果的允许相对误差为 5% 时，如果弱酸的酸性不是太弱，即 $cK_a\geq 10K_w$ 时，可忽略水所电离出来的氢离子浓度，所以平衡时：

$$[H^+]=[Ac^-] \quad [HAc]=c-[H^+]=c-[Ac^-]$$

其电离常数为：
$$K_a=\frac{[H^+][Ac^-]}{[HAc]}$$

则
$$[H^+]^2+K_a[H^+]-K_ac=0$$
$$[H^+]=\frac{-K_a+\sqrt{K_a^2+4cK_a}}{2} \tag{3-1}$$

式(3-1)为计算一元弱酸溶液 $[H^+]$ 的近似式。

在满足上述条件的同时，若弱酸的浓度也不太稀，即 $c/K_a\geq 10^5$ ❶，表明弱酸电离部分的浓度与分析浓度相比小得多，即 $c\gg[H^+]$，可近似认为：

$$[HAc]=c-[H^+]\approx c$$

则 $[H^+]$ 的计算公式可简化为：

$$[H^+]=\sqrt{cK_a} \tag{3-2}$$

式(3-2)为计算一元弱酸溶液 $[H^+]$ 的最简式。

---

❶ 当满足 $c/K_a\geq 10^5$ 时，使用最简式求得的 $[H^+]$ 与用精确式求得的 $[H^+]$ 相比，相对误差约为 5%，基本可满足对计算结果 5% 的误差要求。

参阅：华东理工大学分析化学教研组、成都科学技术大学分析化学教研组.《分析化学》. 第 4 版.

同理，对一元弱碱，当允许相对误差为5%，$cK_b \geq 10K_w$ 时，

$$[OH^-] = \frac{-K_b + \sqrt{K_b^2 + 4cK_b}}{2} \tag{3-3}$$

当同时再满足 $c/K_b \geq 10^5$ 时，可得计算一元弱碱溶液 $[OH^-]$ 的最简式：

$$[OH^-] = \sqrt{cK_b} \tag{3-4}$$

**【例 3-4】** 计算 0.100 mol/L HAc 溶液的 pH。

**解**
$$HAc \rightleftharpoons H^+ + Ac^-$$

由附表查得 HAc 的电离常数 $K_a = 1.8 \times 10^{-5}$。$c = 0.100$ mol/L，因为

$$cK_a = 0.100 \times 1.8 \times 10^{-5} = 1.8 \times 10^{-6} > 10K_w$$

$$c/K_a = 0.100/(1.8 \times 10^{-5}) > 10^5$$

所以采用最简式

$$[H^+] = \sqrt{cK_a} = \sqrt{0.100 \times 1.8 \times 10^{-5}}$$
$$= \sqrt{1.8 \times 10^{-6}} = 1.34 \times 10^{-3} \text{ (mol/L)}$$
$$pH = 2.87$$

**【例 3-5】** 计算 0.10 mol/L 的 $NH_3 \cdot H_2O$ 溶液的 pH。

**解**
$$NH_3 \cdot H_2O \rightleftharpoons NH_4^+ + OH^-$$

由附表查得 $NH_3 \cdot H_2O$ 的电离常数 $K_b = 1.8 \times 10^{-5}$。$c = 0.10$ mol/L，因为

$$cK_b = 0.10 \times 1.8 \times 10^{-5} = 1.8 \times 10^{-6} > 10K_w$$

$$c/K_b = 0.10/(1.8 \times 10^{-5}) > 10^5$$

所以采用最简式

$$[OH^-] = \sqrt{cK_b} = \sqrt{0.10 \times 1.8 \times 10^{-5}}$$
$$= \sqrt{1.8 \times 10^{-6}} = 1.3 \times 10^{-3} \text{ (mol/L)}$$
$$pOH = 2.89 \quad pH = 11.11$$

**【例 3-6】** 计算 0.010 mol/L 的一氯乙酸溶液的 pH。

**解** 由附表查得一氯乙酸的电离常数 $K_a = 1.4 \times 10^{-3}$。$c = 0.010$ mol/L，因为

$$cK_a = 0.010 \times 1.4 \times 10^{-3} = 1.4 \times 10^{-5} > 10K_w$$

$$c/K_a = 0.010/(1.4 \times 10^{-3}) < 10^5$$

所以采用近似式计算：

$$[H^+] = \frac{-K_a + \sqrt{K_a^2 + 4cK_a}}{2}$$

$$= \frac{-1.4 \times 10^{-3} + \sqrt{(1.4 \times 10^{-3})^2 + 4 \times 0.010 \times 1.4 \times 10^{-3}}}{2}$$

$$= 3.1 \times 10^{-3} \text{ (mol/L)}$$

$$pH = 2.51$$

### 3.2.3 多元弱酸（碱）溶液

多元弱酸（碱）在溶液中是分步电离的：

$$H_2A \rightleftharpoons H^+ + HA^- \qquad K_{a_1} = \frac{[H^+][HA^-]}{[H_2A]}$$

$$HA^- \rightleftharpoons H^+ + A^{2-} \qquad K_{a_2} = \frac{[H^+][A^{2-}]}{[HA^-]}$$

若 $K_{a_1}/K_{a_2} > 10^2$，可认为溶液中的 $H^+$ 主要来自于 $H_2A$ 的第一级电离，由二级电离产生的 $H^+$ 极少，可以忽略不计，这样二元弱酸就可近似按一元弱酸处理。当允许相对误差为 5%，$cK_{a_1} \geqslant 10K_w$ 时：

$$[H^+] = \frac{-K_{a_1} + \sqrt{K_{a_1}^2 + 4cK_{a_1}}}{2} \tag{3-5}$$

式中 $c$ ——多元弱酸的分析浓度，mol/L；

$K_{a_1}$ ——多元弱酸的第一级电离常数。

若同时满足 $c/K_{a_1} \geqslant 10^5$，则

$$[H^+] = \sqrt{cK_{a_1}} \tag{3-6}$$

二元以上酸依此处理。同理，多元碱也以第一级电离为主。当允许相对误差为 5%，$cK_{b_1} \geqslant 10K_w$ 时：

$$[OH^-] = \frac{-K_{b_1} + \sqrt{K_{b_1}^2 + 4cK_{b_1}}}{2} \tag{3-7}$$

式中 $c$ ——多元弱碱的分析浓度，mol/L；

$K_{b_1}$ ——多元弱碱的第一级电离常数。

若同时满足 $c/K_{b_1} \geqslant 10^5$，可得最简式：

$$[OH^-] = \sqrt{cK_{b_1}} \tag{3-8}$$

【例 3-7】 计算 $c(H_2CO_3) = 0.040 \text{mol/L}$ 的饱和碳酸溶液的 pH。

**解** 查得 $H_2CO_3$ 的电离常数分别为：$K_{a_1} = 4.2 \times 10^{-7}$，$K_{a_2} = 5.6 \times 10^{-11}$。因为

$$K_{a_1}/K_{a_2} = \frac{4.2 \times 10^{-7}}{5.6 \times 11^{-11}} > 10^2$$

且 $c/K_{a_1} = 0.040/(4.2 \times 10^{-7}) > 10^5$，因此可采用最简式计算：

$$[H^+] = \sqrt{cK_{a_1}} = \sqrt{0.040 \times 4.2 \times 10^{-7}}$$
$$= 1.3 \times 10^{-4} \text{ （mol/L）}$$
$$pH = 3.89$$

### 3.2.4 水解盐溶液

酸碱中和反应会生成盐。强酸和强碱所生成的盐在水中完全电离，溶液呈中性，pH=7，如 NaCl 的水溶液。

但也有许多盐类，它们的水溶液呈酸性或碱性，而不显中性，如 NaAc 溶液显碱性，$NH_4Cl$ 溶液显酸性。这是由于这些盐在水溶液中发生了水解反应。

M3-4 盐类水解的类型

盐的水解作用是盐的离子与水电离出来的 $H^+$ 或 $OH^-$ 作用生成弱酸或弱碱，使溶液中的 $H^+$ 或 $OH^-$ 浓度增大，而显酸性或碱性的现象。

（1）水解原理

以 NaAc 的水解为例，NaAc 为强碱弱酸盐，在水溶液中全部电离成 $Na^+$ 和 $Ac^-$。$Ac^-$

与水微弱电离出来的 $H^+$ 结合成弱电解质 HAc,使溶液中的 $H^+$ 浓度降低,破坏了水的电离平衡,使水继续电离成 $H^+$ 和 $OH^-$,溶液中的 $OH^-$ 浓度逐渐增大,直到溶液中的 $H^+$ 浓度同时满足 HAc 和 $H_2O$ 的电离平衡为止。此时,溶液中 $[OH^-]>[H^+]$,溶液显碱性,pH>7。其水解平衡反应如下:

$$NaAc \longrightarrow Na^+ + Ac^-$$
$$+$$
$$H_2O \rightleftharpoons OH^- + H^+$$
$$\rightleftharpoons$$
$$HAc$$

水解反应的总反应方程式为:

$$Ac^- + H_2O \rightleftharpoons OH^- + HAc$$

对诸如 $NH_4Cl$ 这样的强酸弱碱盐,其水解原理与强碱弱酸盐的水解相似。

(2) 水解溶液酸度的计算

强碱弱酸盐水解显碱性,仍以 NaAc 溶液为例,其 $[OH^-]$ 可由水解平衡来计算。当 NaAc 水解达到平衡时,其水解常数可表示为:

$$K_h = \frac{[HAc][OH^-]}{[Ac^-]}$$

由于此时溶液中同时存在着下面两个平衡,其平衡常数可分别表示如下:

$$HAc \rightleftharpoons H^+ + Ac^- \qquad K_a = \frac{[H^+][Ac^-]}{[HAc]}$$

$$H_2O \rightleftharpoons OH^- + H^+ \qquad K_w = [H^+][OH^-]$$

所以,可得如下关系:

$$\frac{[HAc][OH^-]}{[Ac^-]} = \frac{K_w}{K_a}$$

设 NaAc 的分析浓度为 $c$ (mol/L),根据水解平衡可知:

$$Ac^- + H_2O \rightleftharpoons OH^- + HAc$$

$$[Ac^-] = c - [OH^-] \qquad [OH^-] = [HAc]$$

由于水解产生的 $[OH^-]$ 非常小,即 $[OH^-] \ll c$,可忽略,所以可认为 $[Ac^-] \approx c$,故可推导得

$$[OH^-] = \sqrt{\frac{K_w}{K_a} c} \tag{3-9}$$

**M3-5** HAc-NaAc 溶液在不同 pH 的缓冲指数及缓冲容量

【例 3-8】 计算浓度为 0.100mol/L 的 NaAc 溶液的 pH。

**解** NaAc 为强碱弱酸盐,在水中发生水解显碱性,pH>7。

$$Ac^- + H_2O \rightleftharpoons HAc + OH^-$$

已知 $c=0.100$ mol/L,查得 HAc 的电离常数 $K_a=1.8\times10^{-5}$,则

$$[OH^-] = \sqrt{\frac{K_w}{K_a} c}$$

$$= \sqrt{\frac{1\times10^{-14}}{1.8\times10^{-5}} \times 0.100} = 7.5\times10^{-6} \text{ (mol/L)}$$

$$pOH = 5.12 \quad pH = 14.00 - 5.12 = 8.88$$

由式(3-9)可知,弱酸的 $K_a$ 越小,生成的盐越容易水解,溶液中 $[OH^-]$ 越大,碱性越强,pH 越大。

同理,可得强酸弱碱盐溶液的 $[H^+]$ 计算公式:

$$[H^+] = \sqrt{\frac{K_w}{K_b}c} \tag{3-10}$$

【例 3-9】 计算浓度为 0.10 mol/L 的 $NH_4Cl$ 溶液的 pH。

**解** $NH_4Cl$ 是强酸弱碱盐,在水溶液中发生水解显酸性,pH<7。

$$NH_4^+ + H_2O \rightleftharpoons NH_3 \cdot H_2O + H^+$$

查得 $NH_3 \cdot H_2O$ 的 $K_b = 1.8 \times 10^{-5}$,已知 $NH_4Cl$ 的浓度为 0.10 mol/L,则

$$[H^+] = \sqrt{\frac{K_w}{K_b}c} = \sqrt{\frac{1 \times 10^{-14}}{1.8 \times 10^{-5}} \times 0.10} = 7.5 \times 10^{-6} \text{ (mol/L)}$$

$$pH = 5.12$$

(3) 多元强碱弱酸盐的水解

以 $Na_2CO_3$ 的水解为例,$Na_2CO_3$ 在水溶液中全部电离为 $Na^+$ 和 $CO_3^{2-}$。电离出的 $CO_3^{2-}$ 在水溶液中发生水解,水解分两步进行,但第一步水解比第二步水解强烈得多,因此 $Na_2CO_3$ 的水解主要以第一步水解为主,溶液的 pH 主要决定于第一步水解,所以,计算其 pH 时,只考虑第一步水解即可。

设 $Na_2CO_3$ 的浓度为 $c$,其第一步水解反应为:

$$CO_3^{2-} + H_2O \rightleftharpoons OH^- + HCO_3^-$$

与一元强碱弱酸盐水解相同,多元强碱弱酸盐在水溶液中发生水解后也显碱性。

$$[OH^-] = \sqrt{\frac{K_w}{K_{a_2}}c} \tag{3-11}$$

公式中的 $K_{a_2}$ 为碳酸的二级电离常数。

由于多元弱酸盐的水解以第一步为主,所以其所对应的电离常数实际应为最后一级电离常数。由于碳酸为二级弱酸,因此对应的电离常数为 $K_{a_2}$。若水解盐为三元弱酸盐,则对应的电离常数应为 $K_{a_3}$。

【例 3-10】 计算浓度为 0.10 mol/L 的 $Na_2CO_3$ 溶液的 pH。

**解** $Na_2CO_3$ 为多元强碱弱酸盐,在水中发生水解显碱性,pH>7,水解平衡反应为:

$$CO_3^{2-} + H_2O \rightleftharpoons OH^- + HCO_3^-$$

查得碳酸的 $K_{a_1} = 4.2 \times 10^{-7}$,$K_{a_2} = 5.6 \times 10^{-11}$;已知 $c(Na_2CO_3) = 0.10$ mol/L,则

$$[OH^-] = \sqrt{\frac{K_w}{K_{a_2}}c} = \sqrt{\frac{1 \times 10^{-14}}{5.6 \times 10^{-11}} \times 0.10}$$

$$= 4.2 \times 10^{-3} \text{ (mol/L)}$$

$$pOH = 2.38 \quad pH = 14.00 - 2.38 = 11.62$$

### 3.2.5 两性物质的溶液

在溶液中既可起酸的作用又可起碱的作用的物质称为**两性物质**。如 $NaHCO_3$、$NaH_2PO_4$、$K_2HPO_4$ 等物质,它们在水溶液中既可以和碱发生中和反应起酸的作用,又可以和酸发生反应表现出碱性,因此它们都属于两性物质。它们水溶液的酸碱平衡十分复杂,应根据具体情况,按溶液中主要平衡进行近似处理。

在允许相对误差为 5% 时,若 $cK_{a_2} \geqslant 10K_w$,$c/K_{a_1} \geqslant 10$,一般对于多元酸被中和了一个 $H^+$ 后形成的两性物质(如 $HA^-$、$H_2A^-$ 等),其水溶液中 $[H^+]$ 的最简计算公式为:

$$[H^+] = \sqrt{K_{a_1} K_{a_2}} \tag{3-12}$$

与之类似,在允许相对误差为 5% 时,若 $cK_{a_3} \geqslant 10K_w$,$c/K_{a_2} \geqslant 10$,对于多元酸被中和了两个 $H^+$ 后形成的两性物质(如 $HA^{2-}$ 等),其水溶液中 $[H^+]$ 的最简计算公式为:

$$[H^+] = \sqrt{K_{a_2} K_{a_3}} \tag{3-13}$$

**pH 的应用**

pH 的测定和控制在工农业生产、科学实验及医疗等方面都起着非常重要的作用。在工业上,如氯碱工业生产中所用食盐水的 pH 要控制在 12 左右,以除去其中的钙、镁等杂质。在农业上,土壤的 pH 大小直接影响到农作物的生长,有的作物如芝麻、油菜、萝卜等,在较大 pH 范围内都可生长,但有的作物对土壤 pH 要求却很高,如茶树则要求在 pH 为 4.0~5.0 的土壤中生长。在医疗上,测定各种体液的 pH 可以帮助人们诊断疾病。在科学实验中,pH 是影响某些反应的重要因素。

## 3.3 缓冲溶液

**缓冲溶液**是一种对溶液的酸度起稳定作用的溶液,它具有能对抗外加的少量酸碱或稀释,而使其 pH 不发生显著变化的性质,这种性质称为**缓冲作用**。

缓冲溶液分为一般缓冲溶液和标准缓冲溶液(这里主要介绍一般缓冲溶液)。依照缓冲溶液 pH 范围的不同,缓冲溶液又可分为酸式缓冲溶液和碱式缓冲溶液。一般 pH<7 的为酸式缓冲溶液,如 HAc-NaAc 缓冲溶液等,主要由弱酸和它的弱酸盐组成;pH>7 的为碱式缓冲溶液,如 $NH_3$-$NH_4Cl$ 等,主要由弱碱和它的弱碱盐组成。那么,缓冲溶液为什么会具有缓冲作用呢?

### 3.3.1 缓冲溶液的作用原理

以 HAc-NaAc 缓冲体系为例,在这种溶液中,存在下列反应:

$$NaAc \Longrightarrow Na^+ + Ac^-$$
$$HAc \Longrightarrow H^+ + Ac^-$$

当加入少量酸时,加入的 $H^+$ 与溶液中的 NaAc 电离出来的 $Ac^-$ 反应,生成难电离的 HAc,使 HAc 的电离平衡反应向左移动,溶液中的 $[H^+]$ 增加不多,即 pH 变化不大;当向此溶液中加入少量碱时,加入的 $OH^-$ 与溶液中的 $H^+$ 反应生成水,使 HAc 的电离平衡反应向右移动,补充消耗掉的 $H^+$,使溶液中的 $[H^+]$ 降低不多,pH 变化较小;当将溶液稀释时,HAc 和 NaAc 浓度降低,但相应 HAc 的电离程度增大,且二者改变的程度几乎相等,所以 $[H^+]$ 或 pH 仍变化不大。

对诸如 $NH_3$-$NH_4Cl$ 等碱式缓冲溶液,其作用原理与此类似。

### 3.3.2 缓冲溶液 pH 的计算

以 HAc-NaAc 缓冲体系为例,设 NaAc 的浓度为 $c_s$,HAc 的浓度为 $c_a$,溶液中存在下列反应:

$$HAc \rightleftharpoons H^+ + Ac^-$$
$$NaAc \rightleftharpoons Na^+ + Ac^-$$

平衡时          $[Ac^-] = c_s + [H^+]$     $[HAc] = c_a - [H^+]$

电离常数        $K_a = \dfrac{[H^+][Ac^-]}{[HAc]}$

由于溶液中有大量的 $Ac^-$ 存在,受 $Ac^-$ 同离子效应的影响,使 HAc 的电离受到抑制,电离出来的 $H^+$ 的浓度很小,因此,可近似认为:

$$[Ac^-] \approx c_s \quad [HAc] \approx c_a$$

则

$$K_a = \dfrac{[H^+]c_s}{c_a}$$

$$[H^+] = K_a \dfrac{c_a}{c_s} \tag{3-14}$$

$$pH = pK_a - \lg \dfrac{c_a}{c_s}$$

式(3-14)为计算酸式缓冲溶液 $[H^+]$ 的最简式。其适用条件为:

$$c_a \gg [OH^-] - [H^+] \quad c_s \gg [H^+] - [OH^-]$$

【例 3-11】 由 0.100mol/L 的 HAc 和 0.100mol/L 的 NaAc 组成缓冲溶液。

(1) 求此缓冲溶液的 pH。
(2) 求加入 HCl 达 0.001mol/L 时,溶液 pH 的变化。
(3) 求加入 NaOH 达 0.001mol/L 时,溶液 pH 的变化。
(4) 求稀释 10 倍时,溶液的 pH 是多少?

**解** (1) 求此缓冲溶液的 pH。

已知 $c_s = 0.100\text{mol/L}$,$c_a = 0.100\text{mol/L}$,查得 HAc 的电离常数 $K_a = 1.8 \times 10^{-5}$,则

$$[H^+] = K_a c_a / c_s$$
$$= 1.8 \times 10^{-5} \times 0.100 / 0.100$$
$$= 1.8 \times 10^{-5} \text{ (mol/L)}$$
$$pH = 4.74$$

(2) 加入 HCl 达 0.001mol/L 时,溶液 pH 的变化。

$c_a = 0.100 + 0.001 = 0.101$ (mol/L),$c_s = 0.100 - 0.001 = 0.099$ (mol/L),则

$$[H^+] = K_a c_a / c_s$$

$$= 1.8 \times 10^{-5} \times 0.101/0.099$$
$$= 1.84 \times 10^{-5} \text{ (mol/L)}$$
$$\text{pH} = 4.73$$

与（1）计算结果比较可知，pH 减小了 0.01。

(3) 加入 NaOH 达 0.001mol/L 时，溶液 pH 的变化。

$c_s = 0.100 + 0.001 = 0.101$ (mol/L)，$c_a = 0.100 - 0.001 = 0.099$ (mol/L)，则

$$[\text{H}^+] = K_a c_a / c_s$$
$$= 1.8 \times 10^{-5} \times 0.099/0.101$$
$$= 1.76 \times 10^{-5} \text{ (mol/L)}$$
$$\text{pH} = 4.75$$

与（1）计算结果比较可知，pH 增大了 0.01。

(4) 稀释 10 倍时，溶液的 pH。

$c_s = 0.100/10 = 0.0100$ (mol/L)，$c_a = 0.100/10 = 0.0100$ (mol/L)，则

$$[\text{H}^+] = K_a c_a / c_s$$
$$= 1.8 \times 10^{-5} \times 0.0100/0.0100$$
$$= 1.8 \times 10^{-5} \text{ (mol/L)}$$
$$\text{pH} = 4.74$$

与（1）计算结果比较可知，pH 未发生变化。

同理，对 $NH_3$-$NH_4Cl$ 等碱式缓冲溶液，设其弱碱的浓度为 $c_b$，弱碱盐的浓度为 $c_s$，则

$$[\text{OH}^-] = K_b \frac{c_b}{c_s} \tag{3-15}$$

$$\text{pOH} = \text{p}K_b - \lg \frac{c_b}{c_s}$$

适用条件为：

$$c_s \gg [\text{OH}^-] - [\text{H}^+] \qquad c_a \gg [\text{H}^+] - [\text{OH}^-]$$

**【例 3-12】** 计算由 0.100mol/L 的 $NH_4Cl$ 和 0.200mol/L 的 $NH_3 \cdot H_2O$ 组成的缓冲溶液的 pH 值。

**解** 已知 $c_s = 0.100$ mol/L，$c_b = 0.200$ mol/L。查得 $NH_3 \cdot H_2O$ 的电离常数 $K_b = 1.8 \times 10^{-5}$，则

$$[\text{OH}^-] = K_b c_b / c_s$$
$$= 1.8 \times 10^{-5} \times 0.200/0.100 = 3.6 \times 10^{-5} \text{ (mol/L)}$$
$$\text{pOH} = 4.44 \quad \text{pH} = 9.56$$

### 3.3.3 缓冲溶液的选择与配制

每一种缓冲溶液的缓冲作用都是有一定限度的，只具有一定的缓冲能力。因此要正确选择和配制所需要的缓冲溶液，首先要对缓冲溶液的性质有所了解。

(1) 缓冲溶液的性质

缓冲溶液缓冲能力的大小可用缓冲容量来衡量。**缓冲容量**是衡量缓冲溶液缓冲能力大小的尺度，有两种表示方法：一种是以每升缓冲溶液中加入一个单位量的强酸或强碱所引起溶液 pH 的变化（ΔpH）来表示；另一种是以使 1L 缓冲溶液的 pH 增大或减小 1 所需要加入强酸或强碱的量来表示，所需酸或碱的量越大，缓冲容量越大。

缓冲容量的大小与缓冲溶液的总浓度 $c_a+c_s$（或 $c_b+c_s$）和组分的浓度比 $c_a/c_s$（或 $c_b/c_s$）有关。总浓度越大，缓冲容量越大；组分的浓度比越接近于1，缓冲容量越大，浓度比为1时，缓冲容量最大，离1越远，缓冲容量越小，甚至不起缓冲作用。一般浓度比在1∶10至10∶1之间时，缓冲溶液具有缓冲作用，超出此范围，溶液不再具有缓冲作用。缓冲溶液所能控制的pH范围称为缓冲溶液的有效作用范围，简称缓冲范围，这个范围一般表示为从 $pK_a$（或 $pK_b$）减小1至增大1，即 $pH=pK_a\pm 1$，或 $pH=pK_w-(pK_b\pm 1)$。例如：HAc-NaAc缓冲体系，$pK_a=4.74$，其缓冲范围就是 $pH=4.74\pm 1$，即3.74～5.74。

（2）缓冲溶液的选择与配制

选择缓冲溶液时，除要求缓冲溶液对分析反应没有干扰、有足够的缓冲容量外，还要求pH应在所要求稳定的酸度范围内，因此组成缓冲体系的酸（或碱）的 $pK_a$（或 $pK_b$）应等于或接近于所需的pH（或pOH）。配制缓冲溶液时，首先应该根据所要求控制的pH和 $pK_a$ 确定缓冲溶液的种类。其方法是所要控制的pH必须在 $pK_a-1$～$pK_a+1$ ［或 $pK_w-(pK_b\pm 1)$］范围内，再依据式(3-14)式(3-15)计算出所需弱酸和弱酸盐（或弱碱和弱碱盐）的量，然后进行配制。

例如：要配制pH=5.00的缓冲溶液，可选择 $pK_a=4.74$ 的HAc-NaAc缓冲溶液（因为HAc的 $pK_a$ 等于4.74，$pK_a\pm 1$ 为3.74～5.74，包括了所要求的pH=5.00），然后再根据具体的情况进行配制。除此之外，还可以选择 $pK_a$ 为4～6的其他弱酸和弱酸盐所组成的缓冲体系。

【例3-13】 欲配制 $pH=5.00$，$c(HAc)=0.20mol/L$ 的缓冲溶液1L，需 $c(HAc)=1.0mol/L$ 的HAc及 $c(NaAc)=1.0mol/L$ 的NaAc溶液各多少毫升？

解 已知 $c(HAc)=0.20mol/L$，$pH=5.00$，则 $[H^+]=1.0\times 10^{-5}mol/L$，根据式(3-14)可得

$$c(NaAc)=K_a\times\frac{c(HAc)}{[H^+]}=1.8\times 10^{-5}\times\frac{0.20}{1.0\times 10^{-5}}=0.36 \text{（mol/L）}$$

需浓度1.0mol/L的HAc及NaAc体积分别为：

$$V(HAc)=0.20\times 1000/1.0=200 \text{（mL）}$$
$$V(NaAc)=0.36\times 1000/1.0=360 \text{（mL）}$$

将200mL浓度为1.0mol/L的HAc和360mL浓度为1.0mol/L的NaAc溶液混合后，用水稀释至1000mL，即得pH=5.00的HAc-NaAc缓冲溶液。

## 人体血液中的缓冲溶液

人体血液中的酸碱度基本上是恒定的，一般维持pH为7.4±0.05范围内。在平时的生活中，人们每天都要摄入各种各样的物质，其中也包括许多酸性或碱性物质，那么人体是靠什么来维持血液的pH呢？当然，这里主要的功臣应该是各种排泄器官，它们可将过多的酸碱物质排出体外，但是血液中存在的各种缓冲体系也功不可没。在人体血液中存在着很多缓冲体系，主要有 $H_2CO_3$-$NaHCO_3$、$HHbO_2$（带氧血红蛋白）-$KHbO_2$、HHb（血红蛋白）-KHb、$NaH_2PO_4$-$Na_2HPO_4$ 等，正是由于这几对缓冲体系的相互作用、相互制约，才保持了血液和机体的酸碱平衡，保证人体正常的生理活动在相对稳定的酸度下进行。如果血液的pH发生改变，超出了正常的范围，就会发生"酸中毒"或"碱中毒"，若pH改变超过0.4个单位，就会有生命危险。

## 3.4　酸碱指示剂

### 3.4.1　酸碱指示剂的作用原理

**酸碱指示剂**一般是结构复杂的有机弱酸或弱碱（用 HIn 表示）。它们在水溶液中也可以发生部分电离，生成指示剂离子和氢离子（或氢氧根离子）：

$$HIn \rightleftharpoons H^+ + In^-$$

酸碱指示剂最大的特点就是**它们的分子和离子具有不同的颜色**。所以当酸碱指示剂在溶液中以不同结构形式存在时，溶液显示不同结构的颜色；而酸碱指示剂以何种结构形式存在又和溶液的 pH 有关。以上述平衡为例，当溶液 pH 增大时，平衡向右移动，指示剂以离子的形式存在，显示离子的颜色；反之，显示分子的颜色。所以酸碱指示剂之所以会发生颜色变化，其根本原因是酸碱指示剂本身具有不同的结构，而不同的结构形式又具有不同的颜色，而外因就是溶液 pH 的变化。

**M3-6　酸碱指示剂颜色变化与 pH**

那么，pH 怎样变化，酸碱指示剂才会发生颜色变化呢？这与酸碱指示剂的变色范围有关。

### 3.4.2　酸碱指示剂的变色范围

酸碱指示剂在水溶液中存在如下电离平衡：

$$HIn \rightleftharpoons H^+ + In^-$$
$$\text{（酸式色）}\qquad\text{（碱式色）}$$

$$K_{HIn} = \frac{[H^+][In^-]}{[HIn]}$$

$$\frac{[In^-]}{[HIn]} = \frac{K_{HIn}}{[H^+]}$$

溶液的颜色是由 $[In^-]/[HIn]$ 比值决定的，而比值又与 $[H^+]$ 和 $K_{HIn}$ 有关。在一定温度下，对某种指示剂 $K_{HIn}$ 为常数。

当 $[In^-]/[HIn] = 1$ 时，溶液中酸式色和碱式色各占 50%，显示二者的混合色，$pH = pK_{HIn}$，此时 pH 稍有变化，$[In^-]/[HIn]$ 比值即发生变化，理论上讲溶液的颜色就会发生变化，所以此时的 pH 即为理论变色点。但由于人眼分辨能力有限，一般来说只有当一种颜色的浓度大于另一种颜色浓度 10 倍时，才能看出浓度较大物质的颜色，即

当 $[In^-]/[HIn] \geqslant 10$ 时，看到碱式色，此时 $pH \geqslant pK_{HIn} + 1$；

当 $[In^-]/[HIn] \leqslant 1/10$ 时，看到酸式色，此时 $pH \leqslant pK_{HIn} - 1$。

所以当溶液 pH 由 $pK_{HIn} - 1$ 变化到 $pK_{HIn} + 1$ 时，就可以明显看到指示剂由酸式色变为碱式色，所以 $pH = pK_{HIn} \pm 1$ 就是指示剂变色的 pH 范围，简称指示剂的变色范围。但由于人眼对不同颜色的敏感程度不同，因此实际变色范围是有一定变化的。

### 3.4.3　影响指示剂变色范围的因素

（1）温度

温度的变化会引起指示剂电离常数的变化，所以变色范围也会随之发生变化。

（2）溶剂

指示剂在不同溶剂中的电离常数不同，所以不同溶剂中，指示剂变色范围不同。

（3）指示剂用量

指示剂用量过多，会使终点颜色变化不明显，且指示剂本身也会消耗一定量的滴定剂，从而带来终点误差。另外，指示剂用量的多少会影响单色指示剂的变色范围。

（4）滴定顺序

滴定顺序不同，选择的指示剂也应有所不同。通常应选择颜色变化比较明显的指示剂。

M3-7 甲基红指示变色过程

### 3.4.4 常见指示剂

常见指示剂分单一指示剂和混合指示剂。

**单一指示剂**变色范围较宽，在某些情况下变色不明显，误差较大；混合指示剂一般变色范围较窄，变色较明显。

**混合指示剂**是由人工配制而成的，有两种配制方法：一种是用一种不随溶液pH变化而改变颜色的染料和一种指示剂混合而成；另一种是由两种指示剂混合而成的。常见酸碱指示剂的配制方法见表3-1。常见混合指示剂的配制方法见表3-2。

M3-8 酚酞指示变色过程

表 3-1 几种常用的酸碱指示剂

| 指示剂 | 变色范围（pH） | 颜色变化 | $pK_{HIn}$ | 浓 度 |
|---|---|---|---|---|
| 百里酚蓝（第一次变色） | 1.2～2.8 | 红～黄 | 1.6 | 1g/L 的 20%乙醇溶液 |
| 甲基黄 | 2.9～4.0 | 红～黄 | 3.3 | 1g/L 的 90%乙醇溶液 |
| 甲基橙 | 3.1～4.4 | 红～黄 | 3.4 | 0.5g/L 的水溶液 |
| 溴酚蓝 | 3.1～4.6 | 黄～紫 | 4.1 | 1g/L 的 20%乙醇溶液 |
| 溴甲酚绿 | 3.8～5.4 | 黄～蓝 | 4.9 | 1g/L 的水溶液，每 100mg 指示剂加 0.05mol/L NaOH 2.9mL |
| 甲基红 | 4.4～6.2 | 红～黄 | 5.2 | 1g/L 的 60%乙醇溶液 |
| 溴百里酚蓝 | 6.0～7.6 | 黄～蓝 | 7.3 | 1g/L 的 20%乙醇溶液 |
| 中性红 | 6.8～8.0 | 红～橙黄 | 7.4 | 1g/L 的 60%乙醇溶液 |
| 酚红 | 6.7～8.4 | 黄～红 | 8.0 | 1g/L 的 60%乙醇溶液 |
| 百里酚蓝（第二次变色） | 8.0～9.6 | 黄～蓝 | 8.9 | 1g/L 的 20%乙醇溶液 |
| 百里酚酞 | 9.4～10.6 | 无色～蓝 | 10.0 | 1g/L 的 90%乙醇溶液 |
| 酚酞 | 8.0～9.8 | 无色～红 | 9.1 | 10g/L 的 90%乙醇溶液 |

表 3-2 常用混合指示剂

| 指示剂溶液的组成 | 配制比例 | 变色点 pH | 颜色 酸式色 | 颜色 碱式色 | 备 注 |
|---|---|---|---|---|---|
| 1g/L 的甲基黄乙醇溶液<br>1g/L 的亚甲基蓝乙醇溶液 | 1+1 | 3.25 | 蓝紫 | 绿 | pH 3.4 绿<br>pH 3.2 蓝紫 |
| 1g/L 的甲基橙水溶液<br>2.5g/L 的靛蓝二磺酸水溶液 | 1+1 | 4.1 | 紫 | 蓝绿 | |
| 1g/L 的溴甲酚绿乙醇溶液<br>2g/L 的甲基红乙醇溶液 | 3+1 | 5.1 | 酒红 | 绿 | |
| 1g/L 的溴甲酚绿钠盐水溶液<br>1g/L 的氯酚红钠盐水溶液 | 1+1 | 6.1 | 黄绿 | 蓝紫 | pH 5.4 蓝绿，5.8 蓝，<br>6.0 蓝带紫，6.2 蓝紫 |
| 1g/L 的中性红乙醇溶液<br>1g/L 的亚甲基蓝乙醇溶液 | 1+1 | 7.0 | 蓝紫 | 绿 | pH 7.0 紫蓝 |
| 1g/L 的甲酚红钠盐水溶液<br>1g/L 的百里酚蓝钠盐水溶液 | 1+3 | 8.3 | 黄 | 紫 | pH 8.2 玫瑰红，8.3 灰，8.4 紫 |
| 1g/L 的百里酚蓝 50%乙醇溶液<br>1g/L 的酚酞 50%乙醇溶液 | 1+3 | 9.0 | 黄 | 紫 | 由黄到绿再到紫 |
| 1g/L 的百里酚酞乙醇溶液<br>1g/L 的茜素黄乙醇溶液 | 2+1 | 10.2 | 黄 | 紫 | |

### 自制指示剂——植物指示剂

在实验中用到的酸碱指示剂,几乎都是一些化学制剂。其实,除了这些化学制剂外,也可以利用某些植物自制成一些植物指示剂。许多植物的花、果、茎、叶中都含有色素,这些色素在酸性或碱性溶液中会显示出不同的颜色,也可以作为酸碱指示剂。先取来这些含有色素的植物,然后将其切碎、捣烂,再用酒精浸泡,使植物中所含的色素充分溶解于酒精中,所得到的这种色素浸取液在酸性或碱性溶液中就会显示出不同的颜色。例如大家非常熟悉的一串红,它的浸取液在酸性条件下显红色,在碱性条件下则显黄绿色。当然,如果真的要用植物色素作指示剂的话,应首先测出色素浸取液对标准pH溶液系列下的显色情况,然后才能用来测试未知试样。而且,在制备浸取液时,要控制酒精的浓度和用量,尽量使浸取液的浓度最大,且各种色素浸取液的浓度应尽量一致。表 3-3 是一些植物浸出液在酸、碱中的显色情况。

表 3-3 部分植物浸出液的显色情况

| 植 物 名 称 | 植 物 颜 色 | 显 色 情 况 | |
|---|---|---|---|
| | | 酸 性 | 碱 性 |
| 大红月季花 | 红 | 粉红 | 黄 |
| 紫菊花 | 紫 | 粉红 | 黄 |
| 紫牵牛花 | 紫 | 粉红 | 黄 |
| 紫萝卜花 | 紫 | 桃红 | 黄 |
| 丝瓜花 | 黄 | 黄绿 | 黄 |
| 一串红 | 红 | 红 | 黄绿 |
| 金盏菊 | 橙黄 | 草绿 | 橙红 |
| 甘薯花 | 橙黄 | 黄 | 橙 |

## 3.5 滴定曲线及指示剂的选择

### 3.5.1 滴定曲线

在酸碱滴定中,最关键的问题就是要选择合适的指示剂。在实际滴定中,选择何种指示剂与滴定过程中溶液 pH 的变化有关。滴定过程中,随着滴定的不断进行,所加入的标准溶液量不断增大,溶液的 pH 也会发生变化。

以 0.1000mol/L 的 NaOH 溶液滴定 20.00mL 0.1000mol/L 的 HCl 溶液为例,其 pH 随标准溶液体积的变化情况见表 3-4。

表 3-4 NaOH 溶液滴定 HCl 溶液时 pH 的变化

| 加入 NaOH 体积/mL | 剩余 HCl 体积/mL | 过量 NaOH 体积/mL | $[H^+]$/(mol/L) | pH |
|---|---|---|---|---|
| 0.00 | 20.00 | | $1.00\times10^{-1}$ | 1.00 |
| 18.00 | 2.00 | | $5.26\times10^{-3}$ | 2.28 |
| 19.80 | 0.20 | | $5.02\times10^{-4}$ | 3.30 |
| 19.96 | 0.04 | | $1.00\times10^{-4}$ | 4.00 |
| 19.98 | 0.02 | | $5.00\times10^{-5}$ | 4.30 |
| 20.00 | 0.00 | | $1.00\times10^{-7}$ | 7.00 |
| 20.02 | | 0.02 | $2.00\times10^{-10}$ | 9.70 |
| 20.04 | | 0.04 | $1.00\times10^{-10}$ | 10.00 |

续表

| 加入 NaOH 体积/mL | 剩余 HCl 体积/mL | 过量 NaOH 体积/mL | $[H^+]/(mol/L)$ | pH |
|---|---|---|---|---|
| 20.20 | | 0.20 | $2.00\times10^{-11}$ | 10.70 |
| 22.00 | | 2.00 | $2.10\times10^{-12}$ | 11.70 |
| 40.00 | | 20.00 | $3.00\times10^{-13}$ | 12.50 |

若以滴加 NaOH 的体积（mL）为横坐标，以 pH 为纵坐标来绘制关系曲线，可得强碱滴定强酸的滴定曲线（见图 3-1）。

从表 3-4 中数据和图 3-1 中的滴定曲线可以看出：从滴定开始到加入 19.98mL NaOH 溶液（即 99.9% 的 HCl 被滴定），溶液 pH 变化缓慢，只改变了 3.3 个 pH 单位；再加入 0.02mL NaOH 溶液（约半滴，共滴 20.00mL），正好到化学计量点，此时，pH 迅速增至 7.00；再滴 0.02mL NaOH 溶液，pH 变为 9.70；此后，过量的 NaOH 溶液所引起的 pH 变化又越来越小。由此可见，在化学计量点前后，从剩余 0.02mL HCl 到过量 0.02mL NaOH，即滴定不足 0.1% 到过量 0.1%，溶液的 pH 从 4.30 迅速增加到 9.70，形成曲线中的"突跃"部分。

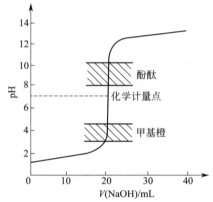

图 3-1　0.1000mol/L NaOH 滴定 20.00mL 0.1000mol/L HCl 的滴定曲线

**突跃范围**即化学计量点前所加标准溶液不足 0.1% 到化学计量点后所加标准溶液过量 0.1% 所对应的溶液 pH 范围。

由于酸碱滴定的类型各不相同，滴定过程中 pH 的变化也不相同。但无论哪一种滴定类型，滴定过程中溶液 pH 的变化规律一般都一样，都是开始时，标准溶液加入量增大，pH 发生改变，但变化量不大，随着滴定的不断进行，pH 随标准溶液加入量而改变的变化量增大；至化学计量点附近，标准溶液加入量改变很少，pH 却发生很大变化。所不同的是，由于滴定类型的不同，其突跃范围（即滴定不足 0.1% 到过量 0.1%）的 pH 变化规律不同，计算方法也不同。

以 0.1000mol/L 的标准溶液滴定 20.00mL 0.1000mol/L 的待测物质溶液为例，其计算方法见表 3-5。

表 3-5　标准溶液滴定待测物质溶液的计算方法

| 类　型 | 化学计量点前溶液 pH | 化学计量时溶液 pH | 化学计量点后溶液 pH | 突跃范围 |
|---|---|---|---|---|
| 强碱滴定强酸（如 NaOH 滴定 HCl） | $[H^+]=\dfrac{20.00-V(\text{NaOH})}{20.00+V(\text{NaOH})}\times 0.1000$ | 7 | $[OH^-]=\dfrac{V(\text{NaOH})-20.00}{20.00+V(\text{NaOH})}\times 0.1000$ | 4.3～9.7 |
| 强酸滴定强碱（如 HCl 滴定 NaOH） | $[OH^-]=\dfrac{20.00-V(\text{HCl})}{20.00+V(\text{HCl})}\times 0.1000$ | 7 | $[H^+]=\dfrac{V(\text{HCl})-20.00}{20.00+V(\text{HCl})}\times 0.1000$ | 9.7～4.3 |
| 强碱滴定弱酸（一元）（如 NaOH 滴定 HAc） | 此时形成缓冲体系<br>$c_a=\dfrac{20.00-V(\text{NaOH})}{20.00+V(\text{NaOH})}\times 0.1000$<br>$c_s=\dfrac{V(\text{NaOH})}{20.00+V(\text{NaOH})}\times 0.1000$<br>$[H^+]=K_a\times\dfrac{c_a}{c_s}$ | 此时溶液为 NaAc 溶液，水解显碱性<br>$[OH^-]=\sqrt{\dfrac{K_w}{K_a}c_s}$ | $[OH^-]=\dfrac{V(\text{NaOH})-20.00}{20.00+V(\text{NaOH})}\times 0.1000$ | 7.7～9.7 |

续表

| 类　型 | 化学计量点前溶液 pH | 化学计量时溶液 pH | 化学计量点后溶液 pH | 突跃范围 |
|---|---|---|---|---|
| 强酸滴定弱碱（一元）（如 HCl 滴定 $NH_3 \cdot H_2O$） | 此时形成缓冲体系 $c_b = \dfrac{20.00 - V(HCl)}{20.00 + V(HCl)} \times 0.1000$ $c_s = \dfrac{V(HCl)}{20.00 + V(HCl)} \times 0.1000$ $[OH^-] = K_b \times \dfrac{c_b}{c_s}$ | 此时溶液为 $NH_4Cl$ 溶液，水解显酸性 $[H^+] = \sqrt{\dfrac{K_w}{K_b} c_s}$ | $[H^+] = \dfrac{V(HCl) - 20.00}{20.00 + V(HCl)} \times 0.1000$ | 6.3～4.3 |

强酸滴定强碱的滴定曲线与强碱滴定强酸的滴定曲线相对称，pH 变化相反。强碱滴定弱酸的滴定曲线如图 3-2 所示，其突跃范围较强碱滴定强酸的突跃范围小。强酸滴定弱碱的滴定曲线与强碱滴定弱酸的滴定曲线相似，pH 变化相反。

由上面的讨论可知，滴定类型不同，滴定的突跃范围也不同。以此为依据，可以在进行不同类型的滴定时，选择合适的指示剂指示滴定终点。

### 3.5.2　指示剂的选择

因滴定分析所要求的相对误差应不大于±0.1%，所以，即使指示剂不正好在化学计量点变色，但只要在突跃范围内变色，就可以满足滴定分析要求。

所以，选择指示剂的原则是**指示剂的变色范围应全部或部分包括在滴定的突跃范围内**。因此，了解滴定的突跃范围，对选择指示剂很重要。

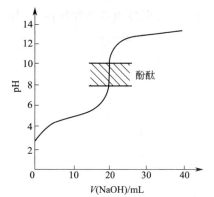

图 3-2　0.1000mol/L NaOH 滴定 20.00mL 0.1000mol/L HAc 的滴定曲线

不论哪一种类型的滴定，其选择指示剂的方法都是相同的。但由于不同滴定类型的突跃范围不同，可选择的指示剂也有不同。

**例如**：0.1000mol/L 的 NaOH 溶液滴定 20.00mL 0.1000mol/L HCl 溶液的突跃范围是 4.30～9.70，因此，能在该范围内变色的指示剂（变色范围有一部分包括在 pH 突跃范围之内），原则上均可选用，如甲基红（pH 4.4～6.2）、酚酞（pH 8.0～9.8）、甲基橙（3.1～4.4）。

而 0.1000mol/L 的 NaOH 溶液滴定 20.00mL 0.1000mol/L HAc 溶液的突跃范围是 7.76～9.70，突跃范围较小，且处于碱性范围，因此，在选择指示剂时受到很大限制。在酸性范围内变色的指示剂如甲基橙、甲基红等都不适用，而只能选择在弱碱性范围内变色的指示剂，如酚酞等。

一般强酸、强碱的突跃范围与浓度有关，浓度越大，突跃范围越大，可供选择的指示剂也比较多；而弱酸、弱碱的突跃范围除与浓度有关外，还与弱酸、弱碱的强度有关，强度越强，突跃范围越大，强度越弱，突跃范围越窄，可供选择的指示剂越少，甚至选不到指示剂。

所以，对于一元弱酸或弱碱，当其浓度和强度达不到一定要求时，就不能形成一个明显的突跃，也就无法选择合适的指示剂指示终点，从而无法直接进行酸碱滴定。对于一元弱酸或弱碱，只有满足 $cK_a \geq 10^{-8}$ 或 $cK_b \geq 10^{-8}$ 时，才可以进行直接滴定。

**【例 3-14】**　试判断 $c=0.1mol/L$ 的下列弱酸或弱碱能否用酸碱滴定法直接滴定。（1）甲酸；(2) 氨水；(3) 氢氰酸。

**解** (1) 查得甲酸的电离常数 $K_a = 1.77 \times 10^{-4}$，则
$$c_a K_a = 0.1 \times 1.77 \times 10^{-4} = 1.77 \times 10^{-5} > 10^{-8}$$
可以直接滴定。

(2) 查得氨水的电离常数 $K_b = 1.8 \times 10^{-5}$，则
$$c_b K_b = 0.1 \times 1.8 \times 10^{-5} = 1.8 \times 10^{-6} > 10^{-8}$$
可以直接滴定。

(3) 查得氢氰酸的电离常数 $K_a = 6.2 \times 10^{-10}$，则
$$c_a K_a = 0.1 \times 6.2 \times 10^{-10} = 6.2 \times 10^{-11} < 10^{-8}$$
不能直接滴定。

### 3.5.3 多元酸滴定条件和指示剂的选择

对多元酸碱的滴定也同样存在这样一个滴定条件的问题。如对于二元酸，当 $cK_{a_1} \geq 10^{-8}$，$cK_{a_2} \geq 10^{-8}$ 时，一级、二级 $H^+$ 都可以被准确滴定，在此条件下，若 $K_{a_1}/K_{a_2} \geq 10^5$，则两级 $H^+$ 可以分步滴定；当 $cK_{a_1} \geq 10^{-8}$，$cK_{a_2} < 10^{-8}$ 时，第一级电离的 $H^+$ 可以被滴定，第二级电离的 $H^+$ 则不能被准确滴定。如果 $cK_{a_1} \geq 10^{-8}$，$cK_{a_2} \geq 10^{-8}$，但 $K_{a_1}/K_{a_2} < 10^5$，则两级 $H^+$ 可一起被滴定，但不能被分别滴定。

多元酸碱滴定的突跃范围计算比较复杂，在实际工作中一般根据化学计量点的 pH 来选择指示剂。所选指示剂的变色范围应包括化学计量点的 pH 或在化学计量点附近。多元酸滴定的化学计量点的 pH 计算方法如下，多元碱的计算方法与多元酸类似。

多元酸以 $H_3PO_4$ 为例。第一化学计量点时，发生下面反应：
$$H_3PO_4 + NaOH \rightleftharpoons NaH_2PO_4 + H_2O$$
$H_3PO_4$ 被滴定成 $H_2PO_4^-$，为两性物质，则
$$[H^+] = \sqrt{K_{a_1} K_{a_2}} \quad pH = 4.66 \quad \text{可选择甲基橙或溴酚蓝作指示剂}$$

第二化学计量点时
$$NaH_2PO_4 + NaOH \rightleftharpoons Na_2HPO_4 + H_2O$$
$NaH_2PO_4$ 被滴定成 $Na_2HPO_4$，是酸被中和了两个 $H^+$ 后的两性物质，则
$$[H^+] = \sqrt{K_{a_2} K_{a_3}} \quad pH = 9.78 \quad \text{可选择酚酞或百里酚酞作指示剂}$$

第三级 $H^+$，由于 $cK_{a_3} < 10^{-8}$，不能直接滴定，但可借 $CaCl_2$ 的作用，释放出第三级 $H^+$，再进行滴定。反应式为：
$$3Ca^{2+} + 2HPO_4^{2-} \rightleftharpoons Ca_3(PO_4)_2 + 2H^+$$

### 3.5.4 水解盐的滴定条件和指示剂的选择

水解盐在水溶液中发生水解，显示不同程度的酸碱性，但能否采用强酸或强碱溶液进行直接滴定，与盐的水解程度有关，而盐的水解程度，则主要取决于组成盐的弱酸或弱碱的相对强度。

一般 $K_a \leq 10^{-6}$ 的弱酸与强碱所组成的盐，如 $Na_2CO_3$、硼砂等，才能用酸标准溶液直接滴定。同理，$K_b \leq 10^{-6}$ 的弱碱与强酸所组成的盐，才能用碱标准溶液直接滴定。

和多元酸碱滴定一样，在实际工作中，水解盐滴定的指示剂一般也是根据化学计量点的 pH 来选择的。

以 $Na_2CO_3$ 的滴定为例，$Na_2CO_3$ 是二元弱酸 $H_2CO_3$ 与强碱生成的盐，$H_2CO_3$ 的两级电离常数分别为：$K_{a_1}=4.2\times10^{-7}$，$K_{a_2}=5.6\times10^{-11}$，均小于 $10^{-6}$，因此，可用 HCl 直接滴定。

滴定分两步进行，第一步反应为：

$$Na_2CO_3 + HCl = NaCl + NaHCO_3$$

$Na_2CO_3$ 被滴定成 $NaHCO_3$，为两性物质，则第一化学计量点时

$$[H^+]=\sqrt{K_{a_1}K_{a_2}}=\sqrt{4.2\times10^{-7}\times5.6\times10^{-11}}=4.8\times10^{-9}\,(\text{mol/L})$$

$$pH=8.31 \quad 可选择酚酞作指示剂$$

第二步反应为：

$$NaHCO_3 + HCl = NaCl + H_2O + CO_2\uparrow$$

溶液是 $CO_2$ 的饱和溶液，饱和 $H_2CO_3$ 溶液的浓度约为 0.040mol/L，则第二化学计量点时

$$[H^+]=\sqrt{cK_{a_1}}=\sqrt{0.040\times4.2\times10^{-7}}=1.3\times10^{-4}\,(\text{mol/L})$$

$$pH=3.89 \quad 可选择甲基橙指示剂$$

国标中采用效果更好的溴甲酚绿-甲基红混合指示剂代替甲基橙指示剂，指示第二化学计量点。

## 3.6 酸碱标准溶液的配制和标定

### 3.6.1 碱标准溶液的配制和标定

碱标准溶液有 KOH 和 NaOH 溶液，分析中应用最多的是 NaOH 标准溶液。由于 NaOH 易吸收 $CO_2$ 而成为 $Na_2CO_3$，所以，在精确的测定中，应配制不含 $Na_2CO_3$ 的 NaOH 溶液并妥善保管。配制不含 $Na_2CO_3$ 的 NaOH 溶液有三种方法，实际配制时，可采用其中任一方法；且配制过程中所用的蒸馏水也应为不含 $CO_2$ 的蒸馏水，即新加热煮沸并冷却的蒸馏水。

配制不含 $Na_2CO_3$ 的 NaOH 溶液的方法如下：

① 将市售的 NaOH 制成饱和溶液，沉降后，用塑料管吸取上层清液，用不含 $CO_2$ 的蒸馏水稀释至所需浓度，转移入塑料瓶（或带胶塞的试剂瓶）中。

② 预先配制较浓的 NaOH 溶液，在该溶液中加入 $BaCl_2$ 和 $Ba(OH)_2$，使 $CO_3^{2-}$ 生成沉淀。放置后，取上层清液，用不含 $CO_2$ 的蒸馏水稀释至所需浓度。

③ 在要求不太严格的情况下，可以采用比较简便的方法。称取比需要量较多的氢氧化钠，用少量水迅速清洗 2~3 次，除去固体表面的碳酸盐，然后将其用不含 $CO_2$ 的蒸馏水溶解。

由于 NaOH 溶液易腐蚀玻璃，因此浓碱液应贮存在聚乙烯塑料瓶中。而且，为了避免 NaOH 溶液吸收空气中的水和 $CO_2$，通常要将其保存在带橡胶塞和碱石灰吸收管的试剂瓶中，如图 3-3 所示。

标定 NaOH 的基准物质可采用邻苯二甲酸氢钾或草酸，比较常

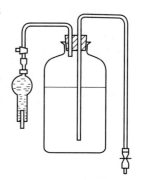

**图 3-3　NaOH 溶液的保存**

用的是邻苯二甲酸氢钾，其标定原理如下：

$$NaOH + KHC_8H_4O_4 = KNaC_8H_4O_4 + H_2O$$

NaOH 溶液的浓度 $c$ 可通过下列公式计算：

$$c = \frac{m}{(V-V_0)M} \tag{3-16}$$

式中　　$m$ ——基准邻苯二甲酸氢钾的质量，g；

　　　　$M$ ——基准邻苯二甲酸氢钾的摩尔质量，g/mol；

　　　　$V$ ——滴定消耗 NaOH 的体积，L；

　　　　$V_0$ ——空白试验消耗 NaOH 的体积，L。

除了用标定法确定浓度以外，还可用比较法来确定 NaOH 的浓度，即通过已知准确浓度的盐酸溶液的量来确定 NaOH 的浓度。计算公式如下：

$$c(NaOH) \cdot V(NaOH) = c(HCl) \cdot V(HCl)$$

**【例 3-15】** 称取纯邻苯二甲酸氢钾 0.4084g，加入碱溶液 41.34mL。用酸回滴时，耗用酸溶液 20.38mL。已知 1.00mL 酸溶液相当于 0.98mL 碱溶液。计算酸和碱溶液的物质的量浓度。

**解** 邻苯二甲酸氢钾与碱的反应为：

$$OH^- + KHC_8H_4O_4 = KC_8H_4O_4^- + H_2O$$

取化学式为基本单元。由于 1.00mL 酸溶液相当于 0.98mL 碱溶液，所以，与回滴时耗用的 20.38mL 酸溶液相当的碱的体积为 $0.98 \times 20.38 = 19.97$（mL），因此，与邻苯二甲酸氢钾反应的碱的体积为 $41.34 - 19.97 = 21.37$（mL）。

$$c(NaOH) = \frac{m}{V(NaOH) \cdot M(KHC_8H_4O_4)}$$

$$= \frac{0.4084}{21.37 \times 204.22 \times 10^{-3}}$$

$$= 0.0936 \text{（mol/L）}$$

由于　　　　$c(HCl) \cdot V(HCl) = c(NaOH) \cdot V(NaOH)$

所以　　　　$c(HCl) = c(NaOH) \cdot V(NaOH)/V(HCl)$

　　　　　　　　　　$= 0.0936 \times 0.98/1.00$

　　　　　　　　　　$= 0.0917$（mol/L）

### 3.6.2　酸标准溶液的配制和标定

常用的酸标准溶液一般为盐酸标准溶液。市售盐酸的密度为 $1.19g/cm^3$，质量分数约 37%，物质的量浓度约 12mol/L，需将浓盐酸稀释成近似浓度，然后用基准物质进行标定。由于浓盐酸具有挥发性，容易损失，配制时所取盐酸的量应比理论值适当多些。例如：配制 1L 0.1mol/L 的盐酸溶液，设所取盐酸的体积为 $V$（mL），密度为 $d$（g/cm³），质量分数为 $w$，其所取浓盐酸的理论值用下式计算：

$$Vdw = 0.1 \times 1 \times M$$

$$V \times 1.19 \times 37\% = 0.1 \times 1 \times 36.5$$

$$V = 8.3 \text{（mL）}$$

则实际配制溶液时，应量取 9mL 浓盐酸，用水稀释至 1L。

标定盐酸的基准物质通常有无水碳酸钠和硼砂，其标定原理为：

M3-9　浓盐酸的稀释

$$Na_2CO_3 + 2HCl = 2NaCl + H_2O + CO_2\uparrow$$
$$Na_2B_4O_7 + 2HCl + 5H_2O = 2NaCl + 4H_3BO_3$$

其中，$Na_2CO_3$ 应用较为普遍。用 $Na_2CO_3$ 标定盐酸时，由于 $K_{b_2}$ 不够大及溶液中 $CO_2$ 过多，酸度增大，致使终点出现过早，为此，在滴定快到终点时，应将溶液加热煮沸，除去生成的 $CO_2$ 后，冷却至室温，再继续用盐酸滴定至终点。该反应可用甲基橙为指示剂，终点由黄色变至橙色，但其颜色变化不明显；国标规定，采用溴甲酚绿-甲基红混合指示剂指示终点，终点由绿色变为酒红色，效果较好。HCl 溶液的浓度 $c$ 可通过下式计算：

$$c(HCl) = \frac{m}{(V-V_0)M\left(\frac{1}{2}Na_2CO_3\right)} \tag{3-17}$$

式中　　$V$——滴定时消耗盐酸溶液的体积，L；

$V_0$——空白试验时消耗盐酸溶液的体积，L；

$M\left(\frac{1}{2}Na_2CO_3\right)$——$\frac{1}{2}Na_2CO_3$ 的摩尔质量，g/mol；

$m$——基准无水 $Na_2CO_3$ 的质量，g。

盐酸溶液的浓度也可用比较法，以 NaOH 标准溶液比较其准确浓度。计算公式如下：

$$c(NaOH) \cdot V(NaOH) = c(HCl) \cdot V(HCl)$$

**【例 3-16】** 以 $Na_2CO_3$ 为基准物标定 HCl 标准溶液的浓度，若要消耗约 25mL 浓度为 0.10mol/L 的盐酸溶液，应称取 $Na_2CO_3$ 多少克？

**解** 已知 $Na_2CO_3$ 和 HCl 的反应为：

$$Na_2CO_3 + 2HCl = 2NaCl + CO_2\uparrow + H_2O$$

取 $\frac{1}{2}Na_2CO_3$ 为基本单元，则应称取 $Na_2CO_3$ 的质量为：

$$m = c(HCl)V(HCl)M\left(\frac{1}{2}Na_2CO_3\right)$$
$$= 0.10 \times 25 \times 10^{-3} \times 53.00$$
$$= 0.13 \text{ (g)}$$

### 3.6.3 注意事项

① "标定"和"比较"两种方法测得的浓度之差值与平均值之比不大于 0.2%，最终以标定结果为准。

② 配制浓度等于或低于 0.02mol/L 的标准溶液时，可在使用时将浓度高的标准溶液用煮沸并冷却的水稀释。必要时重新标定。

③ 所配制溶液的浓度，与规定浓度的相对误差不得大于 5%。

④ "标定"或"比较"标准溶液时，平行试验不得少于八次（四标、四复），每人四次测定，结果极差与平均值之比小于 0.1%，两人测定结果平均值之差不得大于 0.1%。结果取平均值，浓度取四位有效数字。

⑤ 滴定标准溶液在常温（15~20℃）下，保存时间一般不得超过两个月。

### 酸、碱、无机盐类与水体污染

工业废水、生活污水以及做实验所排出的废水中,常常含有一些酸、碱,当它们排入水体时,就会造成水体的酸碱污染。酸性废水和碱性废水在相互中和作用下会产生各种盐类,它们与地表物质相互反应,可能生成盐类化合物,所以,酸、碱污染必然伴随着盐类的污染。这些污染物会使水体 pH 发生变化,破坏其缓冲作用,消灭或抑制细菌及微生物,妨碍水体自净,还可腐蚀桥梁、船舶、渔具。水中盐的存在会增加水的渗透压,对淡水生物和植物生长不利。瑞典等国的许多湖泊因受酸雨的污染,pH 在不断下降,已经对水生生态产生了累积影响危害。有的酸性矿坑附近废水污染的湖中根本没有鱼类生存,周围的土壤不长庄稼。世界卫生组织规定,渔业水体 pH 一般应为 6.0~9.2。通常情况下,鱼类可以容忍的 pH 为 4.5~9.5,而工业释放的物质可以造成 pH 从 2 到 11 的变化范围。可见,水体的酸度变化已经对水生生命造成了影响,并且限制了人类对水的使用。

## 3.7 酸碱滴定的应用

### 3.7.1 直接滴定法

可以采用直接滴定法进行的情况很多,常见的有以下几种。

① 一般强酸、强碱;

② $cK_a \geqslant 10^{-8}$ 或 $cK_b \geqslant 10^{-8}$ 的无机弱酸或弱碱以及能溶于水的有机弱酸或弱碱;

③ $K_{a_1}/K_{a_2} \geqslant 10^5$(或 $K_{b_1}/K_{b_2} \geqslant 10^5$),且各级电离都满足 $cK_a \geqslant 10^{-8}$ 或 $cK_b \geqslant 10^{-8}$ 的多元酸或多元碱;

④ $K_a \leqslant 10^{-6}$(或 $K_b \leqslant 10^{-6}$)的水解盐。

**应用实例——混合碱的测定**

混合碱指 $Na_2CO_3$ 和 NaOH 或 $Na_2CO_3$ 和 $NaHCO_3$ 的混合物。分析方法主要有氯化钡法和双指示剂法。氯化钡法比较准确但较费时,所以在工业分析中多用双指示剂法,这里主要介绍双指示剂法。

在混合碱中,欲测定同一份试样中各组分的含量,可用 HCl 标准溶液滴定,根据滴定过程中 pH 变化的情况,选用两种不同指示剂,分别指示第一、第二化学计量点(或终点)的到达,从而求出各组分的含量,这种测定方法常称为"双指示剂法"。在混合碱测定中,所用的两种指示剂分别为酚酞和甲基橙,为了使终点敏锐,结果更准确,还可用甲酚红和百里酚蓝混合指示剂代替酚酞,用溴甲酚绿和甲基红混合指示剂代替甲基橙。

**M3-10 混合碱滴定曲线**

(1)烧碱中 $Na_2CO_3$ 和 NaOH 含量的测定

氢氧化钠俗称烧碱,在生产和存放过程中,常因吸收空气中的 $CO_2$ 而含少量的 $Na_2CO_3$。其测定方法如下:

准确称取试样 $m(g)$ 制成溶液后,先以酚酞(或甲酚红和百里酚蓝混合液,终点由紫红色变为樱桃色)作指示剂,用浓度为 $c(mol/L)$ 的 HCl 标准溶液滴定至溶液略带粉红色

(近无色)，这是第一化学计量点（pH＝8.3）。设用去 HCl 的体积为 $V_1$(mL)，此时所中和的是全部的 NaOH 和一半的 $Na_2CO_3$（即 $Na_2CO_3$ 只中和至 $NaHCO_3$ 而没有完全中和生成 $CO_2$），反应如下：

$$NaOH + HCl = NaCl + H_2O$$
$$Na_2CO_3 + HCl = NaCl + NaHCO_3$$

再加入甲基橙指示剂（或溴甲酚绿和甲基红混合指示剂，终点由绿色变为酒红色），继续用 HCl 标准溶液滴定至溶液由黄色变为橙色，这是第二化学计量点（pH＝3.9），又用去 HCl 标准溶液 $V_2$(mL)，此时 HCl 所中和的是 $Na_2CO_3$ 的另一半（即第一步反应生成的 $NaHCO_3$），反应式为：

$$NaHCO_3 + HCl = NaCl + H_2O + CO_2\uparrow$$

双指示剂法可图解如下：

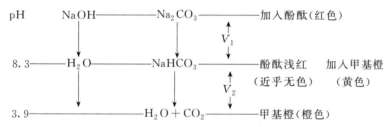

可见，滴定共用去 HCl 溶液 $V_1+V_2$(mL)，中和 $Na_2CO_3$ 所消耗的 HCl 溶液的体积为 $2V_2$(mL)，中和 NaOH 所消耗的 HCl 溶液的体积为 $V_1-V_2$(mL)。

(2) 纯碱（$Na_2CO_3$）中 $Na_2CO_3$ 和 $NaHCO_3$ 的测定

$Na_2CO_3$ 俗称苏打，由 $NaHCO_3$ 转化而来，所以 $Na_2CO_3$ 中往往含有少量 $NaHCO_3$。其测定方法如下：

准确称取试样 $m$(g) 制成溶液后，先以酚酞（或甲酚红和百里酚蓝混合液，终点由紫红色变为樱桃色）作指示剂，用浓度为 $c$(mol/L) 的 HCl 标准溶液滴定至溶液略带粉红色（近无色），这是第一化学计量点（pH＝8.3），设用去 HCl 的体积为 $V_1$(mL)，此时所中和的是 $Na_2CO_3$ 的一半（即 $Na_2CO_3$ 只中和至 $NaHCO_3$ 而没有完全中和生成 $CO_2$），反应式为：

$$Na_2CO_3 + HCl = NaCl + NaHCO_3$$

再加入甲基橙指示剂（或溴甲酚绿和甲基红混合指示剂，终点由绿色变为酒红色），继续用该 HCl 标准溶液滴定至溶液由黄色变为橙色，这是第二化学计量点（pH＝3.9），又用去 HCl 标准溶液 $V_2$(mL)，此时 HCl 所中和的是 $Na_2CO_3$ 的另一半（即第一步反应生成的 $NaHCO_3$）和试样中的 $NaHCO_3$，反应式为：

$$NaHCO_3 + HCl = NaCl + H_2O + CO_2\uparrow$$

其滴定过程图解如下：

```
pH     Na2CO3 ————————— NaHCO3 ——————加入酚酞(红色)
         ↓                ↓          ↑
                                     V1
                                     ↓
8.3 —— NaHCO3 ————————— NaHCO3 ——————酚酞浅红    加入甲基橙
         ↓                ↓         （近乎无色） （黄色）
                                     ↑
                                     V2
                                     ↓
3.9 —— H2O+CO2 ———————— H2O+CO2 —————甲基橙(橙色)
```

可见，滴定共用去 HCl 溶液 $V_1+V_2$(mL)，中和 $Na_2CO_3$ 所消耗的 HCl 溶液的体积为 $2V_1$(mL)，中和 $NaHCO_3$ 所消耗的 HCl 溶液的体积为 $V_2-V_1$(mL)。

所以，根据 $V_1$ 和 $V_2$ 的大小，可先确定混合碱的组成，而后算出所含组分的含量。常见无机碱试样由三类物质——氢氧化钠、碳酸盐和酸式碳酸盐组成。由于氢氧化钠和酸式碳酸盐会发生如下反应：

$$HCO_3^- + OH^- = H_2O + CO_3^{2-}$$

不能同时存在，所以三类物质只能有五种组合形式，见表 3-6。

**表 3-6　混合碱五种组合形式**

| $V_1$ 和 $V_2$ 的变化 | 试样组成 | 相应组分的物质的量/mol |
|---|---|---|
| $V_1>0, V_2=0$ | NaOH($OH^-$) | $cV_1$ |
| $V_1=V_2>0$ | $Na_2CO_3$($CO_3^{2-}$) | $2cV_1$ 或 $2cV_2$ |
| $V_1=0, V_2>0$ | $NaHCO_3$($HCO_3^-$) | $cV_2$ |
| $V_1>V_2$ | NaOH($OH^-$) | $c(V_1-V_2)$ |
|  | $Na_2CO_3$($CO_3^{2-}$) | $2cV_2$ |
| $V_2>V_1$ | $Na_2CO_3$($CO_3^{2-}$) | $2cV_1$ |
|  | $NaHCO_3$($HCO_3^-$) | $c(V_2-V_1)$ |

注：1. $c$ 为 HCl 标准溶液的浓度，mol/L。

2. $V_1$ 和 $V_2$ 的单位是 mL，乘以 $10^{-3}$ 换算为 L。

设以酚酞作指示剂滴定至第一计量点时，所消耗的 HCl 标准溶液的体积为 $V_1$(L)，在此溶液中加入甲基橙指示剂，继续用 HCl 标准溶液滴定至第二化学计量点时，消耗 HCl 溶液的体积为 $V_2$(L)。

则当 $V_1>V_2$ 时，试样为 $Na_2CO_3$ 和 NaOH 的混合物。由式(2-7)可分别计算 NaOH 和 $Na_2CO_3$ 的质量分数：

$$w(NaOH) = \frac{c(HCl)(V_1-V_2)M(NaOH)}{m}$$

$$w(Na_2CO_3) = \frac{c(HCl) \cdot 2V_2 M\left(\frac{1}{2}Na_2CO_3\right)}{m}$$

当 $V_1<V_2$ 时，试样为 $Na_2CO_3$ 和 $NaHCO_3$ 的混合物。且

$$w(Na_2CO_3) = \frac{c(HCl) \cdot 2V_1 M\left(\frac{1}{2}Na_2CO_3\right)}{m}$$

$$w(NaHCO_3) = \frac{c(HCl)(V_2-V_1)M(NaHCO_3)}{m}$$

### 3.7.2　返滴定法

易挥发或难溶于水的具有酸碱性的物质可采用返滴定法，如氨水、苯甲酸等。

**应用实例——氨水中氨含量的测定**

氨水为 $NH_3$ 的水溶液，主要用作氮肥或化工原料，$K_b=1.8\times10^{-5}$，是一种弱碱，但由于其易挥发，不能用酸直接滴定，必须采用返滴定法进行测定，可用过量的硫酸标准溶液

中和氨水中的氨，剩余的酸用碱标准溶液回滴，其测定原理为：

$$2NH_3 \cdot H_2O + H_2SO_4 = (NH_4)_2SO_4 + 2H_2O$$
$$H_2SO_4(余) + 2NaOH = Na_2SO_4 + 2H_2O$$

氨水中氨的质量分数计算公式如下：

$$w(NH_3) = \frac{\left[c\left(\frac{1}{2}H_2SO_4\right) \cdot V(H_2SO_4) - c(NaOH) \cdot V(NaOH)\right] \cdot M(NH_3)}{m}$$

### 3.7.3 置换滴定法

本身没有酸碱性或酸碱性很弱的物质，不能采用直接滴定法滴定，但可利用某些化学反应使它们转化为相当量的酸或碱后，再用碱或酸的标准溶液进行滴定。这种滴定方法称为置换滴定法。应用实例如下。

(1) 铵盐纯度的测定

常见铵盐有硫酸铵、氯化铵、硝酸铵及碳酸氢铵等，其中碳酸氢铵可用酸标准溶液直接滴定 $HCO_3^-$，其他铵盐中阴离子均为强酸根离子，所组成的盐为强酸弱碱盐，由于 $NH_3 \cdot H_2O$ 的 $K_b = 1.8 \times 10^{-5} > 10^{-6}$，不能直接滴定，因此常用蒸馏法和甲醛法进行测定。蒸馏法是在铵盐中加入过量碱，加热使氨蒸馏出来，蒸出的氨用硼酸溶液吸收，然后用酸标准溶液滴定硼酸吸收液，其反应为：

$$NH_4^+ + OH^- = NH_3 \uparrow + H_2O$$
$$NH_3 + H_3BO_3 = NH_4^+ + H_2BO_3^-$$
$$NH_4H_2BO_3 + HCl = H_3BO_3 + NH_4Cl$$

$NH_3$ 也可用过量强酸标液吸收，然后用碱标准溶液回滴剩余的酸。蒸馏法比较准确，但操作复杂，本实验采用甲醛法进行测定。甲醛法是将甲醛与铵盐反应生成质子化的六亚甲基四胺（$K_a = 7.1 \times 10^{-6}$）和 $H^+$，可用碱直接滴定，反应如下：

$$4NH_4^+ + 6HCHO = (CH_2)_6N_4H^+ + 3H^+ + 6H_2O$$
$$(CH_2)_6N_4H^+ + 3H^+ + 4OH^- = (CH_2)_6N_4 + 4H_2O$$

市售甲醛常含有微量酸，需先用碱中和至酚酞指示剂呈淡红色时，再与铵盐作用。

铵盐试样中 $NH_4^+$ 质量分数的计算公式为：

$$w(NH_4^+) = \frac{c(NaOH)V(NaOH)M(NH_4^+)}{m}$$

(2) 硼酸纯度的测定

硼酸是一种极弱的酸（$K_a = 5.7 \times 10^{-10}$），不能直接用 NaOH 标准溶液滴定，但硼酸能与一些多元醇等配合而生成较强的酸，如硼酸-甘油配合酸的电离常数约为 $8 \times 10^{-6}$，可用 NaOH 标准溶液直接滴定，反应如下：

$$2\ \begin{matrix} H_2C-OH \\ HC-OH \\ H_2C-OH \end{matrix} + H_3BO_3 \rightleftharpoons H\left[\begin{matrix} H_2C-O \quad O-CH_2 \\ HC-O \diagdown B \diagup O-CH \\ H_2C-OH \quad HO-CH_2 \end{matrix}\right] + 3H_2O$$

$$H\begin{bmatrix} H_2C-O & O-CH_2 \\ HC-O{\rightarrow}B{\leftarrow}O-CH \\ H_2C-OH & HO-CH_2 \end{bmatrix} + NaOH \rightleftharpoons Na\begin{bmatrix} H_2C-O & O-CH_2 \\ HC-O{\rightarrow}B{\leftarrow}O-CH \\ H_2C-OH & HO-CH_2 \end{bmatrix} + H_2O$$

所以硼酸可通过强化法进行测定。实验中所用的甘油应为中性甘油（取水一份、甘油两份混合，加酚酞，NaOH 溶液滴至淡粉色，再用甘油滴至无色，即得中性甘油）。

试样中 $H_3BO_3$ 纯度的计算公式为：

$$w(H_3BO_3) = \frac{c(NaOH)V(NaOH)M(H_3BO_3)}{m}$$

### 3.7.4 间接滴定法

有些物质虽然既不是酸也不是碱，但通过某些化学反应可以释放出相当量的酸或碱，从而可用碱或酸标准溶液进行滴定，间接地测定出其含量。某些有机物如醛、酮等，都可用这种方法进行测定。

**应用实例——亚硫酸钠法测定醛、酮**

醛、酮与过量的亚硫酸钠反应，生成加成化合物和游离碱，生成的 NaOH 可用酸标准溶液滴定，进而求出醛和酮的含量。该法采用百里酚酞作指示剂，可用来测定较多种醛和少数几种酮。由于测定操作简单、准确度较高，常用来测定甲醛。反应如下：

$$\underset{H}{\overset{R}{>}}C=O + Na_2SO_3 + H_2O \Longrightarrow \underset{H}{\overset{R}{>}}C\underset{SO_3Na}{\overset{OH}{<}} + NaOH$$

$$\underset{R'}{\overset{R}{>}}C=O + Na_2SO_3 + H_2O \Longrightarrow \underset{R'}{\overset{R}{>}}C\underset{SO_3Na}{\overset{OH}{<}} + NaOH$$

$$NaOH + HCl \Longrightarrow NaCl + H_2O$$

试样中醛或酮的质量分数为：

$$w(醛或酮) = \frac{c(HCl) \cdot V(HCl) \cdot M(醛或酮)}{m}$$

## 甲醛与人体健康

甲醛在医药行业应用较为广泛，它能使蛋白质凝固，并且具有杀菌作用，在医药行业常用作消毒剂和防腐剂。"福尔马林"是质量分数为 0.37～0.40 的甲醛水溶液，用于保存动物标本和尸体。

甲醛是一种原生毒物，在空气中能对眼、鼻、喉、皮肤产生明显的刺激作用，引起流泪、呼吸困难、咳嗽、胸痛、头痛，还可引起肺炎、肺水肿等严重损害，甚至死亡。甲醛给人类带来的危害与其在空气中的浓度有关。室内装饰与整修，若使用了含醛的胶黏剂、油漆等，这些物质就会释放出甲醛，如果甲醛含量超过一定浓度，将会对人体造成很大危害。

## 3.8 计 算 示 例

**【例 3-17】** 有一含 $Na_2CO_3$ 和 $NaOH$ 的试样 1.179g，溶解后用酚酞作指示剂进行滴定时，消耗 48.16mL 0.3000mol/L HCl 溶液。再加甲基橙作指示剂，又用该酸滴定，则需 24.04mL。计算试样中 $Na_2CO_3$ 和 $NaOH$ 的质量分数。

**解** 酚酞作指示剂时，滴定到第一计量点，此时发生下列反应：

$$Na_2CO_3 + HCl = NaCl + NaHCO_3$$
$$NaOH + HCl = NaCl + H_2O$$

设此时消耗盐酸的体积为 $V_1$，则 $V_1 = 48.16$mL。再加甲基橙作指示剂，滴定到第二计量点，发生以下反应：

$$NaHCO_3 + HCl = NaCl + H_2O + CO_2 \uparrow$$

设此时消耗盐酸的体积为 $V_2$，则 $V_2 = 24.04$mL。这里的 $NaHCO_3$ 是由 $Na_2CO_3$ 与 HCl 发生反应生成的，所以，实际上 $Na_2CO_3$ 发生了两步反应，合并在一起为：

$$Na_2CO_3 + 2HCl = 2NaCl + H_2O + CO_2 \uparrow$$

$Na_2CO_3$ 消耗盐酸的体积为 $2V_2$，取 $\frac{1}{2}Na_2CO_3$ 为 $Na_2CO_3$ 的基本单元，则

$$w(Na_2CO_3) = \frac{c(HCl) \cdot 2V_2 M\left(\frac{1}{2}Na_2CO_3\right)}{m}$$
$$= \frac{0.3000 \times 2 \times 24.04 \times 53.00 \times 10^{-3}}{1.179}$$
$$= 0.6484$$

NaOH 的基本单元就是其化学式，所消耗盐酸的体积为 $V_1 - V_2$，则

$$w(NaOH) = \frac{c(HCl)(V_1 - V_2)M(NaOH)}{m}$$
$$= \frac{0.3000 \times (48.16 - 24.04) \times 40.00 \times 10^{-3}}{1.179}$$
$$= 0.2455$$

**【例 3-18】** 测定氨水中氨的含量时，用安瓿球称取试样为 1.5908g，然后将安瓿球放入事先已盛有 50.00mL $c\left(\frac{1}{2}H_2SO_4\right) = 0.2621$mol/L 的 $H_2SO_4$ 标准溶液的 250mL 碘量瓶中，塞紧磨口塞，用力振荡，直至安瓿球破碎为止。用水淋洗瓶塞，再用玻璃棒将未破碎的玻璃毛细管捣碎，加 2~3 滴甲基红-亚甲基蓝混合指示剂，用 0.1080mol/L 的 NaOH 标准溶液滴定至溶液由红紫色变为灰绿色，消耗 29.20mL，问试样中 $NH_3$ 的质量分数为多少？

**解** 返滴定法测定氨水中氨含量的反应为：

$$2NH_3 \cdot H_2O + H_2SO_4 = (NH_4)_2SO_4 + 2H_2O$$

$$H_2SO_4(余) + 2NaOH = Na_2SO_4 + 2H_2O$$

取 $NH_3 \cdot H_2O$ 和 $NaOH$ 的化学式为基本单元，则

$$w(NH_3) = \frac{\left[c\left(\frac{1}{2}H_2SO_4\right)V(H_2SO_4) - c(NaOH)V(NaOH)\right] \cdot M(NH_3)}{m}$$

$$= \frac{(0.2621 \times 50.00 - 0.1080 \times 29.20) \times 17.03 \times 10^{-3}}{1.5908}$$

$$= 0.1065$$

**【例 3-19】** 测定 $NH_4Cl$ 中含氮量时（甲醛法），称取 1.0513g 试样，置于 250mL 锥形瓶中，加 80mL 水使之溶解，加 1~2 滴甲基红指示剂，用 0.1mol/L HCl 溶液中和，加入 15mL 25% 甲醛溶液和 5~6 滴酚酞指示剂，摇匀，放置 5min，用 0.5171mol/L NaOH 标准溶液滴定至溶液呈淡粉红色，消耗 37.63mL。同时做一空白试验，消耗 0.05mL，求试样中氮和 $NH_4Cl$ 的质量分数。

**解** 甲醛法测定 $NH_4Cl$ 的反应如下：

$$4NH_4Cl + 6HCHO = (CH_2)_6N_4HCl + 3HCl + 6H_2O$$

$$(CH_2)_6N_4HCl + 3HCl + 4NaOH = (CH_2)_6N_4 + 4NaCl + 4H_2O$$

取 $NH_4Cl$ 的化学式为基本单元，则 $NH_4Cl$ 试样中氮和 $NH_4Cl$ 的质量分数为：

$$w(N) = \frac{c(NaOH)[V(NaOH) - V(空白)]M(N)}{m}$$

$$= \frac{0.5171 \times (37.63 - 0.05) \times 14.00 \times 10^{-3}}{1.0513}$$

$$= 0.2588$$

$$w(NH_4Cl) = w(N) \times \frac{M(NH_4Cl)}{M(N)}$$

$$= 0.2588 \times \frac{53.49}{14.00}$$

$$= 0.9888$$

### 本章小结

本章主要介绍了以下几大方面的内容。

1. 基本概念

主要应了解电离平衡常数的概念，掌握分析浓度和平衡浓度、酸的浓度和酸度及碱的浓度和碱度之间的差别。

2. 各种溶液酸度的计算

欲计算一种溶液的酸度，首先要确定溶液的种类，然后根据不同种类溶液酸度的计算方法，计算溶液的酸度。常见溶液的酸度计算公式归纳于表 3-7。

表 3-7　不同溶液酸度计算公式

| 溶液种类 | | 计算公式（允许误差 5%） | 溶液种类 | | 计算公式（允许误差 5%） |
|---|---|---|---|---|---|
| 强酸 | | $c \geqslant 4.7 \times 10^{-7}$ mol/L<br>$[H^+] = c$ | 强碱 | | $c \geqslant 4.7 \times 10^{-7}$ mol/L<br>$[OH^-] = c$ |
| 一元弱酸 | 近似式 | $cK_a \geqslant 10K_w$<br>$[H^+] = \dfrac{-K_a + \sqrt{K_a^2 + 4cK_a}}{2}$ | 一元弱碱 | 近似式 | $cK_b \geqslant 10K_w$<br>$[OH^-] = \dfrac{-K_b + \sqrt{K_b^2 + 4cK_b}}{2}$ |
| | 最简式 | $cK_a \geqslant 10K_w, c/K_a \geqslant 10^5$<br>$[H^+] = \sqrt{cK_a}$ | | 最简式 | $cK_b \geqslant 10K_w, c/K_b \geqslant 10^5$<br>$[OH^-] = \sqrt{cK_b}$ |
| 多元弱酸 | 近似式 | $cK_{a_1} \geqslant 10K_w$<br>$[H^+] = \dfrac{-K_{a_1} + \sqrt{K_{a_1}^2 + 4cK_{a_1}}}{2}$ | 多元弱碱 | 近似式 | $cK_{b_1} \geqslant 10K_w$<br>$[OH^-] = \dfrac{-K_{b_1} + \sqrt{K_{b_1}^2 + 4cK_{b_1}}}{2}$ |
| | 最简式 | $cK_{a_1} \geqslant 10K_w, c/K_{a_1} \geqslant 10^5$<br>$[H^+] = \sqrt{cK_{a_1}}$ | | 最简式 | $cK_{b_1} \geqslant 10K_w, c/K_{b_1} \geqslant 10^5$<br>$[OH^-] = \sqrt{cK_{b_1}}$ |
| 一元水解盐 | 强碱弱酸盐 | $[OH^-] = \sqrt{\dfrac{K_w}{K_a} c_s}$ | 多元水解盐 | 强碱弱酸盐 | $[OH^-] = \sqrt{\dfrac{K_w}{K_{a_1}} c_s}$ |
| | 强酸弱碱盐 | $[H^+] = \sqrt{\dfrac{K_w}{K_b} c_s}$ | | 强酸弱碱盐 | $[H^+] = \sqrt{\dfrac{K_w}{K_{b_1}} c_s}$ |
| 两性物质 | 中和一个 $H^+$ | $cK_{a_2} \geqslant 10K_w, c/K_{a_1} \geqslant 10$<br>$[H^+] = \sqrt{K_{a_1} K_{a_2}}$ | 缓冲溶液 | 弱酸和弱酸盐 | $c_a \gg [OH^-] - [H^+], c_s \gg [H^+] - [OH^-]$<br>$[H^+] = K_a c_a / c_s$ |
| | 中和两个 $H^+$ | $cK_{a_3} \geqslant 10K_w, c/K_{a_2} \geqslant 10$<br>$[H^+] = \sqrt{K_{a_2} K_{a_3}}$ | | 弱碱和弱碱盐 | $c_s \gg [OH^-] - [H^+], c_a \gg [H^+] - [OH^-]$<br>$[OH^-] = K_b c_b / c_s$ |

3. 指示剂的选择

选择酸碱指示剂的依据是滴定体系的突跃范围或化学计量点的 pH。由于滴定体系不同，选择指示剂的方法也有所不同。表 3-8 列出了几种主要滴定类型的酸碱指示剂的选择情况。

表 3-8　几种类型的酸碱滴定及指示剂的选择

| 选择指示剂的依据 | 选择方法 | 适用类型 | 突跃范围及计量点的计算依据 | | | 计量点的酸碱性 |
|---|---|---|---|---|---|---|
| | | | 计量点前 | 计量点时 | 计量点后 | |
| 突跃范围 | 指示剂的变色范围应全部或部分地包括在滴定体系的突跃范围之内 | 强碱滴定强酸 | 强酸溶液 | 强碱强酸盐溶液 | 强碱溶液 | pH=7 |
| | | 强酸滴定强碱 | 强碱溶液 | 强酸强碱盐溶液 | 强酸溶液 | pH=7 |
| | | 一元强碱滴定弱酸 | 酸式缓冲溶液 | 强碱弱酸盐溶液 | 强碱溶液 | pH>7 |
| | | 一元强酸滴定弱碱 | 碱式缓冲溶液 | 强酸弱碱盐溶液 | 强酸溶液 | pH<7 |
| 化学计量点的 pH | 指示剂的变色范围应包含化学计量点的 pH 或在化学计量点 pH 附近 | 多元弱酸的滴定（以磷酸为例） | 第一计量点 $[H^+] = \sqrt{K_{a_1} K_{a_2}}$ | | | |
| | | | 第二计量点 $[H^+] = \sqrt{K_{a_2} K_{a_3}}$ | | | |
| | | 水解盐的滴定（以 $Na_2CO_3$ 为例） | 第一计量点 $[H^+] = \sqrt{K_{a_1} K_{a_2}}$ | | | |
| | | | 第二计量点 $[H^+] = \sqrt{cK_{a_1}}$ | | | |

### 4. 各类酸碱直接滴定的条件

物质能否用酸碱滴定法直接滴定,主要与浓度和电离常数有关。常见酸碱直接滴定的条件如下:

一元弱酸　　$cK_a \geqslant 10^{-8}$

一元弱碱　　$cK_b \geqslant 10^{-8}$

多元弱酸　　各级电离均满足 $cK_a \geqslant 10^{-8}$,分步滴定的条件 $K_{a_1}/K_{a_2} \geqslant 10^5$

多元弱碱　　各级电离均满足 $cK_b \geqslant 10^{-8}$,分步滴定的条件 $K_{b_1}/K_{b_2} \geqslant 10^5$

水解盐　　$K_a \leqslant 10^{-6}$（或 $K_b \leqslant 10^{-6}$）

### 5. 酸碱标准溶液的制备

常用的碱标准溶液为 NaOH 溶液,酸标准溶液为 HCl 溶液,一般均采用标定法配制。标定方法见表 3-9。

**表 3-9　酸碱标准溶液的标定**

| 标准溶液 | 盐　　酸 | 氢氧化钠 |
|---|---|---|
| 基准物 | 无水碳酸钠、硼砂 | 邻苯二甲酸氢钾 |
| 标定原理 | $Na_2CO_3 + 2HCl == 2NaCl + H_2O + CO_2\uparrow$<br>$Na_2B_4O_7 + 2HCl + 5H_2O == 2NaCl + 4H_3BO_3$ | $NaOH + KHC_8H_4O_4 == KNaC_8H_4O_4 + H_2O$ |
| 指示剂 | 溴甲酚绿-甲基红（$Na_2CO_3$ 标定） | 酚酞 |
| 计算公式 | $c(HCl) = \dfrac{m}{(V-V_0)M\left(\dfrac{1}{2}Na_2CO_3\right)}$ | $c(NaOH) = \dfrac{m}{(V-V_0)M(KHC_8H_4O_4)}$ |

### 6. 酸碱滴定的应用

酸碱滴定法是应用非常广泛的一种滴定分析方法。对于不能采用直接滴定法进行测定的物质,还可采用返滴定法、置换滴定法和间接滴定法进行测定。

## 思考与实践

**1. 填空题**

(1) 浓度相同的 NaOH、HCl、NaAc、NaCl、$NH_4Cl$ 五种溶液,pH 由大到小的顺序是_____。

(2) 缓冲溶液的缓冲能力与_____和_____有关,在_____条件下,缓冲溶液具有最大的缓冲能力,而在_____条件下缓冲溶液不再具有缓冲能力,缓冲溶液所能控制的 pH 范围称_____,可表示为_____。

(3) 滴定的突跃范围是指化学计量点附近加入_____标准溶液所引起的 pH 突跃,突跃范围的大小与_____和_____因素有关;而对于酸碱指示剂来说,可以看到指示剂颜色变化的 pH 范围称为指示剂的_____,一般为_____。对于一元酸碱的滴定,选择指示剂的原则是_____;而对于多元弱酸、弱碱的滴定,其指示剂的选择则是依据_____。

(4) 甲基橙、甲基红、酚酞三种指示剂的变色范围分别为_____、_____、_____。

(5) 配制 HCl 标准溶液时,所取浓盐酸的体积应比理论值稍_____,这是因为 HCl 溶液_____。

(6) 配制 NaOH 标准溶液时,所采用的蒸馏水应为_____,制备方法为_____。

(7) 铵盐试样若为$(NH_4)_2SO_4$、$NH_4NO_3$，其质量分数的表达式应分别为_____和_____；各试样中氮的质量分数表达式分别为_____和_____。

### 2. 单选题

(1) 在纯水中加入一些碱，则溶液中$[H^+][OH^-]$的乘积会（　　）。
   A. 增大　　　　B. 减小　　　　C. 不变

(2) 用纯水把下列溶液稀释10倍，pH变化最大的是（　　）。
   A. 0.1mol/L HCl　　　　B. 0.1mol/L $NH_3·H_2O$　　　　C. 0.1mol/L HAc
   D. 0.1mol/L HAc+0.1mol/L NaAc　　　E. 0.1mol/L $NH_3·H_2O$+0.1mol/L $NH_4Cl$

(3) 下列各混合溶液中（　　）具有pH缓冲能力。
   A. 100mL 1mol/L 的 HAc 加 100mL 1mol/L 的 NaOH
   B. 100mL 1mol/L 的 HCl 加 200mL 2mol/L 的 $NH_3·H_2O$
   C. 200mL 1mol/L 的 HAc 加 100mL 1mol/L 的 NaOH
   D. 100mL 1mol/L 的 $NH_4Cl$ 加 100mL 1mol/L 的 $NH_3·H_2O$

(4) 欲配制pH为3左右的缓冲溶液，应选下列（　　）种酸及其弱酸盐（括号内为$pK_a$值）。
   A. HAc (4.74)　　　B. 甲酸 (3.74)　　　C. 一氯乙酸 (2.86)
   D. 二氯乙酸 (1.30)　　　E. 苯酚 (9.95)

(5) 用0.1mol/L HCl滴定0.1mol/L $NH_3·H_2O$ ($pK_a$=4.7) 的pH突跃范围为6.3~4.5，则可选用下列哪种指示剂？（　　）
   A. 甲基橙　　　B. 酚酞　　　C. 百里酚蓝　　　D. 甲基红

(6) 用0.1mol/L NaOH滴定0.1mol/L HAc ($pK_a$=4.7) 时的pH突跃范围为7.7~9.7。由此可推断用0.1mol/L NaOH滴定0.1mol/L HCOOH ($pK_a$=3.7) 时pH的突跃范围为（　　）。
   A. 6.7~8.7　　　B. 6.7~9.7　　　C. 7.7~8.7　　　D. 7.7~9.7

(7) 下列物质中能用强碱溶液直接滴定的是（　　）。
   A. 0.1mol/L $NH_4Cl$ 溶液　　　B. 0.1mol/L $C_2H_5COOH$ ($K_a=1.34\times10^{-5}$)
   C. 0.1mol/L $NH_3·H_2O$ 溶液　　　D. 0.1mol/L $H_3BO_3$ 溶液 ($K_a=5.8\times10^{-10}$)

(8) 下列酸中两个均可准确进行分步滴定的是（　　）（设酸的浓度为0.1mol/L）。
   A. $K_{a_1}=8.7\times10^{-4}$, $K_{a_2}=2.7\times10^{-5}$　　　B. $K_{a_1}=1.8\times10^{-4}$, $K_{a_2}=5.7\times10^{-10}$
   C. $K_{a_1}=1.0\times10^{-2}$, $K_{a_2}=5.5\times10^{-7}$　　　D. $K_{a_1}=1.3\times10^{-5}$, $K_{a_2}=3.9\times10^{-6}$

(9) 某混合碱实验，用酚酞作指示剂所消耗的HCl溶液比继续加甲基橙作指示剂所消耗的HCl溶液多，说明该溶液为（　　）溶液。
   A. $K_2CO_3$+$KHCO_3$　　　B. $K_2CO_3$+KOH　　　C. $KHCO_3$+KOH　　　D. $K_2CO_3$

(10) 以强化法测定硼酸的纯度时，为使之转化为较强酸，可于溶液中加入（　　）。
   A. 甲醇　　　B. 甘油　　　C. 乙醇　　　D. 苯酚

### 3. 判断题

(1) 酸的浓度是酸的分析浓度，它包括溶液中已电离的酸和未电离的酸的总浓度。（　　）
(2) 在溶液中既可起酸的作用又可起碱的作用的物质称为中性物质。（　　）
(3) 具有能对抗外加的少量酸碱或稀释，而使其pH不发生显著变化的性质称为缓冲作用。（　　）
(4) 酸碱指示剂最大的特点就是它们的分子和离子具有相同的颜色。（　　）
(5) 氢氧化钠俗称烧碱，在生产和存放过程中，常因吸收空气中的$CO_2$而含少量的$Na_2CO_3$。（　　）
(6) 在纯水中加入一些酸，则溶液中$c(OH^-)$与$c(H^+)$的乘积增大了。（　　）
(7) 强酸滴定弱碱达到化学计量点时pH>7。（　　）
(8) 酸碱溶液浓度越小，滴定曲线化学计量点附近的滴定突跃越长，可供选择的指示剂越多。（　　）
(9) 在酸性溶液中$H^+$浓度就等于酸的浓度。（　　）

(10) 常用的碱标准溶液为 NaOH 溶液,酸标准溶液为 HCl 溶液,一般均采用标定法配制。（    ）

### 4. 问答题

(1) 举例说明酸的浓度和酸度在概念上有什么不同?

(2) 什么是盐的水解?下列物质哪些能发生水解?能水解的写出水解方程式并判断其酸碱性。
$BaSO_4$、NaCl、$NH_4NO_3$、$KHCO_3$、$FeCl_3$、NaCN、$NaHSO_4$

(3) 以 HAc-NaAc 和 $NH_3$-$NH_4Cl$ 溶液为例说明,为什么弱酸（碱）和弱酸盐（弱碱盐）所组成的混合溶液具有控制溶液 pH 的能力?

(4) 下列各种弱酸、弱碱（浓度均为 0.1mol/L）能否用酸碱滴定法直接滴定?如果可以,应选用哪种指示剂?为什么?
① 一氯乙酸   ② 苯酚   ③ 吡啶   ④ 苯甲酸   ⑤ 苯甲酸钠   ⑥ 氟化钠   ⑦ 羟氨   ⑧ 醋酸钠   ⑨ 苯酚钠   ⑩ 盐酸羟氨

(5) 观察生活中有哪些水解现象并写出来。

(6) 小实验：取一些植物的花瓣、叶子、萝卜等捣烂,用酒精浸泡,向不同的浸取液中分别滴加稀 HCl、稀 NaOH 和水,观察现象。

(7) 用 NaOH 溶液滴定下列各种多元酸（浓度均为 0.1mol/L）时,哪些能分步滴定?会出现几个 pH 突跃?
① $H_3PO_4$   ② $H_2CO_3$   ③ $H_2SO_4$   ④ $H_2C_2O_4$   ⑤ $H_2SO_3$

(8) 为什么不能用直接法配制 NaOH 标准溶液?装 NaOH 溶液的试剂瓶为什么不宜用玻璃塞?

(9) 甲醛法测定铵盐为什么需使用中性甲醛?甲醛未经中和对结果有何影响?

(10) 使 $H_3BO_3$ 强化为什么需用中性甘油?怎样制得中性甘油?

(11) 根据下列情况,分别判断含有 $K_2CO_3$、KOH、$KHCO_3$ 中哪些组分?
① 用酚酞和甲基橙作指示剂滴定溶液时用去 HCl 标准溶液量相同；
② 用酚酞作指示剂时所用 HCl 标准溶液体积为用甲基橙作指示剂所用 HCl 标准溶液体积的一半；
③ 加酚酞时溶液不显色,但可用甲基橙作指示剂以 HCl 标准溶液滴定；
④ 用酚酞作指示剂时所用 HCl 溶液比继续加甲基橙作指示剂所用 HCl 溶液少；
⑤ 用酚酞作指示剂时所用 HCl 溶液比继续加甲基橙作指示剂所用 HCl 溶液多。

(12) 以 HCl 标准溶液滴定某碱液时,量取两份碱液,一份以甲基橙作指示剂,耗去 HCl 溶液 $V_1$(mL)；另取一份以酚酞作指示剂,耗去 HCl 溶液 $V_2$(mL)。若碱液的组成分别为下列①~⑤,则 $V_1$ 与 $V_2$ 的关系是：
(A) $V_1=V_2$   (B) $2V_1=3V_2$   (C) $V_1=3V_2$
(D) $V_1=2V_2$   (E) $V_1>0, V_2≈0$
① NaOH   ② $Na_2CO_3$   ③ $NaHCO_3$
④ $Na_2CO_3$ 和 NaOH 以等物质的量组成
⑤ $Na_2CO_3$ 和 $NaHCO_3$ 以等物质的量组成

### 5. 计算题

(1) 计算下列各溶液的 pH：
a. 浓度为 0.02mol/L 的 $H_2SO_4$ 溶液；
b. 浓度为 0.01mol/L 的 KOH 溶液；
c. 浓度为 0.12mol/L 的 $CH_3NH_2$ 溶液；
d. 浓度为 0.05mol/L 的 $C_6H_5COOH$ 溶液；
e. 浓度为 0.1mol/L 的 $NH_4NO_3$ 溶液；
f. 浓度为 0.0001mol/L 的 NaCN 溶液。

(2) 将 1.00mol/L 的 HAc 溶液 1L 稀释至多大体积才能使 $[H^+]$ 为 0.0030mol/L?

(3) 计算
a. 0.1mol/L 的 $NH_3·H_2O$ 溶液的 pH；

b. 0.1mol/L 的 $NH_4Cl$ 溶液的 pH；

c. 上述两种溶液等体积混合后溶液的 pH。

（4）计算

a. 0.1mol/L 的 HAc 溶液的 pH；

b. 0.1mol/L 的 NaAc 溶液的 pH；

c. 上述两种溶液等体积混合后溶液的 pH。

（5）分别计算浓度都是 0.1mol/L 的 $H_3PO_4$、$NaH_2PO_4$、$Na_2HPO_4$ 溶液的 $[H^+]$ 和 pH。

（6）0.3mol/L 的吡啶溶液和 0.10mol/L 的 HCl 溶液等体积混合后，是否为缓冲溶液？计算溶液的 pH。

（7）欲配制 pH=10.00 的缓冲溶液 1L，用去 15mol/L 的氨水 350mL，还需加 $NH_4Cl$ 多少克？

（8）欲配制 pH=5.00 的缓冲溶液 500mL，若用浓度为 6.00mol/L 的 HAc 溶液 34.00mL，问需加 $NaAc·3H_2O$ 多少克？

（9）制备 pH=5.0，总浓度为 1.0mol/L 的 HAc-NaAc 缓冲溶液 500mL，HAc 和 NaAc 的浓度比应为多少？需用冰醋酸（密度为 1.05g/mL）和 NaAc 各多少？

（10）用 0.1000mol/L 的 NaOH 溶液滴定 20.00mL 0.1000mol/L 的 HCOOH 溶液，计算化学计量点时的 pH 及突跃范围，并说明选用何种指示剂。

（11）质量 1.000g 的发烟硫酸试样溶于水后，需用 42.82mL 浓度为 0.5000mol/L 的 NaOH 标准溶液来滴定，计算试样中各成分的质量分数。

（12）选用邻苯二甲酸氢钾标定浓度为 0.2mol/L 的 NaOH 溶液的准确浓度。今欲控制消耗 NaOH 溶液的体积在 25mL 左右，应称取基准物质的质量为多少克？如改用 $H_2C_2O_4·2H_2O$（草酸）为基准物，又应称取多少克？

（13）有工业硼砂 1.000g，用 0.2mol/L 的 HCl 溶液 25.00mL 恰好中和至化学计量点。计算样品中 $Na_2B_4O_7·10H_2O$ 的质量分数。

（14）已知样品中含 NaOH 或 $Na_2CO_3$ 或 $NaHCO_3$，或为此三种化合物中两种组分的混合物。称取 1.100g 样品，用甲基橙作指示剂时用去 31.40mL HCl 溶液；相同质量的样品，若用酚酞作指示剂需用 13.30mL HCl 溶液。已知 1.00mL HCl 溶液相当于 0.0140g CaO，计算样品中各成分的百分含量。

（15）在 0.2815g 含 $CaCO_3$ 的石灰石里加入 20.00mL 0.1175mol/L 的 HCl 溶液，滴定过量盐酸时用去 5.06mL NaOH 溶液。HCl 溶液对 NaOH 溶液的体积比为 0.9750，计算石灰石中 $CO_2$ 的质量分数。

（16）将铵盐试样 2.000g 加入过量的 NaOH 溶液，加热，蒸出的 $NH_3$ 用 50.00mL $c(HCl)=$ 0.5000mol/L 的 HCl 标准溶液吸收，剩余酸用 $c(NaOH)=$ 0.5000mol/L 的 NaOH 标准溶液返滴定时用去 1.56mL，计算该样中 $NH_3$ 的质量分数。

（17）将 $(NH_4)_2SO_4$ 试样 1.0512g 溶于水，用酸中和至中性，与过量中性甲醛溶液反应完全后，再以酚酞为指示剂，用 $c(NaOH)=$ 0.5168mol/L NaOH 标准溶液滴定至终点，用去 30.17mL，求此试样中 $(NH_4)_2SO_4$ 的质量分数。

（18）用移液管准确量取甲醛溶液样品 3.00mL，加入酚酞指示剂，以 0.1000mol/L 的 NaOH 标准溶液滴定至淡红色，消耗碱 0.35mL。然后加入中性的 1mol/L $Na_2SO_3$ 溶液 30mL，用 1.000mol/L 酸标准溶液滴定至无色，耗酸 24.78mL。若样品密度为 1.065g/L，求其中游离酸（以 HCOOH 计）和甲醛的质量分数。

# 4. 配位滴定法

### 学习指南

通过学习本章内容，可掌握配位滴定法在实际中的应用。通过对配位滴定的条件、金属指示剂的选择等内容的学习和讨论，可以对配位滴定法有比较深入的了解，有助于更好地运用它解决实际问题。

要学好本章内容，关键要深刻理解配合物的稳定常数和条件稳定常数的意义及其作用。影响配位滴定准确性的主要因素为酸度，通过条件稳定常数的表达式就可以得到配位滴定的酸度条件。酸效应曲线的灵活运用，也会给选择滴定条件带来很大方便。

学习本章内容的另一个关键问题就是计算中基本单元的确定。由于EDTA与大多数金属离子的反应均为1∶1型，因此在计算时，EDTA通常以化学式作基本单元；而对金属离子，当一分子物质中含$n$个金属离子时，则以$1/n$个化学式为基本单元。

### 学习要求

了解配合物的概念、稳定性及配位滴定对配位反应的要求；
掌握条件稳定常数的意义及计算方法；
掌握酸度对EDTA配位滴定的影响；
掌握金属指示剂的作用原理和选择条件；
掌握提高配位滴定选择性的方法；
掌握配位滴定方式的适用范围及应用。

## 4.1 配位滴定法概述

**配位滴定法**是以配位反应为基础进行的滴定分析方法。在讨论配位滴定之前，首先应对配合物的有关知识有所了解。

### 4.1.1 配合物知识简介

**配位化合物**（简称配合物）是含有配离子或配位分子的化合物。配离子或配位分子是由中心离子（通常是金属离子）和配位体组成的，它们之间以配位键结合。位于配离子中心的带有正电荷的离子称为中心离子，同中心离子结合的中性分子或离子称为配位体，在配位体中直接和中心离子以配位键相结合的原子称为配位原子，配位原子的个数称为配位数。配位键可以用A→B来表示，其中A是提供孤对电子的配位原子；B是接受电子的中心离子。

根据中心离子与配位体结合比例的不同，配合物可分为ML型和ML$_n$型。无论是哪一种类型的配合物，它们在水溶液中都同样存在着电离平衡。配位反应能否进行，和配合物的稳定性有关，配合物越稳定，配位反应越完全。但是并非所有的配位反应都能用于配位滴定，只有满足配位滴定所要求的条件的配位反应才能用于配位滴定。

### 4.1.2 用于配位滴定的配位反应应具备的条件

① 形成的配合物要相当稳定，即配合物的稳定常数 $K_稳$ 值要大（$>10^8$），以保证反应进行完全。

② 在一定的反应条件下，配位数必须固定（即只形成一种配位数的配合物）。

③ 配位反应速率要快。

④ 要有适当的方法确定滴定终点。

虽然能够生成配合物的配位反应很多，但能完全符合滴定条件的却并不多。目前，与金属离子的配位反应能比较好地满足上述条件的一类有机配位剂——氨羧配位剂被广泛应用于配位滴定中。

### 4.1.3 氨羧配位剂

**氨羧配位剂**是一种含有氨基乙酸 $\left(\begin{matrix}\ \ \ \ CH_2COOH\\ N\\ \ \ \ \ CH_2COOH\end{matrix}\right)$ 基团的有机化合物，其分子中含有氨基氮和羧基氧两种配位能力很强的配位原子，可以和许多金属离子形成环状结构的配合物，称为螯合物。

在氨羧配位剂中，应用最广泛的是乙二胺四乙酸及其二钠盐，简称 EDTA，用 EDTA 标准溶液可以滴定几十种金属离子。

## 4.2 EDTA 及其配合物

### 4.2.1 EDTA 的结构及性质

EDTA（乙二胺四乙酸）是目前应用最广泛的氨羧配位剂，其结构式为：

$$\begin{matrix}HOOCH_2C\\ \phantom{HOOCH_2C}\ \ \ N-CH_2-CH_2-N\\ HOOCH_2C\end{matrix}\begin{matrix}CH_2COOH\\ \\ CH_2COOH\end{matrix}$$

在水溶液中，EDTA 分子中互为对角线的两个羧基上的 $H^+$ 会转移至 N 原子上，形成双偶极离子：

$$\begin{matrix}HOOCH_2C\\ \phantom{HOOCH_2C}\ \ \ \overset{+}{N}-CH_2-CH_2-\overset{+}{N}\\ \phantom{HOOCH_2C}\ H\\ ^-OOCH_2C\end{matrix}\begin{matrix}CH_2COO^-\\ \\ \\ CH_2COOH\end{matrix}$$

为表示简便，常用 $H_4Y$ 表示其分子式。

由于 EDTA（乙二胺四乙酸）在水中的溶解度非常小（22℃时，每 100mL 水中仅能溶解 0.02g），因此通常使用它的二钠盐，即乙二胺四乙酸二钠盐，它含 2 分子结晶水，在水中溶解度较大（22℃时，每 100mL 水中溶解 11.1g），室温下其饱和水溶液的浓度约为 0.3mol/L，仍简称为 EDTA，简写为 $Na_2H_2Y\cdot 2H_2O$，分子量为 372.24，通常配制成 0.01~0.1mol/L 的标准溶液用于滴定分析。

当 EDTA 溶于水时，如果溶液的酸度很高，它的两个羧酸根可以接受 $H^+$，形成 $H_6Y^{2+}$，这样 EDTA 就相当于六元酸。在水溶液中 EDTA 分六级电离：

$$H_6Y^{2+} \rightleftharpoons H^+ + H_5Y^+ \qquad K_{a_1}=1.26\times 10^{-1}$$

$$H_5Y^+ \rightleftharpoons H^+ + H_4Y \qquad K_{a_2}=2.51\times 10^{-2}$$

$$H_4Y \rightleftharpoons H^+ + H_3Y^- \qquad K_{a_3} = 1.00 \times 10^{-2}$$

$$H_3Y^- \rightleftharpoons H^+ + H_2Y^{2-} \qquad K_{a_4} = 2.16 \times 10^{-3}$$

$$H_2Y^{2-} \rightleftharpoons H^+ + HY^{3-} \qquad K_{a_5} = 6.92 \times 10^{-7}$$

$$HY^{3-} \rightleftharpoons H^+ + Y^{4-} \qquad K_{a_6} = 5.50 \times 10^{-11}$$

联系这六级电离关系，存在下列平衡：

$$H_6Y^{2+} \underset{+H^+}{\overset{-H^+}{\rightleftharpoons}} H_5Y^+ \underset{+H^+}{\overset{-H^+}{\rightleftharpoons}} H_4Y \underset{+H^+}{\overset{-H^+}{\rightleftharpoons}} H_3Y^- \underset{+H^+}{\overset{-H^+}{\rightleftharpoons}} H_2Y^{2-} \underset{+H^+}{\overset{-H^+}{\rightleftharpoons}} HY^{3-} \underset{+H^+}{\overset{-H^+}{\rightleftharpoons}} Y^{4-}$$

在任何水溶液中，EDTA 总是以 $H_6Y^{2+}$、$H_5Y^+$、$H_4Y$、$H_3Y^-$、$H_2Y^{2-}$、$HY^{3-}$、$Y^{4-}$ 等七种形式存在，它们的分布系数（存在形式的浓度与 EDTA 总浓度之比）与溶液的 pH 有关。图 4-1 是 EDTA 溶液中各种存在形式的分布图（为书写简便起见，EDTA 的各种存在形式均略去其电荷，用 $H_6Y$、$H_5Y$、…、$Y$ 等表示）。

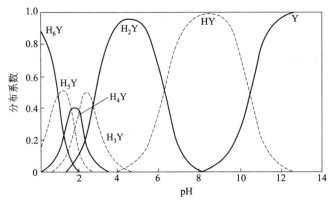

图 4-1 EDTA 溶液中各种存在形式的分布图

M4-1 EDTA 各种存在形式在不同 pH 时的分布曲线

由图 4-1 可见，在 pH<1 的强酸性溶液中，EDTA 主要以 $H_6Y$ 型体存在；在 pH 为 2.75~6.24 的溶液中主要以 $H_2Y$ 型体存在；在 pH>10.26 的碱性溶液中，主要以型体 Y 的形式存在。

在上述型体中，只有 Y 能与金属离子直接配位，因此溶液的酸度越低（pH 越大），Y 的分布系数越大，EDTA 的配位能力越强。

### 4.2.2 EDTA 与金属离子的配位特点

EDTA 的阴离子 Y 的结构具有四个羧基（—COOH）和两个氨基（—NH₂），而氮、氧原子又都具有孤对电子，能与金属离子形成配位键，为六基配位体。在元素周期表中，绝大多数金属离子均能与 EDTA 形成稳定配合物，其配位反应具有以下特点：

① EDTA 与金属离子配位时，形成有五个五元环的螯合物。具有五元环和六元环的化合物均很稳定，而且形成环数越多越稳定。螯合立体结构如图 4-2 所示。

② EDTA 与不同价态的金属离子生成配合物时，配位比较简单，一般情况下形成 1∶1 配合物。如：

$$Zn^{2+} + H_2Y^{2-} \rightleftharpoons ZnY^{2-} + 2H^+$$

$$Fe^{3+} + H_2Y^{2-} \rightleftharpoons FeY^- + 2H^+$$

$$Sn^{2+} + H_2Y^{2-} \rightleftharpoons SnY^{2-} + 2H^+$$

这样在计算时，可以它们的化学式作为基本单元，从而使分析结果的计算比较简便。

③ 生成的配合物易溶于水。因为 EDTA 分子中含有四个亲水的羧氧基团，且配合物多带有电荷。这样，滴定反应就能在水溶液中进行，而且大多数配位反应速率快，瞬时即可完成。

④ 生成的配合物多数无色。EDTA 与无色金属离子配位时，生成无色配合物，有利于用指示剂指示滴定终点。EDTA 与有色的金属离子配位时，一般生成颜色更深的配合物（见表 4-1）。滴定这些离子时，试液的浓度应稀一些，以利于用指示剂确定终点。

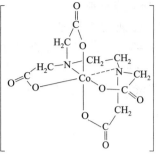

图 4-2 螯合立体结构

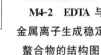

M4-2 EDTA 与金属离子生成稳定螯合物的结构图

表 4-1 EDTA 与有色金属离子生成的配合物的颜色

| $NiY^{2-}$ | $CuY^{2-}$ | $CoY^{2-}$ | $MnY^{2-}$ | $CrY^-$ | $FeY^-$ |
| --- | --- | --- | --- | --- | --- |
| 蓝绿 | 深蓝 | 紫红 | 紫红 | 深紫 | 黄 |

⑤ EDTA 与金属离子的配位能力与溶液的酸度关系密切，因为 EDTA 为弱酸。

这些特点说明 EDTA 与金属离子的配位反应能符合滴定分析的要求。

## 4.3 配合物的稳定常数和条件稳定常数

### 4.3.1 配合物的稳定常数

配合物的稳定性，可用稳定常数（形成常数）表示。对于金属离子（M）与配位剂（L）的反应，只形成 1∶1 型配合物时，其反应式为：

$$M + L \rightleftharpoons ML$$

当上述反应达到平衡时，其反应平衡常数称为**配合物的稳定常数**，或配合物的形成常数，以 $K_{稳}$ 表示。

$$K_{稳} = \frac{[ML]}{[M][L]}$$

稳定常数越大，说明配合物越稳定，配位反应越完全。

例如，$Ca^{2+}$ 与 EDTA 的配位反应：

$$Ca^{2+} + Y^{4-} \rightleftharpoons CaY^{2-}$$

$$K_{稳} = \frac{[CaY^{2-}]}{[Ca^{2+}][Y^{4-}]} = 4.90 \times 10^{10}$$

$$\lg K_{稳} = 10.69$$

常见金属离子与 EDTA 所形成的配合物的稳定常数见表 4-2。

表 4-2 常见金属离子与 EDTA 所形成配合物的 $\lg K_{MY}$ 值（25℃，0.1mol/L $KNO_3$ 溶液）

| 金属离子 | $\lg K_{MY}$ | 金属离子 | $\lg K_{MY}$ | 金属离子 | $\lg K_{MY}$ | 金属离子 | $\lg K_{MY}$ |
| --- | --- | --- | --- | --- | --- | --- | --- |
| $Ag^+$ | 7.32 | $Cd^{2+}$ | 16.46 | $Fe^{2+}$ | 14.32① | $Pb^{2+}$ | 18.04 |
| $Al^{3+}$ | 16.30 | $Ce^{3+}$ | 16.00 | $Fe^{3+}$ | 25.10 | $Pt^{3+}$ | 16.40 |
| $Ba^{2+}$ | 7.86① | $Co^{2+}$ | 16.31 | $Li^+$ | 2.79① | $Sn^{2+}$ | 22.11 |
| $Be^{2+}$ | 9.20 | $Co^{3+}$ | 36.00 | $Mg^{2+}$ | 8.70① | $Sn^{4+}$ | 34.50 |
| $Bi^{3+}$ | 27.94 | $Cr^{3+}$ | 23.40 | $Mn^{2+}$ | 13.87 | $Sr^{2+}$ | 8.73 |
| $Ca^{2+}$ | 10.69 | $Cu^{2+}$ | 18.80 | $Na^+$ | 1.66① | $Zn^{2+}$ | 16.50 |

① 表示在 0.1mol/L KCl 溶液中，其他条件相同。

### 4.3.2 酸效应及酸效应系数

在 EDTA 滴定金属离子的配位反应中,被测金属离子 M 与 EDTA 配位,生成配合物 MY,即 M+Y⇌MY。该反应为滴定过程的主反应,其反应程度,即配合物的稳定性可用 $K_{MY}=[MY]/([M][Y])$ 来表示。但是,由于配合物在水中存在着电离平衡,在发生主反应的同时,溶液中还可能存在着下列各种副反应:

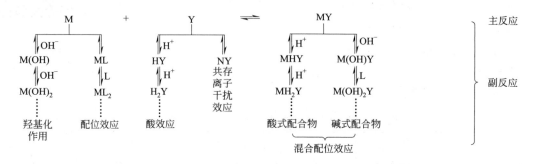

式中,N 为共存的金属干扰离子;L 为辅助配位剂。

从化学移动的观点不难看出,反应物 M 和 Y 的各种副反应不利于主反应的进行,而生成物 MY 的各种副反应则有利于主反应的进行。在众多的副反应中,对配位滴定影响最大的就是溶液的酸度,故本书只着重讨论酸效应对 EDTA 配位反应的影响。

$K_{MY}$ 描述的是没有任何副反应时,配位反应进行的程度。当 Y 与 $H^+$ 发生副反应时,溶液中未与 M 配位的 EDTA 以七种型体存在。

设 EDTA 的总浓度为 $c_Y$,在不考虑酸效应以外其他副反应影响的条件下,配位滴定反应达平衡时,$c_Y=[Y']+[MY]$,其中 $[Y']$ 为配位滴定反应达平衡时,未与 M 配位的滴定剂的各种型体的总浓度,所以

$$[Y']=[H_6Y^{2+}]+[H_5Y^+]+[H_4Y]+[H_3Y^-]+[H_2Y^{2-}]+[HY^{3-}]+[Y^{4-}]$$

在这七种型体中,只有 $Y^{4-}$ 才能与金属离子直接配位,因此当溶液的酸度增大,即 $[H^+]$ 增大时,Y 与 $H^+$ 的质子化反应逐级进行,使溶液中 $Y^{4-}$ 的浓度降低,EDTA 参加主反应的能力下降,从而对滴定反应不利。

这种由于氢离子与 Y 之间的副反应,使 EDTA 参加主反应能力下降的现象称为酸效应,即质子化效应。其影响程度可用酸效应系数 $\alpha_{Y(H)}$ 来衡量。

$$\alpha_{Y(H)}=[Y']/[Y]$$

式中,$[Y']$ 为未与 M 配位的 EDTA 各种型体的总浓度;$[Y]$ 为未与 M 配位的游离滴定剂的浓度。

酸效应系数表示未与 M 配位的 EDTA 的总浓度 $[Y']$ 是未与 M 配位的游离滴定剂的浓度 $[Y]$ 的多少倍。

经推导可得

$$\alpha_{Y(H)}=1+\frac{[H^+]}{K_{a_6}}+\frac{[H^+]^2}{K_{a_6}K_{a_5}}+\frac{[H^+]^3}{K_{a_6}K_{a_5}K_{a_4}}+\frac{[H^+]^4}{K_{a_6}K_{a_5}K_{a_4}K_{a_3}}+\frac{[H^+]^5}{K_{a_6}K_{a_5}K_{a_4}K_{a_3}K_{a_2}}+\frac{[H^+]^6}{K_{a_6}K_{a_5}K_{a_4}K_{a_3}K_{a_2}K_{a_1}}$$

可见,$\alpha_{Y(H)}$ 决定于溶液的酸度。溶液酸度越大,$\alpha_{Y(H)}$ 值越大,而 $\alpha_{Y(H)}$ 值越大,表

示滴定反应达平衡时,游离滴定剂 Y 的浓度越小,其副反应越严重。如果 Y 没有副反应,即未配位的 EDTA 全部以 Y 的形式存在,则 $\alpha_{Y(H)}=1$,此时 $[Y']=[Y]$。因此,酸效应系数是判断 EDTA 能否准确滴定某金属离子的重要参数。EDTA 在不同 pH 下的 $\lg\alpha_{Y(H)}$ 列于表 4-3 中。

表 4-3　EDTA 的酸效应系数 $[\lg\alpha_{Y(H)}]$

| pH | $\lg\alpha_{Y(H)}$ | pH | $\lg\alpha_{Y(H)}$ | pH | $\lg\alpha_{Y(H)}$ | pH | $\lg\alpha_{Y(H)}$ |
|---|---|---|---|---|---|---|---|
| 0.0 | 21.18 | 2.8 | 11.13 | 5.4 | 5.69 | 8.5 | 1.77 |
| 0.4 | 19.59 | 3.0 | 10.63 | 5.8 | 4.98 | 9.0 | 1.29 |
| 0.8 | 18.01 | 3.4 | 9.71 | 6.0 | 4.65 | 9.5 | 0.83 |
| 1.0 | 17.20 | 3.8 | 8.86 | 6.4 | 4.06 | 10.0 | 0.45 |
| 1.4 | 15.68 | 4.0 | 8.44 | 6.8 | 3.55 | 11.0 | 0.07 |
| 1.8 | 14.21 | 4.4 | 7.64 | 7.0 | 3.32 | 12.0 | 0.00 |
| 2.0 | 13.52 | 4.8 | 6.84 | 7.5 | 2.78 | | |
| 2.4 | 12.24 | 5.0 | 6.45 | 8.0 | 2.26 | | |

由以上讨论及表中数据可知,多数情况下 $\alpha_{Y(H)}$ 不等于 1,$[Y']$ 总是大于 $[Y]$,只有当溶液 pH>12 时,$\alpha_{Y(H)}$ 才等于 1,此时 EDTA 基本上完全电离为 $Y^{4-}$,EDTA 的配位能力最强,生成的配合物最稳定。随着酸度增高,$\lg\alpha_{Y(H)}$ 值增大,EDTA 与金属离子形成的配合物稳定性显著降低。

考虑到副反应的影响,$K_{MY}$ 已不能反映出配合物的实际稳定程度,因此,引入一个新的常数——条件稳定常数。

### 4.3.3　条件稳定常数

在没有任何副反应存在时,配合物 MY 的稳定程度用绝对稳定常数 $K_{MY}$ 表示,当考虑酸效应时,配合物的稳定性将发生改变,因此应以配合物的实际稳定常数表示配合物的实际稳定程度。

考虑酸效应的影响而得出的实际稳定常数称为条件稳定常数,以 $K'_{MY}$ 表示(严格来讲条件稳定常数应是考虑各种副反应的影响后得出的实际稳定常数,但本书只考虑酸效应的影响)。同时,稳定常数表达式中的 $[Y]$ 应以 $[Y']$ 替换。其表达式为:

$$K'_{MY}=\frac{[MY]}{[M][Y']}=\frac{[MY]}{[M][Y]\cdot\alpha_{Y(H)}}=\frac{[MY]}{[M][Y]}\times\frac{1}{\alpha_{Y(H)}}=\frac{K_{MY}}{\alpha_{Y(H)}}$$

取对数后为:

$$\lg K'_{MY}=\lg K_{MY}-\lg\alpha_{Y(H)} \qquad (4-1)$$

式(4-1)是处理配位平衡的重要公式。条件稳定常数的大小说明了配合物 MY 在一定条件下的实际稳定程度,它是判断滴定可能性的重要参数。

M4-3　EDTA 配合物的 $\lg K'_{MY}$-pH 曲线

【例 4-1】　计算 pH=2.0 和 pH=5.0 时 ZnY 的条件稳定常数。

**解**　由附表查得 $\lg K_{ZnY}=16.50$。

查表 4-3 知 pH=2.0 时,$\lg\alpha_{Y(H)}=13.52$;pH=5.0 时,$\lg\alpha_{Y(H)}=6.45$。则

pH=2.0 时

$$\lg K'_{ZnY}=\lg K_{ZnY}-\lg\alpha_{Y(H)}=16.50-13.52=2.98$$

pH=5.0 时

$$\lg K'_{ZnY}=\lg K_{ZnY}-\lg\alpha_{Y(H)}=16.50-6.45=10.05$$

由此例可见,在 pH=2.0 时滴定 $Zn^{2+}$,由于溶液酸度大,Y 与 $H^+$ 的副反应严重,配

合物 ZnY 很不稳定，$\lg K'_{ZnY}$ 仅为 2.98。而在 pH＝5.0 时滴定 $Zn^{2+}$，$\lg \alpha_{Y(H)}$ 为 6.45，$\lg K'_{ZnY}$ 值达 10.05，配合物 ZnY 很稳定，配位反应完全。这说明在配位滴定中选择和控制酸度有着重要意义。

从前面讨论可知，溶液酸度越小，pH 越大，$\lg \alpha_{Y(H)}$ 值越小，条件稳定常数越大，配位反应越完全，对滴定越有利；溶液酸度越大，pH 越小，$\lg \alpha_{Y(H)}$ 值越大，条件稳定常数越小，配位反应越难进行。因此，对于稳定性高的配合物，溶液的酸度即使稍高一些，仍可进行滴定；而对稳定性差的配合物，若溶液的酸度高，就不能进行滴定了。所以，配位滴定能否准确进行，主要由溶液的酸度决定，滴定的金属离子不同，所允许的最高酸度也不同。

### 4.3.4 配位滴定的最高允许酸度和酸效应曲线

（1）最高允许酸度

由滴定理论可知，要使金属离子能被准确滴定，要求 $\lg(c_M K'_{MY}) \geq 6$，而 $\lg K'_{MY}$ 值主要取决于溶液的酸度。当酸度高于某一限度时，就不能准确滴定，这一限度就是滴定的最高允许酸度（或最低允许 pH）。滴定不同的金属离子有不同的最高允许酸度。

金属离子的最高允许酸度与它被测定时的浓度有关。在配位滴定中，被测金属离子的浓度一般为 $10^{-2}$ mol/L 左右，即 $c_M=0.01$ mol/L。这时若 $\lg K'_{MY} \geq 8$，金属离子就可被准确滴定。而

$$\lg K'_{MY} = \lg K_{MY} - \lg \alpha_{Y(H)}$$

即当满足 $\lg K_{MY} - \lg \alpha_{Y(H)} \geq 8$ 时，金属离子可被准确滴定。则

$$\lg \alpha_{Y(H)} \leq \lg K_{MY} - 8 \tag{4-2}$$

这就是准确滴定金属离子 M 时，所允许的最大 $\lg \alpha_{Y(H)}$ 值的计算公式。最大 $\lg \alpha_{Y(H)}$ 所对应的酸度就是滴定该金属离子的最高允许酸度，对应的 pH 就是滴定该金属离子的最低 pH。

**【例 4-2】** 求用 EDTA 滴定浓度为 0.01mol/L $Zn^{2+}$ 的最低 pH。

**解** 已知 $\lg K_{ZnY}=16.50$，$c$（$Zn^{2+}$）＝0.01mol/L，则

$$\lg \alpha_{Y(H)} \leq \lg K_{MY} - 8 = 16.5 - 8 = 8.5$$

查表 4-3 得 $\lg \alpha_{Y(H)} = 8.5$ 时，pH＝4.0。

所以，滴定浓度为 0.01mol/L $Zn^{2+}$ 的最低 pH 为 4.0。

用同样的方法可以计算出滴定各种金属离子时的最小 pH，表 4-4 归纳出了部分金属离子被 EDTA 滴定的最低 pH。

表 4-4 部分金属离子被 EDTA 滴定的最低 pH

| 金属离子 | $\lg K_{MY}$ | 最低 pH | 金属离子 | $\lg K_{MY}$ | 最低 pH |
| --- | --- | --- | --- | --- | --- |
| $Mg^{2+}$ | 8.70 | 9.7 | $Pb^{2+}$ | 18.04 | 3.2 |
| $Ca^{2+}$ | 10.96 | 7.5 | $Ni^{2+}$ | 18.62 | 3.0 |
| $Mn^{2+}$ | 13.87 | 5.2 | $Cu^{2+}$ | 18.80 | 2.9 |
| $Fe^{2+}$ | 14.32 | 5.0 | $Hg^{2+}$ | 21.80 | 1.9 |
| $Al^{3+}$ | 16.30 | 4.2 | $Sn^{2+}$ | 22.11 | 1.7 |
| $Co^{2+}$ | 16.31 | 4.0 | $Cr^{3+}$ | 23.40 | 1.4 |
| $Cd^{2+}$ | 16.46 | 3.9 | $Fe^{3+}$ | 25.10 | 1.0 |
| $Zn^{2+}$ | 16.50 | 3.9 | $ZrO^{2+}$ | 29.50 | 0.4 |

（2）酸效应曲线

以滴定最低 pH 为纵轴，$\lg K_{MY}$（或 $\lg \alpha_{Y(H)}$）为横轴，可绘制 pH-$\lg K_{MY}$（或 pH-$\lg \alpha_{Y(H)}$）曲线，称为酸效应曲线，如图 4-3 所示。

在滴定分析中酸效应曲线具有以下作用：

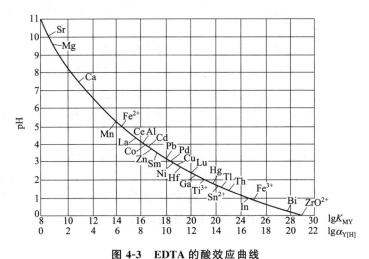

**图 4-3 EDTA 的酸效应曲线**

(金属离子浓度为 0.01mol/L)

① 选择滴定的酸度条件

a. 在曲线上找出被测金属离子位置，由此作水平线，所得 pH 就是单独滴定该金属离子的最低允许 pH。如果小于该 pH，就不能配位或配位不完全，滴定就不能定量进行。

例如，滴定 $Fe^{3+}$，pH 必须大于 1；滴定 $Zn^{2+}$，pH 必须大于 3.9。

b. 曲线上没有标明被测的离子，可由被测离子的 $\lg K_{MY}$ 处作垂线，求得与曲线的交点，再按 a 法即可得到被测离子的最低允许 pH。

② 判断干扰情况　酸效应曲线上被测离子以下的离子都干扰测定。例如：在 pH=4 时滴定 $Zn^{2+}$，位于 $Zn^{2+}$ 下面的金属离子如 $Pb^{2+}$、$Cu^{2+}$、$Sn^{2+}$、$Fe^{3+}$ 等会产生干扰。而位于 $Zn^{2+}$ 上面的金属离子是否干扰，要看它们与 EDTA 形成配合物的稳定常数相差多少及所选的酸度是否适宜而确定。

经验表明，在酸效应曲线上，一种离子由开始部分被配位到定量配位的过渡，大约相当于 5 个 $\lg K_{MY}$ 单位。当两种离子浓度相近时，若其配合物的 $\lg K_{MY}$ 之差等于或大于 5，就可连续滴定两种离子而互不干扰。

因此，酸效应曲线上，在 $Zn^{2+}$ 上面的，且 $\lg K_{ZnY}$ 与 $\lg K_{MY}$ 之差小于 5 的金属离子，如 $Fe^{2+}$、$Al^{3+}$ 等，由于部分被配位而干扰 $Zn^{2+}$ 的滴定，而 $\lg K_{ZnY} - \lg K_{MY}$ 大于 5 的金属离子 $Ca^{2+}$、$Mg^{2+}$ 等则不干扰 $Zn^{2+}$ 的测定。

③ 兼作 $pH$-$\lg \alpha_{Y(H)}$ 表使用　滴定实际所采用的 pH 要比允许的最低 pH 高一些，这样可以保证被滴定的金属离子配位更完全。但 pH 不能过高，否则会引起金属离子发生水解作用，使 EDTA 的配位能力降低。不同的金属离子用 EDTA 滴定时，pH 都有一定范围的限制，超过这个范围，不论是高是低，都不适于进行滴定。

## 4.4　金属指示剂

### 4.4.1　金属指示剂的作用原理

在配位滴定中，通常利用一种能与金属离子生成有色配合物的显色剂来指示滴定过程中金属离子浓度的变化，这种显色剂称为**金属离子指示剂**，简称**金属指示剂**。

金属指示剂也是一种配位剂，它能与被滴定的金属离子反应，形成一种与自身颜色不同的配合物。

滴定前，溶液中只有被测定的金属离子，当加入指示剂（以 In 表示）后，指示剂和少量金属离子生成配合物，显示配合物的颜色，而绝大部分金属离子处于游离状态。

$$M + In(甲色) \rightleftharpoons MIn(乙色)$$

随着滴定剂 EDTA 的加入，游离金属离子逐渐被配位，溶液中的金属离子不断减少。

$$M + Y \rightleftharpoons MY$$

当游离金属离子几乎完全配位后，继续滴加 EDTA 时，溶液中已无游离的金属离子与之配位。由于 EDTA 与金属离子所形成的配合物的条件稳定常数 $K'_{MY}$ 大于指示剂与金属离子所形成的配合物的条件稳定常数 $K'_{MIn}$，因此，已与指示剂配位的金属离子被 EDTA 夺取出来，释放出指示剂，溶液呈现出指示剂自身的颜色。

$$MIn(乙色) + Y \rightleftharpoons MY + In(甲色)$$

所以，终点时溶液由指示剂与金属离子所形成的配合物的颜色，变为游离的指示剂的颜色。

### 4.4.2 金属指示剂应具备的条件

配位滴定中的金属指示剂必须具备下列条件。

① 在滴定的 pH 范围内，指示剂和金属离子形成配合物的颜色应与本身的颜色有显著的区别，才能在终点产生明显的颜色变化。

② 指示剂与金属离子生成的配合物 MIn 的稳定性要适当，具体要求是：

a. 指示剂与金属离子应能形成足够稳定的配合物（MIn），要求 $\lg K'_{MIn} > 4$。这样在接近化学计量点时，虽然金属离子的浓度很小，但配合物 MIn 仍然能稳定存在，以免终点出现过早且变色不敏锐而导致误差。

b. 配合物 MIn 的稳定性应小于配合物 MY 的稳定性，二者关系为：

$$\lg K'_{MY} - \lg K'_{MIn} > 2$$

否则，滴定至化学计量点时指示剂不能顺利地被 EDTA 置换出来，使滴定终点出现过迟，甚至无法确定终点。

③ 指示剂与金属离子形成的配合物易溶于水。如果生成胶体溶液或沉淀，则会使变色不明显。

此外，金属指示剂的显色反应应灵敏迅速，有良好的变色可逆性，且比较稳定，便于贮藏和使用。

应该指出，配位滴定中所用的金属指示剂一般为有机弱酸，存在着酸效应。因此选择指示剂时必须考虑体系的酸度。因为 MIn 的有关常数很不齐全，所以多数都采用实验的方法来选择指示剂，即先试验滴定终点时颜色变化是否敏锐，再检查滴定结果是否准确，这样就可以确定该指示剂是否符合要求。

### 4.4.3 指示剂的封闭、僵化现象及消除

（1）封闭现象

当达到化学计量点时，EDTA 不能夺取 MIn 中的金属离子，溶液没有颜色变化，这种现象称为指示剂的**封闭现象**。

产生封闭现象的原因是溶液中存在的某种金属离子，与金属指示剂形成了十分稳定的配合物，其稳定性比金属离子与 EDTA 所形成的配合物更强，

M4-4 指示剂封闭原理

即 $\lg K'_{MY} - \lg K'_{MIn} < 0$，以致当达到化学计量点时，即使滴入过量的 EDTA，也不能夺取指示剂与金属离子生成的配合物 MIn 中的金属离子，指示剂不能被释放出来，所以看不出颜色变化。

如果封闭现象是由溶液中存在的某种金属离子而不是被测金属离子本身造成的，则可加入适当掩蔽剂，以消除这些离子的干扰。而如果封闭现象是由被测离子本身引起的，则可先加入过量的 EDTA，然后进行返滴定。

（2）僵化现象

化学计量点时，MIn 与 EDTA 之间的置换作用缓慢，使终点拖长，这种现象叫指示剂的**僵化现象**。

产生僵化现象的原因主要有两种。一种是由于指示剂与金属离子形成的配合物溶解度很小，导致化学计量点时作用缓慢，终点拖长。欲消除这种现象，可加入适当的有机溶剂或加热，以增大其溶解度，加快置换反应的速率。产生僵化现象的另一种原因是金属指示剂与金属离子所形成的配合物的稳定性，仅稍差于 EDTA 与金属离子所形成的配合物的稳定性，即

$$0 < \lg K'_{MY} - \lg K'_{MIn} < 2$$

从而使得终点拖长。常用的金属指示剂及其主要应用列于表 4-5。

表 4-5　常用金属指示剂

| 指示剂 | 可直接滴定的离子 | 使用 pH 范围 | 金属离子配合物的颜色 | 指示剂自身的颜色 |
| --- | --- | --- | --- | --- |
| 铬黑 T(EBT) | $Mg^{2+}$、$Cd^{2+}$、$Zn^{2+}$、$Pb^{2+}$、$Hg^{2+}$ | 9～10 | 红色 | 蓝色 |
| 二甲酚橙 (XO) | $Zr^{4+}$ | <1 | 红紫色 | 黄色 |
| | $Bi^{3+}$ | 1～2 | | |
| | $Th^{4+}$ | 2.5～3.5 | | |
| | $Sc^{3+}$ | 3～5 | | |
| | $Pb^{2+}$、$Hg^{2+}$、$Cd^{2+}$、$Zn^{2+}$、$Ti^{3+}$ | 5～6 | | |
| PAN | $Cd^{2+}$ | 6 | 红色 | 黄色 |
| | $In^{3+}$ | 2.5～3.0 | | |
| | $Zn^{2+}$（加己醇） | 5.7 | | |
| | $Cu^{2+}$ | 3～10 | | |
| 钙指示剂 | $Ca^{2+}$ | 12～13 | 红色 | 蓝色 |
| 酸性铬蓝 K | $Ca^{2+}$、$Mg^{2+}$、$Zn^{2+}$、$Mn^{2+}$ | 9～10 | 红色 | 蓝灰色 |
| 磺基水杨酸 | $Fe^{3+}$ | 2～4 | 紫红色 | 无色（终点浅灰色） |
| 偶氮胂 M | 稀土元素 | 4.5～8 | 深蓝 | 红色 |

## 4.5　提高配位滴定选择性的方法

由于 EDTA 具有相当强的配位能力，所以它能与多种金属离子形成配合物。这是它所以能广泛应用的主要原因。但是，实际分析对象经常是多种元素同时存在，往往互相干扰。因此如何提高配位滴定的选择性，便成为配位滴定中要解决的重要问题。提高配位滴定的选择性就是要设法消除共存金属离子（N）的干扰，以便能准确地进行待测金属离子（M）的滴定或准确地对共存离子进行分别滴定。

### 4.5.1 控制溶液的酸度

当试液中同时存在两种或两种以上的金属离子时,能否通过控制溶液酸度的方法进行分别滴定,或使其中的某一种离子能被准确滴定,而其他离子不干扰,可通过判别式 $\Delta \lg K \geqslant 5$ 来判断。设欲滴定的金属离子为 M,干扰离子为 N,$\Delta \lg K = \lg K_{MY} - \lg K_{NY}$。

若满足此判别式,则可以通过控制酸度的方法消除干扰,进行分别滴定;若不能满足此判别式,则只能通过其他方法消除干扰。

而要控制酸度准确滴定 M,而 N 不干扰,必须同时满足:

① M 被准确滴定的条件,即

$$\lg(c_M K'_{MY}) \geqslant 6 \quad (4-3)$$

② N 不干扰的条件,即

$$\lg(c_M K'_{MY}) - \lg(c_N K'_{NY}) \geqslant 5 \quad (4-4)$$

将式(4-3)代入式(4-4)得

$$\lg(c_N K'_{NY}) \leqslant 1$$

若 $c_N = 0.01 \text{mol/L}$,可推导得

$$\lg \alpha_{Y(H)} \geqslant \lg K_{NY} - 3 \quad (4-5)$$

$\lg \alpha_{Y(H)}$ 所对应的 pH 即准确滴定 M 而 N 不干扰的最高 pH。也可以根据式(4-5),利用酸效应曲线来确定该酸度,同时也可以据此实现 M、N 的分别滴定。

例如,在溶液中 $Bi^{3+}$ 和 $Pb^{2+}$ 同时存在,其浓度 $c(Bi^{3+}) = c(Pb^{2+}) = 0.01 \text{mol/L}$。查表得 $\lg K_{BiY} = 27.94$,$\lg K_{PbY} = 18.04$,则

$$\Delta \lg K = \lg K_{BiY} - \lg K_{PbY} = 27.94 - 18.04 = 9.9 > 5$$

故可利用控制酸度的方法滴定 $Bi^{3+}$,而 $Pb^{2+}$ 不干扰。

由酸效应曲线上查得,准确滴定 $Bi^{3+}$ 的最低允许 pH 为 0.7。但是滴定时 pH 不能太高,因为 pH=2 时,$Bi^{3+}$ 就开始与水发生反应析出沉淀。

另外,要使 $Pb^{2+}$ 完全不配位,就需要满足

$$\lg \alpha_{Y(H)} \geqslant \lg K_{PbY} - 3 = 18.04 - 3 = 15.04$$

查酸效应曲线,$\lg \alpha_{Y(H)} = 15.04$ 对应的 pH 为 1.6,即 pH<1.6 时,$Pb^{2+}$ 不与 EDTA 配位。因此在 $Pb^{2+}$ 存在下,选择性地滴定 $Bi^{3+}$ 的酸度范围是 pH 为 0.7~1.6,实际测定中一般选 pH=1,然后再控制 pH 为 5~6,选择滴定 $Pb^{2+}$。

### 4.5.2 利用掩蔽方法

对于不能利用控制酸度来消除干扰的滴定,常用掩蔽剂来掩蔽干扰离子的干扰,使它们不与 EDTA 配位。常用的掩蔽方法有下列三种。

(1) 配位掩蔽法

例如,测定石灰石中 $Ca^{2+}$、$Mg^{2+}$,或测定水中的 $Ca^{2+}$、$Mg^{2+}$ 时,$Fe^{3+}$、$Al^{3+}$ 存在对测定有干扰。若先加入三乙醇胺,使之与 $Fe^{3+}$、$Al^{3+}$ 生成更稳定的配合物,就可以在 $NH_3-NH_4Cl$ 缓冲溶液中以铬黑 T 为指示剂,直接用 EDTA 滴定。

这种利用掩蔽剂与干扰离子形成稳定配合物以消除干扰的方法称为**配位掩蔽法**。表 4-6 列出了常用的配位掩蔽剂。

(2) 沉淀掩蔽法

$Ca^{2+}$ 和少量 $Mg^{2+}$ 共存的溶液中,加入 NaOH 溶液,使 pH>12,则 $Mg^{2+}$ 生成 $Mg(OH)_2$ 沉

淀，就可滴定 $Ca^{2+}$ 而 $Mg^{2+}$ 不干扰。

表 4-6　常用的配位掩蔽剂

| 名 称 | pH 范围 | 被 掩 蔽 的 离 子 | 备 注 |
|---|---|---|---|
| KCN | >8 | $Co^{2+}$、$Ni^{2+}$、$Zn^{2+}$、$Cu^{2+}$、$Hg^{2+}$、$Cd^{2+}$、$Ag^+$、$Tl^+$ 及铂族元素 | |
| $NH_4F$ | 4~6 | $Al^{3+}$、$Ti^{4+}$、$Zr^{4+}$、$W^{6+}$ 等 | 加入后，溶液 pH 变化不大 |
| | 10 | $Al^{3+}$、$Mg^{2+}$、$Ca^{2+}$、$Sr^{2+}$、$Ba^{2+}$ 及稀土元素 | |
| 三乙醇胺 | 10 | $Fe^{3+}$、$Al^{3+}$、$Ti^{4+}$、$Sn^{4+}$ | 与 KCN 并用提高掩蔽效果 |
| | 11~12 | $Fe^{3+}$、$Al^{3+}$ 及少量 $Mn^{2+}$ | |
| 二巯基丙醇(BAL) | 10 | $Hg^{2+}$、$Cd^{2+}$、$Zn^{2+}$、$Bi^{3+}$、$Pb^{2+}$、$Ag^+$、$As^{3+}$、$Sn^{4+}$ 及少量 $Cu^{2+}$、$Co^{2+}$、$Ni^{2+}$、$Fe^{3+}$ | |
| 硫脲 | 5~6 | $Cu^{2+}$、$Hg^{2+}$、$Tl^+$ | |
| 乙酰丙酮 | 5~6 | $Fe^{3+}$、$Al^{3+}$、$Be^{2+}$、$Co^{2+}$、部分掩蔽 $Cu^{2+}$、$Hg^{2+}$、$Cr^{3+}$、$Ti^{4+}$ | |
| 酒石酸 | 1.2 | $Fe^{3+}$、$Sn^{4+}$、$Sb^{3+}$ 及 5mg 以下的 $Cu^{2+}$ | 在抗坏血酸存在下 |
| | 2 | $Fe^{3+}$、$Sn^{4+}$、$Mn^{2+}$ | |
| | 5.5 | $Fe^{3+}$、$Al^{3+}$、$Ca^{2+}$、$Sn^{4+}$ | |
| | 6~7.5 | $Mg^{2+}$、$Ca^{2+}$、$Fe^{3+}$、$Al^{3+}$、$Mo^{4+}$、$Sb^{3+}$、$W^{6+}$ | |
| | 10 | $Al^{3+}$、$Sn^{4+}$ | |

这种利用干扰离子与掩蔽剂形成沉淀以消除干扰的方法称为**沉淀掩蔽法**。表 4-7 列出了常用的沉淀掩蔽剂。

表 4-7　常用的沉淀掩蔽剂

| 掩蔽剂 | 被掩蔽离子 | 待测定离子 | pH 范围 | 指示剂 |
|---|---|---|---|---|
| $NH_4F$ | $Mg^{2+}$、$Ca^{2+}$、$Sr^{2+}$、$Ba^{2+}$、稀土、$Ti^{4+}$ | $Zn^{2+}$、$Cd^{2+}$、$Mn^{2+}$（有还原剂存在下） | 10.0 | 铬黑 T |
| $NH_4F$ | $Mg^{2+}$、$Ca^{2+}$、$Sr^{2+}$、$Ba^{2+}$ 及稀土元素 | $Cu^{2+}$、$Co^{2+}$、$Ni^{2+}$ | 10.0 | 紫脲酸铵 |
| $K_2CrO_4$ | $Ba^{2+}$ | $Sr^{2+}$ | 10.0 | Mg+EDTA+铬黑 T |
| $Na_2S$ 或铜试剂 | 微量重金属 | $Mg^{2+}$、$Ca^{2+}$ | 10.0 | 铬黑 T |
| $H_2SO_4$ | $Pb^{2+}$ | $Bi^{3+}$ | 1.0 | 二甲酚橙 |
| $K_4[Fe(CN)_6]$ | 微量 $Zn^{2+}$ | $Pb^{2+}$ | 5~6.0 | 二甲酚橙 |

（3）氧化还原掩蔽法

例如，用 EDTA 滴定 $Bi^{3+}$、$Zr^{4+}$、$Th^{4+}$ 等离子时，$Fe^{3+}$ 有干扰，可加入抗坏血酸（维生素 C）或盐酸羟胺，将 $Fe^{3+}$ 还原为 $Fe^{2+}$，因为 $\lg K_{FeY^{2-}}=14.3$，比 $\lg K_{FeY^-}=25.1$ 小得多，故能消除干扰。

这种利用改变干扰离子价态以消除干扰的方法称为**氧化还原掩蔽法**。

选择掩蔽剂时要根据滴定条件进行选择，特别要注意对剧毒物的使用和处理。例如

KCN 应在碱性溶液中使用，否则生成剧毒的 HCN，严重危害生命安全。对用后的 KCN 废液，应以含 $Na_2CO_3$ 的 $FeSO_4$ 溶液进行处理，使 $CN^-$ 变为 $[Fe(CN)_6]^{4-}$，以免造成污染。

### 4.5.3 利用化学分离

利用控制酸度进行分别滴定或掩蔽干扰离子都有困难时，可进行化学分离，即将待测组分与其他组分分开。

## 4.6 EDTA 标准溶液的配制和标定

### 4.6.1 EDTA 标准溶液的配制

乙二胺四乙酸难溶于水，通常采用它的二钠盐（也称 EDTA）来配制标准溶液。乙二胺四乙酸的二钠盐经提纯后可作为基准物质，直接配制标准溶液。但提纯方法较复杂，通常仍采用间接法配制，并贮存在聚乙烯塑料瓶或硬质玻璃瓶中。

水中的杂质对实验结果影响较大，故配制 EDTA 溶液及实验所用蒸馏水必须经过质量检验。

### 4.6.2 EDTA 标准溶液的标定

标定 EDTA 的基准物质通常有 ZnO、$CaCO_3$、$MgSO_4 \cdot 7H_2O$ 等化合物及 Zn、Cu 等纯金属，通常选用其中与被测组分相同的物质作基准物，以使滴定条件相同，减小误差。

实验室常以锌或 ZnO 为基准物标定 EDTA，先配成较大量的标准溶液，再取一定量来标定。

标定时，可以在 pH=10 的 $NH_3$-$NH_4Cl$ 缓冲溶液中，以铬黑 T(EBT) 为指示剂，用 EDTA 标准溶液直接滴定至溶液由红色变为蓝色，即为终点。也可以在 pH 为 5～6 时，以 $(CH_2)_6N_4$ 为缓冲溶液，二甲酚橙（XO）为指示剂直接滴定，终点时，溶液由紫红色变为亮黄色。由锌或氧化锌的量可知 EDTA 标准溶液的准确浓度。

若 EDTA 是用于测定石灰石或白云石中 CaO、MgO 的含量，则宜用 $CaCO_3$ 为基准物。

## 4.7 配位滴定方式及应用

### 4.7.1 直接滴定法

直接滴定法必须符合以下几个条件：

① 待测组分与 EDTA 的配位速率要很快，且该配合物的 $\lg K'_{MY} > 8$。

② 在选用的滴定条件下，必须有变色敏锐的指示剂，且不受共存离子的影响而发生"封闭"作用。

③ 在选用的滴定条件下，待测金属离子不发生其他反应。

**应用实例——水的硬度的测定**

水的硬度是指水中除碱金属以外的全部金属离子的浓度。由于 $Ca^{2+}$、$Mg^{2+}$ 含量远比其他金属离子高，所以通常以水中 $Ca^{2+}$、$Mg^{2+}$ 总量表示水的硬度。它们主要以碳酸氢盐、氯化物、硫酸盐等形式存在。

天然水中，雨水属于软水，普通地面水硬度不高，但地下水的硬度较高。水硬度的测定是水的质量控制的重要指标之一。

水硬度的表示方法，国际、国内尚未统一。中国目前采用的表示方法主要有两种。一种是德国硬度，即把 $Ca^{2+}$、$Mg^{2+}$ 总量折合成 CaO 来计算，以每升水中含 10mg CaO 为 1°（度）来表示硬度单位。另一种是用每升水中所含 $CaCO_3$ 的质量（mg）来表示（$CaCO_3$ mg/L）。除此之外，也可用每升水中所含 $CaCO_3$ 的物质的量（mmol）或每升水中所含 CaO 的质量（mg）等多种方式来表示。实际中用何种方式表示，应视具体情况而定。水质分类见表 4-8。

表 4-8 水质分类

| 总硬度 | 0°~4° | 4°~8° | 8°~16° | 16°~25° | 25°~40° | 40°~60° | 60°以上 |
|---|---|---|---|---|---|---|---|
| 水质 | 很软水 | 软水 | 中等硬水 | 硬水 | 高硬水 | 超硬水 | 特硬水 |

生活用水的总硬度一般不得超过 25°。测定水的总硬度，通常是测定水中 $Ca^{2+}$、$Mg^{2+}$ 的总量。水中钙盐含量用硬度表示为钙硬度，镁盐含量用硬度表示为镁硬度。

(1) 总硬度测定

以氨-氯化铵缓冲溶液控制水试样 pH=10，以铬黑 T 为指示剂，这时水中 $Mg^{2+}$ 与指示剂生成红色配合物。

$$Mg^{2+} + HIn^{2-} \rightleftharpoons MgIn^- + H^+$$

用 EDTA 滴定时，由于 $\lg K_{CaY} > \lg K_{MgY}$，EDTA 首先和溶液中的 $Ca^{2+}$ 配位，然后再与 $Mg^{2+}$ 配位，反应如下：

$$Ca^{2+} + H_2Y^{2-} \rightleftharpoons CaY^{2-} + 2H^+$$
$$Mg^{2+} + H_2Y^{2-} \rightleftharpoons MgY^{2-} + 2H^+$$

到达计量点时，由于 $\lg K_{MgY} > \lg K_{MgIn}$，稍过量的 EDTA 夺取 $MgIn^-$ 中的 $Mg^{2+}$，使指示剂释放出来，显示指示剂的纯蓝色，从而指示滴定终点。反应如下：

$$MgIn^- + H_2Y^{2-} \rightleftharpoons MgY^{2-} + HIn^{2-} + H^+$$

测定水中 $Ca^{2+}$、$Mg^{2+}$ 含量时，因当 $Mg^{2+}$ 与 EDTA 定量配位时，$Ca^{2+}$ 已先与 EDTA 定量配位完全，因此可选用对 $Mg^{2+}$ 较灵敏的指示剂来指示终点。

(2) 钙硬度的测定

用 NaOH 调节水试样 pH=12.5，使 $Mg^{2+}$ 形成 $Mg(OH)_2$ 沉淀，以钙指示剂确定终点，用 EDTA 标准溶液滴定，终点时溶液由红色变为蓝色。

$$Ca^{2+} + HIn^{2-} \rightleftharpoons CaIn^- + H^+$$
$$Ca^{2+} + H_2Y^{2-} \rightleftharpoons CaY^{2-} + 2H^+$$
$$CaIn^- + H_2Y^{2-} \rightleftharpoons CaY^{2-} + HIn^{2-} + H^+$$
（红色） （蓝色）

加入 NaOH 的量不宜过多，否则一部分 $Ca^{2+}$ 会被 $Mg(OH)_2$ 吸附，使测得的钙硬度偏低；但加入 NaOH 量不足时，$Mg^{2+}$ 沉淀不完全，使钙硬度偏高。另外，若水样中含有 $Ca(HCO_3)_2$，则应先加入 HCl 酸化并煮沸使其分解，然后再加 NaOH，否则 $Ca(HCO_3)_2$ 会与 NaOH 反应形成 $CaCO_3$ 沉淀而使结果偏低，且终点拖长，变色不敏锐。

水硬度[以每升水中含 $CaCO_3$ 的质量（mg）表示，单位为 mg/L]的计算公式为：

水的总硬度

$$\rho(CaCO_3) = \frac{c(EDTA)V_1 M(CaCO_3)}{V} \times 1000$$

钙硬度

$$\rho(CaCO_3) = \frac{c(EDTA)V_2 M(CaCO_3)}{V} \times 1000$$

式中，$V_1$ 为测定总硬度时所消耗的 EDTA 的体积，mL；$V_2$ 为测定钙硬度时所消耗的 EDTA 的体积，mL；$V$ 为水样的体积，mL。

$$镁硬度 = 总硬度 - 钙硬度$$

 **知识窗**

### 水的硬度与人体健康

水的硬度与人体健康有很大的关系。高硬度的水味道苦涩难喝，还会引起胃肠功能紊乱，出现暂时性的腹胀、腹泻、排气多等现象。但硬水也并非一无是处。实验证明：缺镁可引起大白鼠的心肌坏死和心血管内膜钙盐沉着，而摄入较多量的镁可预防胆固醇所引起的动脉粥样硬化。据美、英等国的一些科学家、医学家调查发现，人类的某些心血管疾病，如高血压和动脉硬化性心脏病的死亡率与饮用水的硬度成反比关系。但硬度过高的水对人体毕竟弊多利少，因此世界各国制定的饮用水标准中，都对硬度作了明确规定。

### 4.7.2 返滴定法

返滴定法适用于下列情况：
① 采用直接滴定法时缺乏符合要求的指示剂，或者待测离子对指示剂有封闭作用。
② 待测离子与 EDTA 的配位速率很慢。
③ 待测离子发生副反应，影响测定。

**应用实例——镍盐含量的测定**

$Ni^{2+}$ 与 EDTA 的配位反应进行缓慢，不能用直接滴定法进行测定。一般先在 $Ni^{2+}$ 溶液中加入过量的 EDTA 标准溶液，调节 pH，加热煮沸，使 $Ni^{2+}$ 与 EDTA 完全配位，剩余的 EDTA 再用 $CuSO_4$ 标准溶液返滴定。其测定原理为：

$$Ni^{2+} + H_2Y^{2-} \Longleftrightarrow NiY^{2-} + 2H^+$$
$$H_2Y^{2-} + Cu^{2+} \Longleftrightarrow CuY^{2-} + 2H^+$$

计算公式为：

$$w(Ni^{2+}) = \frac{[c(EDTA)V(EDTA) - c(CuSO_4)V(CuSO_4)]M(Ni)}{m}$$

### 4.7.3 置换滴定法

置换滴定法的方式灵活多样，不仅能扩大配位滴定的应用范围，同时还可以提高配位滴定的选择性。

（1）置换出金属离子

当待测离子 M 与 EDTA 反应不完全，或形成的配合物不稳定时，可让 M 置换出另一配合物 NL 中的 N，再用 EDTA 滴定 N，从而求得 M 的含量。

$$M + NL \Longleftrightarrow ML + N$$
$$N + Y \Longleftrightarrow NY$$

例如，$Ag^+$ 与 EDTA 反应形成的配合物不稳定，不能用 EDTA 直接滴定，若加入过量的 $[Ni(CN)_4]^{2-}$ 溶液，则发生置换反应：

$$2Ag^+ + [Ni(CN)_4]^{2-} \Longleftrightarrow 2[Ag(CN)_2]^- + Ni^{2+}$$

待反应完全后，在 pH=10 的氨性缓冲溶液中，以紫脲酸胺为指示剂，用 EDTA 滴定

置换出来的 $Ni^{2+}$，即可计算出试液中银的量。

**（2）置换出 EDTA**

将待测金属离子 M 与干扰离子全部用 EDTA 配位，加选择性高的配位剂 L 以夺取 M，并释放出 EDTA。再用另一标准溶液滴定释放出来的 EDTA，可测出 M 的含量。

$$MY + L \rightleftharpoons ML + Y$$

**应用实例——铝盐含量的测定**

$Al^{3+}$ 与 EDTA 的配位反应进行缓慢，且对指示剂有封闭作用，不能用直接滴定法进行测定。测定时，首先调节 $Al^{3+}$ 试液的 pH，加入过量的 EDTA 标准溶液，加热煮沸，使 $Al^{3+}$ 与 EDTA 完全配位，将剩余的 EDTA 用锌标准溶液滴定至终点。然后加入一种选择性较高的配位剂（通常用 $NH_4F$），加热煮沸，将 $AlY^-$ 中的 $Y^{4-}$ 定量置换出来，再以锌标准溶液滴定置换出来的 EDTA，即可测出铝的含量。其测定原理为：

$$Al^{3+} + H_2Y^{2-} \rightleftharpoons AlY^- + 2H^+$$
$$AlY^- + 6F^- + 2H^+ \rightleftharpoons [AlF_6]^{3-} + H_2Y^{2-}$$
$$Zn^{2+} + H_2Y^{2-} \rightleftharpoons ZnY^{2-} + 2H^+$$

计算公式为：

$$w(Al^{3+}) = \frac{c(Zn^{2+})V(Zn^{2+})M(Al)}{m}$$

**M4-7** 配位滴定法的应用实例——铝盐中铝含量测定操作方法

### 铝制餐具对健康的潜在危害

不少家庭的餐具和器皿大多是由铝制成的，像铝锅、铝盘、铝勺等。它轻巧耐用，价廉物美，但如果使用不当，则会使铝元素过多地摄入人体，给健康带来潜在的危害。铝元素被人体吸收后，很难排出体外，贮留在机体内的铝元素会对神经系统、骨骼、肝、肾及心脏等产生不同程度的损害，如果每天摄入的铝含量超过每公斤体重 0.7mg，就会使神经细胞减少，思维反应衰退、迟钝，引起早衰等。因此，家庭烹调还是尽量以铁锅为好。

### 4.7.4 间接滴定法

有些阳离子（如 $Li^+$、$Na^+$、$K^+$ 等）和阴离子（如 $SO_4^{2-}$、$PO_4^{3-}$ 等）不能和 EDTA 配位，或与 EDTA 生成的配合物不稳定，不便于配位滴定，这时可采用间接滴定法。

**应用实例——$PO_4^{3-}$ 含量的测定**

$PO_4^{3-}$ 不能与 EDTA 配位，通常采用间接滴定法测定。即在一定条件下，将 $PO_4^{3-}$ 沉淀为 $MgNH_4PO_4$，然后将沉淀过滤、溶解，调节溶液的 pH=10，以铬黑 T 作指示剂，以 EDTA 标准溶液滴定与 $PO_4^{3-}$ 等物质的量的 $Mg^{2+}$，由 $Mg^{2+}$ 的物质的量即可间接计算出 $PO_4^{3-}$ 的含量。其测定原理为：

$$PO_4^{3-} + NH_4^+ + Mg^{2+} \rightleftharpoons MgNH_4PO_4 \downarrow$$
$$MgNH_4PO_4 + H^+ \rightleftharpoons Mg^{2+} + NH_4^+ + HPO_4^{2-}$$
$$Mg^{2+} + H_2Y^{2-} \rightleftharpoons MgY^{2-} + 2H^+$$

计算公式为：

$$w(\text{PO}_4^{3-}) = \frac{c(\text{EDTA})V(\text{EDTA})M(\text{PO}_4^{3-})}{m}$$

## 4.8 计算示例

**【例 4-3】** 取水样 100mL，调节 pH＝10，以铬黑 T 为指示剂，用 $c(\text{EDTA})=0.0100\text{mol/L}$ 的 EDTA 标准溶液滴定到终点，用去 EDTA 22.50mL。另取同一水样 100mL，调节 pH＝12，以钙指示剂指示终点，消耗上述浓度的 EDTA 11.80mL。计算：

(1) 水样总硬度［以每升水样含 CaO 的质量（mg）表示］；
(2) 水样中钙、镁的各自含量。

**解** (1) 钙、镁与 EDTA 的反应为：

$$\text{Ca}^{2+} + \text{H}_2\text{Y}^{2-} = \text{CaY}^{2-} + 2\text{H}^+$$
$$\text{Mg}^{2+} + \text{H}_2\text{Y}^{2-} = \text{MgY}^{2-} + 2\text{H}^+$$

取 CaO 的化学式为基本单元，已知 $M(\text{CaO})=56.08\text{g/mol}$。

设 $V_1=22.50\text{mL}$，$V_2=11.80\text{mL}$，则测定总硬度消耗的 EDTA 的体积为 $V_1$。

$$\text{总硬度(CaO)} = \frac{c(\text{EDTA})V_1 M(\text{CaO})}{V} \times 1000$$

$$= \frac{0.0100 \times 22.50 \times 56.08}{100} \times 1000$$

$$= 126.2 (\text{mg/L})$$

(2) 在调节 pH＝12，以钙指示剂滴定时，镁形成 $\text{Mg(OH)}_2$ 沉淀，只有 $\text{Ca}^{2+}$ 与 EDTA 标准溶液反应，用去 EDTA 11.80mL，即 $V_2$。因此用于滴定 $\text{Mg}^{2+}$ 的 EDTA 标准溶液的体积为 $V_1-V_2=22.50-11.80=10.70$（mL）。

从反应可确定 Ca、Mg 的基本单元为其化学式，已知 $M(\text{Ca})=40.08\text{g/mol}$，$M(\text{Mg})=24.31\text{g/mol}$，则钙、镁含量可分别计算如下：

$$\rho(\text{Ca}) = \frac{c(\text{EDTA})V_2 M(\text{Ca})}{V} \times 1000$$

$$= \frac{0.0100 \times 11.80 \times 40.08}{100} \times 1000$$

$$= 47.3 (\text{mg/L})$$

$$\rho(\text{Mg}) = \frac{c(\text{EDTA})(V_1-V_2) M(\text{Mg})}{V} \times 1000$$

$$= \frac{0.0100 \times 10.70 \times 24.31}{100} \times 1000$$

$$= 26.0 (\text{mg/L})$$

**【例 4-4】** 称取不纯的 $\text{BaCl}_2$ 试样 0.2000g，溶解后加入 40.00mL 浓度为 0.1000mol/L 的 EDTA 标准溶液，以铬黑 T 为指示剂，用 0.1000mol/L 的 $\text{MgSO}_4$ 标准溶液滴定过量的 EDTA，用去 31.00mL，求 $\text{BaCl}_2$ 的质量分数。

**解** 测定反应为：

$$\text{Ba}^{2+} + \text{H}_2\text{Y}^{2-} = \text{BaY}^{2-} + 2\text{H}^+$$
$$\text{Mg}^{2+} + \text{H}_2\text{Y}^{2-} = \text{MgY}^{2-} + 2\text{H}^+$$

从反应可确定 $BaCl_2$ 的基本单元为其化学式，已知 $M(BaCl_2)=208.3g/mol$，则

$$w(BaCl_2)=\frac{[c(EDTA)V(EDTA)-c(MgSO_4)V(MgSO_4)]M(BaCl_2)}{m}$$

$$=\frac{(0.1000\times 40.00-0.1000\times 31.00)\times 208.3\times 10^{-3}}{0.2000}$$

$$=0.9374$$

**【例 4-5】** 测定锡青铜合金中锡的质量分数。取试样 0.2000g，溶解后加入过量的 EDTA 溶液，多余的 EDTA 在 pH 为 5~6 时以二甲酚橙作指示剂，用锌盐标准溶液滴定至终点。然后加入适量的 $NH_4F$ 将 SnY 中的 Y 置换出来，再用 0.01000mol/L 的锌盐标准溶液 22.30mL 滴定置换出来的 EDTA。计算锡青铜中锡的质量分数。

**解** 根据题意，反应为：

$$Sn^{2+}+H_2Y^{2-}=\!=\!=SnY^{2-}+2H^+$$
$$SnY^{2-}+4F^-=\!=\!=[SnF_4]^{2-}+Y^{4-}$$
$$H_2Y^{2-}+Zn^{2+}=\!=\!=ZnY^{2-}+2H^+$$

从反应可确定锡的基本单元为其化学式，已知 $M(Sn)=118.71g/mol$，则

$$w(Sn)=\frac{c(Zn^{2+})V(Zn^{2+})M(Sn)}{m}$$

$$=\frac{0.01000\times 22.30\times 118.71\times 10^{-3}}{0.2000}$$

$$=0.1324$$

**【例 4-6】** 称取含磷试样 0.1000g，处理成试液并把磷沉淀为 $MgNH_4PO_4$。将沉淀过滤洗涤后再溶解，并调节溶液的 pH=10，以铬黑 T 为指示剂，用 0.01000mol/L 的 EDTA 标准溶液滴定其中的 $Mg^{2+}$，用去 20.00mL，求试样中 P 和 $P_2O_5$ 的质量分数。

**解** 以 Mg 为标准，Mg 与 P 为 1:1 的关系，与 $P_2O_5$ 为 2:1 的关系，Mg 与 EDTA 的反应为：

$$Mg^{2+}+H_2Y^{2-}=\!=\!=MgY^{2-}+2H^+$$

所以 P 取其化学式为基本单元，$P_2O_5$ 取 $\frac{1}{2}P_2O_5$ 为基本单元。已知 $M(P)=30.97g/mol$，$M(\frac{1}{2}P_2O_5)=71.00g/mol$，则

$$w(P)=\frac{c(EDTA)V(EDTA)M(P)}{m}$$

$$=\frac{0.01000\times 20.00\times 30.97\times 10^{-3}}{0.1000}$$

$$=0.06194$$

$$w(P_2O_5)=\frac{c(EDTA)V(EDTA)M(\frac{1}{2}P_2O_5)}{m}$$

$$=\frac{0.01000\times 20.00\times 71.00\times 10^{-3}}{0.1000}$$

$$=0.1420$$

## 本章小结

1. EDTA 与金属离子形成配合物的特点

EDTA 与金属离子形成的配合物稳定，易溶于水，尤其是二者之间的计量关系为 1∶1，在计算时可以化学式为基本单元，使计算非常简便。

2. EDTA 与金属离子的配位反应

(1) EDTA 的配位反应

主要从酸度的影响出发，讨论了以下几个问题。

① 酸效应对 EDTA 参加主反应能力的影响。

② 配合物的条件稳定常数。

条件稳定常数的表达式为：

$$\lg K'_{MY} = \lg K_{MY} - \lg \alpha_{Y(H)}$$

条件稳定常数的大小说明了配合物 MY 在一定条件下的实际稳定程度，它是判断滴定可能性的重要参数。

③ 配位滴定的最高允许酸度和酸效应曲线。

由准确滴定金属离子的条件 $\lg(c_M K'_{MY}) \geqslant 6$，推导出滴定金属离子的酸度条件：

$$\lg \alpha_{Y(H)} \leqslant \lg K_{MY} - 8$$

可计算出滴定任一金属离子的最高允许酸度，进而绘制出酸效应曲线。利用酸效应曲线可解决单独滴定某一金属离子的酸度问题和多个离子共存时的干扰问题。

(2) 金属离子的配位反应

① 单一金属离子准确滴定的条件：

$$\lg(c_M K'_{MY}) \geqslant 6$$

② 混合溶液中被测金属离子准确滴定的要求：

a. 金属离子本身能被准确滴定；

b. 共存离子不干扰测定。

③ 消除共存离子干扰的方法：

a. 当 $\Delta \lg K \geqslant 5$ 时，可采用控制酸度的方法。一方面，要使溶液的酸度小于滴定 M 的最高允许酸度，另一方面要使 $\lg \alpha_{Y(H)} \leqslant \lg K_{MY} - 3$；

b. 当 $\Delta \lg K < 5$ 时，可采用掩蔽的方法。

3. 金属指示剂

金属指示剂也是一种配位剂，用于指示配位滴定的终点。滴定前，指示剂和少量金属离子生成配合物，溶液显示配合物的颜色；终点时已与指示剂配位的金属离子被 EDTA 夺取出来，释放出指示剂，溶液由指示剂与金属离子所形成的配合物的颜色，变为游离的指示剂的颜色。

金属指示剂必须具备的主要条件如下：

① 在滴定的 pH 范围内，指示剂本身的颜色与它和金属离子形成的配合物的颜色有显著的差别。

② 指示剂与金属离子生成配合物的稳定性要适当，即 $\lg K'_{MIn} > 4$，且 $\lg K'_{MY} - \lg K'_{MIn} > 2$。

③ 金属离子形成的配合物易溶于水。

4. 配位滴定的方式和应用

依据滴定物质的不同特点，可分别采用直接滴定、返滴定、置换滴定和间接滴定等不同滴定方式，对被测物质进行测定。

思考与实践

**1. 填空题**

(1) 氨羧配位剂指含有_____基团的有机配位剂，在氨羧配位剂中应用最广泛的是_____或它的二钠盐，简称_____。

(2) EDTA 在酸性溶液中相当于_____元酸，在溶液中以_____种型体存在，其中能与金属离子直接配位的是_____，且其浓度与_____有关，因此 EDTA 与金属离子的配位能力也与_____有关。

(3) EDTA 中含有_____和_____两种配位原子，一分子 EDTA 可提供_____分子配位原子，一般均可形成_____型配合物，故计算时多以其_____为基本单元。

(4) 条件稳定常数的大小说明了配合物 MY _____，其表达式为_____。

(5) 金属离子可被准确滴定的条件是_____，当 M、N 两种金属离子共存时，欲准确滴定 M 而 N 不干扰的条件是_____。

(6) 在用 EDTA 滴定 $Ca^{2+}$、$Mg^{2+}$ 时，可用 KCN 掩蔽 $Fe^{3+}$，而不能使用抗坏血酸，这是因为_____，但用 EDTA 滴定 $Bi^{3+}$ 时（pH＝1），则恰好相反，即只能用抗坏血酸来掩蔽 $Fe^{3+}$，而不能使用 KCN，这是因为_____。

(7) 测定水中总硬度，试液 pH 应控制在_____，控制的方法是加入_____。

(8) 配制 EDTA 标准溶液通常不用乙二胺四乙酸，而用_____，这是因为_____。

(9) 测定钙硬度时有时需加盐酸，这是因为_____。

**2. 单选题**

(1) EDTA 酸效应系数正确的表示式是（　　）。
    A. $\alpha_{Y(H)}=[Y]/[Y']$　　　　B. $\alpha_{Y(H)}=[Y']/[Y]$
    C. $\alpha_{Y(H)}=[H^+]/[Y']$　　　D. $\alpha_{Y(H)}=[H_2Y^{2-}]/[Y']$

(2) 金属指示剂的稳定性需满足（　　）。
    A. $\lg K'_{MY}-\lg K'_{MIn}>2$　　B. $\lg K'_{MY}-\lg K'_{MIn}<2$
    C. $\lg K'_{MY}-\lg K'_{MIn}>0$　　D. $\lg K'_{MY}-\lg K'_{MIn}<0$

(3) 准确滴定金属离子的条件一般是（　　）。
    A. $\lg(c_M K'_{MY})\geqslant 8$　　B. $\lg(c_M K_{MY})\geqslant 8$
    C. $\lg(c_M K'_{MY})\geqslant 6$　　D. $\lg(c_M K_{MY})\geqslant 6$

(4) 钙硬度测定时，消除 $Mg^{2+}$ 干扰的方法是（　　）。
    A. 利用酸效应　　　　B. 配位掩蔽法
    C. 沉淀掩蔽法　　　　D. 氧化还原掩蔽法

(5) 溶液中同时存在 M、N 两种金属离子时，N 离子不干扰 M 离子的滴定的条件是（　　）。
    A. $\lg(c_N K'_{NY})\geqslant 1$　　B. $\lg(c_N K'_{NY})\leqslant 1$
    C. $\lg(c_N K_{NY})\geqslant 1$　　D. $\lg(c_N K_{NY})\leqslant 1$

(6) 若 $c(Zn^{2+})=c(EDTA)=10^{-2}$ mol/L，已知 $\lg K_{ZnY}=16.5$，则滴定所允许的酸度应为（　　）。
   A. $\lg\alpha_{Y(H)}\geqslant 8.5$　　　　B. $\lg\alpha_{Y(H)}\leqslant 8.5$
   C. $\lg\alpha_{Y(H)}\geqslant 10.5$　　　D. $\lg\alpha_{Y(H)}\leqslant 10.5$

(7) 以下关于 EDTA 标准溶液的制备，叙述不正确的是（　　）。
   A. 使用基准试剂，可以用直接法配制标准溶液
   B. 标定条件与测定条件应尽可能接近
   C. 标定 EDTA 溶液必须用二甲酚橙作指示剂
   D. EDTA 标准溶液应贮存于聚乙烯瓶中

(8) 水的硬度测定中，正确的测定条件包括（　　）。
   A. 总硬度：$pH\approx 10$，铬黑 T 为指示剂
   B. 总硬度：调 pH 之前，先加 HCl 酸化并煮沸
   C. 钙硬度：NaOH 可加任意量
   D. 总硬度：$pH\approx 10$，铬黑 T 为指示剂，六亚甲基四胺为缓冲溶液

### 3. 判断题
(1) 提高配位滴定选择性的常用方法有：控制溶液的酸度和利用掩蔽方法。
(2) 铬黑 T 指示剂在 $pH=7\sim 11$ 范围使用，其目的是为减少干扰离子的影响。
(3) 滴定 $Ca^{2+}$、$Mg^{2+}$ 总量时要控制 $pH\approx 10$，而滴定 $Ca^{2+}$ 分量时要控制 pH 为 $12\sim 13$，若 $pH>13$ 时测 $Ca^{2+}$ 则无法确定终点。
(4) 在 $pH=4$ 时滴定 $Zn^{2+}$、$Cu^{2+}$、$Fe^{3+}$ 等不会产生干扰。
(5) 若 EDTA 是用于测定石灰石或白云石中 CaO、MgO 的含量，则宜用 $CaCO_3$ 为基准物。

### 4. 问答题
(1) 用于配位滴定的反应必须符合哪些条件？
(2) EDTA 与金属离子所形成的配合物有什么特点？
(3) 什么是酸效应？它是如何影响配合物稳定性的？
(4) 绝对稳定常数和条件稳定常数有什么不同？
(5) 简述金属指示剂的作用原理，并说明其应具备的条件。
(6) 引起金属指示剂封闭和僵化现象的原因是什么？
(7) 为什么配位滴定中都要控制最低 pH？如何控制？
(8) 酸效应曲线在配位滴定中有什么作用？
(9) 用控制酸度的方法，用 EDTA 分别滴定金属离子的条件是什么？如何控制酸度？
(10) 欲连续滴定溶液中的 $Fe^{3+}$、$Ca^{2+}$、$Al^{3+}$ 的含量，试利用 EDTA 的酸效应曲线，拟定主要滴定条件（pH）。
(11) 设计实验：利用 EDTA 的酸效应曲线，设计测定 $Bi^{3+}$、$Pb^{2+}$、$Mg^{2+}$、$Al^{3+}$ 混合溶液中 $Pb^{2+}$ 含量的分析方案，并通过实验检验其可行性。
(12) 测定钙硬度时为什么加 NaOH？加 NaOH 应注意什么？
(13) 测定 $Al^{3+}$ 为什么要用置换滴定法？能否采用直接滴定法？如果铝试样为工业硫酸铝，如何计其质量分数？写出计算式。

### 5. 计算题
(1) 试求以 EDTA 滴定 $Zn^{2+}$ 和 $Bi^{3+}$ 时所需的最低 pH。
(2) $pH=5$ 时，铅和 EDTA 所形成的配合物的条件稳定常数是多少？设此时金属离子和 EDTA 的浓度均为 0.01mol/L，问能否用 EDTA 标准溶液准确滴定 $Pb^{2+}$？
(3) 0.7081g 纯锌用 HCl 溶解后于 250mL 容量瓶中定容。吸取此液 25.00mL，以 EDTA 溶液滴定，用去 25.76mL，求 EDTA 溶液的物质的量浓度及其对 $CaCO_3$ 的滴定度。
(4) 取水样 100mL，用 $c(EDTA)=0.010$ mol/L 的标准溶液测定水的硬度，用去 EDTA2.56mL，计算

该水样的总硬度。分别以 $\rho$（CaO）（mg/L）和 $c$（CaCO$_3$）（mmol/L）表示。

(5) 欲测定 ZnCl$_2$ 试剂中 ZnCl$_2$ 的质量分数，先准确称取样品 0.2500g，溶于水后，在 pH＝6 时，以二甲酚橙为指示剂，用 0.1024mol/L 的 EDTA 标准溶液滴定，用去 17.90mL，求试样中 ZnCl$_2$ 的质量分数。

(6) 测定硫酸盐中的 $SO_4^{2-}$。称取试样 3.000g，溶解后在 250mL 容量瓶中稀释至刻度。用移液管取 25.00mL，加入 0.05000mol/L 的 BaCl$_2$ 溶液 25.00mL，过滤后用浓度为 0.05000mol/L 的 EDTA 标准溶液滴定剩余的 $Ba^{2+}$，消耗 17.15mL。计算试样中 $SO_4^{2-}$ 的质量分数。

(7) 测定铝盐中铝的含量时，称取试样 0.2117g，溶解后加入 30.00mL $c$（EDTA）＝0.04997mol/L 的 EDTA 标准溶液，于 pH＝3.5 时煮沸，反应完全后调 pH 为 5～6，以二甲酚橙为指示剂，用 $c$（$Zn^{2+}$）＝0.02146mol/L 的 $Zn^{2+}$ 标准溶液返滴定，用去 22.56mL，计算该试样中 Al$_2$O$_3$ 的质量分数。

(8) 称取 0.5000g 黏土试样，用碱熔融后分离除去 SiO$_2$，在容量瓶中稀释至 250.00mL。吸取 100.00mL 试液，在 pH 为 2～2.5 的热溶液中用磺基水杨酸作指示剂，用 0.0200mol/L 的 EDTA 溶液滴定 $Fe^{3+}$，用去 7.20mL。将滴定后的溶液调节到 pH＝3，加入过量的 EDTA 溶液，煮沸使 $Al^{3+}$ 配位完全。再调节 pH 为 4～6，用 PAN 作指示剂，以 CuSO$_4$ 标准溶液（每毫升含 CuSO$_4$·5H$_2$O 0.00500g）滴定多余的 EDTA，再加入 NH$_4$F，煮沸后使 $Al^{3+}$ 生成 [AlF$_6$]$^{3-}$，置换出的 EDTA 又用 CuSO$_4$ 标准溶液滴定，用去 25.20mL，计算黏土中 Fe$_2$O$_3$ 和 Al$_2$O$_3$ 的质量分数。

(9) 含 CaCO$_3$ 与 CaCl$_2$ 的试样 1.0088g，用酸溶解后用 $c$（EDTA）＝0.2568mol/L 的 EDTA 标准溶液滴定至终点，用去 28.87mL；同样质量的试样溶于 30.00mL $c$（HCl）＝0.5000mol/L 的 HCl 标准溶液后，滴定剩余酸用 $c$（NaOH）＝0.4996mol/L 的 NaOH 标准溶液 11.79mL。求此试样中 CaCO$_3$ 与 CaCl$_2$ 的质量分数。

(10) 1.0000g 煤试样燃烧，使其中 S 全部形成 SO$_3$，SO$_3$ 以 50.00mL $c$（$Ba^{2+}$）＝0.05063mol/L $Ba^{2+}$ 溶液吸收完全后，用 $c$（EDTA）＝0.04997mol/L 的 EDTA 标准溶液滴定剩余的 $Ba^{2+}$，用去 44.86mL。求煤样中 S 的质量分数。

(11) 分析 Cu、Zn、Mg 合金时，称取 0.5000g 试样，溶解后在容量瓶中稀释至 100.00mL。吸取 25.00mL 试液，调节至 pH＝6，用 PAN 作指示剂，以 0.05000mol/L 的 EDTA 标准溶液滴定铜和锌的总量，用去 37.30mL。另外又取 25.00mL 试液，调节至 pH＝10，加 KCN 掩蔽铜和锌，用同浓度的 EDTA 滴定镁，用去 4.10mL。然后滴加甲醛以解蔽锌，又用同浓度的 EDTA 溶液滴定之，用去 13.40mL。计算试样中含铜、锌、镁的质量分数。

(12) 称取 1.0320g 氧化铝试样，溶解后移入 250mL 容量瓶中稀释至刻度。吸取此试液 25.00mL，加入 $T_{Al_2O_3/EDTA}$＝1.505mg/mL 的 EDTA 溶液 10.00mL，以二甲酚橙作指示剂，用 Zn（Ac）$_2$ 标准溶液 12.20mL 返滴定至终点，已知 1mL Zn（Ac）$_2$ 溶液相当于 0.6812mL EDTA 溶液。计算试样中 Al$_2$O$_3$ 的质量分数。

# 5. 氧化还原滴定法

 学习指南

氧化还原滴定法是用氧化剂或还原剂作滴定剂,以氧化还原反应为基础的滴定分析方法。在氧化还原反应中,反应历程比较复杂,反应速率一般较慢,还常伴有许多副反应,致使反应无确定的化学计量关系。因此在实际的氧化还原滴定分析中,必须控制好反应条件,采取适当的措施加快反应速率并使反应向所需的方向进行,以使其符合滴定分析的基本要求。学习本章须重视对影响氧化还原反应方向和速率的因素及氧化还原滴定法的基本原理的理解,学会比较复杂的氧化还原滴定体系中基本单元的确定及分析结果的计算。

学习要求

能熟练利用能斯特方程式计算电极电位;
掌握影响氧化还原反应方向和速率的因素;
了解氧化还原滴定曲线及指示剂;
掌握各氧化还原滴定法的基本原理及应用;
掌握氧化还原滴定法中基本单元的确定。

## 5.1 概　　述

### 5.1.1 氧化还原反应及其特点

**氧化还原滴定法**是以氧化还原反应为基础的滴定分析法。可用于氧化还原滴定分析的氧化还原反应是很多的。由于使用不同的氧化剂或还原剂作标准溶液,氧化还原滴定法可分为高锰酸钾法、重铬酸钾法、碘量法、溴酸钾法、铈量法等。无论哪种方法都离不开氧化还原反应,氧化还原反应是基于电子转移的反应,反应历程比较复杂;有许多反应的速率较慢;有的反应还伴随有各种副反应;有时介质对反应也有较大的影响。因此要考虑创造适当的条件,使它符合滴定分析的要求;并控制滴定速度使之与反应速率相适应。

以下从氧化还原电极电位入手讨论氧化还原滴定法的基本原理。

### 5.1.2 电极电位

(1) 标准电极电位

任何一个氧化还原反应可视为由两个半反应构成,例如:反应 $2Fe^{3+} + Sn^{2+} \rightleftharpoons 2Fe^{2+} + Sn^{4+}$ 的两个半反应为:

$$Fe^{3+} + e^- \rightleftharpoons Fe^{2+} \qquad Sn^{4+} + 2e^- \rightleftharpoons Sn^{2+}$$

氧化型　　　还原型　　　　　　氧化型　　　还原型

氧化还原半反应的一般表示形式为：

$$\text{Ox} + ne^- \rightleftharpoons \text{Red}$$
氧化型　　　还原型

其中，Ox/Red 组成了氧化还原电对，通常用氧化型/还原型来表示，简称电对。如上述反应的两个电对为 $Fe^{3+}/Fe^{2+}$、$Sn^{4+}/Sn^{2+}$。每个电对都具有一定的电位。

目前，单个电对的电极电位的绝对值无法测得，为此选用标准氢电极作为标准电极，使各个电对与之比较，得到相对的电极电位数值。

标准氢电极是由一个镀上铂黑的铂电极插入 $H^+$ 浓度（严格说应为活度）等于 1mol/L 的溶液中组成，而且铂电极要不断地用恒定的 $1.013 \times 10^5$ Pa 的氢气吹气饱和。铂并不参与电极反应，只起转移电子的作用。相应的半反应为：

$$2H^+（水溶液） + 2e^- \rightleftharpoons H_2（气）$$

规定标准氢电极的电位在任何温度下都为零，即 $\varphi^{\ominus}_{H^+/H_2} = 0.00V$。

**标准电极电位**是指氧化型和还原型的浓度均为 1mol/L 的电对与标准氢电极组成原电池，所测得的原电池的电动势叫该电对的标准电极电位。

（2）能斯特方程式

标准电极电位是在特定条件下测得的。如果条件改变，电极电位也将改变，其电极电位可由**能斯特方程式**求得：

$$\varphi_{Ox/Red} = \varphi^{\ominus}_{Ox/Red} + \frac{RT}{nF} \ln \frac{[Ox]}{[Red]} \tag{5-1}$$

式中　$\varphi_{Ox/Red}$——Ox/Red 电对的电极电位；

$\varphi^{\ominus}_{Ox/Red}$——Ox/Red 电对的标准电极电位；

[Ox]——氧化型的浓度；

[Red]——还原型的浓度；

$R$——摩尔气体常数，$R = 8.314$ J/(mol·K)；

$T$——热力学温度，K；

$F$——法拉第常数，$F = 96485$ C/mol；

$n$——电极反应中转移的电子数。

M5-1　化学名人——能斯特

将以上常数代入上式中，并取常用对数，于 25℃时得

$$\varphi_{Ox/Red} = \varphi^{\ominus}_{Ox/Red} + \frac{0.059}{n} \lg \frac{[Ox]}{[Red]} \tag{5-2}$$

使用能斯特方程式应注意以下几个方面。

① $\frac{[Ox]}{[Red]}$ 是指参与半反应所有氧化型物质浓度的乘积与还原型物质浓度的乘积之比。而且浓度的方次应等于它们在半反应中的相应项的系数。

② 方程式中各项应与半反应中各成分相对应，如 $[H^+]$、$[OH^-]$ 等都应包括在计算式中。

③ 纯固体、纯液体的浓度视为常数 1。离子的浓度单位用 mol/L 表示。气体用分压来表示。

④ 温度改变时，式(5-2) 的系数也发生改变。

如用 $KMnO_4$ 标准溶液，在酸性介质中滴定 $FeSO_4$。其反应式为：

$$MnO_4^- + 5Fe^{2+} + 8H^+ \rightleftharpoons Mn^{2+} + 5Fe^{3+} + 4H_2O$$

其中

$$\varphi_{Fe^{3+}/Fe^{2+}} = \varphi^{\ominus}_{Fe^{3+}/Fe^{2+}} + \frac{0.059}{1}\lg\frac{[Fe^{3+}]}{[Fe^{2+}]}$$

$$\varphi_{MnO_4^-/Mn^{2+}} = \varphi^{\ominus}_{MnO_4^-/Mn^{2+}} + \frac{0.059}{5}\lg\frac{[MnO_4^-][H^+]^8}{[Mn^{2+}]\times 1^4}$$

(3) 利用能斯特方程式进行计算

**【例 5-1】** 当 $[Fe^{3+}] = 1\,mol/L$，$[Fe^{2+}] = 0.0001\,mol/L$ 时，计算电对 $Fe^{3+}/Fe^{2+}$ 的电极电位。

**解** 据式(5-2)得

$$\varphi_{Fe^{3+}/Fe^{2+}} = \varphi^{\ominus}_{Fe^{3+}/Fe^{2+}} + \frac{0.059}{1}\lg\frac{[Fe^{3+}]}{[Fe^{2+}]} = 0.77 + \frac{0.059}{1}\lg\frac{1}{0.0001} = 1.01\,(V)$$

**【例 5-2】** 当 $[Cr^{3+}] = 0.010\,mol/L$，$[Cr_2O_7^{2-}] = 0.0010\,mol/L$，$[H^+] = 0.10\,mol/L$ 时，计算该电对的电极电位。

**解** 半反应式为：$Cr_2O_7^{2-} + 14H^+ + 6e^- \rightleftharpoons 2Cr^{3+} + 7H_2O$

据式(5-2)得

$$\varphi_{Cr_2O_7^{2-}/Cr^{3+}} = \varphi^{\ominus}_{Cr_2O_7^{2-}/Cr^{3+}} + \frac{0.059}{6}\lg\frac{[Cr_2O_7^{2-}][H^+]^{14}}{[Cr^{3+}]^2}$$

$$= 1.33 + \frac{0.059}{6}\lg\frac{0.0010\times 0.10^{14}}{0.010^2} = 1.20\,(V)$$

### 5.1.3 条件电极电位

前面所述，标准电极电位是在特定条件下测得的。此特定条件是：温度 25℃，有关离子浓度都是 1mol/L。但是在实际工作中，溶液的酸度并不是特定条件下的 1mol/L，溶液中还可能形成沉淀或配合物等，这些因素是不能忽略的。为此引入**条件电极电位** $\varphi^{\ominus\prime}$。它是在特定条件下，氧化型和还原型的分析浓度均为 1mol/L 或它们的浓度比率为 1 时的实际电极电位，它在条件不变时为一常数，此时能斯特方程式可写作

$$\varphi = \varphi^{\ominus\prime} + \frac{0.059}{n}\lg\frac{c(Ox)}{c(Red)} \tag{5-3}$$

标准电极电位与条件电极电位的关系，与在配位反应中的稳定常数和条件稳定常数的关系相似。显然，条件电极电位比较符合实际情况，比标准电极电位具有更大的实用意义，能更正确地判断氧化还原反应的方向、次序和程度。附表 6 列出了部分氧化还原半反应的标准电极电位及条件电极电位。在处理有关氧化还原反应的计算时，采用条件电极电位是较为合理的，但由于条件电极电位的数据目前还较少，在缺乏数据的情况下，可采用条件相近的条件电极电位。对于没有条件电极电位的氧化还原电对，可采用标准电极电位（本书内容仍主要采用数据较全的标准电极电位）。

M5-2 氧化还原反应平衡与条件电极电位

## 5.2 氧化还原反应的平衡和速率

### 5.2.1 氧化还原反应的方向

氧化还原反应的方向，可以通过电极电位确定，即两电对中标准电极电位较高的电对的氧化态作氧化剂，电极电位较低的电对的还原态作还原剂，进行反应。

【例 5-3】 已知 $\varphi^{\ominus}_{Fe^{3+}/Fe^{2+}}=+0.77V$，$\varphi^{\ominus}_{Sn^{4+}/Sn^{2+}}=+0.15V$，写出两电对之间的氧化还原反应方程式。

**解** 由于 $\varphi^{\ominus}_{Fe^{3+}/Fe^{2+}} > \varphi^{\ominus}_{Sn^{4+}/Sn^{2+}}$，所以 $Fe^{3+}$ 作氧化剂，$Sn^{2+}$ 作还原剂，发生如下反应：

$$2Fe^{3+}+Sn^{2+}=\!=\!=2Fe^{2+}+Sn^{4+}$$

实际应用中，也可以利用氧化剂、还原剂电对标准电极电位的大小，判断具体反应式的方向。具体方法是：依据方程式找出反应的氧化剂和还原剂，计算出氧化剂电对与还原剂电对的标准电极电位之差 $\Delta\varphi^{\ominus}$，若 $\Delta\varphi^{\ominus}>0$，则反应正向进行；若 $\Delta\varphi^{\ominus}<0$，则反应逆向进行。

【例 5-4】 试判断 $2Fe^{3+}+2I^{-}=\!=\!=2Fe^{2+}+I_2$ 进行的方向。

**解** 在该反应中 $Fe^{3+}$ 为氧化剂，$I^{-}$ 为还原剂。
查附表得 $\varphi^{\ominus}_{Fe^{3+}/Fe^{2+}}=0.77V$，$\varphi^{\ominus}_{I_2/I^{-}}=+0.54V$，则

$$\Delta\varphi^{\ominus}=\varphi^{\ominus}_{Fe^{3+}/Fe^{2+}}-\varphi^{\ominus}_{I_2/I^{-}}=0.77-0.54=0.23(V)>0$$

所以反应向右进行。

溶液的条件改变时，氧化还原反应的方向也可能发生改变。影响氧化还原反应方向的因素主要有以下几方面。

(1) 氧化剂和还原剂的浓度的影响

溶液中氧化剂或还原剂的浓度发生改变时，电对的电极电位也发生改变。由能斯特方程式可以看出，当增加氧化型浓度时，电极电位增高；增加还原型浓度时，电极电位降低。因此，当改变各电对物质的浓度时，电对的电极电位发生改变，氧化还原反应的方向也可能发生改变。

(2) 酸度的影响

若有 $H^+$ 或 $OH^-$ 参加氧化还原半反应，则酸度变化直接影响电对的电极电位，就有可能改变氧化还原反应的方向。

(3) 生成沉淀的影响

在氧化还原反应中，当加入一种可与电对的氧化型或还原型生成沉淀的物质时，电对的电极电位就会发生改变。氧化型生成沉淀时使电极电位降低，而还原型生成沉淀时则使电极电位升高。

(4) 形成配合物的影响

氧化还原反应中，如果氧化型或还原型形成了较稳定的配合物，它们的浓度发生变化，电极电位也发生变化，氧化还原反应的方向就会受到影响。

【注意】通过上述方法改变氧化还原反应的方向，只是在两电对的标准电极电位相差不大时才能进行。

### 5.2.2 氧化还原反应的次序

两种以上氧化剂（或还原剂）与一种还原剂（或氧化剂）反应时，氧化剂电对与还原剂电对的标准电极电位相差大者先进行，相差小者后进行。

【例 5-5】 判断在含有 $Fe^{2+}$、$Sn^{2+}$ 的酸性溶液中，滴加 $K_2Cr_2O_7$ 溶液时，$Fe^{2+}$ 和 $Sn^{2+}$ 的反应次序。

**解** 查附表可知：
$$\varphi^{\ominus}_{Fe^{3+}/Fe^{2+}}=+0.77V$$
$$\varphi^{\ominus}_{Cr_2O_7^{2-}/Cr^{3+}}=+1.36V$$
$$\varphi^{\ominus}_{Sn^{4+}/Sn^{2+}}=+0.15V$$

则
$$\Delta\varphi_1^\ominus = \varphi_{Cr_2O_7^{2-}/Cr^{3+}}^\ominus - \varphi_{Fe^{3+}/Fe^{2+}}^\ominus = 1.36 - 0.77 = +0.59 \text{ (V)}$$
$$\Delta\varphi_2^\ominus = \varphi_{Cr_2O_7^{2-}/Cr^{3+}}^\ominus - \varphi_{Sn^{4+}/Sn^{2+}}^\ominus = 1.36 - 0.15 = +1.21 \text{ (V)}$$

由 $\Delta\varphi^\ominus$ 可知，滴入的 $K_2Cr_2O_7$ 先与 $Sn^{2+}$ 反应，至有多余的 $K_2Cr_2O_7$ 时才与 $Fe^{2+}$ 反应。

### 5.2.3 氧化还原反应的程度

在分析化学中，要求氧化还原反应进行得越完全越好。一个氧化还原反应的完全程度可以用它的平衡常数大小来衡量。平衡常数越大，氧化还原反应进行得越完全。

**氧化还原反应的平衡常数**是指氧化还原反应达到平衡时，生成物和反应物浓度间的比值，可以根据能斯特方程式从有关的标准电极电位求得。氧化还原反应的平衡常数与标准电极电位的关系为：

$$\lg K = \frac{(\varphi_1^\ominus - \varphi_2^\ominus) \times n}{0.059} \qquad (5-4)$$

式中　　$\varphi_1^\ominus$——氧化剂电对的标准电极电位；

$\varphi_2^\ominus$——还原剂电对的标准电极电位；

$K$——氧化还原反应的平衡常数；

$n$——反应中两电对得失电子数的最小公倍数，即氧化还原反应中的电子转移数。

M5-3　氧化还原反应进行程度

【例 5-6】　计算在 1mol/L HCl 溶液中，反应 $2Fe^{3+} + Sn^{2+} \rightleftharpoons 2Fe^{2+} + Sn^{4+}$ 的平衡常数。

**解**　已知 $\varphi_{Fe^{3+}/Fe^{2+}}^{\ominus\prime} = +0.70\text{V}$，$\varphi_{Sn^{4+}/Sn^{2+}}^{\ominus\prime} = +0.14\text{V}$，则

$$\lg K = \frac{(0.70 - 0.14) \times 2}{0.059} = 19 \qquad K = 10^{19}$$

一般地，$K = 10^6$ 即表示反应已进行完全，而该反应达到平衡时，生成物浓度的乘积是反应物浓度乘积的 $10^{19}$ 倍，说明这个氧化还原反应进行得很完全。

### 5.2.4 氧化还原反应的速率

电对的电极电位可以说明氧化还原反应的方向和程度，但不能说明反应速率；而在氧化还原反应中，有不少反应速率比较慢，不利于滴定，因此，在研究氧化还原滴定时，必须讨论影响氧化还原反应速率的主要因素。

(1) 反应物浓度的影响

由于氧化还原反应常是分步进行的，反应的速率取决于反应历程中最慢的一步。即反应速率应与最慢的一步反应物的浓度乘积成正比。一般来说增加**反应物浓度**可以加速反应的进行。

(2) 反应温度的影响

**温度**对反应速率的影响较为复杂。对大多数反应来说，升高温度可提高反应速率。通常每升高 10℃，反应速率增大 2~3 倍。例如，在酸性溶液中 $MnO_4^-$ 与 $C_2O_4^{2-}$ 的反应，在室温下，反应速率缓慢。如果将溶液加热，反应速率便大为加快。但升高温度时还应考虑到其他一些可能引起的不利因素。对于上述反应，温度过高，会引起部分 $H_2C_2O_4$ 分解。有些物质，如 $I_2$，较易挥发，如将溶液加热，则会引起挥发损失，所以对于 $K_2Cr_2O_7$ 与 KI 的反应不能用加热的方法来提高其反应速率；也有些物质，如 $Sn^{2+}$、$Fe^{2+}$ 等，很容易被空气中的氧所氧化，如将溶液加热，就会促使它们氧化。

(3) 催化剂和诱导反应的影响

有的反应需要在**催化剂**存在下才能进行得较快。上述 $MnO_4^-$ 与 $C_2O_4^{2-}$ 的反应：

$$2MnO_4^- + 5C_2O_4^{2-} + 16H^+ =\!\!=\!\!= 2Mn^{2+} + 10CO_2\uparrow + 8H_2O$$，$Mn^{2+}$ 的存在能促使反应迅速进行。这里加速反应的催化剂 $Mn^{2+}$ 是由反应自身生成的，因此这种反应称为自动催化反应。在这个反应中，开始时由于没有催化剂，所以反应速率很慢，而一旦有 $Mn^{2+}$ 生成，反应速率就变得非常快，这就是自动催化反应的特点。

有些氧化还原反应，不仅催化剂能影响反应的速率，还可能存在一种氧化还原反应促使另一种氧化还原反应进行的情况。例如，用高锰酸钾法测铁时，主要利用下述反应：

$$MnO_4^- + 5Fe^{2+} + 8H^+ =\!\!=\!\!= Mn^{2+} + 5Fe^{3+} + 4H_2O$$

测定应在强酸性溶液中进行。如果是在盐酸溶液中进行，就要消耗较多的高锰酸钾溶液而使测定结果偏高。这是由于一部分 $MnO_4^-$ 与 $Cl^-$ 发生了如下反应：

$$2MnO_4^- + 10Cl^- + 16H^+ =\!\!=\!\!= 2Mn^{2+} + 5Cl_2\uparrow + 8H_2O$$

因而消耗了过多的高锰酸钾。当溶液中不含有 $Fe^{2+}$ 时，在滴定反应的浓度条件下，$MnO_4^-$ 与 $Cl^-$ 间的反应非常缓慢，实际上可以忽略不计。但当有 $Fe^{2+}$ 存在时，$MnO_4^-$ 和 $Fe^{2+}$ 间的氧化还原反应，却能加速 $MnO_4^-$ 与 $Cl^-$ 间的反应进行。这种由一种氧化还原反应的发生促进另一种氧化还原反应进行的现象，称为诱导作用。$MnO_4^-$ 和 $Fe^{2+}$ 间的反应称为诱导反应，$MnO_4^-$ 与 $Cl^-$ 间的反应称为受诱反应。如果在溶液中加入过量的 $Mn^{2+}$，可以防止诱导反应的发生。因此只要在溶液中加入 $MnSO_4$，就能在稀盐酸溶液中进行，关于这一点在实际应用上是很重要的。

## 5.3 氧化还原滴定指示剂

在氧化还原滴定中，可以根据某些特定的物质在化学计量点附近颜色的改变来确定滴定终点。

能在氧化还原滴定化学计量点附近，使溶液颜色发生改变，指示滴定终点到达的一类物质就叫**氧化还原滴定指示剂**。

氧化还原滴定指示剂分为以下三种类型。

### 5.3.1 氧化还原指示剂

把本身具有氧化还原性而且其氧化型和还原型具有不同颜色的一些复杂有机化合物叫氧化还原指示剂。这种类型的指示剂，其氧化型和还原型具有不同的颜色。在滴定过程中，指示剂由氧化型变成还原型，或由还原型变为氧化型，根据颜色的改变来指示滴定终点。

例如，用 $K_2Cr_2O_7$ 溶液滴定 $Fe^{2+}$，常用二苯胺磺酸钠作为指示剂。二苯胺磺酸钠的还原型为无色，氧化型为紫红色。故滴定达到化学计量点时，再滴入稍过量的 $K_2Cr_2O_7$ 溶液就能使二苯胺磺酸钠由还原型转化为氧化型，溶液显示紫红色，因而可以指示滴定终点。

表 5-1 列出了一些常用的氧化还原指示剂的标准电极电位。一般来说，两电对的标准电位之差大于 0.40V 时，可选用氧化还原滴定指示剂（或电位法）来指示滴定终点；差值在 0.20~0.40V 之间时，用指示剂指示终点误差较大，可采用电位法确定滴定终点。在选择指示剂时，应使指示剂的标准电极电位尽量与反应的化学计量点时溶液的电极电位一致，以减小终点误差。

【注意】在 $K_2Cr_2O_7$ 滴定 $Fe^{2+}$ 时，由于二苯胺磺酸钠指示剂的标准电极电位 0.85V 低于化学计量点的电位 1.28V，在未到化学计量点前即变色。为防止误差，可在溶液中加入适

量 $H_3PO_4$，将生成的 $Fe^{3+}$ 配位，减小 $Fe^{3+}$ 的浓度，降低电对 $Fe^{3+}/Fe^{2+}$ 的电位，使电位突跃开始部分下移，可得到很好的结果。

表 5-1 氧化还原指示剂

| 指示剂 | 颜色变化 | | $\varphi_{In}^{\ominus}/V$ (pH=0) |
|---|---|---|---|
| | 氧化型 | 还原型 | |
| 酚藏花红 | 红色 | 无色 | 0.28 |
| 亚甲基蓝 | 蓝色 | 无色 | 0.52 |
| 1-萘酚-2-磺酸钠靛酚 | 红色 | 无色 | 0.54 |
| 二苯胺 | 紫色 | 无色 | 0.76 |
| 二苯联苯胺 | 紫色 | 无色 | 0.76 |
| 二苯胺磺酸钠 | 紫红色 | 无色 | 0.85 |
| 邻苯氨基苯甲酸 | 紫红色 | 无色 | 0.89 |
| 对硝基苯胺 | 紫色 | 无色 | 1.06 |
| 邻二氮杂菲亚铁盐 | 浅蓝色 | 红色 | 1.06 |
| 硝基邻二氮杂菲亚铁盐 | 浅蓝色 | 紫红色 | 1.25 |

必须说明的是，氧化还原指示剂本身的氧化还原作用也要消耗一定量的标准溶液。虽然这种消耗量很少，一般可以忽略不计，但在较精确的滴定中则需要做**空白校正**，尤其是以 0.01mol/L 以下的极稀的标准溶液进行滴定时，更应考虑校正问题。

### 5.3.2 自身指示剂

在氧化还原滴定中，有些标准溶液或被滴定物质本身有颜色，若反应后变成浅色甚至无色物质，则在滴定过程中，就不必另加指示剂，它们本身的颜色变化起着指示剂的作用。把这种利用标准溶液或被滴定物质本身颜色的变化来指示滴定终点的指示剂叫**自身指示剂**。

例如，用 $KMnO_4$ 作标准溶液滴定 $Fe^{2+}$ 溶液时，由于 $MnO_4^-$ 本身显红色，其还原产物 $Mn^{2+}$ 在稀溶液中近乎无色。所以当滴定达到化学计量点时，只要 $MnO_4^-$ 稍微过量就可使溶液显示粉红色，从而指示滴定终点到达。实验证明，$KMnO_4$ 的浓度约为 $2\times10^{-6}$ mol/L 时，就可以看到溶液呈粉红色。

### 5.3.3 专属指示剂

指示剂本身不具有氧化还原性，但能与氧化剂或还原剂反应，产生特殊颜色来确定滴定终点的指示剂叫**专属指示剂**。

例如，在碘量法中，可溶性淀粉遇碘生成蓝色吸附化合物（$I_2$ 的浓度可以小至 $2\times10^{-5}$ mol/L）。借助于此蓝色的出现和消失来判断滴定终点的到达。此反应非常灵敏，反应速率也较快，颜色亦非常鲜明。

另外，硫氰酸根离子与 $Fe^{3+}$ 显示血红色，也可用来确定滴定终点的到达。

## 5.4 高锰酸钾法

### 5.4.1 概述

**高锰酸钾法**是利用高锰酸钾（$KMnO_4$）标准溶液进行滴定的氧化还原滴定法。

高锰酸钾是一种强氧化剂，它的氧化能力与溶液的酸度有关。在强酸性溶液中，$KMnO_4$ 与还原剂作用，可获得 5 个电子而被还原为 $Mn^{2+}$。其半反应为：

$$MnO_4^- + 8H^+ + 5e^- \rightleftharpoons Mn^{2+} + 4H_2O \qquad \varphi_{MnO_4^-/Mn^{2+}}^{\ominus} = 1.51V$$

此方法中的强酸性介质通常采用 $H_2SO_4$，避免使用 HCl 和 $HNO_3$。因为 $Cl^-$ 具有还原性，特别在有 $Fe^{2+}$ 存在时，$Fe^{2+}$ 与 $MnO_4^-$ 的氧化还原反应能诱导并加速 $Cl^-$ 和 $MnO_4^-$ 的氧化还原反应的进行。其反应为：

$$10Cl^- + 2MnO_4^- + 16H^+ = 5Cl_2\uparrow + 2Mn^{2+} + 8H_2O$$

这样，HCl 本身消耗了一定量的 $KMnO_4$ 标准溶液，使滴定结果偏高。而 $HNO_3$ 本身具有氧化性，也可以在一定程度上氧化被滴定的还原性物质，使滴定结果偏低。

在弱酸性、中性或碱性溶液中，$KMnO_4$ 标准溶液与还原剂发生作用，可以获得3个电子而本身被还原成褐色的水合二氧化锰（$MnO_2 \cdot H_2O$）沉淀。沉淀会妨碍滴定终点的观察。所以用 $KMnO_4$ 标准溶液进行滴定时，一般都是在强酸性溶液中进行的。

利用 $KMnO_4$ 标准溶液进行滴定时，可根据被滴定物质的性质采用直接滴定法、返滴定法和间接滴定法三种不同的滴定方式。

高锰酸钾法的优点是氧化能力强，应用范围广；$MnO_4^-$ 本身有颜色，所以用它滴定无色或浅色物质的溶液时，一般不需另加指示剂，使用方便。该法的主要缺点是试剂常含有少量杂质，因而溶液不够稳定；又由于 $KMnO_4$ 的氧化能力强，可以和很多还原性物质发生作用，所以干扰也较严重。

### 5.4.2 $KMnO_4$ 标准溶液的配制

纯的 $KMnO_4$ 是相当稳定的。但市售的 $KMnO_4$ 固体试剂中常含有少量 $MnO_2$ 和其他杂质，而且蒸馏水中也常含有微量还原性物质，它们可与 $MnO_4^-$ 反应而析出 $MnO(OH)_2$ 沉淀；$MnO_2$ 和 $MnO(OH)_2$ 又能进一步促进 $KMnO_4$ 溶液分解，故一般不用 $KMnO_4$ 试剂直接配成标准溶液，而是先配制成一近似浓度的溶液，然后再进行标定。此外，光、热、酸和碱等也能促进 $KMnO_4$ 溶液的分解。

为了配制稳定的 $KMnO_4$ 溶液，必须注意以下几点：

① 取稍多于理论量的 $KMnO_4$，溶解在规定体积的蒸馏水中。

② 配制的 $KMnO_4$ 溶液要缓缓煮沸 15min，并放置2周，使溶液中可能存在的还原性物质完全氧化。

③ 用微孔玻璃滤埚过滤，除去析出的沉淀，注意滤埚要用同样浓度的高锰酸钾溶液缓缓煮沸 5min 后再使用，避免引入杂质。

GB/T 601—2016 规定该方法为：称取 3.3g 高锰酸钾，溶于 1050mL 水中，缓缓煮沸 15min，冷却，于暗处放置2周，用已处理过的4号玻璃滤埚过滤，贮存于棕色瓶中。

标定 $KMnO_4$ 溶液的基准物质很多，如 $Na_2C_2O_4$、$H_2C_2O_4 \cdot 2H_2O$、$(NH_4)_2C_2O_4$、$As_2O_3$ 和纯铁丝等。其中以 $Na_2C_2O_4$ 最为常用，因为它容易提纯，性质稳定，不含结晶水。

在 $H_2SO_4$ 溶液中，$MnO_4^-$ 和 $C_2O_4^{2-}$ 的反应为：

$$2MnO_4^- + 5C_2O_4^{2-} + 16H^+ = 2Mn^{2+} + 10CO_2\uparrow + 8H_2O$$

该反应速率极慢，为加速其反应和得到准确结果，在滴定中应注意下列条件。

① 温度　将草酸钠的酸性溶液加热至 65℃（溶液有蒸汽出现），趁热滴定。加热的温度不能过高，否则形成的 $H_2C_2O_4$ 分解，使标定的结果偏高。温度低于 60℃ 时，反应速率太慢。

② 酸度　反应需保持足够的酸度。要求滴定开始时酸度为 0.5~1mol/L，滴定终了时酸度不低于 0.5mol/L，这样一方面提高反应速率，另一方面又可以防止生成 $MnO_2$。酸度过高时，也会促使 $H_2C_2O_4$ 分解。

③ 催化剂　滴定反应中，生成的 $Mn^{2+}$ 对反应起自动催化作用而加快反应速率。滴定前，如果在溶液中加入几滴 $MnSO_4$ 溶液，则滴定一开始，反应速率就比较快。

④ 滴定速度　$MnO_4^-$ 与 $C_2O_4^{2-}$ 反应，开始很慢，当有 $Mn^{2+}$ 生成以后，反应逐渐加快。因此开始滴定时，滴定速度不宜过快，否则滴入过多的 $KMnO_4$ 在热溶液中会分解。滴定过程中，随着 $MnO_4^-$ 红紫色的消失而不断地加快滴定速度，近终点时，必须慢慢滴加，以防过量。

⑤ 终点的判断　以稍过量的 $KMnO_4$ 溶液在溶液中呈淡粉红色并保持 30s 不褪为终点。若时间过长，空气中的还原性物质、尘埃及溶液中的 $Mn^{2+}$ 都可能使 $KMnO_4$ 还原。

在滴定分析中，$KMnO_4$ 标准溶液应装在棕色酸式滴定管中，禁止装在碱式滴定管中，以防止 $KMnO_4$ 溶液将乳胶管氧化，从而导致滴定失败。用完的滴定管应及时洗净，以防残余的 $KMnO_4$ 分解出 $MnO_2$ 黏附于管壁上。

### 5.4.3　应用实例

(1) 亚硝酸钠纯度的测定

亚硝酸钠是一种极易溶于水的盐，水溶液呈碱性，用于制偶氮染料、药物、氧化氮等，广泛用作防锈剂，并用于腌肉、印染、漂白等方面。

亚硝酸钠可以在酸性溶液中，在 40℃ 时用 $KMnO_4$ 标准溶液氧化为 $NaNO_3$，过量的 $KMnO_4$ 标准溶液用一定浓度的 $Na_2C_2O_4$ 标准溶液还原。据 $KMnO_4$ 标准溶液和 $Na_2C_2O_4$ 标准溶液用量计算 $NaNO_2$ 的含量。有关反应为：

$$5NaNO_2 + 2KMnO_4 + 3H_2SO_4 =\!=\!= 5NaNO_3 + K_2SO_4 + 2MnSO_4 + 3H_2O$$
$$5Na_2C_2O_4 + 2KMnO_4 + 8H_2SO_4 =\!=\!= 5Na_2SO_4 + K_2SO_4 + 2MnSO_4 + 10CO_2\uparrow + 8H_2O$$

实验中需加入硫酸溶液起酸化作用，使滴定反应在强酸性介质中进行。加入的硫酸溶液中必须无还原性物质，否则会使结果偏高。检验硫酸是否符合要求的方法是：在一个锥形瓶中取一定量的硫酸溶液，滴加一滴 $KMnO_4$ 标准溶液观察紫红色是否消失，如不消失说明此硫酸溶液符合要求。

$NaNO_2$ 与 $KMnO_4$ 的反应要严格控制温度不能超过 40℃，否则过量的 $KMnO_4$ 分解，造成结果偏高。

$KMnO_4$ 与 $Na_2C_2O_4$ 在常温下反应很慢，为加快反应必须加热至 65℃，溶液有蒸汽出现。温度不能低于 60℃，否则温度偏低，反应速率慢；也不能高于 90℃，温度太高，草酸易分解。

对剩余的 $KMnO_4$ 溶液，通常不采取用 $Na_2C_2O_4$ 标准溶液滴定的方式，而是在此溶液中加入过量的 $Na_2C_2O_4$，余量的 $Na_2C_2O_4$ 再用 $KMnO_4$ 标准溶液滴定至淡粉红色，由 $KMnO_4$ 的总量与所加 $Na_2C_2O_4$ 的量计算 $NaNO_2$ 的含量。样品中亚硝酸钠含量的计算公式如下：

$$w(NaNO_2) = \frac{\left[c\left(\frac{1}{5}KMnO_4\right)V(KMnO_4) - c\left(\frac{1}{2}Na_2C_2O_4\right)V(Na_2C_2O_4)\right]M\left(\frac{1}{2}NaNO_2\right)}{m}$$

(2) 过氧化氢含量的测定

过氧化氢俗称双氧水，分子式为 $H_2O_2$，具有杀菌和漂白作用。纯过氧化氢是淡蓝色的黏稠液体，商品双氧水中过氧化氢的含量一般为 30%。

在酸性溶液中，以 $KMnO_4$ 标准溶液滴定，可发生下述反应：

$$5H_2O_2 + 2MnO_4^- + 6H^+ =\!=\!= 2Mn^{2+} + 8H_2O + 5O_2\uparrow$$

当溶液呈现淡粉红色并保持 30s 不褪时即为终点。

由于双氧水本身受热易分解，故反应不可以加热。该反应也属于自身催化反应，所以开始时滴定速度应特别慢，当第一滴 $KMnO_4$ 颜色消失后（即生成了 $Mn^{2+}$）再继续滴定，随着生成的 $Mn^{2+}$ 的催化作用的产生，反应速率加快，这时滴定速度也可以加快。$H_2O_2$ 含量（g/L）的计算公式如下：

$$\rho(H_2O_2) = \frac{c\left(\frac{1}{5}KMnO_4\right)V(KMnO_4)M\left(\frac{1}{2}H_2O_2\right)}{V(样品)}$$

(3) 工业硫酸亚铁中 $FeSO_4 \cdot 7H_2O$ 含量的测定

硫酸亚铁俗称绿矾，为绿色小颗粒结晶，可用于制备墨水、进行毛皮等的染色和水泥的硬化等，也可作杀虫剂。工业品含量一般在 95% 以上。

硫酸亚铁的测定可在 $H_2SO_4$ 和 $H_3PO_4$ 的混合酸性介质中，用 $KMnO_4$ 标准溶液直接滴定，其反应式为：

$$10FeSO_4 + 2KMnO_4 + 8H_2SO_4 = 5Fe_2(SO_4)_3 + 2MnSO_4 + K_2SO_4 + 8H_2O$$

混合介质中的硫酸溶液起酸化和防止 $Fe^{2+}$ 水解的作用。加入的 $H_3PO_4$ 可与 $Fe^{3+}$ 生成配合物，既消除了 $Fe^{3+}$ 的黄色对终点观察的影响，也降低了 $Fe^{3+}/Fe^{2+}$ 电对的电极电位，提高了 $Fe^{2+}$ 的还原能力，使氧化还原反应更易进行。

由于 $Fe^{2+}$ 极易被氧气氧化，所以实验中应使用新煮沸并冷却的蒸馏水，以防止水中的氧将 $Fe^{2+}$ 氧化为 $Fe^{3+}$，使测定结果偏低。同时还应注意，试液也不宜在空气中放置过久，以防止空气中的氧气将其氧化，故应在试样溶解后及时滴定。而且滴定速度也应快一些，防止空气中的氧气将 $Fe^{2+}$ 氧化，一般滴入 $KMnO_4$ 的红紫色消失即应继续滴定。

计算公式如下：

$$w(FeSO_4 \cdot 7H_2O) = \frac{c\left(\frac{1}{5}KMnO_4\right)V(KMnO_4)M(FeSO_4 \cdot 7H_2O)}{m}$$

(4) 水中高锰酸盐指数的测定

高锰酸盐指数是反映水体中有机及无机可氧化物质污染的常用指标。定义为：在一定条件下，用高锰酸钾氧化水中的某些有机物及无机还原性物质，由消耗的高锰酸钾量计算相当的氧量。

测定时，向样品中加入已知量的高锰酸钾和硫酸，在沸水浴中加热 30min，高锰酸钾将样品中的某些有机物和无机还原性物质氧化，反应后加入过量的草酸钠还原剩余的高锰酸钾，再用高锰酸钾标准溶液回滴过量的草酸钠。同时做空白试验。

在用沸水浴加热时，沸水浴的水面要高于锥形瓶内的液面。实验中所取样品量应以加热氧化后残留的高锰酸钾量为其加入量的 1/2~1/3 为宜。加热过程中，如溶液红色褪去，说明高锰酸钾量不够，须重新取样，经稀释后测定。

高锰酸盐指数可用下式计算：

$$I_{Mn} = \frac{\{[c_1V_1 - (c_2V_2 - c_1V)] - [c_1V_1 - (c_2V_2 - c_1V_0)]\}M\left(\frac{1}{4}O_2\right)}{V(样品)} \times 1000$$

式中 $I_{Mn}$——高锰酸盐指数，以每升水中相当的氧量表示，mg/L；

$c_1$——即 $c\left(\frac{1}{5}KMnO_4\right)$，高锰酸钾标准溶液的浓度，mol/L；

$c_2$——即 $c\left(\dfrac{1}{2}Na_2C_2O_4\right)$，草酸钠标准溶液的物质的量浓度，mol/L；

$V_1$——加入的已知量的高锰酸钾标准溶液的体积，mL；

$V_2$——加入的已知量的草酸钠标准溶液的体积，mL；

$V$——样品测定中消耗高锰酸钾标准溶液的体积，mL；

$V_0$——空白试验中消耗高锰酸钾标准溶液的体积，mL；

$M\left(\dfrac{1}{4}O_2\right)$——氧气基本单元的摩尔质量，g/mol。

## 5.5 重铬酸钾法

### 5.5.1 概述

**重铬酸钾法**是利用 $K_2Cr_2O_7$ 作为标准溶液进行滴定的氧化还原滴定法。

重铬酸钾也是一种较强的氧化剂，在酸性溶液中，$K_2Cr_2O_7$ 与还原剂作用可获得 6 个电子而本身被还原为 $Cr^{3+}$，其半反应为：

$$Cr_2O_7^{2-}+14H^++6e^- \rightleftharpoons 2Cr^{3+}+7H_2O \qquad \varphi^{\ominus}_{Cr_2O_7^{2-}/Cr^{3+}}=1.33V$$

$K_2Cr_2O_7$ 被还原时的标准电极电位虽然比 $KMnO_4$ 的标准电极电位（$\varphi^{\ominus}_{MnO_4^-/Mn^{2+}}=1.51V$）低些，但它与高锰酸钾法相比，具有以下优点：

① $K_2Cr_2O_7$ 容易提纯，在 140~150℃ 下烘干后，能用直接法配制标准溶液。

② $K_2Cr_2O_7$ 标准溶液非常稳定，可长期保存。

③ $K_2Cr_2O_7$ 的氧化能力没有 $KMnO_4$ 强，室温下在 1mol/L 盐酸溶液中不与 $Cl^-$ 作用，故可在 HCl 介质中进行滴定。但当 HCl 的浓度太大或将溶液煮沸时，$K_2Cr_2O_7$ 也能部分地与 $Cl^-$ 反应。在浓 HCl 中，$K_2Cr_2O_7$ 能全部被 $Cl^-$ 还原。

④ 重铬酸钾在酸性溶液中与还原剂作用，总是被还原成 $Cr^{3+}$，副反应少。

重铬酸钾法的缺点是：有些还原剂与 $K_2Cr_2O_7$ 作用时反应速率较慢，不适于滴定。

在 $K_2Cr_2O_7$ 法中，虽然橙色的 $Cr_2O_7^{2-}$ 还原后能转化为绿色的 $Cr^{3+}$，但由于颜色有时呈橘黄色且不是很深，颜色的差别不太明显，所以不能根据它本身颜色的变化来确定滴定终点，而需要用二苯胺磺酸钠或邻苯氨基苯甲酸等作指示剂。

### 5.5.2 $K_2Cr_2O_7$ 标准溶液的配制

$K_2Cr_2O_7$ 标准溶液有两种制备方法。

(1) 直接法

称取一定量于 140~150℃ 下烘干至恒重的 $K_2Cr_2O_7$ 基准物质，用容量瓶配制成一定体积的标准溶液。根据 $K_2Cr_2O_7$ 的质量及配制的标准溶液的体积，便可准确计算出标准溶液的浓度。浓度计算公式如下：

$$c\left(\dfrac{1}{6}K_2Cr_2O_7\right)=\dfrac{m(K_2Cr_2O_7)}{M\left(\dfrac{1}{6}K_2Cr_2O_7\right)V(K_2Cr_2O_7)}$$

(2) 标定法

称取一定量 $K_2Cr_2O_7$ 试剂，配制成一定体积且接近于所需浓度的溶液，然后移取一定

体积的配好的 $K_2Cr_2O_7$ 溶液,在酸性溶液中使之与过量 KI 作用,产生定量的 $I_2$,再用 $Na_2S_2O_3$ 标准溶液滴定,标定其准确浓度。反应式为:

$$Cr_2O_7^{2-} + 6I^- + 14H^+ = 2Cr^{3+} + 3I_2 + 7H_2O$$

$$I_2 + 2S_2O_3^{2-} = 2I^- + S_4O_6^{2-}$$

$K_2Cr_2O_7$ 标准溶液的浓度可用下面公式计算:

$$c\left(\frac{1}{6}K_2Cr_2O_7\right) = \frac{c(Na_2S_2O_3)V(Na_2S_2O_3)}{V(K_2Cr_2O_7)}$$

### 5.5.3 应用实例

重铬酸钾最重要的应用是测定铁的含量。通过 $Cr_2O_7^{2-}$ 与 $Fe^{2+}$ 的反应,还可测定其他氧化性或还原性的物质,如铬的测定。先用适当的氧化剂把铬氧化为 $Cr_2O_7^{2-}$,然后用 $Fe^{2+}$ 标准溶液滴定,从而求得 Cr 的含量。另外,重铬酸钾法还可以测定某些有机物的含量。分别介绍如下。

(1) 铁矿石中铁的测定

重铬酸钾法测定铁矿石中铁含量的过程比较复杂,现将其测定原理及过程加以简要介绍。

① 溶解试样 首先以 HCl 为溶剂将试样溶解,溶解反应为:

$$Fe_2O_3 + 6HCl = 2FeCl_3 + 3H_2O$$

溶解试样时应加热,以促其溶解。但温度不可过高,否则 $FeCl_3$ 挥发,结果偏低。

② 还原 在热的浓盐酸溶液中,慢慢滴加 $SnCl_2$ 溶液,并稍过量,发生下面反应:

M5-4 无汞测铁

$$2Fe^{3+} + Sn^{2+} = 2Fe^{2+} + Sn^{4+}$$

溶液由黄色变为无色。滴加 $SnCl_2$ 溶液不应过量太多,否则产生的大量 $Hg_2Cl_2$ 和 Hg 会显著消耗 $K_2Cr_2O_7$,使结果偏高。故若发现沉淀发灰发黑,应重新溶解试样,另行测定。$Fe^{3+}$ 被 $SnCl_2$ 还原成 $Fe^{2+}$ 后,应及时冷却,以防止空气将 $Fe^{2+}$ 氧化为 $Fe^{3+}$,使结果偏低。

③ 氧化 过量的 $SnCl_2$ 能与 $K_2Cr_2O_7$ 反应,可用 $HgCl_2$ 氧化除去过量的 $SnCl_2$,此时应出现白色丝状沉淀。反应为:

$$SnCl_2 + 2HgCl_2 = SnCl_4 + Hg_2Cl_2 \downarrow$$

$HgCl_2$ 应一次性迅速加入,以防止慢加 $HgCl_2$ 的过程中 $SnCl_2$ 将其还原为 Hg。正常现象是生成 $Hg_2Cl_2$ 白色丝状沉淀。

④ 滴定 将试液稀释后,加入硫酸-磷酸混合酸,用重铬酸钾标准溶液滴定。

$$6Fe^{2+} + Cr_2O_7^{2-} + 14H^+ = 6Fe^{3+} + 2Cr^{3+} + 7H_2O$$

加入硫-磷混合酸的作用是增加酸度,消除 $Fe^{3+}$ 的黄色对终点观察的影响和降低滴定突跃开始部分,防止指示剂在滴定突跃前变色。

铁含量计算公式如下:

$$w(Fe) = \frac{c\left(\frac{1}{6}K_2Cr_2O_7\right)V(K_2Cr_2O_7)M(Fe)}{m}$$

(2) 工业甲醇含量的测定

甲醇俗称木精,是一种无色易燃易挥发液体,有毒,饮后可致盲。可用于制造甲醛和农药等,并可用作有机物质的萃取剂。

测定时，用一定量（过量）的 $K_2Cr_2O_7$ 标准溶液，将加入 $H_2SO_4$ 酸化的试样中的 $CH_3OH$ 氧化生成 $CO_2$ 和 $H_2O$。待反应完全后，以邻苯氨基苯甲酸作为滴定指示剂，用 $(NH_4)_2Fe(SO_4)_2$ 标准溶液滴定剩余的 $K_2Cr_2O_7$，溶液由绿色（$Cr^{3+}$）变为微红色为滴定终点。有关反应式为：

$$CH_3OH + Cr_2O_7^{2-} + 8H^+ \Longrightarrow CO_2\uparrow + 2Cr^{3+} + 6H_2O$$

$$Cr_2O_7^{2-} + 6Fe^{2+} + 14H^+ \Longrightarrow 2Cr^{3+} + 6Fe^{3+} + 7H_2O$$

根据加入 $K_2Cr_2O_7$ 标准溶液的量和耗用 $(NH_4)_2Fe(SO_4)_2$ 标准溶液的量可求得试样中 $CH_3OH$ 的含量。计算公式为：

$$w(CH_3OH) = \frac{\left[c\left(\frac{1}{6}K_2Cr_2O_7\right)V(K_2Cr_2O_7) - c(Fe^{2+})V(Fe^{2+})\right]M\left(\frac{1}{6}CH_3OH\right)}{m}$$

（3）固体废物中总铬的测定

将试样置于浸取用的混合器中，加入一定量水，将混合器垂直固定在振荡器上，调节振荡频度为（110±10）次/min，振幅为40mm，在室温下振荡8h，静置16h。通过过滤装置分离固液相。

取适量浸取液于500mL硬质玻璃瓶或高密度聚乙烯瓶中，加浓硝酸调节样品pH＜2（尽快分析，如放置不得超过24h），加入硫酸-磷酸混合溶液，以银盐作催化剂，$MnSO_4$ 溶液为指示剂，加热煮沸，用过硫酸铵将三价铬氧化成六价铬。在这里 $MnSO_4$ 起指示剂的作用，因为 $Cr^{3+}$ 还原性比 $Mn^{2+}$ 的还原性强，加过硫酸铵煮沸后若溶液呈现 $KMnO_4$ 的红色，说明已有二价锰被氧化成了七价锰，三价铬已全部被氧化成六价铬；如果加过硫酸铵煮沸后溶液不红，则说明二价锰没氧化成七价锰，三价铬也可能没有全部氧化成六价铬。若发生此现象，取下锥形瓶稍冷后再加入少许过硫酸铵煮沸变红。

于上述煮沸溶液中加入少量氯化钠，还原生成的 $HMnO_4$，并煮沸除去过量的过硫酸铵及反应中产生的氯气等氧化剂。以邻苯氨基苯甲酸作指示剂，用硫酸亚铁铵溶液滴定六价铬，过量的硫酸亚铁铵与指示剂反应，溶液呈亮绿色为终点。

氯化钠的加入不能过多。煮沸时间要适当控制，时间太短，氧化剂未除尽，使结果偏高；时间太长，溶液体积少，酸度高，使部分六价铬被还原，使结果偏低。反应为：

$$3(NH_4)_2S_2O_8 + Cr_2(SO_4)_3 + 7H_2O \xrightarrow{Ag^+} 3(NH_4)_2SO_4 + H_2Cr_2O_7 + 6H_2SO_4$$

$$6(NH_4)_2Fe(SO_4)_2 + H_2Cr_2O_7 + 6H_2SO_4 \Longrightarrow 3Fe_2(SO_4)_3 + Cr_2(SO_4)_3 + 6(NH_4)_2SO_4 + 7H_2O$$

铬的含量可通过下式计算：

浸取液中铬的总浓度为

$$\rho(Cr) = \frac{c(Fe^{2+})V(Fe^{2+})M\left(\frac{1}{3}Cr\right)}{V} \times 1000$$

式中　$\rho(Cr)$——浸取液中铬的质量浓度，mg/L；

$c(Fe^{2+})$——$(NH_4)_2Fe(SO_4)_2$ 的浓度，mol/L；

$V(Fe^{2+})$——滴定消耗的 $(NH_4)_2Fe(SO_4)_2$ 标准溶液的体积，mL；

$M\left(\frac{1}{3}Cr\right)$——铬的基本单元的摩尔质量，g/mol；

$V$——滴定吸取的浸取液体积，mL。

【注意】实验中所使用的器皿不得用含铬的溶液洗涤。

### (4) 水中化学需氧量的测定

化学需氧量简称COD，为水中有机物和无机还原性物质在一定条件下被强氧化剂氧化时所消耗氧化剂的量，以氧的质量浓度（mg/L）表示。它可以条件性地说明水体被污染的程度，是控制水体污染的重要指标。

测定时，在酸性溶液中，加入过量的$K_2Cr_2O_7$标准溶液氧化水中的还原性物质，过量的$K_2Cr_2O_7$标准溶液以试亚铁灵作指示剂，用$(NH_4)_2Fe(SO_4)_2$标准溶液返滴定。根据用去的$K_2Cr_2O_7$标准溶液和$(NH_4)_2Fe(SO_4)_2$标准溶液的量，计算出水样中的化学需氧量。同时应做空白试验。

$$COD = \frac{c(Fe^{2+})(V_0 - V_1)M\left(\frac{1}{4}O_2\right)}{V} \times 1000$$

式中　COD——重铬酸钾法测得的水中化学需氧量，mg/L；

　　　$c(Fe^{2+})$——$(NH_4)_2Fe(SO_4)_2$标准溶液的浓度，mol/L；

　　　$V_0$——空白试验时消耗的$(NH_4)_2Fe(SO_4)_2$标准溶液的体积，mL；

　　　$V_1$——滴定水样时消耗的$(NH_4)_2Fe(SO_4)_2$标准溶液的体积，mL；

　　　$M\left(\frac{1}{4}O_2\right)$——$O_2$的基本单元的摩尔质量，g/mol；

　　　$V$——水样的体积，mL。

知识窗

## 铬对人体的危害

铬化合物对人体的毒害作用，主要是对皮肤及呼吸器官的损伤。现将其对人体的毒害作用分述如下。

(1) 对皮肤的毒害作用

皮肤直接接触铬酸盐或铬酸会造成铬性皮肤溃疡，俗称铬疮。铬疮主要发生于手、臂及足部。事实上只要皮肤发生破损，不管任何部位，均可发生铬疮。形成铬疮前，皮肤最初出现红肿，有瘙痒感，随后变成丘疹。若不作适当处理可侵入深部，形成中央坏死的丘疹，溃疡上盖有无分泌物的硬痂，四周隆起，中央深而充满腐肉，边缘明显，呈灰红色，局部疼痛。若忽视会进一步发展，可深入至骨，感到剧烈疼痛，愈合甚慢。

(2) 对呼吸道的毒害作用

接触铬盐常见的职业病是鼻中溃疡及穿孔。这种病早期常发生鼻黏膜充血、肿胀、反复轻度出血、干燥、瘙痒、嗅觉衰退、黏液分泌增多以及常打喷嚏等症状，由于溃疡部神经较少，无明显疼痛感。溃疡可进一步发展为鼻穿孔，穿孔处有黄色痂盖，鼻黏膜萎缩，鼻腔干燥。严重时会导致呼吸系统癌症。

(3) 对眼及耳的毒害作用

眼皮及角膜接触铬化合物可引起刺激及溃疡，症状为眼球结膜充血，有异物感，流泪刺痛，视力减退，严重时可导致角膜上皮剥落。铬化合物会侵蚀耳鼓膜以及引起外耳道溃疡。

(4) 对胃肠道的毒害作用

食入六价铬化合物可引起口黏膜增厚，水肿成黄色痂皮，反胃呕吐，有时带血，剧烈腹痛，肝肿大，严重时使循环衰竭，失去知觉，甚至死亡。

## 5.6 碘 量 法

### 5.6.1 概述

**碘量法**是利用$I_2$的氧化性和$I^-$的还原性测定物质含量的氧化还原滴定法。其基本反应为：

$$I_2 + 2e^- \rightleftharpoons 2I^- \qquad \varphi^{\ominus}_{I_2/I^-} = +0.54V$$

由$\varphi^{\ominus}_{I_2/I^-}$可知$I_2$是一种较弱的氧化剂，能与较强的还原剂作用；而$I^-$是一种中等强度的还原剂，能与许多氧化剂作用。故碘量法可分为直接碘量法和间接碘量法两种。

直接碘量法（又称碘滴定法）是利用$I_2$标准溶液直接滴定一些还原性较强的物质（电位小于+0.54V）的方法，如$S^{2-}$、$SO_3^{2-}$、$Sn^{2+}$、$S_2O_3^{2-}$等。

滴定时用淀粉作指示剂，在$I^-$的存在下，稍过量的$I_2$能使溶液由无色变为浅蓝色，非常明显，其反应式为：

$$淀粉(无色) + I_2 \longrightarrow 淀粉\text{-}I_2 吸附化合物(蓝色)$$

应该指出的是，直接碘量法只能在微酸性或中性溶液中进行，不能在碱性溶液中进行，否则会发生下列歧化反应而引起滴定误差：

$$3I_2 + 6OH^- \rightleftharpoons IO_3^- + 5I^- + 3H_2O$$

由于$I_2$的氧化能力不强，使直接碘量法的应用受到一定限制，即使在微酸性介质中，也只有少数还原能力强的物质才能利用直接碘量法进行滴定。

间接碘量法（又称滴定碘法）是利用$I^-$的还原性，使之与一些电位比$\varphi^{\ominus}_{I_2/I^-}$高的氧化性物质反应，产生等量的碘，然后再用$Na_2S_2O_3$标准溶液来滴定析出的碘，从而间接地测定氧化性物质的一种方法。例如，在酸性溶液中，$K_2Cr_2O_7$与过量的KI作用，析出$I_2$，用$Na_2S_2O_3$标准溶液滴定。

$$Cr_2O_7^{2-} + 6I^- + 14H^+ \rightleftharpoons 2Cr^{3+} + 3I_2 + 7H_2O$$

$$I_2 + 2S_2O_3^{2-} \rightleftharpoons 2I^- + S_4O_6^{2-}$$

利用这种方法可以测定很多氧化性物质，如$Cu^{2+}$、$H_2O_2$、$Cr_2O_7^{2-}$、$MnO_4^-$、$IO_3^-$等，因此间接碘量法的应用范围相当广泛。

在间接碘量法中，为了减小误差，获得准确可靠的结果，必须注意以下几点。

（1）控制溶液的酸度

$S_2O_3^{2-}$与$I_2$之间的反应迅速、完全，但必须在中性或微酸性溶液中进行。在碱性溶液中，$I_2$与$S_2O_3^{2-}$将发生下列副反应：

$$S_2O_3^{2-} + 4I_2 + 10OH^- \rightleftharpoons 2SO_4^{2-} + 8I^- + 5H_2O$$

$I_2$在碱性条件下也会发生歧化反应。

在强酸性溶液中进行，$Na_2S_2O_3$溶液会发生分解：

$$S_2O_3^{2-} + 2H^+ \rightleftharpoons SO_2\uparrow + S\downarrow + H_2O$$

同时，$I^-$在酸性溶液中或光线照射时，容易被空气中的$O_2$所氧化。

（2）防止$I_2$的挥发和空气中的$O_2$氧化$I^-$

防止 $I_2$ 挥发的方法有：

① 加入过量的 KI（一般比理论值大 2~3 倍）。由于生成 $I_3^-$，可减少 $I_2$ 的挥发，$I_2 + I^- \rightleftharpoons I_3^-$。

② 反应时控制溶液温度不能过高，一般在室温下进行。

③ 滴定时应使用碘量瓶且不能剧烈摇动。

防止 $I^-$ 被空气中的 $O_2$ 氧化的方法有：

① 溶液酸度不宜太高，因增高溶液的酸度会加快 $O_2$ 氧化 $I^-$ 的速率。

② 在暗处（避光）操作。

③ 析出 $I_2$ 时及时用 $Na_2S_2O_3$ 标准溶液滴定。

④ 滴定速度应适当加快些。

⑤ 适时适量地加入指示剂。

间接碘量法也使用淀粉作指示剂，溶液由蓝色刚好变为无色即为滴定终点。

用 $Na_2S_2O_3$ 标准溶液滴定碘时应在大部分 $I_2$ 已被还原，溶液呈浅黄色（接近滴定终点）时，才能加入淀粉指示剂并且要适量。否则，将会有较多的 $I_2$ 被淀粉胶粒包住，而在滴定时使蓝色褪去减慢，从而影响滴定终点的确定。

### 5.6.2 标准溶液的制备

（1）$Na_2S_2O_3$ 标准溶液的制备

① $Na_2S_2O_3$ 标准溶液的配制  结晶的 $Na_2S_2O_3 \cdot 5H_2O$ 一般含有少量 S、$S^{2-}$、$SO_3^{2-}$、$SO_4^{2-}$、$CO_3^{2-}$、$Cl^-$ 等杂质，而且 $Na_2S_2O_3$ 溶液不稳定，易受空气和微生物的作用而分解，光线的照射也会促进分解，因此不能用直接法制备标准溶液。故配制 $Na_2S_2O_3$ 待标液时，应注意以下几点：

a. 使用煮沸并冷却的蒸馏水（驱除 $CO_2$、$O_2$，杀死细菌），以防止 $S_2O_3^{2-}$ 与 $CO_2$、$O_2$、微生物作用。

b. 加少量 $Na_2CO_3$ 于溶液中，使溶液呈弱碱性，以抑制细菌的生长。

c. 配好的溶液存放于棕色玻璃瓶中并盖严塞子，以防止日光照射和空气中的 $O_2$ 进入溶液而与 $S_2O_3^{2-}$ 起氧化作用。

d. 配制好的 $Na_2S_2O_3$ 待标液应放置稍长时间（一般 8~14 天），使 $Na_2S_2O_3$ 溶液趋向稳定后，再取清液标定。长期保存的溶液，应每隔一定时间，重新加以标定，即随用随标。

GB/T 601—2016 规定该方法为：向称量好的 $Na_2S_2O_3$ 中加 0.2g 无水碳酸钠，溶于 1000mL 水中，缓缓煮沸 10min，冷却。放置两周后过滤。

② $Na_2S_2O_3$ 标准溶液的标定

标定 $Na_2S_2O_3$ 溶液的基准物质有 $I_2$、$KIO_3$、纯铜、$KBrO_3$、$K_2Cr_2O_7$ 等。其中以使用 $K_2Cr_2O_7$ 最为方便，结果也相当准确。

在微酸性溶液中，使 $K_2Cr_2O_7$ 与过量的 KI 作用，析出定量的 $I_2$，以可溶性淀粉为指示剂，用 $Na_2S_2O_3$ 标准溶液进行滴定。有关反应式如下：

$$Cr_2O_7^{2-} + 6I^- + 14H^+ = 2Cr^{3+} + 3I_2 + 7H_2O$$

$$I_2 + 2S_2O_3^{2-} = 2I^- + S_4O_6^{2-}$$

使用 $K_2Cr_2O_7$ 为基准物标定 $Na_2S_2O_3$ 溶液时，应注意下列条件：

a. $K_2Cr_2O_7$ 与 KI 的反应。$K_2Cr_2O_7$ 与 KI 反应较慢，为加速反应并使其反应完全，必须采取下列措施：

ⅰ. 使用过量的酸。酸度越大，反应越快。但酸度太大时，$I^-$ 易被空气氧化。

ⅱ. 使用过量的 KI。提高 KI 的浓度可加快反应的进行，同时，可使析出的 $I_2$ 溶解为 $I_3^-$，减少 $I_2$ 的挥发。

ⅲ. 放置暗处一定时间。在上述条件下，于暗处放置 5min 即可反应完全。

b. 滴定前的准备。用 $Na_2S_2O_3$ 溶液滴定析出的 $I_2$ 时，应保持试液为微酸性或近中性。因此，在滴定前用蒸馏水将试液稀释成 200~300mL。同时，还可以减少 $Cr^{3+}$ 的绿色对终点观察的影响。

c. 淀粉的加入。因淀粉会吸附 $I_2$，使终点难以确定或提前，所以，淀粉应在近终点（溶液呈浅黄绿色）加入。

d. 滴定速度。为防止 $I_2$ 的挥发，加入淀粉前滴定速度要快，同时摇动速度要慢；但是，加入淀粉后，滴定速度要慢，摇动速度要快，防止淀粉吸附 $I_2$ 使终点提前。

e. 终点的确定。滴定终点的颜色应为亮绿色。如果发现滴定到达终点后，溶液迅速变蓝，则表示 $Cr_2O_7^{2-}$ 与 KI 反应不完全，这可能是放置时间不够或酸度不足所造成的，遇此情况应弃去重做。若到达终点后 5~10min 复呈蓝色，则表示溶液中 $I^-$ 被空气氧化，这是正常现象，对标定结果无影响。

(2) 碘标准溶液的制备

用升华法制得的纯碘，可以用直接法制备标准溶液。一般是用市售的 $I_2$ 先配制一种近似浓度的溶液，然后再进行标定。

$I_2$ 在水中的溶解度很小（20℃ 为 $1.33×10^{-3}$ mol/L），而且容易挥发，但易溶于 KI 溶液中，使 $I_2$ 与 KI 形成 $KI_3$ 配合物，从而使溶解度大大提高，挥发性大为降低。

配制 $I_2$ 溶液时，先在托盘天平上称取一定量的碘和三倍于 $I_2$ 质量的 KI，置于研钵中，加少量水研磨。使 $I_2$ 全部溶解，然后将溶液稀释，倾入棕色瓶中于暗处保存。同时还应避免 $I_2$ 溶液与橡皮等有机物接触，也应防止 $I_2$ 溶液见光遇热，否则浓度将发生变化。

碘溶液的浓度，可用已被标定好的已知准确浓度的 $Na_2S_2O_3$ 标准溶液进行标定，也可用 $As_2O_3$ 基准物来标定（$As_2O_3$ 是毒品，使用中应注意保管）。

### 5.6.3 应用实例

(1) $S^{2-}$ 或 $H_2S$ 的测定

在酸性溶液中，$I_2$ 能氧化 $S^{2-}$。其反应式为：

$$H_2S + I_2 = S + 2I^- + 2H^+$$

以淀粉为指示剂，用 $I_2$ 标准溶液滴定 $H_2S$。滴定不能在碱性溶液中进行，否则 $I_2$ 会发生歧化反应，部分 $S^{2-}$ 也将被氧化为 $SO_4^{2-}$。

$$S^{2-} + 4I_2 + 8OH^- = SO_4^{2-} + 8I^- + 4H_2O$$

测定气体 $H_2S$ 时，一般用 $Cd^{2+}$ 或 $Zn^{2+}$ 的氨性溶液吸收，然后加入一定量过量的 $I_2$ 标准溶液，用盐酸将溶液酸化，最后用 $Na_2S_2O_3$ 标准溶液滴定过量的 $I_2$。硫化氢质量浓度的计算公式为：

$$\rho(H_2S) = \frac{\left[c\left(\frac{1}{2}I_2\right)V(I_2) - c(Na_2S_2O_3)V(Na_2S_2O_3)\right]M\left(\frac{1}{2}H_2S\right)}{V \times \frac{p \times 273}{1.013 \times 10^5 \times (273+t)}}$$

式中 $\rho(H_2S)$——样气中 $H_2S$ 的质量浓度,g/L;

$c\left(\dfrac{1}{2}I_2\right)$——碘标准溶液的物质的量浓度,mol/L;

$V(I_2)$——碘标准溶液的体积,L;

$c(Na_2S_2O_3)$——$Na_2S_2O_3$ 标准溶液的物质的量浓度,mol/L;

$V(Na_2S_2O_3)$——$Na_2S_2O_3$ 标准溶液的体积,L;

$V$——样气的体积,L;

$p$——测定时的大气压力,Pa;

$1.013\times10^5$——标准状态下的大气压力值,Pa;

$273$——标准状态下的热力学温度,K;

$t$——测定时样气的温度,℃;

$M\left(\dfrac{1}{2}H_2S\right)$——$\dfrac{1}{2}H_2S$ 的摩尔质量,g/mol。

(2) 漂白粉中有效氯的测定

漂白粉的通用化学式为 $Ca(OCl)Cl$,白色粉末状物质,是价廉有效的消毒剂、杀菌剂和漂白剂。漂白粉的有效氯指其在酸作用下产生的氯的含量,可用滴定碘法进行测定。

漂白粉可在稀 $H_2SO_4$(或 HAc)介质中,加过量 KI,反应生成 $I_2$,以淀粉为指示剂,用 $Na_2S_2O_3$ 标准溶液滴定生成的 $I_2$。其反应式为:

$$Ca(OCl)Cl+2H^+ = Ca^{2+}+Cl_2\uparrow+H_2O$$

$$Cl_2+2I^- = I_2+2Cl^-$$

$$2S_2O_3^{2-}+I_2 = S_4O_6^{2-}+2I^-$$

计算公式如下:

$$w(Cl_2)=\dfrac{c(Na_2S_2O_3)V(Na_2S_2O_3)M\left(\dfrac{1}{2}Cl_2\right)}{m}$$

(3) 胆矾中 $CuSO_4\cdot 5H_2O$ 含量的测定

胆矾的主要成分为 $CuSO_4\cdot 5H_2O$,为蓝色结晶,在空气中易风化,溶于水,可用作纺织品媒染剂、农业杀虫剂、水的杀菌剂,并可用于镀铜。

测定时,将样品以水溶解后,在 $H_2SO_4$ 介质中与过量 KI 作用,析出的碘以淀粉为指示剂,用 $Na_2S_2O_3$ 标准溶液滴定,有关反应为:

$$2Cu^{2+}+4I^- = 2CuI\downarrow+I_2$$

$$2S_2O_3^{2-}+I_2 = S_4O_6^{2-}+2I^-$$

由消耗 $Na_2S_2O_3$ 标准溶液的体积计算胆矾的含量。

实验中加硫酸是为了防止铜盐水解。因为 pH>4 时,铜盐可水解,反应式为 $Cu^{2+}+H_2O = Cu(OH)^++H^+$,水解后 $Cu^{2+}$ 浓度降低,影响与 $I^-$ 反应完全,结果偏低。为避免大量 $Cl^-$ 与 $Cu^{2+}$ 形成配合物,因此不加盐酸,只能加硫酸。

反应中必须加入足量的 KI,其作用是:

① 还原 $Cu^{2+}$,析出等量的 $I_2$;

② 溶解析出的 $I_2$,以防止 $I_2$ 挥发;

③ 使 $Cu^+$ 成为 CuI 沉淀,以利于反应进行到底。

由于 CuI 沉淀表面吸附 $I_3^-$，会使结果偏低，为了解决这一问题，可在临近终点时，加入 KSCN，使 CuI 转化为溶解度更小的 CuSCN 沉淀。但要注意，KSCN 只能在临近终点时加入，否则 $SCN^-$ 有可能直接将 $Cu^{2+}$ 还原成 $Cu^+$，使结果偏低。

$Fe^{3+}$ 对测定有干扰，它能与 $I^-$ 发生反应，使之氧化为 $I_2$。

$$2Fe^{3+} + 2I^- == 2Fe^{2+} + I_2$$

可加入氟化物，使 $Fe^{3+}$ 形成了 $[FeF]^{2+}$、$[FeF_2]^+$、$\cdots$、$[FeF_6]^{3-}$ 等配合物，从而消除 $Fe^{3+}$ 对 $Cu^{2+}$ 测定的干扰。

$Cu^{2+}$ 与 KI 的反应，从标准电极电位上看，$\varphi^{\ominus}_{Cu^{2+}/Cu^+} = +0.159V$，$\varphi^{\ominus}_{I_2/I^-} = +0.54V$，$Cu^{2+}$ 不能将 $I^-$ 氧化，事实上该反应进行得很完全，原因在于 $I^-$ 与 $Cu^+$ 生成了难溶解的 CuI 沉淀，使溶液中 $[Cu^+]$ 极小，导致其电对的电极电位显著提高，$Cu^{2+}$ 成了较强的氧化剂，所以反应能向生成 $I_2$ 的方向顺利进行。

胆矾含量的计算公式为：

$$w(CuSO_4 \cdot 5H_2O) = \frac{c(Na_2S_2O_3)V(Na_2S_2O_3)M(CuSO_4 \cdot 5H_2O)}{m}$$

## 5.7 其他氧化还原滴定法

### 5.7.1 溴酸钾法

（1）概述

**溴酸钾法**是以 $KBrO_3$ 为标准溶液的滴定分析法。$KBrO_3$ 在酸性溶液中是较强的氧化剂，它的标准电极电位 $\varphi^{\ominus}_{BrO_3^-/Br^-} = +1.44V$。

$KBrO_3$ 法的实质是用 $Br_2$ 作标准溶液，因为 $Br_2$ 能取代一些饱和有机化合物中的氢，因此利用溴的取代反应能直接测定许多有机物，如测定苯酚、苯胺、甲酚及间苯二酚等。

由于 $Br_2$ 极易挥发，故溴的标准溶液浓度极不稳定。通常用 $KBrO_3$ 与 KBr 的混合溶液代替溴的标准溶液，因为此混合液遇酸时，就发生以下反应：

$$BrO_3^- + 5Br^- + 6H^+ == 3Br_2 + 3H_2O$$

游离的 $Br_2$ 能氧化还原性物质。有些物质不能被 $KBrO_3$ 直接氧化，但可以和 $Br_2$ 定量反应，因此可采取下述方法测定。

用过量的 $KBrO_3$-KBr 作标准溶液，在酸性介质条件下析出 $Br_2$，让 $Br_2$ 与被测物质反应，剩余的 $Br_2$ 再与 KI 作用析出 $I_2$，析出的 $I_2$ 以淀粉为指示剂，用 $Na_2S_2O_3$ 标准溶液滴定。

$$BrO_3^- + 5Br^- + 6H^+ == 3Br_2 + 3H_2O$$
$$Br_2(剩余量) + 2I^- == 2Br^- + I_2$$
$$I_2 + 2S_2O_3^{2-} == 2I^- + S_4O_6^{2-}$$

这是间接溴酸钾法，它在有机分析中应用较多。

（2）标准溶液的制备

溴酸钾很容易从水溶液中提纯，因此可用直接法制备标准溶液。

0.1000mol/L $KBrO_3$-KBr 标准溶液的制备：用固定称量法精确称取 2.7840g 在 130～140℃干燥的分析纯 $KBrO_3$，溶于少量水中，加入 14g KBr，全部溶解后，转入 1L 容量瓶中，加水稀释至刻度，混匀。此溶液即为 $KBrO_3$-KBr 标准溶液。

(3) 应用实例——苯酚含量的测定

苯酚又名石炭酸，由于其苯环上有羟基存在，就使其邻位和对位上的氢原子更活泼，因此卤素就容易取代这些活泼的氢原子而进行卤代反应。根据苯酚的这种性质，常用溴酸钾法测定其含量。

苯酚与 $Br_2$ 反应生成稳定的三溴苯酚沉淀。

$$C_6H_5OH + 3Br_2 \longrightarrow C_6H_2Br_3OH \downarrow + 3HBr$$

要完成上述反应，应加已知过量的 $KBrO_3$-$KBr$ 标准溶液于苯酚溶液中，加入适量盐酸，立即密塞液封振摇，然后于暗处静置15min，使溴代反应进行完全。待反应完成后，微启塞子，加 KI 溶液，立即密塞，摇匀，加入 2mL 氯仿，充分振摇后静置 1~2min，使生成的溴化三溴苯酚完全转化成三溴苯酚，同时，剩余量的 $Br_2$ 与 KI 作用，置换出等量的 $I_2$，否则，测定结果偏高。

$$Br_2(剩余量) + 2I^- = 2Br^- + I_2$$

析出的 $I_2$ 以淀粉为指示剂，用 $Na_2S_2O_3$ 标准溶液滴定至蓝色消失为终点。同时做空白试验。

$$I_2 + 2S_2O_3^{2-} = 2I^- + S_4O_6^{2-}$$

温度、反应时间和溴量是溴代反应的重要因素。反应一般保持在室温或低于室温下进行。温度较高时，可能在苯环的其他位置上取代，使结果无法计算。反应时间以 30min 以下为宜。溴量按理论量再过量 100%。为加速反应的进行，KBr 和盐酸的量也要过量，同时 KBr 还可溶解 $Br_2$，以减少 $Br_2$ 的挥发。

加入氯仿的作用是溶解三溴苯酚沉淀，释放出包裹在其中的 $Br_2$，同时也溶解反应中析出的 $I_2$，防止 $I_2$ 的挥发。由于 $Br_2$ 和 $I_2$ 均易挥发，所以操作中应注意密塞。

在反应过程中，$1C_6H_5OH \backsim 3Br_2 \backsim 3I_2 \backsim 6Na_2S_2O_3 \backsim 6e^-$，苯酚的基本单元为 $\frac{1}{6}C_6H_5OH$，溴酸钾的基本单元 $\frac{1}{6}KBrO_3$。

$$n\left(\frac{1}{6}C_6H_5OH\right) = n\left(\frac{1}{6}KBrO_3\right) - n(Na_2S_2O_3) = c(Na_2S_2O_3) \cdot (V_0 - V)$$

则

$$w(C_6H_5OH) = \frac{c(Na_2S_2O_3)(V_0-V)M\left(\frac{1}{6}C_6H_5OH\right)}{m}$$

式中 $w(C_6H_5OH)$——试样中 $C_6H_5OH$ 的质量分数；

$c(Na_2S_2O_3)$——$Na_2S_2O_3$ 标准溶液的物质的量浓度，mol/L；

$V_0$——空白试验中消耗 $Na_2S_2O_3$ 标准溶液的体积，L；

$V$——测定中消耗 $Na_2S_2O_3$ 标准溶液的体积，L；

$M\left(\frac{1}{6}C_6H_5OH\right)$——$C_6H_5OH$ 的基本单元的摩尔质量，g/mol；

$m$——试样的质量，g。

### 5.7.2 铈量法

**铈量法**是以硫酸铈为标准溶液测定物质含量的方法。

硫酸铈是一种强氧化剂，在水中易水解，一般在酸度较高的溶液中使用，其半反应式为：

$$Ce^{4+} + e^- \rightleftharpoons Ce^{3+} \qquad \varphi^{\ominus}_{Ce^{4+}/Ce^{3+}} = +1.61V$$

$Ce^{4+}/Ce^{3+}$ 电对的电极电位决定于酸的浓度和阴离子的种类。在 $H_2SO_4$ 介质中，其电位介于 $KMnO_4$ 和 $K_2Cr_2O_7$ 之间，能用高锰酸钾测定的物质，一般也能用铈量法测定。与高锰酸钾法相比，铈量法有如下特点：

① 还原时，只有一个电子转移，不生成中间价态物质，反应简单。
② 能在较高浓度的盐酸中滴定还原剂。
③ $Ce(SO_4)_2 \cdot 2(NH_4)_2SO_4 \cdot 2H_2O$ 易提纯，可用直接法配制标准溶液。铈的标准溶液很稳定，放置较长的时间或加热煮沸也不易分解，且铈不像在重铬酸钾法中六价铬那样有毒。

## 5.8 计 算 示 例

氧化还原滴定的计算，可根据反应的电子得失数确定基本单元及等量式来进行。但在测定中往往涉及两个或多个反应，这时应先将各个反应式配平，找出被测组分与滴定剂之间的关系，再确定电子得失数及基本单元，最后代入公式求出分析结果。

### 5.8.1 高锰酸钾法计算

【例5-7】 称取 0.2015g 基准试剂 $Na_2C_2O_4$，溶于水后，加入适量 $H_2SO_4$ 酸化，然后在加热情况下用 $KMnO_4$ 溶液滴定，用去 28.15mL。求 $KMnO_4$ 溶液的物质的量浓度。

解 滴定反应是：

$$2MnO_4^- + 5C_2O_4^{2-} + 16H^+ \rightleftharpoons 2Mn^{2+} + 10CO_2 \uparrow + 8H_2O$$

根据反应式可知：$KMnO_4$ 的基本单元为 $\frac{1}{5}KMnO_4$，$Na_2C_2O_4$ 的基本单元为 $\frac{1}{2}Na_2C_2O_4$。

$$n\left(\frac{1}{5}KMnO_4\right) = n\left(\frac{1}{2}Na_2C_2O_4\right)$$

$$c\left(\frac{1}{5}KMnO_4\right) = \frac{n\left(\frac{1}{5}KMnO_4\right)}{V(KMnO_4)} = \frac{n\left(\frac{1}{2}Na_2C_2O_4\right)}{V(KMnO_4)}$$

$$= \frac{m(Na_2C_2O_4)}{M\left(\frac{1}{2}Na_2C_2O_4\right)V(KMnO_4)}$$

$$= \frac{0.2015}{\frac{1}{2} \times 134.0 \times 28.15 \times 10^{-3}} = 0.1068 \text{ (mol/L)}$$

【例5-8】 将 0.5000g 铁矿用酸溶解后，用还原剂将 $Fe^{3+}$ 全部还原为 $Fe^{2+}$，然后用 $c\left(\frac{1}{5}KMnO_4\right) = 0.1000mol/L$ 的 $KMnO_4$ 标准溶液滴定，消耗 25.50mL。计算铁矿石中铁的质量分数。

解 测定过程中的主要反应为：

$$5Fe^{2+} + MnO_4^- + 8H^+ \rightleftharpoons 5Fe^{3+} + Mn^{2+} + 4H_2O$$

$$n(Fe) = n\left(\frac{1}{5}KMnO_4\right)$$

$$w(\text{Fe}) = \frac{c\left(\frac{1}{5}\text{KMnO}_4\right)V(\text{KMnO}_4)M(\text{Fe})}{m}$$

$$= \frac{0.1000 \times 25.50 \times 10^{-3} \times 55.85}{0.5000} = 0.2848$$

**【例 5-9】** 用高锰酸钾法间接测定石灰石中 CaO 的含量。称取试样 0.4090g，用稀盐酸溶解后加入 $(\text{NH}_4)_2\text{C}_2\text{O}_4$ 得 $\text{CaC}_2\text{O}_4$ 沉淀。沉淀经过滤洗涤后溶于稀硫酸中。滴定生成的 $\text{H}_2\text{C}_2\text{O}_4$ 用去 $c\left(\frac{1}{5}\text{KMnO}_4\right) = 0.2000\text{mol/L}$ 的 $\text{KMnO}_4$ 标准溶液 29.73mL。计算石灰石中 CaO 的质量分数。

**解** 测定过程中的主要反应为：

$$\text{Ca}^{2+} + \text{C}_2\text{O}_4^{2-} = \text{CaC}_2\text{O}_4 \downarrow$$

$$\text{CaC}_2\text{O}_4 + \text{H}_2\text{SO}_4 = \text{H}_2\text{C}_2\text{O}_4 + \text{CaSO}_4$$

$$2\text{MnO}_4^- + 5\text{H}_2\text{C}_2\text{O}_4 + 6\text{H}^+ = 2\text{Mn}^{2+} + 10\text{CO}_2 \uparrow + 8\text{H}_2\text{O}$$

则 $\quad 1\text{CaO} \backsim 1\text{CaC}_2\text{O}_4 \backsim 1\text{H}_2\text{C}_2\text{O}_4 \backsim \frac{2}{5}\text{KMnO}_4 \backsim 2\text{e}^-$

故 CaO 的基本单元为 $\frac{1}{2}\text{CaO}$，$\text{KMnO}_4$ 的基本单元为 $\frac{1}{5}\text{KMnO}_4$

$$n\left(\frac{1}{2}\text{CaO}\right) = n\left(\frac{1}{5}\text{KMnO}_4\right)$$

$$w(\text{CaO}) = \frac{c\left(\frac{1}{5}\text{KMnO}_4\right)V(\text{KMnO}_4)M\left(\frac{1}{2}\text{CaO}\right)}{m}$$

$$= \frac{0.2000 \times 29.73 \times 10^{-3} \times \frac{1}{2} \times 56.08}{0.4090} = 0.4076$$

**【例 5-10】** 用 $\text{KMnO}_4$ 法测定工业硫酸亚铁的纯度，称样 0.9343g，溶解后在酸性条件下，用 $c\left(\frac{1}{5}\text{KMnO}_4\right) = 0.1000\text{mol/L}$ $\text{KMnO}_4$ 溶液滴定至滴定终点，耗用了 32.02mL，求试样中 $\text{FeSO}_4 \cdot 7\text{H}_2\text{O}$ 的质量分数。

**解** 用 $\text{KMnO}_4$ 法测定 $\text{FeSO}_4 \cdot 7\text{H}_2\text{O}$ 的纯度时，其离子反应方程式为：

$$5\text{Fe}^{2+} + \text{MnO}_4^- + 8\text{H}^+ = 5\text{Fe}^{3+} + \text{Mn}^{2+} + 4\text{H}_2\text{O}$$

$$n(\text{FeSO}_4 \cdot 7\text{H}_2\text{O}) = n\left(\frac{1}{5}\text{KMnO}_4\right)$$

$$w(\text{FeSO}_4 \cdot 7\text{H}_2\text{O}) = \frac{c\left(\frac{1}{5}\text{KMnO}_4\right)V(\text{KMnO}_4)M(\text{FeSO}_4 \cdot 7\text{H}_2\text{O})}{m}$$

$$= \frac{0.1000 \times 32.02 \times 10^{-3} \times 278.01}{0.9343} = 0.9528$$

### 5.8.2 重铬酸钾法计算

**【例 5-11】** 配制 $T_{\text{Fe}_2\text{O}_3/\text{K}_2\text{Cr}_2\text{O}_7} = 0.006000\text{g/mL}$ 的 $\text{K}_2\text{Cr}_2\text{O}_7$ 标准溶液 1000mL，问应称取 $\text{K}_2\text{Cr}_2\text{O}_7$ 多少克？

**解** $K_2Cr_2O_7$ 与 $Fe^{2+}$ 的反应为：

$$Cr_2O_7^{2-}+6Fe^{2+}+14H^+ \Longrightarrow 2Cr^{3+}+6Fe^{3+}+7H_2O$$

$$n\left(\frac{1}{2}Fe_2O_3\right)=n\left(\frac{1}{6}K_2Cr_2O_7\right)$$

$$\frac{T_{Fe_2O_3/K_2Cr_2O_7}}{M\left(\frac{1}{2}Fe_2O_3\right)}=\frac{c\left(\frac{1}{6}K_2Cr_2O_7\right)}{1000}$$

$$\frac{0.006000}{\frac{1}{2}\times 159.7}=\frac{c\left(\frac{1}{6}K_2Cr_2O_7\right)}{1000}$$

$$c\left(\frac{1}{6}K_2Cr_2O_7\right)=0.07514\,\text{mol/L}$$

$$m(K_2Cr_2O_7)=n\left(\frac{1}{6}K_2Cr_2O_7\right)M\left(\frac{1}{6}K_2Cr_2O_7\right)$$

$$=c\left(\frac{1}{6}K_2Cr_2O_7\right)V(K_2Cr_2O_7)M\left(\frac{1}{6}K_2Cr_2O_7\right)$$

$$=0.07514\times 1000\times 10^{-3}\times\frac{1}{6}\times 294.2=3.684\,(g)$$

**【例 5-12】** 称取工业甲醇 0.1210g，加入适量的 $H_2SO_4$ 溶液酸化后定容于 250mL 容量瓶中。吸取上述溶液 25.00mL，加入 25.00mL $c\left(\frac{1}{6}K_2Cr_2O_7\right)=0.09900\,\text{mol/L}$ 的 $K_2Cr_2O_7$ 标准溶液，再加 2 滴邻苯氨基苯甲酸作为滴定指示剂，用 $c(Fe^{2+})=0.1000\,\text{mol/L}$ 的 $(NH_4)_2Fe(SO_4)_2$ 标准溶液滴定过量的 $K_2Cr_2O_7$ 溶液至终点，消耗 $(NH_4)_2Fe(SO_4)_2$ 标准溶液 6.60mL。求工业甲醇中 $CH_3OH$ 的质量分数。

**解** 测定的反应为：

$$CH_3OH+Cr_2O_{7(过)}^{2-}+8H^+ \Longrightarrow CO_2\uparrow+2Cr^{3+}+6H_2O$$

$$Cr_2O_{7(余)}^{2-}+6Fe^{2+}+14H^+ \Longrightarrow 2Cr^{3+}+6Fe^{3+}+7H_2O$$

从上可知 $1CH_3OH \backsim 1K_2Cr_2O_7 \backsim 6e^-$，所以 $CH_3OH$ 的基本单元为 $\frac{1}{6}CH_3OH$。

$$n\left(\frac{1}{6}CH_3OH\right)=n\left(\frac{1}{6}K_2Cr_2O_7\right)-n(Fe^{2+})$$

$$w(CH_3OH)=\frac{\left[c\left(\frac{1}{6}K_2Cr_2O_7\right)V(K_2Cr_2O_7)-c(Fe^{2+})V(Fe^{2+})\right]M\left(\frac{1}{6}CH_3OH\right)}{m\times\frac{25.00}{250}}$$

$$=\frac{(0.09900\times 25.00-0.1000\times 6.60)\times 10^{-3}\times\frac{1}{6}\times 32.05}{0.1210\times\frac{25.00}{250}}=0.8013$$

**【例 5-13】** 将 0.5000g 纯的铁氧化物用酸溶解后，用还原剂将 $Fe^{3+}$ 全部还原为 $Fe^{2+}$，然后用 $c\left(\frac{1}{6}K_2Cr_2O_7\right)=0.5000\,\text{mol/L}$ 的 $K_2Cr_2O_7$ 标准溶液滴定，消耗 12.52mL，问此氧

化物是何种氧化物？

**解** 反应式为：

$$Cr_2O_7^{2-} + 6Fe^{2+} + 14H^+ = 2Cr^{3+} + 6Fe^{3+} + 7H_2O$$

$$n(Fe) = n\left(\frac{1}{6}K_2Cr_2O_7\right)$$

$$w(Fe) = \frac{c\left(\frac{1}{6}K_2Cr_2O_7\right)V(K_2Cr_2O_7)M(Fe)}{m}$$

$$= \frac{0.5000 \times 12.52 \times 10^{-3} \times 55.85}{0.5000} = 0.6992$$

通过计算，可知 $Fe_2O_3$ 的理论含铁量为 0.6994，所以该氧化物为 $Fe_2O_3$。

### 5.8.3 碘量法计算

**【例 5-14】** 以 $K_2Cr_2O_7$ 为基准物采用间接法标定 $c(Na_2S_2O_3) = 0.10\text{mol/L}$ 的 $Na_2S_2O_3$ 溶液的浓度，欲将消耗 $Na_2S_2O_3$ 溶液的体积控制在 25mL 左右，应称取 $K_2Cr_2O_7$ 多少克？

**解** 反应式为：

$$Cr_2O_7^{2-} + 6I^- + 14H^+ = 2Cr^{3+} + 3I_2 + 7H_2O$$

$$I_2 + 2S_2O_3^{2-} = 2I^- + S_4O_6^{2-}$$

$$1K_2Cr_2O_7 \backsim 3I_2 \backsim 6Na_2S_2O_3 \backsim 6e^-$$

$$n\left(\frac{1}{6}K_2Cr_2O_7\right) = n(Na_2S_2O_3)$$

$$m(K_2Cr_2O_7) = n\left(\frac{1}{6}K_2Cr_2O_7\right)M\left(\frac{1}{6}K_2Cr_2O_7\right)$$

$$= n(Na_2S_2O_3)M\left(\frac{1}{6}K_2Cr_2O_7\right)$$

$$= c(Na_2S_2O_3)V(Na_2S_2O_3)M\left(\frac{1}{6}K_2Cr_2O_7\right)$$

$$= 0.10 \times 25 \times 10^{-3} \times \frac{1}{6} \times 294.2 = 0.12 \text{ (g)}$$

**【例 5-15】** 将含 $Na_2SO_3$ 的试样 0.3878g 溶解后，以 50.00mL $c\left(\frac{1}{2}I_2\right) = 0.09770\text{mol/L}$ 的 $I_2$ 溶液处理，剩余的 $I_2$ 需要 $c(Na_2S_2O_3) = 0.1008\text{mol/L}$ 的 $Na_2S_2O_3$ 标准溶液 25.40mL 滴定至终点。计算试样中 $Na_2SO_3$ 的质量分数。

**解**

$$I_{2(过)} + SO_3^{2-} + H_2O = SO_4^{2-} + 2H^+ + 2I^-$$

$$2S_2O_3^{2-} + I_{2(余)} = S_4O_6^{2-} + 2I^-$$

$$1Na_2SO_3 \backsim 1I_2 \backsim 2e^-$$

$$n\left(\frac{1}{2}Na_2SO_3\right) = n\left(\frac{1}{2}I_2\right) - n(Na_2S_2O_3)$$

$$w(Na_2SO_3) = \frac{\left[c\left(\frac{1}{2}I_2\right)V(I_2) - c(Na_2S_2O_3) \cdot V(Na_2S_2O_3)\right]M\left(\frac{1}{2}Na_2SO_3\right)}{m}$$

$$= \frac{(0.09770 \times 50.00 - 0.1008 \times 25.40) \times 10^{-3} \times \frac{1}{2} \times 126.0}{0.3878} = 0.3777$$

**【例 5-16】** 用间接碘量法测定含铜样品，称取试样 0.4000g，溶解在酸性溶液中，加入 KI 后用 0.1000mol/L $Na_2S_2O_3$ 溶液滴定析出的 $I_2$，用去了 20.00mL。求样品中铜的质量分数。

**解** 测定反应为：

$$2Cu^{2+} + 4I^- = 2CuI\downarrow + I_2$$

$$2S_2O_3^{2-} + I_2 = S_4O_6^{2-} + 2I^-$$

从上可知 $1Cu \leftrightarrow \frac{1}{2}I_2 \leftrightarrow 1Na_2S_2O_3 \leftrightarrow 1e^-$，故 Cu 的基本单元为 Cu。

$$n(Cu) = n(Na_2S_2O_3)$$

$$w(Cu) = \frac{c(Na_2S_2O_3)V(Na_2S_2O_3)M(Cu)}{m}$$

$$= \frac{0.1000 \times 20.00 \times 10^{-3} \times 63.55}{0.4000} = 0.3178$$

### 分析检验在食品安全保障中的重要性

民以食为天，食以安为先。社会经济的高速发展带来了很多食品方面的问题。例如，饮料中添加瘦肉精，牛奶中被查出三聚氰胺，含有苏丹红的红心鸭蛋，"染色馒头"等食品安全事件，扰乱了正常的食品市场秩序，同时对老百姓的身体健康带来了极大的危害。

食品分析检验工作的开展在产品质量评价、产品贸易以及质量控制方面起到主要技术支撑的工作，对确保食品质量安全，促进食品生产行业的可持续发展有着重要的作用。针对食品的安全检验，相关检验机构通过精密的仪器，严格的流程以及规范的操作为食品进行有效监测分析，对相关产品的安全质量进行科学评估，能有效控制生产企业的行为，减少了市场中的假冒伪劣食品。此外，食品检验机构掌握着科学、真实的食品安全数据，在检验过程中可以准确发现不达标食品，反馈给生产企业。食品生产企业依据评测结果，对生产工艺、流程以及配方进行优化，以此提升产品生产质量，有利于企业的长远发展。

1. 基本原理

| 电极电位的应用 | 影响氧化还原反应速率的因素 | 影响氧化还原反应方向的因素 | 指示剂的类型 |
| --- | --- | --- | --- |
| (1) 判断氧化剂、还原剂的相对强弱<br>(2) 判断氧化还原反应的方向<br>(3) 判断氧化还原反应的次序 | (1) 反应物的浓度<br>(2) 反应的温度<br>(3) 催化剂<br>  a. 自身催化作用<br>  b. 诱导作用 | (1) 氧化剂、还原剂的浓度<br>(2) 溶液的酸度<br>(3) 生成沉淀<br>(4) 形成配合物 | (1) 自身指示剂<br>(2) 专属指示剂<br>(3) 氧化还原指示剂 |

## 2. 氧化还原滴定法

| 方法 | | KMnO$_4$法 | K$_2$Cr$_2$O$_7$法 | 碘量法 | 间接溴量法 |
|---|---|---|---|---|---|
| 基本反应 | | MnO$_4^-$+8H$^+$+5e$^-$ $\rightleftharpoons$Mn$^{2+}$+4H$_2$O | Cr$_2$O$_7^{2-}$+14H$^+$+6e$^-$ $\rightleftharpoons$2Cr$^{3+}$+7H$_2$O | I$_2$+2e$^-$$\rightleftharpoons$2I$^-$ | BrO$_3^-$+5Br$^-$+6H$^+$ $\rightleftharpoons$3Br$_2$+3H$_2$O<br>Br$_2$+2e$^-$$\rightleftharpoons$2Br$^-$ |
| 酸度条件 | | 酸性 | 酸性 | 中性或弱酸性 | 中性或弱酸性 |
| 指示剂 | | KMnO$_4$ | 二苯胺磺酸钠等 | 淀粉 | 淀粉 |
| 标液 | 名称 | KMnO$_4$ | K$_2$Cr$_2$O$_7$ | I$_2$、Na$_2$S$_2$O$_3$ | KBrO$_3$-KBr、Na$_2$S$_2$O$_3$ |
| | 稳定性 | 不稳定 | 稳定 | 不稳定 | 稳定 |
| | 不稳定原因 | (1) 自身分解<br>(2) 见光分解<br>(3) 还原性杂质 | | Na$_2$S$_2$O$_3$标液<br>(1) CO$_2$作用<br>(2) O$_2$作用<br>(3) 见光分解<br>(4) 水中微生物的作用 | |
| | 配制与标定 | 间接法<br>配制措施<br>(1) 取稍多于理论量的KMnO$_4$<br>(2) 加热煮沸并放置使还原性物质完全氧化<br>(3) 滤除析出的沉淀<br>(4) 配制后的KMnO$_4$溶液贮于棕色试剂瓶中，并置于暗处，以待标定<br>标定条件<br>(1) 温度：65℃<br>(2) 酸度：酸度为0.5～1mol/L<br>(3) 滴定速度：随着MnO$_4^-$红紫色的消失加下一滴<br>(4) 催化剂：自动催化反应<br>(5) 终点的判断：呈淡粉红色并保持30s不褪为终点 | 直接法 | 间接法<br>Na$_2$S$_2$O$_3$标液<br>配制措施<br>(1) 使用煮沸并冷却的蒸馏水<br>(2) 加少量Na$_2$CO$_3$<br>(3) 溶液存于棕色玻璃瓶中并盖严<br>(4) 放置8～14天后，再取清液标定<br>标定条件<br>(1) 加速K$_2$Cr$_2$O$_7$与KI的反应并使其完全<br>(2) 滴定前用蒸馏水将试液稀成200～300mL<br>(3) 近终点加入淀粉<br>(4) 加入淀粉前快滴慢摇；加入淀粉后，慢滴快摇<br>(5) 终点应为亮绿色 | 直接法或间接法 |
| 应用实例 | | 水中高锰酸盐指数的测定 | 总铬的测定 | H$_2$S气体的测定 | 苯酚的测定 |

### 思考与实践

**1. 填空题**

（1）如欲改变氧化还原反应的方向，可通过改变氧化剂、还原剂的_____，改变溶液的_____，或者是使电对中某一组分生成_____或_____来实现。

（2）一般来说，如欲加快氧化还原反应的速率，可增加反应物_____，提高反应_____，或是加入_____。

（3）在氧化还原滴定中，表示_____中溶液_____变化的曲线称为滴定曲线。电位突跃范围的大小与_____之差有关。

(4) 氧化还原滴定指示剂包括_____、_____和_____三种类型。

(5) 高锰酸钾法是以_____作标准溶液的氧化还原滴定法，该法通常是在_____性下，以_____为指示剂进行滴定。

(6) 在常用的三酸中，高锰酸钾法所采用的强酸通常是_____，而_____、_____两种酸一般不宜使用。

(7) 重铬酸钾法是以_____为标准溶液的氧化还原滴定法，本方法总是在_____性溶液中与还原剂作用。

(8) 碘量法是使用_____的氧化性和_____的还原性测定物质含量的氧化还原滴定法。该法又分为_____和_____两种方法。

(9) 碘量法使用_____作指示剂。滴定终点时直接碘量法溶液由____色变为_____色；间接碘量法溶液由____色变为____色。在间接碘量法中，指示剂应在_____时加入。

(10) $Fe^{3+}$对$Cu^{2+}$的测定有干扰，因其能将_____氧化成_____，为此可加入_____消除干扰。

**2. 单选题**

(1) 影响氧化还原反应方向的主要因素有（　　）。
　　A. 氧化剂和还原剂的浓度　　B. 溶液的温度
　　C. 反应的速率　　D. 溶液的酸度

(2) 当增加反应酸度时，氧化剂电对的电极电位会增大的是（　　）。
　　A. $Br_2$　　B. $I_2$　　C. $K_2Cr_2O_7$　　D. $Cu^{2+}$

(3) 氧化还原反应平衡常数$K$值的大小（　　）。
　　A. 能说明反应的速率
　　B. 能说明反应的完全程度
　　C. 能说明反应的条件
　　D. 能说明反应的次序

(4) 以下关于氧化还原滴定中的指示剂叙述正确的是（　　）。
　　A. 能与氧化剂或还原剂产生特殊颜色的试剂称为氧化还原指示剂
　　B. 专属指示剂本身可以发生颜色的变化，它随溶液电位的不同而改变颜色
　　C. 在高锰酸钾法中一般无须外加指示剂
　　D. 重铬酸钾法中可以根据$Cr_2O_7^{2-}$的橙色来确定终点

(5) $KMnO_4$溶液不稳定的原因是（　　）。
　　A. 诱导作用　　B. 还原性杂质的作用
　　C. $H_2CO_3$的作用　　D. 空气的氧化作用

(6) $K_2Cr_2O_7$法常用指示剂为（　　）。
　　A. $K_2Cr_2O_7$　　B. $Cr^{3+}$　　C. 淀粉　　D. 二苯胺磺酸钠

(7) 碘量法中为防止空气氧化$I^-$，应（　　）。
　　A. 避免光线直射　　B. 滴定速度要慢
　　C. 锥形瓶应剧烈摇动　　D. 在强酸性条件下

(8) 以$K_2Cr_2O_7$标定$Na_2S_2O_3$溶液时，滴定前加水稀释是为了（　　）。
　　A. 便于滴定操作　　B. 保持溶液的弱酸性
　　C. 防止淀粉凝聚　　D. 防止$I_2$的挥发

(9) 下列测定中，需要加热的有（　　）。
　　A. $KMnO_4$溶液滴定$H_2O_2$　　B. $KMnO_4$溶液滴定$H_2C_2O_4$
　　C. 溴量法测定苯酚　　D. 碘量法测定$Na_2S$

(10) 以溴量法测定苯酚时，加入$CHCl_3$的作用是（　　）。
　　A. 溶解苯酚　　B. 溶解三溴苯酚　　C. 溶解$Br_2$　　D. 溶解$I_2$

## 3. 判断题

(1) 标准电极电位是在特定条件下测得的。如果条件改变，电极电位不变。（　）

(2) 使用能斯特方程式应注意纯固体、纯液体的浓度视为常数1。（　）

(3) 若有 $H^+$ 或 $OH^-$ 参加氧化还原半反应，酸度的变化不影响电对的电极电位，因此不改变氧化还原反应的方向。（　）

(4) 两种以上氧化剂与一种还原剂反应时，氧化剂电对与还原剂电对的标准电极电位相差小者先进行，相差大者后进行。（　）

(5) 一个氧化还原反应的完全程度可以用它的平衡常数大小来衡量。平衡常数越大，反应进行得越完全。（　）

(6) 一般来说两电对的标准电极之差小于 0.40V 时，可选用氧化还原滴定指示剂来指示滴定终点。（　）

(7) 高锰酸钾法进行滴定时，要求是在酸性介质中，通常可以采用 $H_2SO_4$、HCl 或 $HNO_3$。（　）

(8) $I_2$ 标准溶液通常放置在棕色瓶中暗处保存。（　）

(9) 配制 $Na_2S_2O_3$ 待标液，一般加入少量的 $Na_2CO_3$ 于溶液中，使溶液呈弱酸性以一致细菌生长。（　）

(10) $K_2Cr_2O_7$ 与 KI 反应较慢，为加速反应并使其反应完全，通常使用过量的 KI，可使析出的 $I_2$ 溶解为 $I_3^-$ 以减少 $I_2$ 的挥发。（　）

## 4. 问答题

(1) $MnO_4^-$ 与 $C_2O_4^{2-}$ 在酸性溶液中反应时，$Mn^{2+}$ 存在与否对反应速率有何影响？如何解释？

(2) 影响氧化还原反应方向的因素有哪些？

(3) 影响氧化还原反应速率的因素主要有哪些？如何加速反应的完成？

(4) 氧化还原滴定指示剂有几种类型？举例说明。

(5) 高锰酸钾法的酸度条件是什么？为什么？

(6) 高锰酸钾溶液浓度不稳定的原因有哪些？如何配制高锰酸钾待标定的溶液？

(7) 碘量法中可采取哪些措施防止 $I_2$ 挥发？

(8) 间接碘量法的酸度条件是什么？为什么？

(9) $Na_2S_2O_3$ 溶液浓度不稳定的原因有哪些？如何配制待标定的 $Na_2S_2O_3$ 溶液？

(10) 溴量法测定苯酚时两次静置的目的是什么？

(11) 配平下列反应式：

① $FeSO_4 + K_2Cr_2O_7 + H_2SO_4 \longrightarrow Fe_2(SO_4)_3 + Cr_2(SO_4)_3 + K_2SO_4 + H_2O$

② $C_2O_4^{2-} + MnO_4^- + H^+ \longrightarrow Mn^{2+} + CO_2\uparrow + H_2O$

③ $C_2O_4^{2-} + PbO_2 + H^+ \longrightarrow Pb^{2+} + CO_2\uparrow + H_2O$

④ $BrO_3^- + Br^- + H^+ \longrightarrow Br_2 + H_2O$

⑤ $S_2O_3^{2-} + I_2 \longrightarrow I^- + S_4O_6^{2-}$

## 5. 计算题

(1) 试计算下列反应的平衡常数，并说明此反应进行的程度。

$$MnO_4^- + 5Fe^{2+} + 8H^+ =\!\!= Mn^{2+} + 5Fe^{3+} + 4H_2O$$

(2) 某 $KMnO_4$ 标准溶液的物质的量浓度为 $c\left(\dfrac{1}{5}KMnO_4\right) = 0.1040 \text{mol/L}$，计算它对 $Fe_2O_3$ 及 $FeSO_4 \cdot 7H_2O$ 的滴定度各是多少？

(3) 配制 $c\left(\dfrac{1}{5}KMnO_4\right) = 0.10 \text{mol/L}$ $KMnO_4$ 溶液 700mL，应称取 $KMnO_4$ 多少克？若以 $H_2C_2O_4 \cdot 2H_2O$ 为基准物质标定，应称取多少克 $H_2C_2O_4 \cdot 2H_2O$？

（4）配制 1.5L $c\left(\frac{1}{5}KMnO_4\right)=0.20$mol/L 的 $KMnO_4$ 溶液，应称取 $KMnO_4$ 多少克？配制 1L $T_{Fe/KMnO_4}=0.006020$g/mL 的 $KMnO_4$ 溶液，应称取 $KMnO_4$ 多少克？

（5）称取 1.000g 纯 $H_2C_2O_4 \cdot 2H_2O$ 定容于 250mL 容量瓶中，取出 25.00mL，用 $KMnO_4$ 溶液滴定，消耗 25.08mL。求 $c\left(\frac{1}{5}KMnO_4\right)$ 及 $T_{H_2C_2O_4 \cdot 2H_2O/KMnO_4}$。

（6）含 $Fe_2O_3$ 75.90% 的铁矿石试样 0.3000g，需用 $c(K_2Cr_2O_7)=0.02000$mol/L 的 $K_2Cr_2O_7$ 标准溶液多少毫升？

（7）将 1.000g 钢样中铬氧化成 $Cr_2O_7^{2-}$，加入 25.00mL $c(FeSO_4)=0.1000$mol/L 的 $FeSO_4$ 标准溶液，然后用 $c\left(\frac{1}{5}KMnO_4\right)=0.09000$mol/L 的 $KMnO_4$ 标准溶液 7.00mL 回滴过量的 $FeSO_4$。计算钢中铬的质量分数。

（8）以 $K_2Cr_2O_7$ 标准溶液滴定 0.4000g 褐铁矿，若所用 $K_2Cr_2O_7$ 溶液的体积（以 mL 为单位）与试样中 $Fe_2O_3$ 的质量分数数值相等，求 $K_2Cr_2O_7$ 溶液对铁的滴定度。

（9）称取苯酚样品 0.5000g，溶解后移入 250mL 容量瓶中，稀释至刻度，摇匀。吸取 25.00mL 于碘量瓶中，加入 $KBrO_3$-$KBr$ 标准溶液 25.00mL 及 HCl 和 KI，用 $c(Na_2S_2O_3)=0.1050$mol/L 的 $Na_2S_2O_3$ 标准溶液滴定至终点，消耗 20.50mL。另取 25.00mL $KBrO_3$-$KBr$ 标准溶液进行空白试验，消耗同浓度的 $Na_2S_2O_3$ 标准溶液 48.50mL。求样品中苯酚的含量。

# 6. 沉淀滴定法

### 学习指南

卤化物的分布十分广泛。卤离子如 $Cl^-$、$Br^-$、$I^-$ 等的定量分析测定在日常应用中很普遍，用简便、准确的方法对其进行测定意义很大。

生成银盐沉淀的反应迅速，并且反应十分完全（沉淀溶解度很小），满足滴定分析法对反应的要求；如果能找到合适的指示剂，反应就能用于滴定分析。而根据选取的指示剂不同，相应地建立了三种具体方法——莫尔法、福尔哈德法和法扬司法。

学习中要善于将知识的领会融于技能的掌握之中。

### 学习要求

了解沉淀滴定法的特点；
理解莫尔法和福尔哈德法所用指示剂确定终点的原理；
掌握莫尔法和福尔哈德法的应用范围与应用条件；
了解法扬司法的应用范围和应用条件；
了解吸附指示剂的使用条件。

沉淀滴定法是以沉淀反应为基础的滴定分析方法。在分析中应用最广泛的沉淀滴定法为银量法。银量法是利用生成难溶性银盐的反应进行滴定分析的方法。银量法依据滴定方式、滴定条件和选用指示剂的不同又分为莫尔法、福尔哈德法及法扬司法。

## 6.1 莫 尔 法

M6-1 莫尔法与福尔哈德法对比

**莫尔法**是在中性或弱碱性介质中，以铬酸钾（$K_2CrO_4$）作指示剂，以 $AgNO_3$ 作标准溶液的一种银量法。

### 6.1.1 原理

莫尔法所依据的是分级沉淀原理。

例如用 $AgNO_3$ 标准溶液滴定 $Cl^-$，以 $K_2CrO_4$ 作指示剂。滴定反应为：

$$Ag^+ + Cl^- =\!=\!= AgCl\downarrow\text{（白色）} \qquad K_{sp,AgCl} = 1.8\times 10^{-10}$$

指示反应为：

$$2Ag^+ + CrO_4^{2-} =\!=\!= Ag_2CrO_4\downarrow\text{（砖红色）} \qquad K_{sp,Ag_2CrO_4} = 2.0\times 10^{-12}$$

由于 AgCl 沉淀的溶解度（$1.3 \times 10^{-5}$ mol/L）比 $Ag_2CrO_4$ 沉淀的溶解度（$7.9 \times 10^{-5}$ mol/L）小，在滴定过程中，先析出 AgCl 白色沉淀，并使溶液中的 $Cl^-$ 逐渐减少。当滴定到化学计量点附近，溶液中析出砖红色 $Ag_2CrO_4$ 沉淀，表示已到达滴定终点。

### 6.1.2 滴定条件

(1) 指示剂用量

指示剂用量过大，即溶液中 $[CrO_4^{2-}]$ 大，会使终点提前；反之，如果指示剂用量少，则滴定终点滞后。

指示剂的理论用量一般为 $1.2 \times 10^{-2}$ mol/L，由于 $K_2CrO_4$ 呈黄色，要在黄色存在下观察到微量砖红色的 $Ag_2CrO_4$ 沉淀比较困难，实际上采用的 $[CrO_4^{2-}]$ 比理论值要低一些，在一般浓度（0.1 mol/L）的滴定过程中，$[CrO_4^{2-}]$ 保持在 $5 \times 10^{-3}$ mol/L（相当于 50～100 mL 溶液中加入 5% $K_2CrO_4$ 溶液 0.5～1.0 mL）为宜，滴定误差小于 0.1%。

对于较稀溶液的滴定（如 0.01 mol/L $AgNO_3$ 滴定 0.01 mol/L 的 $Cl^-$），误差可达 6%，应做指示剂空白试验进行校正。

空白试验方法：取与滴定中生成 AgCl 沉淀的量相当的 $CaCO_3$（不含 $Cl^-$），加入与滴定溶液体积大致相当的水和等量的 $K_2CrO_4$ 指示剂，用同一 $AgNO_3$ 标准溶液滴定至与试液相同的终点颜色，$AgNO_3$ 用量即为空白值。从滴定试液时所消耗的 $AgNO_3$ 体积中减去空白值，即得实际消耗的 $AgNO_3$ 体积。

(2) 溶液酸度

莫尔法滴定要求在中性或弱碱性条件下进行。因为在强酸性溶液中，$CrO_4^{2-}$ 有如下反应：

$$CrO_4^{2-} + H^+ \rightleftharpoons HCrO_4^-$$

使 $[CrO_4^{2-}]$ 降低，终点出现过迟，甚至不出现终点。

而在强碱性条件下，滴定所用的 $AgNO_3$ 溶液会发生如下反应：

$$2Ag^+ + 2OH^- \rightleftharpoons Ag_2O\downarrow（褐色）+ H_2O$$

$Ag^+$ 转变成褐色的 $Ag_2O$ 沉淀析出，影响准确度。

所以莫尔法进行滴定时，溶液的 pH 应控制在 6.5～10.5 之间为宜。若试液酸性太强，应用 $NaHCO_3$、$Na_2B_4O_7 \cdot 10H_2O$ 或 $CaCO_3$ 中和；若溶液碱性太强，可用稀 $HNO_3$ 中和。调至适宜的 pH 后，再进行滴定。

莫尔法也不宜在氨性溶液中进行滴定，以免 $Ag^+$ 与 $NH_3$ 结合成配离子 $[Ag(NH_3)_2]^+$ 而多消耗 $AgNO_3$ 标准溶液。若溶液中有 $NH_4^+$，则需控制溶液的 pH 为 6.5～7.2，以防 $NH_4^+$ 在碱性条件下转化为 $NH_3$ 而影响测定。

(3) 充分摇动试液

卤化银沉淀易吸附溶液中尚未反应的卤素离子，使滴定终点提前，因此，滴定时必须充分摇动试液，减少卤化银沉淀对卤素离子的吸附，获得准确的终点。

(4) 干扰离子

能与 $Ag^+$ 生成沉淀的 $PO_4^{3-}$、$AsO_4^{3-}$、$SO_3^{2-}$、$S^{2-}$、$CO_3^{2-}$、$CrO_4^{2-}$ 等阴离子及能与 $CrO_4^{2-}$ 生成沉淀的 $Ba^{2+}$、$Pb^{2+}$ 等阳离子对滴定都有干扰。大量 $Cu^{2+}$、$Ni^{2+}$、$Co^{2+}$ 等有色离子存在会影响终点的观察。在中性或弱碱性溶液中发生水解的 $Fe^{3+}$、$Al^{3+}$、$Bi^{3+}$、$Sn^{4+}$ 等高价离子也干扰滴定。

### 6.1.3 应用范围及实例

莫尔法主要用于测定 $Cl^-$、$Br^-$ 和 $Ag^+$。

(1) 直接滴定法测定 $Cl^-$、$Br^-$

当 $Cl^-$ 或 $Br^-$ 单独存在时,可测其各自量;当 $Cl^-$ 和 $Br^-$ 共存时,测得结果是其总量。测定 $I^-$ 或 $SCN^-$ 时,由于 AgI 或 AgBr 沉淀吸附 $I^-$ 或 $SCN^-$ 十分严重,测定误差很大。

M6-2 莫尔法的应用实例

(2) 返滴定法测定 $Ag^+$

向溶液中加入过量的 NaCl 标准溶液,然后再用 $AgNO_3$ 标准溶液滴定剩余的 $Cl^-$。若以 $Cl^-$ 直接滴定 $Ag^+$,由于先析出的 $Ag_2CrO_4$ 沉淀转化为 AgCl 的速率很慢,滴定终点难以确定。

实际应用中,莫尔法在化学工业、环境监测、水质分析、农药检验及冶金工业等检测分析中具有非常重要的意义。如水中氯含量的测定一般多采用莫尔法,因为地面水和地下水都含有氯的钠、钙、镁等盐类,用漂白粉消毒的水也含有一定的氯化物。

### 6.1.4 硝酸银标准溶液的配制和标定

$AgNO_3$ 标准溶液可用符合分析要求的基准试剂 $AgNO_3$ 直接配制,但市售 $AgNO_3$ 常含有杂质,因此配制成溶液后必须用基准物质 NaCl 标定。

配制 $AgNO_3$ 溶液用的蒸馏水(尤其是直接配制)应不含 $Cl^-$,配好的 $AgNO_3$ 溶液应贮于棕色玻璃瓶中,并置于暗处用黑纸包好,以免见光分解。

$$2AgNO_3 = 2Ag + 2NO_2\uparrow + O_2\uparrow$$

滴定时应使用棕色酸式滴定管,$AgNO_3$ 具有腐蚀性,应注意不要使它接触到衣服和皮肤。

$AgNO_3$ 溶液可用莫尔法以 NaCl 基准物质标定。NaCl 易吸潮,在标定前应将 NaCl 放在坩埚中于 500~600℃ 加热至不再有爆鸣声为止,冷却后存放于干燥器中备用。

## 6.2 福尔哈德法

**福尔哈德法** 是以铁铵矾 $[NH_4Fe(SO_4)_2 \cdot 12H_2O]$ 作指示剂确定滴定终点,用 $NH_4SCN$ 作标准溶液进行滴定的银量法。

### 6.2.1 原理

例如用 $NH_4SCN$ 标准溶液滴定 $Ag^+$,以铁铵矾作指示剂,反应为:

$$Ag^+ + SCN^- = AgSCN\downarrow \text{(白色)} \qquad K_{sp,AgSCN} = 1.0 \times 10^{-12}$$

$$Fe^{3+} + SCN^- = [FeSCN]^{2+} \text{(红色)} \qquad K_{形} = 200$$

在滴定过程中,先析出 AgSCN 白色沉淀,并使溶液中 $Ag^+$ 逐渐减少。当滴定到化学计量点附近,溶液中出现红色 $[FeSCN]^{2+}$,表示已达到滴定终点。

### 6.2.2 滴定条件

(1) 指示剂用量

实践证明,$[FeSCN]^{2+}$ 浓度达到 $6.0 \times 10^{-6}$ mol/L,溶液的红色才能被观察到,欲使其正好出现在化学计量点,此时所需 $Fe^{3+}$ 的浓度可计算求出。

$$[SCN^-] = [Ag^+] = \sqrt{K_{sp,AgSCN}} = \sqrt{1.0 \times 10^{-12}} = 1.0 \times 10^{-6} \text{ (mol/L)}$$

$$[Fe^{3+}] = \frac{[FeSCN^{2+}]}{K_{[FeSCN]^{2+}}[SCN^-]} = \frac{6.0 \times 10^{-6}}{200 \times 1.0 \times 10^{-6}} = 0.03 \text{ (mol/L)}$$

但是 $Fe^{3+}$ 在此浓度下使溶液呈现较深的棕黄色,影响终点观察。降低溶液中 $Fe^{3+}$ 浓度到 0.015mol/L(0.1mol/L 的一般溶液)时,可观察到明显的终点变化。虽然滴定终点较化学计量点滞后,造成滴定过量,但是由此产生的滴定误差(终点溶液体积为 50mL),仍符合滴定分析要求。

（2）溶液的酸度

滴定在 0.1~1mol/L 的稀硝酸溶液中进行。若在中性或弱碱性溶液中,$Fe^{3+}$ 将水解形成 $Fe(OH)_3$ 沉淀,减小溶液中 $Fe^{3+}$ 的浓度,且 $Ag^+$ 也会转变成 $Ag_2O$,影响终点确定。若酸度过高,会使 $SCN^-$ 浓度减小,也会影响终点确定。

（3）干扰离子

强氧化剂可以将 $SCN^-$ 氧化；氮的低价氧化物能与 $SCN^-$ 形成红色的化合物；铜盐、汞盐等能与 $SCN^-$ 作用形成 $Cu(SCN)_2$、$Hg(SCN)_2$ 沉淀。这些物质的作用离子都干扰滴定。

### 6.2.3 应用范围及实例

（1）直接滴定法测定 $Ag^+$

溶液中 $Ag^+$ 的测定,可直接用 $NH_4SCN$ 标准溶液滴定。由于滴定过程中生成的 AgSCN 沉淀对 $Ag^+$ 有较强的吸附能力,使滴定终点提前到达。因此在滴定接近终点,开始出现红色时,应剧烈振荡,使吸附在沉淀上的 $Ag^+$ 及时释出,继续滴定,直至出现稳定红色不褪色即为滴定终点。

M6-3 福尔哈德法的应用实例

（2）返滴定法测定 $Cl^-$、$Br^-$、$I^-$ 或 $SCN^-$

测定试液中 $Cl^-$、$Br^-$、$I^-$ 或 $SCN^-$ 时,先在试液中加入一定体积过量的 $AgNO_3$ 标准溶液,使被测离子生成银盐沉淀,用 $NH_4SCN$ 标准溶液滴定剩余的 $Ag^+$。

测定 $Cl^-$ 时,因 AgSCN 的溶解度 ($1.0 \times 10^{-6}$ mol/L) 小于 AgCl 的溶解度 ($1.3 \times 10^{-5}$ mol/L),溶液中微过量的 $SCN^-$ 能与 AgCl 发生沉淀转化反应：

$$AgCl + SCN^- \rightleftharpoons AgSCN\downarrow + Cl^-$$

因此,当滴定到溶液红色出现时,摇动溶液,红色消失,再滴定出现的红色随着摇动又会消失,直至溶液中 $Cl^-$ 增加到与 $SCN^-$ 浓度之间达到平衡,才会出现永久的红色,这将引起很大的误差。为避免上述转化反应的发生,通常采用两种措施。一种措施是在用 $NH_4SCN$ 标准溶液滴定前,向试液中加入硝基苯(有毒)或邻苯二甲酸二丁酯,充分摇动,则在 AgCl 沉淀表面上覆盖一层有机溶剂,使 AgCl 与溶液隔离。另一种措施是在试液中加入过量 $AgNO_3$ 标准溶液后,将溶液煮沸,使 AgCl 凝聚成细小的颗粒沉淀,过滤分离。用稀 $HNO_3$ 充分洗涤沉淀,滤液与洗涤液合并,用 $NH_4SCN$ 标准溶液滴定溶液中的剩余 $Ag^+$。但在准确度要求不太高的情况下,可采取一种简便的方法,即加快滴定速度,终点前剧烈摇动,终点时轻轻摇动。

测定 $Br^-$ 或 $I^-$ 时,由于 AgBr 的溶度积 ($K_{sp,AgBr} = 5.0 \times 10^{-13}$) 和 AgI 的溶度积 ($K_{sp,AgI} = 8.3 \times 10^{-17}$) 均小于 AgSCN 的溶度积,因此不发生沉淀转化反应。

测定 $I^-$ 时,由于指示剂中的 $Fe^{3+}$ 能将 $I^-$ 氧化为 $I_2$,使测定结果偏低,应在加入 $AgNO_3$ 后再加入指示剂。

实际应用中测定水中的氯时,如果水中含有 $PO_4^{3-}$,若采用莫尔法,则需在中性或弱碱性条件下,而此条件下 $PO_4^{3-}$ 与 $Ag^+$ 生成沉淀,干扰测定。故常用福尔哈德法在酸性条件下测定,即避免了 $PO_4^{3-}$ 的干扰。

银合金中银的测定一般采用福尔哈德法。将合金试样溶于 $HNO_3$ 制成溶液,溶液中的 $Ag^+$ 以 $NH_4SCN$ 标准溶液滴定。

### 6.2.4 硫氰化钾标准溶液的配制和标定

KSCN 试剂一般含有杂质且易潮解,通常采用间接法配制,以 $AgNO_3$ 标准溶液按福尔哈德法的直接滴定法或返滴定法进行标定。直接滴定法标定反应为:

$$Ag^+ + SCN^- = AgSCN\downarrow \text{(白色)}$$
$$Fe^{3+} + SCN^- = [FeSCN]^{2+} \text{(淡红色)}$$

返滴定法标定为:

首先 $\quad Ag^+_{(过量)} + Cl^- = AgCl\downarrow$ (白色)

化学计量点前 $\quad Ag^+ + SCN^- = AgSCN\downarrow$ (白色)

化学计量点后 $\quad Fe^{3+} + SCN^- = [FeSCN]^{2+}$ (淡红色)

## 6.3 法扬司法

**法扬司法**是以吸附指示剂确定滴定终点的银量法。

吸附指示剂一般为有机弱酸,是一类有色的有机化合物。吸附指示剂在水溶液中可离解为具有一定颜色的阴离子,被带正电荷的沉淀胶粒吸附后结构变形,颜色发生变化。

### 6.3.1 原理

例如用 $AgNO_3$ 标准溶液滴定 $Cl^-$,以荧光黄作指示剂。荧光黄是一种有机弱酸,用 HFL 表示,在水溶液中离解为荧光黄阴离子 $FL^-$,呈黄绿色,反应为:

$$HFL \rightleftharpoons FL^- \text{(黄绿色)} + H^+$$

在化学计量点前,溶液中的 AgCl 沉淀微粒吸附溶液中尚未反应的 $Cl^-$ 而带负电荷,荧光黄阴离子 $FL^-$ 不被吸附,溶液呈黄绿色。达到化学计量点时 $Cl^-$ 全部反应生成 AgCl 沉淀,微过量的 $Ag^+$ 可被 AgCl 沉淀微粒吸附而带正电荷,带正电荷的微粒吸附荧光黄阴离子 $FL^-$,结构发生变化,沉淀表面变为粉红色,指示终点到达。

$$\underset{\text{(黄绿色)}}{AgCl \cdot Ag^+ + FL^-} = \underset{\text{(粉红色)}}{AgCl \cdot Ag \cdot FL}$$

如果用 $Cl^-$(NaCl 标准溶液)滴定 $Ag^+$,滴定终点颜色的变化正好相反,由粉红色转变为黄绿色。

### 6.3.2 滴定条件

(1) 保持沉淀呈胶体状态

由于吸附指示剂的颜色变化是发生在沉淀的表面上,为使终点变色明显,应尽可能使沉淀呈胶体状态,具有较大的表面积。在滴定前可加入糊精、淀粉作为胶体保护剂,防止沉淀凝聚。此外,在滴定前将溶液适当稀释,也有利于沉淀保持胶体状态。但浓度不能太低,否则,生成沉淀量太少,观察终点比较困难。用荧光黄作指示剂滴定 $Cl^-$ 时,要求 $Cl^-$ 浓度在 0.005mol/L 以上;滴定 $Br^-$、$I^-$ 或 $SCN^-$ 时,这些离子的浓度可在 0.001mol/L 以上。同时应避免大量电解质存在,防止它使胶体凝聚。

(2) 控制溶液酸度

吸附指示剂大多是有机弱酸，用于指示终点颜色变化的是其离解部分的阴离子。因此，溶液酸度大小直接影响其在溶液中离解出的阴离子浓度，酸度大，离解程度减小，酸度大到一定程度，溶液中无离解出的阴离子，则无法指示终点。溶液的最高酸度由指示剂的离解常数决定，离解常数大，酸度可大些。

(3) 吸附指示剂的选择

不同指示剂的阴离子被沉淀吸附的能力不同。滴定时选用的指示剂，其阴离子被沉淀吸附的能力应略小于被测离子被沉淀吸附的能力，否则在化学计量点前指示剂阴离子就取代了被吸附的被测离子，而提前改变颜色。但是，沉淀对指示剂阴离子的吸附能力也不能太小，否则指示剂变色不敏锐，使终点滞后。卤化银沉淀对卤素离子和常用的几种吸附指示剂的吸附能力大小顺序是：

$$I^- > 二甲基二碘荧光黄 > SCN^- > Br^- > 曙红 > Cl^- > 荧光黄$$

可见，测定 $Cl^-$ 时应选择荧光黄而不能选择曙红，因为 AgCl 沉淀吸附曙红的能力比吸附 $Cl^-$ 的能力强，在化学计量点前曙红即被吸附而改变颜色。测定 $Br^-$ 时可选择曙红而不能选择二甲基二碘荧光黄。

(4) 避免强光照射

卤化银沉淀对光敏感，遇光照分解析出银，使沉淀变为灰黑色，影响滴定终点的观察。因此，不要在强光直射下进行滴定。

### 6.3.3 应用范围及实例

M6-4 法扬司法的应用实例

法扬司法主要用于以 $AgNO_3$ 标准溶液直接滴定 $Cl^-$、$Br^-$、$I^-$、$SCN^-$（见表 6-1）。例如 KI 试剂的测定，以曙红作指示剂，溶液酸度控制在 pH 为 4 左右进行。

表 6-1　法扬司法的应用范围及常用指示剂

| 被测离子 | 指示剂 | 滴定条件 pH | 终点颜色变化 | 被测离子 | 指示剂 | 滴定条件 pH | 终点颜色变化 |
| --- | --- | --- | --- | --- | --- | --- | --- |
| $Cl^-$ | 荧光黄 | 7~10 | 黄绿→粉红 | $I^-$ | 二甲基二碘荧光黄 | 中性 | 黄红→红紫 |
| $Cl^-$ | 二氯荧光黄 | 4~10 | 黄绿→红 | $SCN^-$ | 溴甲酚绿 | 4~5 | 黄→蓝 |
| $Br^-$、$I^-$、$SCN^-$ | 曙红 | 2~10 | 黄红→红紫 | $Ag^+$ | 甲基紫 | 酸性 | 蓝→紫 |

## *6.4　电位滴定法

**电位滴定法**是根据滴定过程中化学计量点附近的电位突跃来确定滴定终点的方法。例如用 $AgNO_3$ 标准溶液滴定 $Cl^-$ 时，在滴定过程中，随着 $AgNO_3$ 的不断加入，溶液中的 $Ag^+$ 浓度（很小）逐渐增加，但增加幅度不大，在化学计量点附近，溶液中的 $Ag^+$ 浓度迅速增加，发生突跃。用银电极作指示电极，溶液中 $Ag^+$ 浓度的变化，引起电位的变化，通过测定滴定过程中的电位变化，绘制滴定曲线即可确定滴定终点。

电位滴定法多用于以指示剂指示滴定终点有困难的滴定分析中。

电位滴定中，并不需要知道电位的绝对值，而仅注意电位的变化。在装有试液的烧杯中，插入两支电极，一支是指示电极，其电位随溶液中被滴定离子的浓度变化而改变；另一支是参比电极，其电位值恒定不变，且不必知道其数值。两电极间的电动势以电位计测量。为使滴定反应迅速达到平衡，在滴定过程中一般使用电动搅拌器搅拌溶液。滴定时，每加入一定体积的滴定剂，就测量一次电动势。当然，在滴定过程的初期，滴定剂的加入量每次可多些（1~5mL），化学计量点前后则应少一点（每次 0.1mL），其后又可多些。最后，绘出电动势 $E$ 对应于滴定剂加入量 $V$(mL) 的滴定曲线。曲线上电动势"突跃"部分的中点，应与实际的化学计量点很接近，一般就作为滴定终点。

电位滴定法操作比较复杂，分析时间长。若使用自动电位滴定仪，可达到简便、快速的目的。

## 6.5 计算示例

**【例 6-1】** 用莫尔法测定食盐中 NaCl 的含量。称取试样 0.1500g，溶于水后用 0.1000mol/L $AgNO_3$ 标准溶液滴定，用去 25.00mL，计算试样中 NaCl 的质量分数（试样中除 NaCl 外不含其他能与 $AgNO_3$ 作用的物质）。

**解** 滴定反应为：$NaCl + AgNO_3 \rightleftharpoons NaNO_3 + AgCl \downarrow$

由反应可知，当到达化学计量点时，$AgNO_3$ 的物质的量等于 NaCl 的物质的量，即

$$\frac{m(NaCl)}{M(NaCl)} = c(AgNO_3)V(AgNO_3)$$

则

$$w(NaCl) = \frac{c(AgNO_3)V(AgNO_3)M(NaCl)}{m}$$

$$= \frac{0.1000 \times 25.00 \times 10^{-3} \times 58.44}{0.1500}$$

$$= 0.9740$$

**【例 6-2】** 称取含银废液 2.075g，加入适量 $HNO_3$，以铁铵矾作指示剂，用 0.04634mol/L $NH_4SCN$ 标准溶液滴定，消耗 25.50mL，计算此废液中银的质量分数。

**解** 银的物质的量为：$n(Ag) = c(NH_4SCN)V(NH_4SCN)$

$$w(Ag) = \frac{n(Ag)M(Ag)}{m}$$

$$= \frac{0.04634 \times 25.50 \times 10^{-3} \times 107.87}{2.075}$$

$$= 0.06143$$

**【例 6-3】** 称取可溶性氯化物 0.2266g，加水溶解后，加入 0.1121mol/L $AgNO_3$ 溶液 30.00mL，过量的 $Ag^+$ 用 0.1185mol/L $NH_4SCN$ 标准溶液滴定，消耗 6.50mL，计算试样中氯的质量分数。

**解** $$w(Cl) = \frac{[c(AgNO_3)V(AgNO_3) - c(NH_4SCN)V(NH_4SCN)]M(Cl)}{m}$$

$$= \frac{(0.1121 \times 30.00 \times 10^{-3} - 0.1185 \times 6.50 \times 10^{-3}) \times 35.35}{0.2266}$$

$$= 0.4045$$

**【例 6-4】** 称取纯 LiCl 和 $BaBr_2$ 的混合物 0.6000g，溶于水，加 0.2017mol/L $AgNO_3$

溶液 45.15mL。用 0.1000mol/L 的 $NH_4SCN$ 标准溶液返滴剩余的 $AgNO_3$，用去 25.00mL。计算混合物中 LiCl 和 $BaBr_2$ 的质量分数各为多少。

**解** 已知 $M(LiCl)=42.39g/mol$，$M\left(\frac{1}{2}BaBr_2\right)=\frac{297.14}{2}=148.57$ （g/mol）。

设 $BaBr_2$ 的质量为 $m(BaBr_2)$（g），则 LiCl 的质量为 $[m-m(BaBr_2)]$（g），于是有

$$\frac{m-m(BaBr_2)}{M(LiCl)}+\frac{m(BaBr_2)}{M\left(\frac{1}{2}BaBr_2\right)}=c(AgNO_3)V(AgNO_3)-c(NH_4SCN)V(NH_4SCN)$$

代入数据，得

$$\frac{0.6000-m(BaBr_2)}{42.39}+\frac{m(BaBr_2)}{148.57}=(0.2017\times 45.15-0.1000\times 25.00)\times 10^{-3}$$

$$m(BaBr_2)=0.4476 \text{（g）}$$

$$w(BaBr_2)=\frac{m(BaBr_2)}{m}=\frac{0.4476}{0.6000}=0.7460$$

$$w(LiCl)=\frac{m-m(BaBr_2)}{m}=\frac{0.6000-0.4476}{0.6000}=0.2540$$

知识窗

## LCA 在环境评估中的应用

LCA 为英文 Life Cycle Assessment 的缩写，可译为产品的生命周期分析法或生命周期评估法。通俗地讲，就是通过对产品生产过程中对能源的消耗、原材料的消耗及废物排放的鉴定及量化来评估一个产品、过程活动对环境带来的负面影响的客观方法。

举一个例子来讲，如重复使用的玻璃瓶和一次性金属易拉罐哪一个更有利于环境？由于人们往往只看到消费以后被抛弃的瞬间，于是很容易产生这样的想法，即玻璃瓶一定比易拉罐有利于环境。殊不知，这样的判断有时是不科学的，因为消费和被抛弃仅是这些包装容器整个生命周期中短暂的一瞬。在它们各自使用的原料挖掘、加工成容器以及被用来包装食品、再将包好的食品运输分销至消费者，甚至在消费者家中如何储存等所有环节上，它们都对环境造成影响，因此仅仅靠某一环节来判断其是否对环境有利害关系往往不够。因为它不能够回答下列问题：

（1）二氧化硅（玻璃瓶原料）与铝矾土（易拉罐的主要原料）的开采哪一种对环境破坏大？

（2）玻璃瓶的熔炼和铝矾土电解哪一个耗能更大？各自对酸雨、温室效应的影响如何？

（3）玻璃瓶固然可重复利用，但自重超过易拉罐，由此导致的空返运输中所消耗的不可再生燃料（如汽油）对可持续发展的威胁如何评价？

（4）玻璃瓶装牛奶从出厂到家庭一路均需要冷藏，其消耗的能源对温室效应、制冷过程中排出的氟利昂（CFC）气体对臭氧层的破坏如何评价？

……

因此在评价一个产品对环境的影响时应全面加以考虑，才能得出正确结论。

**本章小结**

沉淀滴定法是利用生成难溶性银盐的反应，以测定 $Cl^-$、$Br^-$、$I^-$、$SCN^-$ 和 $Ag^+$ 等的滴定分析法。

1. 莫尔法

莫尔法是在中性或弱碱性溶液中，以 $K_2CrO_4$ 作指示剂的滴定分析法。

此法可用于直接滴定 $Cl^-$ 或 $Br^-$（对 $I^-$ 和 $SCN^-$ 的滴定误差较大），即以 $AgNO_3$ 标准溶液滴定溶液中的 $Cl^-$ 或 $Br^-$；也可用返滴定法测定 $Ag^+$，即加过量的 NaCl 标准溶液后，以 $AgNO_3$ 标准溶液滴定。

凡能与 $Ag^+$ 或 $CrO_4^{2-}$ 反应生成沉淀的离子都干扰测定。

2. 福尔哈德法

福尔哈德法是在稀硝酸溶液中，以铁铵矾作指示剂的滴定分析法。

此法可用于直接滴定 $Ag^+$，即以 $NH_4SCN$ 标准溶液滴定溶液中的 $Ag^+$；也可用返滴定法测定 $Cl^-$、$Br^-$、$I^-$、$SCN^-$，即加入过量的 $AgNO_3$ 标准溶液后，以 $NH_4SCN$ 标准溶液滴定。但是测定 $Cl^-$ 时，应采取措施防止 AgCl 沉淀转化；测 $I^-$ 时，应防止 $Fe^{3+}$ 氧化 $I^-$。

3. 法扬司法

法扬司法是使用吸附指示剂的滴定分析法。

此法用于直接滴定 $Cl^-$、$Br^-$、$I^-$、$SCN^-$。但要根据被滴定离子选择指示剂，再以指示剂确定溶液酸度。

**思考与实践**

**1. 填空题**

(1) 莫尔法滴定中，终点出现的早晚与溶液中_____的浓度有关。若其浓度过大，则终点_____出现，浓度过小则终点_____出现。

(2) 莫尔法测 $Cl^-$ 时，由于_____沉淀溶解度小于_____沉淀的溶解度，所以当用 $AgNO_3$ 溶液滴定时，首先析出_____沉淀。

(3) 莫尔法滴定时的酸度必须适当，在酸性溶液中_____沉淀溶解；强碱性溶液中则生成_____沉淀。

(4) 吸附指示剂是一些_____，它们在水溶液中因_____而改变颜色。

(5) 法扬司法测定卤离子时，要保持沉淀呈_____状态，为此需采取的措施有：_____，_____，_____。

(6) KSCN 标准溶液一般采用_____配制，以_____标准溶液进行标定。

(7) 以荧光黄（用 HFL）作为指示剂，用 $AgNO_3$ 标准溶液滴定 $Cl^-$。滴定前，AgCl 吸附_____，溶液呈_____；达到化学计量点时，_____被 AgCl 吸附而形成_____，它强烈吸附_____，使沉淀变为_____色。

(8) 卤化银沉淀对卤离子和常用指示剂的吸附能力大小顺序是_____。

**2. 单选题**

(1) 莫尔法测 $Cl^-$，终点时溶液的颜色为（　　）。

A. 黄绿色　　　　B. 粉红色　　　　C. 砖红色　　　　D. 红色

（2）对莫尔法滴定不能产生干扰的离子有（　　）。
　　A. $Pb^{2+}$　　　　B. $Bi^{3+}$　　　　C. $NO_3^-$　　　　D. $AsO_4^{3-}$

（3）莫尔法不适于测定（　　）。
　　A. $Cl^-$　　　　B. $Br^-$　　　　C. $Ag^+$　　　　D. $SCN^-$

（4）福尔哈德法滴定时的酸度条件是（　　）。
　　A. 酸性　　　　B. 弱酸性　　　　C. 碱性　　　　D. 中性

（5）用福尔哈德滴定法测 $I^-$ 时，指示剂必须在加入过量 $AgNO_3$ 溶液后才能加入，这是因为（　　）。
　　A. AgI 对指示剂的吸附性强　　　　B. AgI 对 $I^-$ 的吸附性强
　　C. $Fe^{3+}$ 氧化　　　　D. $Fe^{3+}$ 水解

（6）莫尔法测定含量时，要求介质的 pH 在 6.5～10.5 之间，若酸度过高，则（　　）。
　　A. AgCl 沉淀不完全　　　　B. AgCl 沉淀吸附 $Cl^-$ 的能力增强
　　C. $Ag_2CrO_4$ 沉淀不易形成　　　　D. 形成 $Ag_2O$ 沉淀

（7）福尔哈德法测定溶液中 $Cl^-$，以铁铵矾为指示剂，硫氰酸铵标准溶液滴定的方法属于（　　）。
　　A. 配位滴定法　　　B. 氧化还原滴定法　　　C. 直接滴定法　　　D. 返滴定法

（8）以法扬司法测 $Cl^-$ 时，下列操作中错误的是（　　）。
　　A. 选择曙红为指示剂　　　　B. $Cl^-$ 浓度在 0.005mol/L 以上
　　C. 加入淀粉溶液　　　　D. 在中性溶液中滴定

**3. 判断题**

（1）使用福尔哈德法测定 $Cl^-$ 含量时，在溶液中加入硝基苯的作用是为了避免 AgCl 转化为 AgSCN 发生沉淀转化反应。（　　）

（2）在沉淀滴定银量法中，各种指示终点的指示剂都有其特定的酸度使用范围。（　　）

（3）使用福尔哈德法测定 $Ag^+$ 含量时，强氧化剂不能产生干扰。（　　）

（4）使用法扬司法测定卤离子含量时，应避免强光照射。（　　）

（5）KSCN 标准溶液采用间接法配制后，可以 NaCl 基准试剂通过返滴定法进行标定。（　　）

**4. 问答题**

在下列情况下，分析结果是偏高、偏低，还是准确？并说明原因。

（1）pH=3 的条件下，用莫尔法测定 $Cl^-$；

（2）pH=8 的条件下，用莫尔法测定 $I^-$；

（3）用福尔哈德法测定 $Cl^-$，未采取任何其他措施；

（4）用福尔哈德法测定 $I^-$，先加铁铵矾指示剂，再加入过量 $AgNO_3$ 标准溶液；

（5）用法扬司法测定 $SCN^-$，选择二甲基二碘荧光黄作指示剂。

**5. 计算题**

（1）将各为 0.2000g 的纯 KCl 和 KBr 混合后溶解，以 0.2000mol/L $AgNO_3$ 溶液滴定，需用多少毫升？

（2）称取银合金试样 0.3000g，用 $HNO_3$ 溶解后制成试液，加入铁铵矾指示剂，用 0.1000mol/L 的 $NH_4SCN$ 标准溶液滴定，用去 23.80mL，计算试样中银的质量分数。

（3）称取 KI 试剂 1.652g 溶于水后，以曙红作指示剂，调溶液 pH=4，用 0.05000mol/L $AgNO_3$ 标准溶液滴定，消耗 20.00mL，计算 KI 试剂的纯度。

（4）移取 NaCl 溶液 20.00mL，用 0.1023mol/L $AgNO_3$ 溶液 27.00mL 滴定至终点，求此每升溶液中含 NaCl 多少克？

（5）称取基准试剂 NaCl 0.1173g，溶解后，加入 30.00mL $AgNO_3$ 溶液，过量的 $Ag^+$ 用 3.20mL $NH_4SCN$ 溶液滴定至终点。已知 20.00mL $AgNO_3$ 溶液与 21.00mL $NH_4SCN$ 溶液完全作用。计算 $AgNO_3$ 与 $NH_4SCN$ 溶液的浓度。

(6) 称取含有 NaCl 和 NaBr 的试样 0.6280g，溶解后用 AgNO$_3$ 溶液处理，获得干燥的 AgCl 和 AgBr 沉淀 0.5064g，另称取相同质量的试样一份，用 0.1050mol/L AgNO$_3$ 标准溶液滴定至终点，用去 28.34mL，计算试样中 NaCl 和 NaBr 各自的质量分数。

(7) 将 0.1020mol/L AgNO$_3$ 溶液 40.00mL 加到 25.00mL BaCl$_2$ 溶液中，剩余 AgNO$_3$ 用 0.0980mol/L NH$_4$SCN 溶液 15.00mL 返滴。求 250mL BaCl$_2$ 溶液中含 BaCl$_2$ 的质量。

(8) 把 380g NaCl 放入大水桶中，用水溶解充满后混匀，取出 100.00mL 溶液，用 0.07470mol/L AgNO$_3$ 标准溶液 32.24mL 滴定至终点，试计算大水桶的容积。

(9) 称取纯 KIO$_x$ 试剂 0.5000g，将碘还原成碘化物后，用 0.1000mol/L AgNO$_3$ 标准溶液滴定，用去 23.36mL。计算此试剂分子式中的 $x$。

(10) 准确称取含 ZnS 试样 0.2000g，加入 50.00mL $c$(AgNO$_3$)=0.1004mol/L 的 AgNO$_3$ 标准溶液，将生成的沉淀过滤，收集滤液，以 $c$(KSCN)=0.1000mol/L 的硫氰酸钾标准溶液滴定过量的 AgNO$_3$，终点时消耗 KSCN 标准溶液 15.50mL，求试样中 ZnS 的质量分数（已知 ZnS 的分子量为 97.44）。

(11) 碱厂用莫尔法测定原盐中氯的含量，以 0.1000mol/L 的 AgNO$_3$ 标准溶液滴定，欲使滴定时用去的标准溶液的体积（mL）在数值上等于氯的质量分数，应称取试样多少克？

(12) 称取烧碱样品 5.0380g，溶于水中，用硝酸调节 pH 后，定容于 250mL 容量瓶中，摇匀。吸取 25.00mL 置于锥形瓶中，加入 25.00mL 0.1043mol/L 的 AgNO$_3$ 标准溶液，沉淀完全后加入 5mL 邻苯二甲酸二丁酯，用 0.1015mol/L 的 NH$_4$SCN 回滴 Ag$^+$，用去 21.45mL，计算烧碱中氯化钠的质量分数。

(13) 溶解不纯 SrCl$_2$ 试样 0.5000g，其中除 Cl$^-$ 外不含其他与 Ag$^+$ 起作用的物质。加入纯 AgNO$_3$ 1.7840g，剩余的 AgNO$_3$ 用 0.2800mol/L 的 NH$_4$SCN 回滴，用去 25.5mL，求试样中 SrCl$_2$ 的质量分数。

(14) 称取含砷农药样品 0.2041g，溶于硝酸后样品中砷转变为 H$_3$AsO$_4$，将溶液调至中性，加 AgNO$_3$ 溶液使其生成 Ag$_3$AsO$_4$ 沉淀，将沉淀过滤洗涤后，溶于稀 HNO$_3$ 中，用 0.1105mol/L 的 NH$_4$SCN 溶液回滴 Ag$^+$，用去 34.14mL，计算农药中 As$_2$O$_3$ 的质量分数。

# 7. 重量分析法

## 学习指南

重量分析法是一种经典的检测分析方法，它的准确度高，曾起过较大的作用，现今仍常用它进行仲裁分析或校验其他方法。重量分析中准确结果的获得，关键是获得纯净的、能代表被测组分含量的沉淀，因此在学习本章时应注重学习影响沉淀溶解度和沉淀纯度的因素以及沉淀类型和沉淀条件。

## 学习要求

了解重量分析方法的分类；
掌握影响沉淀溶解度的因素；
掌握沉淀的条件；
掌握重量分析法结果的计算。

## 7.1 概　　述

### 7.1.1 重量分析法的分类和特点

（1）重量分析法的分类

**重量分析法**是通过称量物质的质量来确定被测组分含量的一种经典的定量分析方法。在重量分析法中，一般是先把被测组分从试样中分离出来，转化为一定的称量形式，然后根据称得的质量求出该组分的含量。根据分离方法的不同，重量分析法可分为**沉淀法**、**汽化法**（挥发法）、**电解法**等。

（2）重量分析法的特点

重量分析法直接使用分析天平称量而获得分析结果，不需与标准试样或基准物质进行比较，因此准确度高。不过，重量分析法的操作烦琐费时，也不宜于测定微量组分，目前已逐渐为其他分析方法所代替。但目前常量的硫、硅、钨、镍等元素的精密测定以及某些仲裁分析中仍采用重量分析法，因此重量分析法仍是定量分析的基本方法之一。

### 7.1.2 重量分析法的主要操作过程

重量分析法是根据反应生成物的质量来确定欲测定组分含量的定量分析方法。为完成此任务，最常用的方式是将欲测定组分沉淀为一种有一定组成

M7-1　沉淀形式与称量形式

的难溶化合物，然后经过一系列操作步骤来完成测定。

重量分析法的主要操作过程为：

$$试样 \xrightarrow{溶解} 试液 \xrightarrow{沉淀} 沉淀式 \xrightarrow{过滤，洗涤，烘干，灼烧} 称量式 \xrightarrow{质量恒定} 计算含量$$

其中，沉淀析出的形式称为沉淀式，烘干或灼烧后称量时的形式称为称量式。例如：

$$Fe^{3+} \xrightarrow{OH^-} \underset{沉淀式}{Fe(OH)_3 \downarrow} \xrightarrow{灼烧} \underset{称量式}{Fe_2O_3}$$

$$Ba^{2+} \xrightarrow{SO_4^{2-}} \underset{沉淀式}{BaSO_4 \downarrow} \xrightarrow{灼烧} \underset{称量式}{BaSO_4}$$

由此可见，称量式与沉淀式可以相同，也可以不相同。

### 7.1.3 试样称取量的估算

称取样品的量决定于沉淀的类型。对于体积小、易过滤和洗涤的沉淀，可以多一些，但不可过多，否则过滤洗涤费事且费时。对于体积大、不易过滤和洗涤的沉淀，应适当少些，但也不可太少，以免由它引起的称量误差及其他步骤所产生的误差较大。一般沉淀称量时的适宜质量为：

晶形沉淀　　　　　　　　　　0.3～0.5g
非晶形沉淀（无定形沉淀）　　0.1～0.2g

【例 7-1】 测定 $BaCl_2 \cdot 2H_2O$ 中 Ba 的含量，使 $Ba^{2+}$ 沉淀为 $BaSO_4$，问应称取多少克样品？

**解** $BaSO_4$ 为晶形沉淀，称量时沉淀的质量应为 0.3～0.5g，取 0.4g，则

$$BaCl_2 \cdot 2H_2O \longrightarrow BaSO_4$$
$$244.3 \qquad\qquad 233.4$$
$$x \qquad\qquad\quad 0.4$$

$$x = 0.4 \times \frac{244.3}{233.4} \approx 0.42 \text{ (g)}$$

计算表明，样品的称取量为 0.4～0.5g。

## 7.2　重量分析对沉淀的要求

### 7.2.1　沉淀式和称量式

（1）对沉淀式的要求

① 沉淀式应具有最小的溶解度。沉淀溶解度小，才能保证被测组分沉淀完全，才能使因洗涤而造成的损失不影响分析结果的准确度。

② 沉淀式易于过滤和洗涤。颗粒较大的晶形沉淀比同质量的小颗粒沉淀具有较小的总表面积，易于洗净。对于非晶形沉淀，体积庞大疏松，总表面积大，吸附杂质多，过滤费时且不易洗涤。因此须选择适当的沉淀条件，使沉淀结构尽可能紧密。

③ 沉淀吸附杂质少。沉淀吸附杂质少，不但洗涤方便，而且因杂质带来的误差也小。

④ 沉淀式应易转化为称量式。如 8-羟基喹啉铝 $Al(C_9H_6NO)_3$ 在 130℃烘干后即可称量，而 $Al(OH)_3$ 须在 1200℃灼烧才能成为无吸湿性的称量式 $Al_2O_3$，故在测定铝时选前一种方法比较好。

（2）对称量式的要求

① 称量式的组成必须与化学式相符合。称量式的组成与化学式相符合，才能按一定的比例关系计算被测组分的含量。

② 称量式必须很稳定。称量式应不受空气中氧、二氧化碳及水分等影响。

③ 称量式的摩尔质量要尽可能大，而被测组分在称量式中的含量应尽可能小。例如，测定 0.1000g 铝，称量式为 $Al(C_9H_6NO)_3$ 时应得到 1.704g，称量式为 $Al_2O_3$ 时应得到 0.1888g。如果在一系列操作中沉淀损失量都为 0.2mg，则所造成的相对误差分别为：

$$\frac{\pm 0.2 \times 10^{-3}}{1.704} \times 100\% \approx \pm 0.01\%$$

$$\frac{\pm 0.2 \times 10^{-3}}{0.1888} \times 100\% \approx \pm 0.1\%$$

显然，用 8-羟基喹啉法测定铝的准确度要比用氨水法高。

### 7.2.2 影响沉淀溶解度的因素

重量分析中，通常要求被测组分在溶液中的溶解量不超过称量误差（即 0.2mg），但是很多沉淀不能满足此要求。因此必须了解影响沉淀溶解度的因素，以便控制沉淀反应的条件，使沉淀达到重量分析的要求。影响沉淀溶解度的因素有以下几个方面。

（1）同离子效应

组成沉淀的离子称为构晶离子。在难溶电解质的饱和溶液中，如果加入含有构晶离子的溶液，则沉淀的溶解度减小，这一效应称为同离子效应。

例如，在 $BaCl_2$ 溶液中，加入过量沉淀剂 $H_2SO_4$，则可使 $BaSO_4$ 沉淀的溶解度大为减小，使沉淀完全。

【例 7-2】 计算 $BaSO_4$ 在水中及在 0.010mol/L $H_2SO_4$ 溶液中的溶解度。

**解** ① 设 $BaSO_4$ 在水中的溶解度为 $S$，则

$$[Ba^{2+}] = [SO_4^{2-}] = S$$

$$K_{sp,BaSO_4} = [Ba^{2+}][SO_4^{2-}] = S^2 = 1.1 \times 10^{-10}$$

$$S = 1.1 \times 10^{-5} \text{mol/L}$$

② 设 $BaSO_4$ 在 0.010mol/L $H_2SO_4$ 溶液中的溶解度为 $S'$，即 $[Ba^{2+}] = S'$，则

$$[SO_4^{2-}] = 0.010 + S' \approx 0.010 \text{ (mol/L)}$$

$$K_{sp,BaSO_4} = [Ba^{2+}][SO_4^{2-}] = 0.010 S' = 1.1 \times 10^{-10}$$

$$S' = 1.1 \times 10^{-8} \text{mol/L}$$

显然 $BaSO_4$ 在 0.010mol/L $H_2SO_4$ 溶液中的溶解度要比在水中的溶解度小得多。

但不能片面理解沉淀剂加得越多越好，因为沉淀剂过量太多，可以引起盐效应、配位效应等，使沉淀的溶解度增大。一般情况下，易挥发的沉淀剂过量 50%～100%，对沉淀灼烧时不易挥发的沉淀剂，则以过量 20%～30% 为宜。

（2）盐效应

在难溶电解质的饱和溶液中，加入其他易溶的强电解质，使难溶电解质的溶解度比在同温度时在纯水中的溶解度增大，这种现象称为盐效应。

例如，$BaSO_4$ 沉淀在 0.01mol/L $KNO_3$ 溶液中的溶解度比纯水中增大约 50%。盐效应对溶解度很小的沉淀影响不大。

(3) 酸效应

溶液的酸度对沉淀溶解度的影响称为酸效应。若沉淀是强酸盐（如 $BaSO_4$、$AgCl$ 等），则影响不大；但对弱酸盐（如 $CaC_2O_4$、$ZnS$ 等），影响就较大。如 $CaC_2O_4$ 沉淀，在酸性较强溶液中，会由于生成了 $HC_2O_4^-$ 或 $H_2C_2O_4$ 而溶解。

(4) 配位效应

当溶液中存在能与沉淀的构晶离子形成配合物的配位剂时，则沉淀的溶解度增大，这种现象称为配位效应。例如，用 HCl 沉淀 $Ag^+$ 时，生成 AgCl 沉淀，若 HCl 过量太多，则会形成 $[AgCl_2^-]$、$[AgCl_3^{2-}]$ 等配合物，使 AgCl 溶解度增加。所以，沉淀剂不能过量太多，既要考虑同离子效应，也要考虑盐效应和配位效应。

(5) 其他因素

① 温度　一般温度升高，沉淀溶解度增大。

② 溶剂　无机物沉淀，一般在有机溶剂中的溶解度比在水中小，所以对溶解度较大的沉淀，常在水溶液中加入乙醇、丙酮等有机溶剂，以降低其溶解度。

③ 沉淀颗粒　同一种沉淀物质，晶体颗粒大的，溶解度小。反之，颗粒小的则溶解度大。

### 7.2.3　影响沉淀纯净度的因素

(1) 共沉淀现象

M7-2　提高沉淀纯度的措施

当沉淀从溶液中析出时，溶液中其他可溶性组分被沉淀带下来而混入沉淀之中的现象称为**共沉淀现象**。例如，用 $H_2SO_4$ 沉淀 $Ba^{2+}$ 时，若溶液中含有杂质 $FeCl_3$，则生成 $BaSO_4$ 沉淀时常夹杂有 $Fe_2(SO_4)_3$，沉淀灼烧后因含 $Fe_2O_3$ 而显棕黄色。共沉淀是沉淀重量法中最重要的误差来源之一，引起共沉淀的原因主要有下列三种。

M7-3　吸附共沉淀

① 表面吸附　沉淀表面的离子或分子与内部的离子或分子所处的情况不同，内部的离子或分子处于静电平衡状态，而表面的分子或离子处于不平衡状态，它就会吸附溶液中带相反电荷的离子。因此在沉淀表面上吸附着一层杂质。沉淀表面吸附杂质的量与下列因素有关：

a. 杂质浓度。杂质浓度越大，则吸附杂质的量越多。

b. 沉淀的总表面积。同质量的沉淀，颗粒越大，则总表面积越小，与溶液接触面就小，因而吸附杂质的量就越少；反之，则越多。

c. 溶液温度。吸附作用是一个放热过程，溶液温度升高，吸附杂质的量减少。

M7-4　混晶共沉淀

吸附是一个可逆过程。一方面，杂质被沉淀所吸附；另一方面，被吸附的杂质由于与溶液中离子间的引力又进入溶液。因此，吸附的杂质可通过洗涤除去。

② 生成混晶　如果杂质离子半径与构晶离子半径相近，电荷又相同，它们极易生成混晶。例如，$BaSO_4$ 与 $PbSO_4$ 的晶体结构相同，$Pb^{2+}$ 就可能混入 $BaSO_4$ 生成混晶而被共沉淀。

M7-5　吸留与包藏

③ 吸留　吸留是指在沉淀过程中，特别是沉淀剂加入过快时，沉淀迅速长大，使得吸附在沉淀表面的杂质离子来不及离开，而被包夹在沉淀内部的现象。

(2) 后沉淀现象

**后沉淀现象**是指沉淀析出后，在沉淀与母液一起放置过程中，溶液中本来难于析出的某些杂质离子可能沉淀到原沉淀表面上的现象。这是由于沉淀表面吸附了构晶离子，它再吸附溶液中带相反电荷的杂质离子，在表面附近形成了过饱和溶液，因而使杂质离子沉淀到原沉淀表面上。

例如，在含有少量 $Mg^{2+}$ 的 $CaCl_2$ 溶液中，加入 $H_2C_2O_4$ 沉淀剂时，由于 $CaC_2O_4$ 溶解度比 $MgC_2O_4$ 的溶解度小，$CaC_2O_4$ 析出沉淀，而 $MgC_2O_4$ 当时并未析出，但沉淀与母液一起放置一段时间后，$CaC_2O_4$ 沉淀表面上就有 $MgC_2O_4$ 沉淀析出。

M7-6 后沉淀现象

### 纳米材料及技术在水污染治理中的应用

纳米材料及技术在环境保护中应用广泛，它可以应用于水污染治理中，能帮助解决环境污染问题。纳米材料及技术在水污染治理中的应用主要体现在有机污染废水处理、无机污染废水处理以及自来水的净化处理等方面。在有机污染废水处理方面，大量研究表明纳米 $TiO_2$、$Cu_2O$ 和 $CuFeO_2$ 等作光催化剂，在阳光下催化氧化水中的有机污染物，使其能迅速降解。至今为止已知纳米 $TiO_2$ 能处理 80 余种有毒污染物，它可以将水中的各种有机物很快完全催化氧化成水和二氧化碳等无害物质。在无机污染废水处理方面，纳米粒子能对污水中的对人体危害很大的重金属离子通过光电子产生很强的还原能力。如纳米 $TiO_2$ 能将高氧化态汞、银、铂等贵重金属离子吸附于表面，并将其还原为细小的金属晶体，这样既消除了废水的毒性，又可回收重金属。在自来水的净化处理方面，采用纳米磁性物质、纤维和活性炭净化装置，能有效地除去水中的铁锈、沙以及异味等，再经过带有纳米孔径的特殊水处理膜和带有不同纳米孔径的陶瓷小球组装的处理装置后，可以 100% 除去水中的细菌、病毒，得到高质量的纯净水。

## 7.3 沉淀的条件

### 7.3.1 沉淀的形成过程

在定量测定中，为了获得准确的分析结果，要求被测组分沉淀完全、纯净、易于过滤和洗涤。因此应根据沉淀类型的不同，选择最合适的沉淀条件。实验证明，大多数沉淀在不同条件下可形成晶形或无定形两种状态。沉淀成为哪一种状态主要由其生成沉淀时的速度决定，即由聚集速度与定向速度来决定。

M7-7 晶型沉淀与非晶型沉淀的沉淀条件比较

在沉淀形成过程中，溶液中的离子以较大的速度互相结合成小晶核，这种作用速度称为聚集速度；与此同时又以静电引力使离子按一定顺序排列于晶格内，这种作用速度称为定向速度。当聚集速度大于定向速度时，离子很快聚集起来形成晶核，但又来不及按一定的顺序排列于晶格内，因此得到无定形沉淀。反之，当聚集速度小于定向速度时，离子聚集成晶核的速度慢，因此晶核的数量就少，相应的溶液中有更多的离子以晶核为中心，并有足够的时间按一定的顺序排列于晶格内，使晶体长大，这时得到的是晶形沉淀。由此可见，沉淀条件的不同，所获得的沉淀的形状也不同。

M7-8 定向速度对沉淀物形态的影响

## 7.3.2 晶形沉淀的沉淀条件

许多晶形沉淀如 $BaSO_4$、$CaC_2O_4$ 等，容易形成能穿过滤纸的微小结晶，因此必须创造生成较大晶粒的条件。这就必须使生成晶核的速度慢，而晶体成长的速度快，为此必须创造以下条件：

① 沉淀要在适当稀的溶液中进行，这样晶核生成的速度就慢，容易形成较大的晶体颗粒。

M7-9　晶形沉淀的形成过程

② 在不断搅拌的情况下慢慢加入沉淀剂，尤其在开始时，要避免溶液局部形成过饱和溶液，生成过多的晶核。

③ 要在热溶液中进行沉淀。因为在热溶液中沉淀的溶解度一般都增大，这样可使晶核生成得较少。同时，在较高的温度下晶体吸附的杂质量也较少。

④ 过滤前进行"陈化"处理。生成晶形沉淀时，有时并非立刻沉淀完全，而是需要放置一定时间，此时小晶体逐渐溶解大晶体继续成长，这个过程称为"陈化"作用。陈化作用的发生是由于小晶体的溶解度比大晶体的溶解度大，在同一溶液中，对小晶体是饱和溶液，而对大晶体即为过饱和溶液，这时就会有沉淀在大晶体表面上析出。同时溶液对小晶体又变为不饱和，于是小晶体继续溶解。由于小晶体的不断溶解，大晶体不断地成长。如此反复进行，使沉淀转化为便于过滤和洗涤的大颗粒晶体。

陈化作用不仅可使沉淀晶体颗粒长大，而且也使沉淀更为纯净，因为晶体颗粒长大总表面积变小，吸附杂质的量就少了，同时，原来被吸附、吸留的杂质也能转入溶液。但是，对于生成混晶及有后沉淀现象的沉淀，陈化反而会降低沉淀的纯度。加热和搅拌可加速陈化作用，缩短陈化时间。

## 7.3.3 无定形沉淀的沉淀条件

首先要注意避免形成胶体溶液，其次要使沉淀的结构较为紧密以减少吸附。因此要求沉淀的条件包括以下几个方面：

① 在热溶液中进行，既可防止形成胶体溶液，又可减少杂质的吸附量。

② 加入电解质（如挥发性的铵盐等）作凝结剂，破坏胶体溶液。

③ 在浓溶液中，迅速加入沉淀剂并不断搅拌可促使微粒凝聚。

M7-10　非晶形沉淀的形成过程

④ 沉淀完全后用热水冲洗。在浓溶液中进行沉淀时，会增加杂质吸附，因此沉淀后立即加入热水充分搅拌，使溶液中被吸附的杂质离子浓度降低，破坏吸附平衡，大部分被吸附的杂质离子离开沉淀表面转入溶液中。

⑤ 冲稀后立即过滤，因为这类沉淀不需要陈化而且趁热过滤可以加快过滤速度。

# 7.4　重量分析计算及应用实例

## 7.4.1　换算因数

重量分析计算中的主要问题是如何将称量式质量换算为被测组分的质量。下面以实例来说明。

**【例 7-3】** 用 $BaSO_4$ 重量法测定黄铁矿中硫的含量。称取试样 0.1819g，最后得 $BaSO_4$ 沉淀 0.4821g，计算试样中硫的质量分数。

**解** 设样品中 S 的质量为 $x$。

$$BaSO_4 \longrightarrow S$$
$$233.4 \quad 32.07$$
$$0.4821 \quad x$$

$$x = 0.4821 \times \frac{32.07}{233.4} = 0.06624 \text{ (g)}$$

试样中硫的质量分数为：

$$w(S) = \frac{硫质量}{试样质量} = \frac{0.06624}{0.1819} = 0.3642$$

上例说明被测物 S 的质量等于沉淀称量式的质量乘以被测组分的摩尔质量与称量式的摩尔质量之比，在此例中，该比值为：

$$\frac{M(S)}{M(BaSO_4)} = \frac{32.07}{233.4} = 0.1374$$

这个比值称为换算因数或化学因数，即

$$换算因数 = \frac{M(被测组分)}{M(称量式)}$$

【注意】在确定换算因数时，分子分母中所含待测组分的原子或分子个数必须相等。

表 7-1 列举了常见的换算因数。

**表 7-1　换算因数**

| 被测组分 | 称量式 | 换算因数 |
|---|---|---|
| Fe | $Fe_2O_3$ | $\frac{2M(Fe)}{M(Fe_2O_3)}$ |
| $Fe_3O_4$ | $Fe_2O_3$ | $\frac{2M(Fe_3O_4)}{3M(Fe_2O_3)}$ |
| MgO | $Mg_2P_2O_7$ | $\frac{2M(MgO)}{M(Mg_2P_2O_7)}$ |
| P | $(C_9H_7N)_3H_3[PO_4 \cdot 12MoO_3] \cdot H_2O$ | $\frac{M(P)}{M\{(C_9H_7N)_3H_3[PO_4 \cdot 12MoO_3] \cdot H_2O\}}$ |

【例 7-4】 2.000g 某盐矿试样，经过一系列处理，最后得到 0.2000g NaCl 和 KCl 的混合物。将此混合物用 $AgNO_3$ 处理后得到 0.4000g AgCl 沉淀。求此样品中 K 和 Na 的质量分数。

**解** 设 Na 的质量为 $x$，K 的质量为 $y$。根据题意得

$$混合物中 NaCl 的质量 = x \times \frac{M(NaCl)}{M(Na)}$$

$$混合物中 KCl 的质量 = y \times \frac{M(KCl)}{M(K)}$$

则

$$x \times \frac{M(NaCl)}{M(Na)} + y \times \frac{M(KCl)}{M(K)} = 0.2000$$

$$x \times \frac{58.44}{22.99} + y \times \frac{74.55}{39.10} = 0.2000$$

$$2.542x + 1.907y = 0.2000 \tag{a}$$

混合物再经过 $AgNO_3$ 处理得到 AgCl 0.4000g，则

$$x \times \frac{M(AgCl)}{M(Na)} + y \times \frac{M(AgCl)}{M(K)} = 0.4000$$

$$x \times \frac{143.35}{22.99} + y \times \frac{143.35}{39.10} = 0.4000$$

$$6.235x + 3.666y = 0.4000 \tag{b}$$

由式（a）和式（b）解得

$$x = 0.0110\text{g}$$
$$y = 0.0902\text{g}$$
$$w(\text{Na}) = \frac{x}{m_{样}} = \frac{0.011}{2.000} = 0.0055$$
$$w(\text{K}) = \frac{y}{m_{样}} = \frac{0.0902}{2.000} = 0.0451$$

### 7.4.2 应用实例——水质中硫酸盐的测定

（1）测定原理

在 HCl 溶液中，硫酸盐与加入的 $BaCl_2$ 反应形成 $BaSO_4$ 沉淀。沉淀反应在接近沸腾的温度下进行，并在陈化一段时间之后过滤，用水洗到无氯离子，烘干、灼烧沉淀后，称出 $BaSO_4$ 的质量。

（2）测定步骤

$BaSO_4$ 是典型的晶形沉淀。沉淀初生成时常是细小的晶形，在过滤时易透过滤纸。因此为了得到比较纯净而较粗大的 $BaSO_4$ 晶体，在沉淀 $BaSO_4$ 时应特别注意选择有利于形成粗大晶体的沉淀条件，沉淀步骤概括如下：

取适量的含硫酸盐的水样 $\xrightarrow[\text{在适当条件下}]{BaCl_2}$ $BaSO_4$ 沉淀→陈化→过滤→洗涤→烘干、灰化→灼烧→冷却→称重，直至恒重→计算

（3）计算

$$\rho(\text{SO}_4^{2-}) = \frac{m(\text{BaSO}_4) \times \dfrac{M(\text{SO}_4^{2-})}{M(\text{BaSO}_4)} \times 10^6}{V(\text{水样})}$$

式中 $\rho(\text{SO}_4^{2-})$——水样中 $\text{SO}_4^{2-}$ 的质量浓度，mg/L；

$m(\text{BaSO}_4)$——从水样中沉淀出来的 $BaSO_4$ 质量，g；

$M(\text{SO}_4^{2-})$——$\text{SO}_4^{2-}$ 的摩尔质量，g/mol；

$M(\text{BaSO}_4)$——$BaSO_4$ 的摩尔质量，g/mol；

$V(\text{水样})$——水样的体积，mL。

（4）注意事项

① 用少量无灰滤纸的纸浆与 $BaSO_4$ 混合，能改善过滤并防止沉淀产生蠕升现象，纸浆与过滤 $BaSO_4$ 的滤纸可一起灰化除去。

② 将 $BaSO_4$ 沉淀陈化好并定量转移是至关重要的，否则结果会偏低。

③ 当采用灼烧法时，$BaSO_4$ 沉淀的灰化应保证空气供应充分，否则沉淀易被滤纸烧成的碳还原（$BaSO_4 + 4C \xrightarrow{\quad} BaS + 4CO\uparrow$），灼烧后的沉淀将会呈灰色或黑色。这时可在冷却后的沉淀中加入 2~3 滴浓 $H_2SO_4$，然后小心加热至 $SO_3$ 白烟不再发生为止，再灼烧至质量恒定。

**废水的化学沉淀处理法**

向废水中投加可溶性化学药剂，使之与废水中呈离子状态的无机污染物起化学反应，生

成不溶于水或难溶于水的化合物，沉淀析出，从而使废水得到净化的方法称为化学沉淀法。

化学沉淀法是一种传统的水处理方法，广泛用于水质处理中的软化过程，也常用于工业废水处理，去除重金属及氰化物等。

用化学沉淀法处理废水的前提是：污染物在反应中能生成难溶于水的沉淀物。沉淀物形成的唯一条件是它在水中溶解的离子积大于溶度积。以 $M_mN_n$ 表示沉淀物盐，那么，它在溶液中的反应为：$M_mN_n \rightleftharpoons mM^{n+} + nN^{m-}$。根据化学反应的质量作用定律，在一定温度下溶盐的溶度积常数 $K_{sp}$ 是固定的：$K_{sp} = [M^{n+}]^m \cdot [N^{m-}]^n$。只要离子积 $[M^{n+}]^m[N^{m-}]^n$ 大于 $K_{sp}$，$M_mN_n$ 就会从废水中沉淀析出。如废水中的 $M^{n+}$ 浓度太高，只要向废水中投加某种含有 $N^{m-}$ 的化学药剂，提高 $N^{m-}$ 浓度，使离子积 $[M^{n+}]^m[N^{m-}]^n >K_{sp}$，$M_mN_n$ 就会从废水中以沉淀析出，从而使 $M^{n+}$ 浓度下降。投入废水中的化学药剂称为沉淀剂。常用的沉淀剂有石灰、硫化物和钡盐等。根据沉淀剂的不同，化学沉淀法可分为氢氧化物沉淀法、硫化物沉淀法和钡盐沉淀法等。

## 本章小结

### 1. 基本概念

| 基本概念 | 定 义 |
| --- | --- |
| 沉淀式 | 在重量分析中，被测组分所生成的难溶化合物称为沉淀式 |
| 称量式 | 在重量分析中，沉淀式经过滤洗涤、烘干及灼烧所得化合物称为称量式 |
| 共沉淀 | 当沉淀从溶液中析出时，可溶性组分被带下而混入沉淀中的现象称为共沉淀 |
| 后沉淀 | 沉淀与母液一起放置过程中，另一种本来难以析出的组分在该沉淀表面析出的现象称为后沉淀 |
| 同离子效应 | 在难溶电解质的饱和溶液中，如果加入含有构晶离子的溶液，则沉淀的溶解度减小，这一效应称为同离子效应 |
| 盐效应 | 在难溶电解质的饱和溶液中，加入其他易溶的强电解质，使难溶电解质的溶解度比在同温度时在纯水中的溶解度增大，这种现象称为盐效应 |
| 酸效应 | 溶液的酸度对沉淀溶解度的影响称为酸效应 |
| 配位效应 | 溶液中存在能与沉淀的构晶离子形成配合物的配位剂时，则沉淀的溶解度增大，称为配位效应 |
| 聚集速度 | 在沉淀形成过程中，溶液中的离子以较大的速度互相结合成小晶核，这种作用速度称为聚集速度 |
| 定向速度 | 以静电引力使离子按一定顺序排列于晶格内，这种作用速度称为定向速度 |

### 2. 基本原理

| 对沉淀式的要求 | 对称量式的要求 | 影响沉淀完全的因素 | 影响沉淀纯净度的因素 | 晶形沉淀沉淀条件 | 无定形沉淀沉淀条件 |
| --- | --- | --- | --- | --- | --- |
| ①沉淀式应具有最小的溶解度 ②沉淀式易于过滤和洗涤 ③沉淀吸附杂质少 ④沉淀式应易转化为称量式 | ①称量式的组成必须与化学式相符合 ②称量式必须很稳定 ③称量式的摩尔质量要尽可能大 | ①同离子效应 ②盐效应 ③酸效应 ④配位效应 ⑤温度、溶剂、颗粒大小等 | ①共沉淀现象 a. 表面吸附 b. 生成混晶 c. 吸留 ②后沉淀现象 | ①沉淀要在适当稀的溶液中进行 ②在不断搅拌的情况下慢慢加入沉淀剂 ③在热溶液中进行沉淀 ④过滤前进行"陈化"处理 | ①在热溶液中进行 ②加入电解质 ③在浓溶液中，迅速加入沉淀剂并不断搅拌 ④沉淀完全后用热水冲稀 ⑤冲稀后立即过滤 |

### 思考与实践

**1. 填空题**

(1) 在重量分析中，被测组分所生成的难溶化合物称为_____；经过滤洗涤、烘干及灼烧所得化合物称为_____。

(2) 当沉淀反应达到平衡时，向溶液中加入含有_____的试剂或溶液，使沉淀溶解度_____的现象称为同离子效应。

(3) 在重量分析中加入过量沉淀剂时，不但要考虑_____效应使沉淀溶解度降低，还要注意可能产生的_____效应和_____效应使沉淀的溶解度增大。

(4) 当沉淀从溶液中析出时，可溶性组分被带下而混入沉淀中的现象称为_____，它主要包括_____、_____与_____三类。

(5) 沉淀与母液一起放置过程中，另一种本来难以析出的组分在该沉淀表面沉淀出来的现象称为____，其沉淀的组分多与原沉淀具有_____构晶离子。

(6) 沉淀的形状取决于_____速度和_____速度的相对大小。

(7) 水质中硫酸盐的测定中，将_____沉淀陈化并定量转移是至关重要的，否则结果会_____。

(8) 陈化可以通过_____过夜或_____搅拌来完成，对于_____沉淀不能陈化。

(9) 加入沉淀剂时，对于晶形沉淀加入速度_____，目的是_____，而对于非晶形沉淀加入速度要_____，目的是_____。

(10) 对于非晶形沉淀，沉淀完全后用热水稀释的目的是_____。

**2. 单选题**

(1) 与滴定分析法相比，重量分析法（   ）。
   A. 操作简单、快速　　　　B. 准确度高，但操作繁杂费时
   C. 需基准试剂校准　　　　D. 应用范围越来越广

(2) 在重量分析中，对于晶形沉淀，要求称量式的质量一般为（   ）。
   A. 0.1～0.2g　　　　　　B. 0.1～0.3g
   C. 0.3～0.5g　　　　　　D. 0.3～0.7g

(3) 以下有关沉淀溶解度叙述不正确的是（   ）。
   A. 沉淀的溶解度一般随温度的升高而加大
   B. 沉淀剂过量越多，沉淀的溶解度越小
   C. 弱酸盐沉淀溶解度不受酸度影响
   D. 同一种沉淀，颗粒越小溶解度越大

(4) 下列有关沉淀纯净度陈述错误的是（   ）。
   A. 洗涤可减少吸留的杂质　　　　B. 洗涤可减少吸附的杂质
   C. 陈化可减少吸留的杂质　　　　D. 沉淀完成后立即过滤可防止后沉淀

(5) 沉淀完成后进行陈化是为了（   ）。
   A. 使沉淀转化为晶形沉淀　　　　B. 使沉淀颗粒变小，除去其中的杂质
   C. 加速后沉淀作用　　　　　　　D. 使沉淀更为纯净

(6) 为了获得颗粒较大的 $BaSO_4$ 沉淀，不应采取的措施是（   ）。
   A. 在热溶液中沉淀　　　　B. 陈化
   C. 在稀溶液中进行　　　　D. 快加沉淀剂

(7) 在重量分析法中应用最多的分离方法是（   ）。
   A. 汽化法　　　B. 萃取法　　　C. 电解法　　　D. 沉淀法

(8) 称量式为 $Fe_2O_3$，被测组分为 $FeSO_4 \cdot 7H_2O$ 时换算因数是（　）。

A. $\dfrac{M(FeSO_4 \cdot 7H_2O)}{M(Fe_2O_3)}$ 　　　　B. $\dfrac{M(Fe_2O_3)}{M(FeSO_4 \cdot 7H_2O)}$

C. $\dfrac{2M(FeSO_4 \cdot 7H_2O)}{M(Fe_2O_3)}$ 　　　　D. $\dfrac{M(Fe_2O_3)}{2M(FeSO_4 \cdot 7H_2O)}$

### 3. 判断题

(1) 根据同离子效应，可加入适当过量沉淀剂以降低沉淀在水中的溶解度。（　）
(2) 重量分析中对形成胶体的溶液进行沉淀时，可放置一段时间，以促使胶体微粒的胶凝，然后再过滤。（　）
(3) 重量分析中当沉淀从溶液中析出时，溶液中其他可溶性组分被沉淀带下来而混入沉淀之中的现象称后沉淀现象。（　）
(4) 使用重量分析法确定被测组分含量要求沉淀式与称量式相同。（　）
(5) 重量分析中使用的"无灰滤纸"，指每张滤纸的灰分质量小于 0.2mg。（　）

### 4. 问答题

(1) 重量分析法与滴定分析法相比有哪些特点？
(2) 重量分析法中对沉淀式和称量式各有什么要求？
(3) 影响沉淀溶解度的因素有哪些？
(4) 晶形沉淀和非晶形沉淀的沉淀条件分别是什么？
(5) 洗涤沉淀时应如何选择洗涤剂？
(6) 影响沉淀纯净度的因素有哪些？
(7) 以 $BaCl_2$ 为沉淀剂沉淀 $SO_4^{2-}$ 以测定其含量时：(a) 沉淀为什么要在稀溶液中进行？(b) 沉淀为什么要在热溶液中进行？(c) 沉淀剂为什么要在不断搅拌下加入并且要稍过量，沉淀完全后还要放置一段时间？
(8) 在测定 $SO_4^{2-}$ 时，如果 $BaSO_4$ 沉淀中带有少量 $BaCl_2$、$(NH_4)_2SO_4$、$Fe_2(SO_4)_3$，对测定结果分别有何影响？

### 5. 计算题

(1) 计算下列各被测组分的换算因素：

| 称量式 | 被测组分 |
| --- | --- |
| $BaSO_4$ | $BaCl_2$ |
| $Fe_2O_3$ | $FeO$ |
| $PbCrO_4$ | $Cr_2O_3$ |
| $Mg_2P_2O_7$ | $Mg$ |

(2) 分析矿石中锰的含量。如果 1.520g 试样产生 0.1260g $Mn_3O_4$，计算试样中 $Mn_2O_3$ 和 $Mn$ 的质量分数。
(3) 计算 $CaF_2$ 在纯水中与在 0.010mol/L $CaCl_2$ 溶液中的溶解度。
(4) 分析一磁铁矿 0.5000g，得 $Fe_2O_3$ 0.4980g，计算磁铁矿中 $Fe$ 及以 $Fe_3O_4$ 计的质量分数。
(5) 计算 $BaSO_4$ 在 400mL 水中的损失量是多少克？如 400mL 水中含有 0.010mol/L $H_2SO_4$，$BaSO_4$ 的溶解损失量又是多少克？
(6) 称取含 $NaCl$ 和 $KCl$ 的试样 0.5000g，经处理得纯 $NaCl$ 和 $KCl$ 的质量为 0.1180g，溶于水后用 $AgNO_3$ 溶液沉淀，得 $AgCl$ 0.2451g，计算试样中 $Na_2O$ 和 $K_2O$ 的质量分数。
(7) 取 $AgCl$ 和 $AgBr$ 的混合物 0.8312g，加热并通入氯气使 $AgBr$ 转化为 $AgCl$ 后，混合物质量变为 0.6682g。计算原试样中氯的质量分数。
(8) 分析不纯的 $NaCl$ 和 $NaBr$ 混合物时，称取试样 1.000g，溶于水后加入 $AgNO_3$ 溶液，得到 $AgCl$ 和 $AgBr$ 混合物的质量为 0.5260g。将此沉淀在氯气流中加热，使 $AgBr$ 转化为 $AgCl$，称其质量为 0.4260g，计算试样中 $NaCl$ 和 $NaBr$ 的质量分数。

# 8. 物质的定量分析过程

### 学习指南

前面已经介绍了化学分析法的各种定量分析方法（滴定分析法和重量分析法），这些方法使用的前提是被测组分以离子形式存在于溶液中，而且不存在干扰测定的其他组分。在实际工作中，分析测定的对象有固体、液体和气体形态的各种物质，而且其中的各种组分分布不一定均匀。本章就是学习通过科学、合理的采样方法，从大量分析对象中取得少量的能代表分析对象整体平均组成的试样，把试样中的被测组分转化为溶液中以离子形式存在且测定时不受干扰的状态。只有正确完成这一操作过程，才能以一定的分析测定方法测定被测组分。

### 学习要求

了解均匀样品和非均匀样品的采样方法以及均匀（固体）样品的制备方法；
理解溶解法、熔融法和半熔法等常用的样品分解方法及选择样品分解方法的一般原则；
了解沉淀分离法、萃取分离法、色谱分离法和离子交换分离法；
了解分析结果评价的常用方法；
了解选择测定方法的一般原则。

## 8.1 试样的采取与制备

物质的定量分析测定过程一般包括以下步骤：试样的采取与制备、试样的分解、分析方法的选择、干扰杂质的分离（或排除）、试样中各组分的定量测定、数据处理及分析测定结果的表示。实际工作中，分析对象是各种各样的，因此试样的采取和制备方法、试样的分解方法、分析测定方法、干扰杂质的排除方法也各不相同。针对各类不同的分析对象，虽然各有关部门分别制定了相应的具体标准操作规程，但是，测定过程的一些原则和基本方法是一致的。

**试样的采取与制备**的要求是：从大量的分析对象中采取和制备出少量的分析试样，分析试样必须保证能代表全部分析对象的平均组成，即分析试样必须有代表性。否则，分析工作即使做得十分认真、准确，也是毫无意义的，甚至是有害的。因此，在分析测定以前，必须了解分析对象的来源，明确分析目的，用正确的方法采取具有代表性的一部分平均试样作为原始试样，然后再制备成供分析测定用的分析试样。

实际工作中遇到的分析对象各种各样，形态有固体、液体、气体，但按各个组分在全部分析对象中或试样中的分布情况，可分为分布比较均匀的和分布很不均匀的两类。分布比较均匀的分析对象，试样的采取比较容易；分布很不均匀的分析对象，要取得具有代表性的试样就得使全部分析对象不均匀的每一部分被取入试样的机会相等。显然，对于不同的分析对象，分析测定前试样的采取及制备也是不相同的，因此采样及制备的具体步骤应根据分析测定试样的性质、均匀程度、数量等来决定。

### 8.1.1 组成比较均匀的试样的采取和制备

组成比较均匀的分析对象，如金属材料、水及溶液、气体、某些化工产品等，容易采取具有代表性的试样，而且一般不必再进行制备处理。

（1）固体试样

金属材料、化工产品等固体物料，如果是特别均匀的，只要任意采取一部分即可。如金属薄片材料，截取一部分即可；颗粒状或粉末状化工产品，从不同部位取样后混合即可。如果由于分析对象数量较大或由于位置不同而不十分均匀，要考虑从不同部位取样，若是贮存在大容器内的物料，可能因相对密度不同而影响其均匀程度，可在容器的上、中、下不同部位分别取样并混合。若是分装在数量较大的小容器（如瓶、袋、桶等）内的物料，应按比例以一定数量为一组，从每一组中取一件，然后用适当的取样器从每件中采取部分试样混匀。若是体积较大的物料，由于其表面和内部组成分布不十分均匀，可采取钻孔方法，将不同深度的钻屑收集为试样。

M8-1 固体试样采样工具

（2）液体试样

液体物料一般情况下组成是比较均匀的，采样数量可以较少，采样比较容易。但是也要考虑到可能存在的任何不均匀性。

若是贮于较小容器的液体物料，例如分装于一批瓶中或桶中，按一定比例选取数瓶或数桶，将其滚动或反复倒置将物料混匀，然后取样，作为平均试样或分析试样。若是贮于大容器中的液体物料，无法使其混匀，应用取样器从容器上部、中部和下部分别取样，混合均匀，作为平均试样或分析试样。取样器有自制取样器和专用取样器。以自制取样器（取样瓶）取样是以一个干净的空瓶，下垂重物使之可以浸入液体物料中，在瓶颈和瓶塞上各系一根绳，塞好瓶塞，将瓶浸入液体物料中的一定部位后，拉动系于瓶塞上的绳，打开瓶塞，让这一部位的物料充满瓶后提出，倾出少许。如果贮有液体物料的大容器设有取样开关，一般有三只以上位于不同高度的开关，取样时应从各处分别取相等量的样品。

水作为分析对象时，由于各种水的性质不同，水样的采取方法也不同。如果是水管中的水，取样前需将水阀打开，先放水10～15min，使积留在水管中的杂质冲走，然后再以干净容器取样。如果是池、江、河中的水，以取样器在水的不同深度分别取样后混合。若是生活废水，应注意水质与人们的作息时间、季节性食物种类都有关系；工业废水或污染水，由于工作生产性质不同或污染物的差别，水质差别更大，必须根据分析项目的不同要求采取不同的取样方式。

① 平均采样　对于连续排出水质稳定的废水，以间隔一定时间采取等体积的水样混合。

② 平均比例采样　对于排出水质有差异且由不同排水口连续排出的废水，可先测量各排水口的流量，然后根据不同的流量按比例采集水样混合。如果有总废水池，就在水池中直接采取混合均匀的水样。

采取的水样应及时分析测定，保存时间越短，分析结果越可靠。有些化学成分和物理性质要在现场测定，因为在送往实验室的过程中就会发生变化。对于某些需现场测定的项目，而现场又无测定条件，可在水样中加入某种试剂，使原来易发生变化的成分转变为稳定的状态。

（3）气体试样

由于气体分子的扩散作用，使其组成均匀，因而要取得具有代表性的气体试样，主要不在于分析对象的均匀性，而在于取样时防止非分析对象的进入，并且根据被测组分在气体中存在的状态（气态、气溶胶或粉尘）、含量以及所用方法的灵敏度，采用不同的取样方法。

① 被测组分在气体中浓度较大，或测定方法的灵敏度较高时，采用集气法采集气体，即快速把气体试样收集于贮存气体的容器内。测定结果是被测组分的瞬时含量或短时间内的平均含量。

② 被测组分在气体中含量较小时，采用富集法采集气体，即以装有吸收剂、吸附剂或滤膜的收集器将被测组分吸收、吸附或阻留下来，从而使原来含量小的被测组分得到浓缩和富集。测定结果是采样时间内的平均含量。

M8-2 气体试样采样工具

气体采样的装置一般有采样导气管、贮气容器（通常有玻璃瓶、橡胶球胆等）、缓冲器（较大容积的容器或玻璃瓶）、抽气泵、吸收器（或吸收瓶）等。

对于常压或负压气体，一般以抽气泵抽取气样送到贮气容器中，使用时将其内空气抽空排尽。对于高压气体，通过导气管使气源与贮气容器连接，打开气阀，使气体自行进入贮气容器，如果压力过高，应在导气管与贮气容器间连接一个缓冲器。

对于测定气体中含量较小的组分，由于需要富集被测组分，因而采取的试样量较大，这时采样装置中要连接收集器和气体流量计，控制适当的气体流速，使被测组分被吸收或吸附在收集器内，流量计记录所采气样体积。

## 8.1.2 组成很不均匀的试样的采取和制备

组成很不均匀的分析对象多数是一些颗粒大小不均匀、组分混杂不齐的固体物料，如矿石、煤炭、土壤等。这类组成很不均匀的分析对象，采取和制备具有代表性的分析试样，操作较为复杂。

（1）采样

为了使采取的试样保证有**代表性**，必须按一定的程序，从被分析物料的各个不同部位，取出一定数量的大小不同的颗粒。取出的份数越多，即采样点越多，每一份的采样量越大，试样的组成与被分析物料的平均组成越趋于接近。但是，采样的份数（采样点）过多、采样量过大，又会使试样的制备处理工作量大大增加。

一般情况下，应根据分析对象的存放情况和颗粒大小，从不同部位（上、中、下、内、外等）和不同深度选择多个采样点，并按照适当的比率（大小不同的颗粒），采取许多份小样，合并集中为原始试样。

原始试样的量或采样量应以选用能达到预期分析准确度情况下的最小量为原则。根据实践经验，采样量与试样的均匀度、粒度、易破碎度有关，可以用下式（称为采样公式）表示：

$$Q \geqslant Kd^a \tag{8-1}$$

式中　$Q$——最低采样量，kg；

　　　$d$——试样中最大颗粒的直径，mm；

　　$K$，$a$——经验常数，由物料的均匀程度和易破碎程度等决定，可由实验求得，$K$ 值通常在 0.05~1 之间，$a$ 值通常在 1.8~2.5 之间，地质部门规定 $a$ 为 2。

例如，欲采取赤铁矿的试样，若矿石试样的最大颗粒直径为 20mm，$K \approx 0.06$，则应采取矿样的最小量为：

$$Q = 0.06 \times 20^2 = 24 \text{（kg）}$$

（2）制备

对于组成很不均匀的固体物料分析对象，按上述方法采集的试样，其数量相当大，而且组成也是不均匀的，因此在分析测定前，必须经过适当的制备处理，使之数量缩减，并成为适宜于分析用的组成十分均匀而又粉碎得很细的微小颗粒，即分析试样，以便在分析测定时称取分析试样一小份，其组成就能代表全部分析对象，且易于分解。制备处理试样的步骤一般分为破碎、过筛、混合和缩分。

**破碎**。将采取的试样先用机械或人工方法逐步破碎，一般分为初碎（通过 4～6 目筛）、中碎（通过 20 目筛）和细碎，必要时再用研钵研磨，直至通过所要求的筛孔为止。在破碎过程中，试样颗粒大小改变很大，为了加速破碎且控制试样粒度均匀，应让每次破碎后的试样过筛一次（以适当网目的筛），对未通过的粗粒，应进一步破碎，直至全部过筛，切不可将粗粒弃去。

M8-3　试样研磨与筛分

**过筛**。筛子一般用细的铜合金丝制成，有一定孔径，用筛号（网目）表示，通常称为标准筛。常见标准筛的筛号与筛孔对照于表 8-1。

表 8-1　标准筛筛号与筛孔对照表

| 筛号/目 | 3 | 6 | 10 | 20 | 40 | 60 | 80 | 100 | 120 | 140 | 200 |
|---|---|---|---|---|---|---|---|---|---|---|---|
| 筛孔直径/mm | 6.72 | 3.36 | 2.00 | 0.83 | 0.42 | 0.25 | 0.177 | 0.149 | 0.125 | 0.105 | 0.074 |

试样每经过一次破碎后，应充分**混合**。在破碎、混合过程中，随着试样颗粒越来越小，组成越来越均匀，减少一部分，仍能保持其代表性。所以，在样品每次破碎后，用机械（分样器）或手工方法取出一部分仍保持其代表性的试样，继续加以破碎，这样样品量就逐渐缩小，便于处理，这个过程称为**缩分**。

常用的手工缩分方法是四分法。先将已破碎的样品充分混匀，堆成圆锥形，然后略为压平，通过中心按十字形切为四等份，弃去任意对角两份，其余对角的两份保留，收集在一起混匀，这样试样便减缩了一半，称为缩分一次。缩分的次数不是随意的，在每次缩分时，试样的粒度与保留的试样量之间，都应符合采样公式。如果保留的试样仍太多，则可再进行粉碎，通过更细的筛孔之后，再进行缩分，直至达到所要求的试样质量为止。

## 8.2　试样的分解

在一般分析工作中，除部分项目用干法分析（如发射光谱）外，通常都用湿法分析，即先将试样分解，使之转变为水溶性的物质，溶解成试液，再进行测定。因此，试样的分解是分析工作的重要步骤之一。在分解试样时，一般作以下要求：

（1）试样分解完全，处理后的溶液中不应残留原试样的细屑或粉末；

（2）试样分解过程中待测组分不应挥发损失；

（3）试样分解过程中不应引入被测组分或干扰物质。

由于试样品种、性质不同，采用的分解方法也不同。常用的分解方法有溶解分解法和熔融分解法。

### 8.2.1　溶解法

**溶解分解法**是将试样溶解于水、酸、碱或其他溶剂中，这种方法比较简单、快速。能溶于水的试样一般为可溶性盐类，如硝酸盐、醋酸盐、铵盐、绝大部分的碱金属化合物和大部分氰化物、硫酸盐等。对于不溶于水的试样,则采用酸或碱作溶剂的酸溶法或碱溶法进行溶解。

(1) 酸溶法

酸溶法是利用酸的酸性、氧化还原性和形成配合物的性能,使试样溶解的方法。金属、氧化物和部分硫化物、碳酸盐类矿物和磷酸盐类矿物,可采用此法溶解。常用作溶剂的酸有盐酸、硝酸、硫酸、磷酸、高氯酸、氢氟酸以及它们的混合酸等。

① 盐酸(HCl)　纯的浓盐酸是无色液体,浓度为 12mol/L(质量分数为 37%)。盐酸是强酸,能使电位次序在氢以前的金属及其化合物溶解(除 $AgCl$、$HgCl_2$、$PbCl_2$ 等少数以外),还能使多数金属的氧化物、氢氧化物和碳酸盐类矿物溶解,也能使一部分硫化物溶解。例如:

$$Zn + 2HCl = ZnCl_2 + H_2\uparrow$$
$$CuO + 2HCl = CuCl_2 + H_2O$$
$$Al(OH)_3 + 3HCl = AlCl_3 + 3H_2O$$
$$BaCO_3 + 2HCl = BaCl_2 + H_2O + CO_2\uparrow$$
$$CdS + 2HCl = CdCl_2 + H_2S\uparrow$$

盐酸中的 $Cl^-$ 有还原性,对一些氧化性矿物能促使其溶解,$Cl^-$ 也可以和许多金属离子形成配合离子,能帮助溶解。例如:

$$MnO_2 + 4HCl \xrightarrow{\triangle} MnCl_2 + Cl_2\uparrow + 2H_2O$$
$$Fe^{3+} + 4Cl^- = [FeCl_4]^-$$

盐酸和双氧水的混合溶剂,可以溶解铜、钨、铝等金属及其合金。例如:

$$Cu + 2HCl + H_2O_2 = CuCl_2 + 2H_2O$$

用盐酸溶解砷、锑、硒、锗的试样,生成的氯化物在加热时易挥发而造成损失,应加以注意。

② 硝酸($HNO_3$)　纯的浓硝酸是无色液体,浓度为 16mol/L(质量分数为 70%),加热或受光的作用分解产生 $NO_2$,致使其呈现黄绿色。硝酸是最强的酸和最强的氧化剂之一,能溶解除铂、金和某些稀有金属外的几乎所有金属,生成水溶性硝酸盐、$H_2O$、$NO_2$ 或 $NH_4NO_3$。例如:

$$Cu + 4HNO_3(浓) = Cu(NO_3)_2 + 2NO_2\uparrow + 2H_2O$$
$$3Pb + 8HNO_3(稀) = 3Pb(NO_3)_2 + 2NO\uparrow + 4H_2O$$
$$4Mg + 10HNO_3(极稀) = 4Mg(NO_3)_2 + NH_4NO_3 + 3H_2O$$

金属铝、铬、铁等虽然能溶于稀硝酸,却不能溶于浓硝酸。金属钨、锑、锡与浓硝酸作用生成难溶性钨酸、偏锑酸、偏锡酸沉淀,而不能使其溶解。硝酸还能使硫、磷、碳等许多非金属氧化而溶解,例如:

$$S + 2HNO_3 = H_2SO_4 + 2NO\uparrow$$
$$3C + 4HNO_3 \xrightarrow{\triangle} 3CO_2\uparrow + 2H_2O + 4NO\uparrow$$

浓硝酸在加热条件下能使有机物分解,可消除试样中有机物对测定的干扰,但在测定中需加入有机试剂时,必须在分解试样后,把试液煮沸以除去剩余硝酸。

③ 硫酸($H_2SO_4$)　浓硫酸是无色油状液体,浓度为 18mol/L(质量分数为 98.3%)。硫酸是强酸,除钡、锶、钙、铅、一价汞的硫酸盐难溶于水外,其他金属的硫酸盐一般都溶于水。因此,用硫酸可溶解铁、钴、镍、锌等大多数金属和合金以及许多矿物。硫酸沸点高

（338℃），可在加热条件下分解试样，以加快溶解或用以除去试样中的挥发性酸（HCl、$HNO_3$、HF）和水分，但在冒出 $SO_3$ 白烟时即应停止，以免生成难溶于水的焦硫酸盐。

浓硫酸具有强烈的吸水性，可使有机物脱水而析出碳；高温下其强氧化性又能使碳被氧化为二氧化碳（稀硫酸无此氧化能力），从而可使试样中的有机物脱水和氧化而除去。

冷浓硫酸不与铁、铝等金属作用，因为在冷浓硫酸中铁、铝等金属表面钝化。

④ 磷酸（$H_3PO_4$）  纯的磷酸是无色糖浆状液体，浓度为 15mol/L（质量分数为 85%）。磷酸是中强酸，$PO_4^{3-}$ 具有很强的配合能力，能与许多金属离子生成可溶性配合物，在高温时，对其他酸不能溶解的矿石（如铬铁矿、钛铁矿、铌铁矿、铝矾土和许多硅酸盐矿物）有很强的溶解能力。

磷酸分解试样，若高温过高、时间过长，会析出难溶性的焦磷酸盐，并且腐蚀玻璃器皿。因此，应尽量在试样粒度较小、温度较低、时间较短的情况下进行。

⑤ 高氯酸（$HClO_4$）  纯的高氯酸是无色液体，浓度为 12mol/L（质量分数为 70%）。浓高氯酸受热后有很强的氧化性和脱水性。高氯酸的盐都易溶于水（除 $K^+$、$NH_4^+$ 外），在分解试样时，可把组分氧化成高价态，例如把铬氧化成 $Cr_2O_7^{2-}$、钒氧化成 $VO_3^-$、硫氧化成 $SO_3^{2-}$、钨氧化成 $WO_4^{2-}$，因此，常用来溶解不锈钢、铬矿石、钨铁矿石及氟矿石等。

高氯酸沸点较高（203℃），分解试样时，与其他低沸点酸共热时可蒸发赶走低沸点酸，剩余残渣加水很容易溶解（用硫酸蒸发后的残渣较难溶解）。

浓热的高氯酸遇有机物会发生剧烈的爆炸，当试样中含有机物时，应先用浓硝酸蒸发破坏有机物，然后加入高氯酸。

⑥ 氢氟酸（HF）  纯的氢氟酸是无色液体，浓度为 22mol/L（质量分数为 40%）。氢氟酸是弱酸，具有较强的配合能力，能腐蚀玻璃、陶瓷器皿，能与大多数金属发生反应，以配合物形式进入溶液（例如 $Fe^{3+}$、$Al^{3+}$、$Ti^{4+}$ 等），或形成难溶性氟化物（例如 $Ca^{2+}$、$Mg^{2+}$、$Th^{4+}$ 等）。氢氟酸常与硝酸、硫酸或高氯酸混合使用，主要用于分解硅酸盐及含硅化合物，分解时生成挥发性 $SiF_4$ 逸出。因此试样中的硅含量不能用此法测定。

用氢氟酸分解试样应在铂器皿或聚四氟乙烯器皿中进行（但加热不能超过 250℃，以免聚四氟乙烯分解）。氢氟酸对人体有毒性和腐蚀性，皮肤被灼伤溃烂，不易愈合。

⑦ 混合溶剂  把不同的酸混合或在酸中加入氧化剂配成混合溶剂，常常具有更强的溶解能力。王水（三份浓盐酸和一份浓硝酸混合）能溶解单独用盐酸或硝酸所不能溶解的铂、金等金属及难溶的 HgS 等化合物；硫酸与磷酸的混合溶剂，常用于钢铁试样分解；硫酸与氢氟酸的混合溶剂常用于硅酸盐试样的分解；酸与溴或过氧化氢的混合溶剂常用于破坏试样中存在的有机物。

常用的混合溶剂还有盐酸与高氯酸、逆王水（一份浓盐酸与三份浓硝酸混合）。

（2）碱溶法

碱溶法是利用碳酸钠（$Na_2CO_3$）、氢氧化钠（NaOH）、过氧化钠（$Na_2O_2$）等碱性溶剂使试样溶解的方法。两性金属铝、锌及其合金和它们的氧化物、氢氧化物，常采用此法溶解。一般以 20%～30% 的碱溶液，在铁、银或聚四氟乙烯器皿中溶解试样。

### 8.2.2 熔融法

**熔融分解法**是将试样与酸性或碱性固体熔剂混合，在高温下发生复分解反应，使试样中的全部组分转化为易溶于水或酸的化合物的方法。

熔融分解一般是将制备成细粉状的试样置于坩埚中，加入固体粉状熔剂，混合均匀，高温加热（温度一般在300～1000℃），经过一定时间后，达到熔融分解，冷却后将坩埚中的熔块以酸或其他溶剂溶解，转变成溶液。由于熔融时反应物浓度和反应温度都比用溶剂溶解时高得多，所以分解试样的能力比溶解法强。但是，熔融时加入大量熔剂（一般为试样质量的10倍左右），把大量熔剂本身的成分和其中的杂质带入试液中；熔融时坩埚常会受到熔剂不同程度的侵蚀，也会给试液引入杂质，所以，只有在采用溶解法不能分解试样时，才采用熔融法。熔融法分为酸熔法和碱熔法。

(1) 酸熔法

酸熔法是使用酸性熔剂以分解碱性试样的方法。

常用的酸性熔剂有焦硫酸钾（$K_2S_2O_7$，熔点为419℃）和硫酸氢钾（$KHSO_4$，熔点为219℃）。硫酸氢钾加热后脱水亦生成焦硫酸钾，但在开始加热时由于水蒸气的逸出，极易使试样飞溅损失。焦硫酸钾在高温时分解放出$SO_3$，$SO_3$与难分解的碱性或中性金属氧化物反应，使之转变为可溶性硫酸盐。例如灼烧过的$Fe_2O_3$或$Al_2O_3$不溶于酸，但能被焦硫酸钾分解：

$$Fe_2O_3 + 3K_2S_2O_7 \xrightarrow{\triangle} 3K_2SO_4 + Fe_2(SO_4)_3$$

熔块易溶于水中。焦硫酸钾常用于分解碱性或中性氧化物矿石以及碱性或中性耐火材料。

用焦硫酸钾熔剂熔融时，温度不应超过500℃，以免$SO_3$大量挥发而减弱其分解能力；时间不宜过长，以免使反应生成的硫酸盐分解为难溶性的氧化物。熔融物冷却后用水溶解时应加入少量酸，以免有些金属离子发生水解而产生沉淀。焦硫酸钾熔融可在瓷坩埚、石英坩埚中进行，对铂坩埚稍有侵蚀。

(2) 碱熔法

碱熔法是使用碱性熔剂以分解酸性试样的方法。

常用的碱性熔剂有碳酸钠（$Na_2CO_3$，熔点为853℃）、碳酸钾（$K_2CO_3$，熔点为903℃）、氢氧化钠（$NaOH$，熔点为318℃）、氢氧化钾（$KOH$，熔点为404℃）、过氧化钠（$Na_2O_2$，熔点为460℃）和它们的混合熔剂。

① $Na_2CO_3$或$K_2CO_3$ $Na_2CO_3$、$K_2CO_3$或$Na_2CO_3$与$K_2CO_3$的混合物（熔点降为712℃）作熔剂，常用于分解硅酸盐、含二氧化硅的试样、含氧化铝的试样以及难溶的磷酸盐、硫酸盐等。熔融时发生复分解反应，使试样中的阳离子转变为可溶于酸的碳酸盐或氧化物，阴离子则转变为可溶性的钠盐。例如分解钠长石（$NaAlSi_3O_8$）和重晶石（$BaSO_4$），分解反应分别为：

$$NaAlSi_3O_8 + 3Na_2CO_3 = NaAlO_2 + 3Na_2SiO_3 + 3CO_2 \uparrow$$
$$BaSO_4 + Na_2CO_3 = BaCO_3 + Na_2SO_4$$

$Na_2CO_3$加少量氧化剂（如$KNO_3$或$KClO_3$）的混合熔剂，常用于分解含硫、砷、铬的试样，使它们分别分解并氧化为$SO_4^{2-}$、$AsO_4^{3-}$、$CrO_4^{2-}$。$Na_2CO_3$加硫的混合熔剂，用于分解含As、Sb、Sn的试样，使它们转变为硫代硫酸盐，例如分解锡石（$SnO_2$），分解反应为：

$$2SnO_2 + 2Na_2CO_3 + 9S = 2Na_2SnS_3 + 3SO_2 \uparrow + 2CO_2 \uparrow$$

② $Na_2O_2$ $Na_2O_2$作熔剂，由于其强氧化性、强碱性，能分解很稳定的金属、合金和其他难分解的矿物，并能把试样中的各种组分转化为高价状态。$Na_2O_2$和$NaOH$混合可降低熔融温度，$Na_2O_2$和$Na_2CO_3$混合可减缓氧化作用的剧烈程度。

③ $NaOH$或$KOH$ $NaOH$或$KOH$作熔剂，碱性强，但熔点低，常用于分解硅酸盐、黏

土等试样。NaOH 与少量 $Na_2O_2$ 或 $KNO_3$ 混合使用,可增加氧化作用,提高分解试样的能力。

### 8.2.3 烧结法

**烧结法**又称半熔法,是将试样与固体熔剂混合,在低于熔点温度下,加热至熔结(半熔物烧结成整块),使试样转化分解。因为温度较低,加热时间较长,不易侵蚀坩埚,可以在瓷坩埚中进行。此法避免了使用熔融分解法因高温使熔融物侵蚀坩埚对分析结果的影响。

烧结法常用于分解矿石或煤以测定硫,使用的固体混合熔剂有 $Na_2CO_3$+MgO 或 ZnO。其中,$Na_2CO_3$ 起熔剂的作用;MgO 或 ZnO 由于熔点高,可防止 $Na_2CO_3$ 加热时熔合,保持试样疏松,利于快速、完全氧化。

### 8.2.4 试样分解方法的选择

试样分解方法的选择与确定,与试样性质、被测组分、溶(熔)剂性质、分解条件以及分解方法的特点等许多因素有关,但必须把握以下共同的原则。

(1) 试样必须分解完全

采用的分解方法,包括使用的溶(熔)剂,应能使试样在较短的时间内分解完全。判断试样是否分解完全的方法是:当用酸溶法或碱溶法分解试样时,器皿底部不应有残留的试样残渣;当用熔融法分解试样时,熔剂与试样应完全熔融呈均匀的溶液状态。

(2) 在满足分析准确度要求情况下,尽量选择比较简便快速的方法

根据试样的组成和特性选择溶(熔)剂:试样能溶于水时,最好用水溶解;不溶于水时,酸性试样用碱性溶(熔)剂分解,碱性试样用酸性溶(熔)剂分解;还原性试样用氧化性溶(熔)剂分解,氧化性试样用还原性溶(熔)剂分解。一般情况下,用溶解法分解试样比较简便快速,熔融法分解试样手续繁多。

(3) 避免待测组分的损失和引入有碍测定的组分

根据试样的化学组成、结构及有关性质,选择不引起试样中待测组分挥发的分解方法;选择对被测组分无妨碍的试剂,即加入的溶(熔)剂不能含有与被测组分相同的物质,而且也不应使被测组分产生挥发等损失。高温熔融分解试样,容易引入坩埚材料中的杂质,因此,能用溶解法时最好不用熔融法。

(4) 选择的试样分解方法应与测定方法相适应

对同一组分,由于测定方法不同,要求分解试样的方法也不同。例如用称量法测定硅酸盐中的 $SiO_2$,一般用碳酸钠熔融后以盐酸浸取,使硅酸($H_2SiO_3$)沉淀析出。但用酸碱滴

表 8-2 各种材料坩埚的适用性能

| 熔 剂 名 称 | 坩 埚 材 料 | | | | | |
|---|---|---|---|---|---|---|
| | 铂<br>(熔点 1772℃) | 镍<br>(熔点 1453℃) | 铁<br>(熔点 1535℃) | 银<br>(熔点 962℃) | 石英<br>(适宜温度<br>≤1100℃) | 瓷<br>(适宜温度<br>≤1100℃) |
| 无水碳酸钠(钾) | + | + | + | — | — | — |
| 氢氧化钠(钾) | — | + | + | + | — | — |
| 过氧化钠 | — | + | + | + | — | — |
| 焦硫酸钾 | + | — | — | — | + | + |
| 硫酸氢钾 | + | — | — | — | + | + |
| 无水碳酸钠+氧化镁<br>(1:2~2:1) | + | + | + | — | + | + |
| 无水碳酸钠+氧化锌<br>(2:1) | — | — | — | — | + | + |

注:表中"+"表示可以选用;"—"表示不能选用。

定法测 $SiO_2$ 时，就要防止硅酸沉淀析出而使结果偏低，因此就要改用 KOH 熔融，使 $SiO_2$ 转化为可溶性硅酸盐（$K_2SiO_3$），再经其他过程进行滴定。一般情况下，一个试样经分解后可测定其中多个组分，但有时同一个试样中的几个待测组分，因采取的测定方法不同，对应的合适的试样分解方法也不同。

（5）根据分解方法选用合适的器皿

用水或酸分解试样时，一般采用玻璃器皿，但当用氢氟酸时，必须采用铂器皿或塑料器皿。用熔融法分解试样时，由于熔融是在高温下进行的，而且熔剂往往具有极大的化学活性，所以要防止熔融所用的坩埚受损，避免坩埚材料混入试样，就必须控制熔融温度，不超过所用坩埚的熔点，并根据不同熔剂选用适宜材料的坩埚。各种材料坩埚的适用熔剂列于表 8-2 中。

## *8.3　干扰组分的分离

实际分析对象往往含有多种组分，在定量测定其中某一组分时，常受到共存的其他组分的干扰。这不仅影响分析结果的准确度，有时甚至使测定无法进行。因此，在确立某种组分的测定方法时，必须考虑消除其他组分的干扰问题。消除干扰比较简便的手段是控制分析条件、采用特效试剂提高方法的选择性或使用掩蔽剂，但是有些干扰采用这些方法不能使之消除，必须把待测组分与干扰组分分离。在被测组分含量很低时，也可通过分离被测组分，使被测组分富集，以满足测定方法灵敏度的要求。

分离必须达到使干扰组分减少至不干扰被测组分测定的程度，而且被测组分在分离过程中的损失，要小到其造成的分析误差在要求的允许误差范围之内。被测组分的损失，用回收率来衡量。

$$回收率 = \frac{分离后测得的被测组分量}{试样中被测组分的总量} \times 100\% \tag{8-2}$$

回收率越高越好，对回收率的要求可随被测组分的含量不同而不同。含量在 1% 以上的组分，回收率应大于 99.9%；含量在 0.01%～1% 的组分，回收率应大于 99%；含量低于 0.01% 的组分，回收率应大于 90%。

常用的分离方法有沉淀分离法、萃取分离法、色谱分离法和离子交换分离法。

### 8.3.1　沉淀分离法

**沉淀分离法**是利用沉淀反应使被测组分沉淀而与溶液中的干扰组分分离，或者使干扰组分沉淀而与溶液中的被测组分分离。沉淀分离法可分为无机沉淀剂分离法、有机沉淀剂分离法和共沉淀分离法。

（1）无机沉淀剂分离法

使用无机沉淀剂产生的难溶性沉淀有氢氧化物、硫化物、硫酸盐等。

① 沉淀为氢氧化物　除碱金属和碱土金属的离子外，其他金属离子都能生成氢氧化物沉淀，但是沉淀是否完全，沉淀分离后能否达到要求的分离回收率，取决于溶液酸度。溶液的 pH 越大，沉淀应越完全，但当溶液 pH 大到一定程度后，两性离子的沉淀反而溶解。通过使用特定沉淀剂并严格控制溶液的 pH，即可达到某些金属离子的相互分离。

a. NaOH。使用 NaOH 作沉淀剂，通常控制溶液 pH≥12，可使非两性离子生成氢氧化物沉淀，两性离子以含氧酸阴离子形态留在溶液中，见表 8-3。

表 8-3　用 NaOH 进行沉淀分离的情况

| 定量沉淀的离子 | 部分沉淀的离子 | 留在溶液中的离子 |
|---|---|---|
| $Mg^{2+}$、$Cu^{2+}$、$Ag^+$、$Au^+$、$Cd^{2+}$、$Hg^{2+}$、$Ti^{4+}$、$Zr^{4+}$、$Hf^{4+}$、$Th^{4+}$、$Bi^{3+}$、$Fe^{3+}$、$Co^{2+}$、$Ni^{2+}$、稀土元素离子等 | $Ca^{2+}$、$Sr^{2+}$、$Ba^{2+}$、$Ta(V)$、$Nb(V)$ | $ZnO_2^{2-}$、$AlO_2^-$、$CrO_2^-$、$PbO_2^{2-}$、$SnO_2^{2-}$、$GeO_3^{2-}$、$GaO_2^-$、$BeO_2^{2-}$、$SiO_3^{2-}$、$SbO_2^-$、$WO_4^{2-}$、$MoO_4^{2-}$、$VO_3^-$ 等 |

b. 氨-氯化铵。使用氨水加氯化铵作沉淀剂，其组成的缓冲溶液可将溶液 pH 控制在 8~10，可使高价金属离子生成氢氧化物沉淀，一、二价的金属离子因形成氨配合离子也留在溶液中，见表 8-4。

表 8-4　用氨-氯化铵进行沉淀分离的情况

| 定量沉淀的离子 | 部分沉淀的离子 | 留在溶液中的离子 |
|---|---|---|
| $Hg^{2+}$、$Be^{2+}$、$Fe^{3+}$、$Al^{3+}$、$Cr^{3+}$、$Bi^{3+}$、$Sb^{3+}$、$Sn^{4+}$、$Ti^{4+}$、$Zr^{4+}$、$Hf^{4+}$、$Th^{4+}$、$Ga^{3+}$、$In^{3+}$、$Tl^{3+}$、$Mn^{4+}$、$Nb(V)$、$Ta(V)$、稀土元素离子等 | $Mn^{2+}$、$Fe^{2+}$、$Pb^{2+}$ | $Ca^{2+}$、$Mg^{2+}$、$Sr^{2+}$、$Ba^{2+}$、$Ag^+$、$Cu^{2+}$、$Cd^{2+}$、$Co^{2+}$、$Ni^{2+}$、$Zn^{2+}$ 等 |

c. ZnO 悬浮液。使用氧化锌悬浮液作沉淀剂，能控制溶液在 pH≈6，可使某些高价金属离子生成氢氧化物沉淀，见表 8-5。

表 8-5　用 ZnO 悬浮液进行沉淀分离的情况

| 定量沉淀的离子 | 部分沉淀的离子 | 留在溶液中的离子 |
|---|---|---|
| $Fe^{3+}$、$Al^{3+}$、$Cr^{3+}$、$Ce^{4+}$、$Ti^{4+}$、$Hf^{4+}$、$Zr^{4+}$、$Sn^{4+}$、$Bi^{3+}$、$Nb(V)$、$Ta(V)$、$W(VI)$、$V(IV)$ 等 | $Ag^+$、$Hg^{2+}$、$Cu^{2+}$、$Pb^{2+}$、$Sb^{3+}$、$Sn^{2+}$、$Au^{3+}$、$Be^{2+}$、$Mo(VI)$、$V(V)$、$U(VI)$、稀土元素离子等 | $Co^{2+}$、$Ni^{2+}$、$Mn^{2+}$、$Mg^{2+}$ |

氢氧化物沉淀分离法的选择性较差，且共沉淀现象严重。在应用中，应严格按照无定形沉淀条件进行沉淀分离，以改善沉淀性能及减少共沉淀。

② 沉淀为硫化物　许多金属离子都能生成硫化物沉淀，但是它们的溶解度有显著的差异（溶度积相差较大），控制溶液中硫离子的浓度，可使一些金属离子生成硫化物沉淀，从而与另一些在此条件下不能生成硫化物沉淀的金属离子彼此分离。

$H_2S$ 是常用的沉淀剂。将 $H_2S$ 通入溶液，溶液中硫离子的浓度大小受溶液酸度的控制，酸度越小，硫离子浓度越大。因此，可通过控制溶液酸度的方法达到控制溶液中硫离子浓度的目的。控制溶液的酸度，大多采用缓冲溶液。

硫化物沉淀分离的选择性较差，共沉淀现象严重，分离效果也不理想。如果以硫代乙酰胺作沉淀剂，利用它在酸性或碱性溶液中水解产生 $H_2S$ 或 $S^{2-}$ 进行均匀沉淀（$S^{2-}$ 是在均匀溶液中逐渐生成的），可使沉淀性能和分离效果都有改善。

$$CH_3CSNH_2 + 2H_2O + H^+ \Longrightarrow CH_3COOH + H_2S + NH_4^+$$

$$CH_3CSNH_2 + 3OH^- \Longrightarrow CH_3COO^- + S^{2-} + NH_3 + H_2O$$

③ 沉淀为硫酸盐　金属离子 $Ba^{2+}$、$Ca^{2+}$ 和 $Pb^{2+}$ 能生成难溶性硫酸盐沉淀。$BaSO_4$ 的溶度积最小，不仅不溶于水，也不溶于酸。因此，这些离子以硫酸作沉淀剂能使其与其他金

属离子分离。

(2) 有机沉淀剂分离法

使用有机沉淀剂,可使许多金属离子生成难溶于水而易溶于有机溶剂的螯合物或离子缔合物沉淀。有机沉淀剂品种多,有较高的选择性。使用适当的有机沉淀剂,通过控制适宜的反应条件,就可以使各种离子的混合物按其选择性得以分离。

① 生成螯合物的沉淀剂 能形成螯合物的有机沉淀剂(螯合剂)都是较大的有机分子,它们都具有两种基团。一种是酸性基团,如—COOH、—OH、—SO$_3$H、—NOH、—SH等,这些基团中的 H$^+$ 可被金属离子置换。另一种是碱性基团,如—NH$_2$、=N—、\N—等,这类沉淀剂与金属离子生成具有环状结构的螯合物沉淀。常见的螯合物沉淀剂有以下几种。

a. 丁二酮肟。能与 Ni$^{2+}$、Pd$^{2+}$、Fe$^{2+}$、Cu$^{2+}$、Pt$^{2+}$ 等生成沉淀。

b. 水杨醛肟。在 pH=2.6 时沉淀 Cu$^{2+}$ 和 Pd$^{2+}$;pH=5.7 时沉淀 Ni$^{2+}$;pH 为 7~8 时沉淀 Zn$^{2+}$;在浓氨溶液中沉淀 Pb$^{2+}$。

c. 铜铁试剂(亚硝基苯胺胺)。在强酸性溶液中与 Cu$^{2+}$、Fe$^{3+}$、Ce$^{4+}$、Ti$^{4+}$、Zr$^{4+}$、Th$^{4+}$、Nb$^{5+}$、Ta$^{5+}$、V$^{5+}$ 等生成沉淀。在微酸性溶液中,除上述离子外,还能与 Al$^{3+}$、Zn$^{2+}$、Co$^{2+}$、Mn$^{2+}$、Be$^{2+}$、Ga$^{3+}$ 等生成沉淀。

d. 2-甲基-8-羟基喹啉。在 pH=5.5 时沉淀 Zn$^{2+}$;pH=9 时沉淀 Mg$^{2+}$。

② 生成离子缔合物的沉淀剂 这类沉淀剂在溶液中离解,产生带正电荷或带负电荷的有机大离子,与带相反电荷的离子结合成离子缔合物沉淀。常见的离子缔合物沉淀剂有以下几种。

a. 四苯硼酸钠。能与 K$^+$、NH$_4^+$、Ag$^+$ 等生成沉淀,常用于沉淀 K$^+$,反应为:

$$B(C_6H_5)_4^- + K^+ \Longrightarrow KB(C_6H_5)_4$$

b. 氯化四苯钾。能与含氧酸根 MnO$_4^-$、ReO$_4^-$ 等和金属配位离子[HgCl$_4$]$^{2-}$、[ZnCl$_4$]$^{2-}$ 等生成沉淀。

$$(C_6H_5)_4As^+ + MnO_4^- \Longrightarrow (C_6H_5)_4AsMnO_4\downarrow$$
$$2(C_6H_5)_4As^+ + [HgCl_4]^{2-} \Longrightarrow [(C_6H_5)_4As]_2HgCl_4\downarrow$$

有机沉淀剂分离法,由于有机沉淀的溶解度较小,待测组分沉淀完全,而且沉淀颗粒粗大,吸附杂质少,易过滤和洗涤,在实际工作中得到广泛应用。

(3) 共沉淀分离法

**共沉淀分离法**是利用共沉淀作用,使溶液中的被分离组分被沉淀表面吸附或与沉淀物形成混晶、固溶体,从而与溶液中的其他组分分离。共沉淀分离法主要用于微量组分的分离,在分离的同时,也对微量组分进行了浓缩和富集。共沉淀分离法可分为无机共沉淀分离法和有机共沉淀分离法。

① 无机共沉淀分离法 无机共沉淀分离法是使用无机化合物沉淀作载体(共沉淀剂),形成表面吸附共沉淀或生成混晶共沉淀,使被分离组分进入沉淀,从而与溶液中其他组分分离。如天然水或污水中含痕量 Pb$^{2+}$,因含量低而难以测定,若向水中加入 Na$_2$CO$_3$ 和 Ca$^{2+}$,生成 CaCO$_3$ 沉淀,痕量 Pb$^{2+}$ 随 CaCO$_3$ 共沉淀析出,然后将 CaCO$_3$ 沉淀溶于少量酸中,则使 Pb$^{2+}$ 与被测试液分离,而且提高了 Pb$^{2+}$ 的浓度,实现测定。

形成表面吸附共沉淀常用的沉淀剂有 $Fe(OH)_3$、$Al(OH)_3$、$MnO(OH)_2$、$CaCO_3$、$BaSO_4$、$SrSO_4$ 和硫化物等。

无机共沉淀分离法选择性不高，并且从共沉淀中分离微量组分时，易引入载体离子，有时会干扰测定。

② 有机共沉淀分离法　有机共沉淀分离法是使用大分子的有机试剂与形成胶体的被分离组分发生胶体凝聚作用共同沉淀；使用有机试剂（进入水溶液即析出固体-固体萃取剂）与被分离组分的微溶盐形成固溶体而共同沉淀，以使被分离组分从溶液中分离出来。例如在硝酸介质中，$H_2WO_4$ 大部分以沉淀析出，但有少量 $H_2WO_4$ 形成胶体溶液。加入有机试剂辛可宁，它与 $H_2WO_4$ 胶粒发生胶体凝聚作用，使形成胶体的 $H_2WO_4$ 以共沉淀析出。有机共沉淀常用的共沉淀剂有辛可宁、动物胶、结晶紫、罗丹明B、亚甲基蓝等。

有机共沉淀分离法具有选择性好、富集效率高等优点，尤其是共沉淀过程中引入的有机载体，可以通过灼烧挥发除去，不干扰测定。

### 8.3.2　萃取分离法

**萃取分离法**是利用物质在两种互不混溶的溶剂中分配特性（即溶解能力）不同，把物质从一种溶剂（一个液相——水相）转移到另一种溶剂（另一液相——有机相），以达到分离目的的分离方法。应用于干扰组分分离时，就是用一种与水不相溶的有机溶剂与试液一起混合振荡，然后搁置分层，试液中的被测组分（或干扰组分）转入有机相中，而另一些组分仍留在试液中，分开水相与有机相，使被测组分和干扰组分分离。

（1）萃取分离的基本原理

① 萃取过程的本质　有极性的化合物易溶于强极性或极性溶剂，而难溶于非极性或弱极性溶剂；无极性的化合物易溶于非极性或弱极性溶剂，而难溶于强极性或极性溶剂。即溶质和溶剂有相似相溶性。大多数无机化合物（在溶液中是无机离子）是有极性的，易溶于极性强的水溶液中，而难溶于非极性或弱极性的有机溶剂中，这种性质称为物质的亲水性。大多数有机化合物是非极性或弱极性的，易溶于有机溶剂，而难溶于水溶液，这种性质称为物质的疏水性。

M8-4　萃取过程

如果要从水溶液中把亲水性物质转移到有机溶剂中，先向水溶液中加某种试剂，使之与待转移物质作用而转化为疏水性物质，然后再用有机溶剂进行萃取，这种能将待萃取物质由亲水性转化为疏水性的试剂，称为萃取剂。能溶解疏水性物质的有机溶剂，称为萃取溶剂。萃取过程的本质就是将待分离的组分由亲水性转化为疏水性，进入有机溶剂而与其他组分分离。如果把已进入有机溶剂中的组分，再转化为亲水性，重新回到水溶液中，此过程称为反萃取。

M8-5　液膜萃取

② 分配定律　当用有机溶剂从水溶液中萃取溶质 A 时，溶质 A 在两相中各有一定的溶解度。若溶质 A 在两相中存在的形式相同，当溶质 A 同时接触到两种互不相溶的溶剂时，溶质 A 就按不同的溶解度分配在两相中。达到平衡时，溶质 A 在两相中的浓度比值，在温度一定时为一常数，这就是分配定律，该常数称为分配系数，用 $K_D$ 表示。

$$K_D = \frac{[A]_{有}}{[A]_{水}} \tag{8-3}$$

分配系数与溶质和溶剂的特性及温度等因素有关。分配系数大，说明该溶质在有机相的溶解度大，容易萃取或萃取效果好。

实际萃取过程中，溶质可能伴随有离解、缔合和配位等多种化学作用，使溶质在两相中可能以多种形式存在。在这种情况下，把溶质 A 在两相中各种存在形式的总浓度之比，称为分配比，用 $D$ 表示。

$$D=\frac{c_{有}}{c_{水}}=\frac{溶质在有机相中的总浓度}{溶质在水相中的总浓度} \tag{8-4}$$

分配比与溶质性质、萃取体系和萃取条件有关。$D$ 值越大，表明溶质进入有机相的总量越大。

③ 萃取效率　萃取效率又称萃取百分率，指有机相中溶质的量占两相中溶质的总量的百分率，以 $E$ 表示。

$$E=\frac{c_{有}V_{有}}{c_{水}V_{水}+c_{有}V_{有}}\times 100\% \tag{8-5}$$

式中，$c_{有}$、$c_{水}$ 是溶质在有机相和水相中的浓度；$V_{有}$、$V_{水}$ 是有机相和水相的体积。将上式分子、分母同除以 $c_{水}V_{有}$，可得萃取效率与分配比的关系式：

$$E=\frac{D}{D+\dfrac{V_{水}}{V_{有}}}\times 100\% \tag{8-6}$$

可见，分配比 $D$ 越大，体积比 $V_{水}/V_{有}$ 越小，萃取效率越高。当用等体积溶剂萃取时，$V_{水}=V_{有}$，上式可写成：

$$E=\frac{D}{D+1}\times 100\% \tag{8-7}$$

此式说明，体积比为 1 时，萃取效率只与 $D$ 值有关。当 $D$ 值为 1000 时，$E=99.9\%$，可认为一次萃取完全；当 $D=100$ 时，$E=99.0\%$，一次萃取不完全；当 $D=10$ 时，$E=91\%$，需连续萃取数次，才能萃取完全。

连续萃取 $n$ 次后，在水相（试液）中剩余溶质的量可按下式计算：

$$m_n=m_0\left(\frac{V_{水}}{DV_{有}+V_{水}}\right)^n \tag{8-8}$$

式中　$m_0$——试液中含有溶质的总量，g；

$m_n$——萃取 $n$ 次后水相中剩余溶质的量，g；

$V_{水}$——水相的体积，mL；

$V_{有}$——萃取溶剂的体积（每次使用相同的量），mL；

$D$——溶质在两相中的分配比。

例如以 $CCl_4$ 萃取水溶液中的 $I_2$，若 $D=85$，有 100mL 含 $I_2$ 10mg 的水溶液，当用 90mL $CCl_4$ 溶剂一次萃取时：

$$m_1=10\times\frac{100}{85\times 90+100}=0.13\ (\mathrm{mg})$$

$$E=\frac{10-0.13}{10}\times 100\%=98.7\%$$

若每次用 $CCl_4$ 溶剂 30mL，分 3 次萃取时：

$$m_3=10\times\left(\frac{100}{85\times 30+100}\right)^3=5.4\times 10^{-4}\ (\mathrm{mg})$$

$$E = \frac{10 - 5.4 \times 10^{-4}}{10} \times 100\% = 99.99\%$$

由此可见，用同样体积的萃取溶剂，多次小体积萃取比一次大体积萃取的效率高。

(2) 萃取体系和萃取剂

待萃取组分与萃取剂所形成的可被萃取物质主要是螯合物和离子缔合物，应用最多的也是这两大体系。

① 螯合物萃取体系　螯合物萃取体系是利用待分离组分与萃取剂作用形成难溶于水、易溶于有机溶剂的螯合物进行萃取分离。例如用 8-羟基喹啉作萃取剂，与 $Pd^{2+}$、$Fe^{3+}$、$Co^{2+}$、$Zn^{2+}$、$Ga^{3+}$ 等离子形成难溶于水的螯合物，可用有机溶剂氯仿或四氯化碳萃取。常用的萃取剂一般是有机弱酸，也是螯合剂，如 8-羟基喹啉、丁二酮肟、双硫腙等。

螯合物萃取体系广泛用于金属离子的萃取。

② 离子缔合物萃取体系　离子缔合物萃取体系是利用萃取剂在水溶液中离解出来的大体积离子与待分离组分离子结合成电中性的、难溶于水而易溶于有机溶剂的缔合物进行分离。常用的萃取剂有氯化四苯钾、乙酸乙酯、甲基紫、乙醚等。

离子缔合物萃取体系主要用于金属无机含氧酸阴离子、金属配合阴离子的萃取。

(3) 萃取条件的选择

由于萃取对象、萃取剂、萃取溶剂等的多样性，采用萃取分离时，选择和控制适当的萃取条件是十分重要的。萃取条件主要有以下几方面。

① 萃取剂的选择　萃取剂与待分离组分形成的螯合物或离子缔合物，稳定性越强，萃取效率越高。

② 萃取溶剂的选择　萃取溶剂对萃取组分有较大的分配比，而对其他组分的分配比要足够小。萃取溶剂的化学稳定性要强（惰性），不受待萃取液的酸、碱或氧化等因素影响。萃取溶剂的挥发性、毒性要小，不易燃，其密度与水的密度差别要大，黏度要小，便于分层。

③ 溶液的酸度　溶液的酸度影响分配比 $D$ 值。一般情况下，对于螯合物萃取体系，溶液酸度越低，越有利于萃取，但过低时，金属离子可能水解或引起其他干扰，对萃取不利。对于离子缔合物体系，一般在较高酸度下，才能保证缔合物的形成。

④ 干扰离子的消除　通过控制酸度或使用掩蔽剂消除干扰。

### 8.3.3 色谱分离法

**色谱分离法**又称色层分离法，是利用混合物各组分的物理化学性质的差异，使各组分不同程度地分布在固定相和流动相中，由于各组分受固定相作用所产生的阻力和受流动相作用所产生的推动力不同，从而使各组分以不同的速度移动，一段时间后，在固定相上彼此分开，达到分离的目的。色谱分离法操作简便，分离效率高，对性质相似的组分的分离更为实用，是分离干扰组分较常用的方法。

M8-6　色谱奠基人——茨维特

M8-7　柱色谱分离

色谱分离法按操作方式不同，可分为柱色谱、纸色谱和薄层色谱。

(1) 柱色谱

柱色谱是把固定相装填在金属或玻璃柱内进行色谱分离的方法。把吸附剂（固定相）用适当溶剂浸泡溶胀后装入色谱柱中，从柱上端加入待分离的试液，如果试液中含有 A 和 B 两种组分，则两种组分均被固定相吸附在柱的上端，形成一个环带。再用一种洗脱剂（流动相）从柱上端加入进行冲洗，随着洗脱剂的向下流动，A 和 B 组分在固定相与流动相之间连续不断地发生解吸、吸附、再解吸、再吸附。由于固定相对 A、B 组分吸附能力不同，吸附能力小（容易解吸）的组分下移快，经过一段时间后，A、B 两组分完全分开，形成两个环带（A 组分环带和 B 组分环带），继续冲洗，可从柱下端分别收集流出的 A 组分和 B 组分。

色谱分离要根据不同的分离对象选择合适的吸附剂和洗脱剂。吸附剂一般是具有较大表面积、粒度均匀、与洗脱剂和试液不起化学反应，也不溶于流动相的小颗粒材料，而且具有一定的吸附能力。待分离组分极性强，选较弱吸附能力的吸附剂；待分离组分极性弱，选较强吸附能力的吸附剂。常用的吸附剂有氧化铝、硅胶与聚酰胺等。洗脱剂必须对试液中组分和吸附剂不起化学反应。待分离组分极性较强，选极性较强的洗脱剂；待分离组分极性较弱，选极性较弱的洗脱剂。常用洗脱剂及其极性大小次序如下：

石油醚＜环己烷＜四氯化碳＜苯＜甲苯＜二氯甲烷＜氯仿＜乙醚＜乙酸乙酯＜正丙醇＜乙醇＜甲醇＜水

（2）纸色谱和薄层色谱

纸色谱是以滤纸作载体，滤纸上吸附的水分作为固定相进行分离的方法。用毛细管吸取试样溶液，点在已吸附水的滤纸条一端 2~3cm 处的中心位置上（点试液的位置称为"原点"）。另取与水不相溶的有机溶剂作为流动相（又称展开剂），置于密闭容器中，将点有试液的滤纸条悬挂在该容器中，使点有试液的一端浸入有机溶剂中，但不浸到试液。有机溶剂被滤纸吸附并沿滤纸条不断向上扩散。当溶剂接触点在滤纸上的试液时，试液中各组分将随溶剂上升展开，由于固定相对各组分吸附能力的不同，各组分上升速度不同，一定时间后，各组分上升到不同高度位置，形成斑点，达到组分间的分离。

薄层色谱是将固定相涂在玻璃板上进行分离的方法。将吸附剂与适当的黏合剂以水调成糊状，在玻璃板上铺成均匀的薄层，烘干制成薄层板。然后以与纸色谱相似的方法，用有机溶剂展开，使试样中的各组分按其吸附能力强弱的差别彼此分开。

在干扰组分分离中，柱色谱法应用较多，纸色谱和薄层色谱法由于其方法本身的局限，应用较少。

### 8.3.4 离子交换分离法

**离子交换分离法**是利用离子交换树脂与溶液中的离子发生交换作用而进行分离的方法。主要用于无机离子的分离，对在水中能离解的有机物也可分离，在干扰组分分离中广泛应用。

（1）离子交换树脂

离子交换树脂是具有网状结构、带有活性基团的高分子聚合物。离子交换树脂不溶于水、酸、碱和一般溶剂。

① 阳离子交换树脂　含有酸性活性基团，如—$SO_3H$、—COOH、—OH 等，基团上的氢离子可与溶液中的阳离子发生交换作用，这类树脂称为阳离子交换树脂。根据所含活性基团的酸性强弱，亦即在水溶液中离解氢离子能力的强弱，可分为强酸性和弱酸性阳离子交换树脂。

强酸性阳离子交换树脂，如 R—$SO_3H$，在酸性、碱性溶液中都可使用。弱酸性阳离子交换树脂，其交换能力受酸度影响较大，R—COOH 在 pH＞4、R—OH 在 pH＞9.5 时才具有交换能力。

② 阴离子交换树脂　含有碱性活性基团，如—$N(CH_3)_3^+$、—$NH_2$、—$NHCH_3$、—$N(CH_3)_2$，水化后基团上含有的 $OH^-$ 与溶液中的阴离子发生离子交换作用，这类树脂称为

阴离子交换树脂。根据所含活性基团的碱性强弱，可分为强碱性和弱碱性阴离子交换树脂。

强碱性阴离子交换树脂，如 R—N(CH$_3$)$_3$OH（水化后），在酸性、碱性溶液中都可使用。弱碱性阴离子交换树脂，如 R—NH$_3$OH（水化后）等，在碱性溶液中无交换能力，只能在酸性和中性溶液中使用。

(2) 离子交换作用原理

对于阳离子交换树脂，浸在水溶液中后，水分子向树脂中渗透使树脂水化，树脂中活性基团离解出 H$^+$ 与溶液中的阳离子发生交换，如 R—SO$_3$H，交换反应为：

$$n\text{R—SO}_3\text{H} + \text{M}^{n+} \underset{\text{洗脱}}{\overset{\text{交换}}{\rightleftharpoons}} (\text{R—SO}_3\text{H})_n\text{M} + n\text{H}^+$$

对于阴离子交换树脂，浸在水溶液中后，树脂水化离解出 OH$^-$ 与溶液中的阴离子发生交换，如 R—N(CH$_3$)$_3$OH，交换反应为：

$$n\text{R—N(CH}_3)_3\text{OH} + \text{X}^{n-} \underset{\text{洗脱}}{\overset{\text{交换}}{\rightleftharpoons}} [\text{R—N(CH}_3)_3]_n\text{X} + n\text{OH}^-$$

离子交换作用是可逆的，如果用酸或碱浸泡处理已发生交换反应后的树脂，树脂又回复到原来的状态，此过程称为洗脱或再生过程。树脂再生后可重复使用。

(3) 离子交换分离方法

离子交换树脂对不同离子表现出不同的亲和力，离子越小，电荷越高，亲和力越大。常见阳离子亲和力大小顺序和阴离子亲和力大小顺序，通过实验现已都测知，并排列出来。

根据分析的要求和交换的目的选择合适的离子交换树脂，经浸泡、水化处理后，装入交换柱内。将待分离试液加入到装有合适的、水化处理好的树脂交换柱中，以适当的冲洗剂洗涤，由于离子交换树脂对各种离子亲和力的差别，无亲和力的物质或亲和力小的离子先流出，亲和力大的离子后流出，从而达到分离的目的。例如用强酸性阳离子交换树脂分离 Li$^+$、Na$^+$、K$^+$，试液通过交换柱，三种离子被交换在树脂上。用稀 HCl 溶液洗涤，亲和力较小的 Li$^+$ 先流出，其次是 Na$^+$，最后是 K$^+$。分别接取各阶段洗出液，三种离子被分离。

(4) 应用实例——去离子水的制备

水中常含有一些溶解的盐类，要获得分析化学实验或医药制剂等用的去离子水可通过离子交换分离法制备。让自来水先通过 H 型强酸性阳离子交换树脂，以交换除去各种阳离子：

$$\text{Me}^{n+} + n\text{R—SO}_3\text{H} \Longrightarrow (\text{R—SO}_3)_n\text{Me} + n\text{H}^+$$

然后再通过 OH 型强碱性阴离子交换树脂，以交换除去阴离子：

$$n\text{H}^+ + \text{X}^{n-} + n\text{R—N(CH}_3)_3^+\text{OH}^- \Longrightarrow [\text{R—N(CH}_3)_3]_n\text{X} + n\text{H}_2\text{O}$$

则可以方便地得到不含溶解盐的去离子水，它可代替蒸馏水使用，交换柱经转化再生后可以循环再用。

## 日常生活中的分离

(1) 饮食起居

早晨起来洗脸，人们用一开即来的自来水非常方便。自来水大多是将河水等用一种被称为过滤的分离方法除去其中的污浊物质而得到的。有些健康意识较强的家庭，还在自家水龙头上安装净水器，利用净水器内的分离膜与吸附剂除去水在管道中流过时产生的浊质以及灭菌添加剂氯所带来的副产物——三卤代烷。

（2）环境保护

要保护环境，就必须把那些成为公害或污染环境的物质在排放之前就分离除去。普通居民家庭下水中所含的物质十分复杂，即使只考虑从厨房、厕所、浴盆、洗手池等处流出的脏水，其中裹携的东西难以数清。像这样的水若直接排放到河里，就会污染河流。所以，通常把这些下水都集中到污水处理场去，利用各种各样的分离方法，除去其中能够造成污染的物质，使之净化到鱼能够生存的程度，然后再排放到河流中去。尽管分离方法很多，但要除去水中的有机物质，大都借用活性污泥中微生物的作用来实现。

废物回收循环使用也是维护环境的手段之一。把那些使用过的易拉罐、瓶子、塑料物品等回收回来，还需要经过分离和分类，才能再加以处理或利用。磁力分离法可以把混在一起的铁罐和铝罐分开。而对于塑料制品则是先把它们切碎，再用不同密度的液体对其进行分离。

## 8.4 分析结果准确度的保证和评价

### 8.4.1 概述

分析测定一般均需经过一个比较复杂的过程，每一个步骤均可能产生误差，包括系统误差和偶然误差，要通过最经济和科学的分析测定过程，使分析结果的准确度得到保证，就必须使所有的误差减少到预期的水平。因此，在整个分析测定过程中，不仅要采取一系列措施减小误差，对分析结果进行质量控制，而且要采取行之有效的方法，对分析结果进行质量评价，判断和保证分析结果的可靠性。所以，分析结果的质量控制和质量评价是分析结果质量保证工作不可分割的两个方面。

**分析结果的质量评价**就是对分析结果做出是否可取的判断。质量评价的方法通常分为"实验室内"和"实验室间"的质量评价。实验室内的质量评价包括：通过多次重复测定确定偶然误差；用标准物质或其他可靠的分析方法检验系统误差；互换仪器以发现仪器误差；交换操作者以发现操作误差；绘制质量控制图及时发现测定过程中的问题。实验室间的质量评价是由一个中心实验室将标准物质或已知试样分发给各参加评价的实验室，以考核各参加评价实验室的工作质量，评价这些实验室间是否存在明显的系统误差。

**分析结果的质量保证**工作不仅是一项具体的技术工作，而且也是一项管理工作，如科学制定分析检验室的管理制度、正确的操作规程等。质量保证工作贯穿于整个分析测定过程的始终，而且分析工作者的业务素质、技术水平越高，态度越积极，效果越显著。

### 8.4.2 示例

**环境监测中日常监测资料的有效性检验——绘制质量控制图进行质量评价**

在工业生产的质量控制和日常分析测试数据的有效性检验时，常用质量控制图。它是一种最简单、最有效的统计技术。控制图通常由一条中心线（如标准值或平均值）和对应于置信概率95%或99.7%的$2\sigma$或$3\sigma$（在一定条件下，$\sigma$是已知的）的上下控制线组成。

例如，某分析室每天测定组成大体一致的试样中的组分A，在分析测定的同时，插入一个或几个标准试样，然后将标准样中A的测定值按时间顺序标在图上。图中用一条中心线（实线）代表标样中A的标准值$\mu$，在此中心线的上下分别画出两倍标准偏差（$\pm 2\sigma$）的虚线作上下警告限（对应的置信概率或置信度为95.5%）和三倍标准偏差（$\pm 3\sigma$）的实线作为上下控制限（对应的置信概率或置信度为99.7%），如图8-1所示。图中的点表明落在

±3σ 控制线外的测定值出现的机会是 0.3%。显然，在第三日和第五日出现了较大的偏差，这表明精密度已失控，这两日的分析结果不可靠，可能存在过失误差或仪器失灵、试剂变质、环境异常等，应查明原因后重新测定。

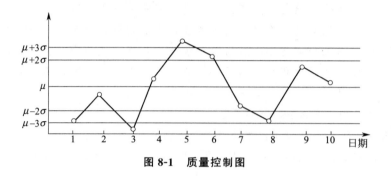

图 8-1　质量控制图

以平均值绘控制图，应用最广（也有用标准偏差或极差来绘图的）。它是检验测量过程是否存在过失误差、平均值漂移及数据缓慢波动的有效方法。

当试样中所有组分都已测定时，还可用求和法和离子平衡法来检验分析结果的准确度。求和法是求算各组分的百分含量总和，当总和在 99.8～100.2 范围时，可认为测定结果是相当满意的。如总和显然低于 100，则表示可能漏测 1～2 个组分或测定结果偏低（存在系统误差）。离子平衡法是指检验无机试样中阴离子和阳离子的电荷总数，如果电荷总数相等，或相差甚小，可认为分析结果是满意的。

## 分离技术的发展趋势

混合物中各组分的分离是分析化学中的一个重要课题。随着石油、化工、地质、煤炭、冶金等工业的不断发展，同时环境科学、医药学、卫生学、食品化学等相关学科的日新月异，某些经典的化学分离方法已远不能适应现代分析的需要，这必然加快了分离技术发展的步伐。

色谱技术作为分离分析的重要方法之一，是分析化学中最富活力的领域之一，能够分离物化性能差别很小的化合物。

气相色谱法是 20 世纪 60 年代迅速发展起来的一门分离、分析技术。它利用物质的物理及物理化学性质将多组分的混合物进行分离，并测定其含量。既可以作为分析工具，又可以制备纯物质，广泛应用于生物化学、食品分析、医药研究、环境监测等领域。

液相色谱法是生物技术中分离纯化的一种重要方法，已在大规模的工业化生产中获得应用。20 世纪 70 年代在液相色谱基础上发展起来的高效液相色谱成为实现分离的最有效的手段之一。从天然物质到合成产物，从小分子到大分子，从一般化合物到生物活性等物质，几乎包括了所有类型的物质，均可以根据分离对象不同，分离机理不同，来选择适当的色谱柱，进行快速、灵敏、准确的分离，并可以实现在线检测和自动化操作。

在实际分析工作中，分析对象是多种多样的，因此，试样的采取、制备、分解以及分析

测定方法、干扰组分的分离等也各不一样。

在进行分析时,掌握试样的来源,采集有代表性的试样是获得准确分析结果的前提。

用正确的方法采集到具有代表性的试样后,要将其分解制成溶液再进行分析测定。常用的分解试样的方法有酸溶法、碱溶法、熔融法和半熔法。

分解后的试样被制备成分析用的试液,在定量测定其中某一组分时,常受到共存的其他组分的干扰,因此,必须考虑如何消除其他组分的干扰问题。消除干扰比较简便的方法是控制分析条件、采用特效试剂提高方法的选择性或使用掩蔽剂掩蔽干扰离子。但是,有些干扰采用这些方法不能使之消除,必须把待测组分与干扰组分分离。常用的分离方法有:沉淀分离法、萃取分离法、色谱分离法、离子交换分离法等。

**思考与实践**

**1. 填空题**

(1) 为了使采取的试样保证有_____,必须按一定的程序,从被分析物料的各个_____,取出一定数量的大小不同的颗粒。取出的份数越_____,即采样点越_____,每一份的采样量越_____,试样的组成与被分析物料的_____越趋于接近。

(2) 试样的分解是分析工作的重要步骤之一,一般要求_____、_____、_____。

(3) 试样的分解方法一般有_____和_____。

(4) _____能溶解单独用盐酸或硝酸所不能溶解的铂、金等金属及难溶的HgS等化合物;_____的混合溶剂,常用于钢铁试样分解;_____的混合溶剂常用于硅酸盐试样的分解;_____的混合溶剂常用于破坏试样中存在的有机物。

(5) 试样能溶于水时,最好用_____溶解;不溶于水时,酸性试样用_____分解,碱性试样用_____分解;还原性试样用_____分解,氧化性试样用_____分解。

(6) $H_2S$是常用的_____,将$H_2S$通入溶液,溶液中_____的浓度大小受溶液酸度的控制,酸度越_____,_____浓度越_____。

**2. 单选题**

(1) 浓$HNO_3$不能溶解( )金属或合金试样。
　　A. 铁　　　　　　　B. 铜　　　　　　　C. 铝　　　　　　　D. 金

(2) 测定天然水或污水中含痕量$Pb^{2+}$,可向水中加入( ),生成$CaCO_3$沉淀,痕量$Pb^{2+}$随$CaCO_3$共沉淀析出,然后将$CaCO_3$沉淀溶于少量酸中,则使$Pb^{2+}$与被测试液分离,实现测定。
　　A. $Na_2CO_3$和$Ca^{2+}$　　B. $CaCO_3$　　　C. $BaSO_4$　　　D. $Fe(OH)_3$

(3) 把固定相装填在金属或玻璃柱内进行色谱分离的方法属于( )
　　A. 纸色谱　　　　　B. 柱色谱　　　　　C. 薄层色谱

(4) 阳离子交换树脂含有酸性活性基团,如—$SO_3H$、—$COOH$、—$OH$等,基团上的( )可与溶液中的阳离子发生交换作用。
　　A. $OH^-$　　　　　B. $COO^-$　　　　C. $SO_3^{2-}$　　　　D. $H^+$

**3. 判断题**

(1) 试样的采取要求分析试样必须保证能代表全部分析对象的平均组成,即分析试样必须具有代表性。( )

(2) 金属材料、化工产品等固体物料,如果是特别均匀的,只要任意采取一部分即可。( )

(3) 采样时,采样的份数越多越好。( )

(4) 采取的水样应及时分析测定,保存时间越短,分析结果越可靠。( )

(5) 标准筛的筛号越小，筛孔的直径越小。（    ）
(6) 试样分解过程中不应引入被测组分或干扰物质。（    ）
(7) 王水是由体积比为 1∶3＝浓盐酸∶浓硝酸混合制成的。（    ）
(8) 当使用氢氟酸分解试样时，必须采用铂器皿或塑料器皿。（    ）
(9) 溶液的酸度越低越有利于萃取。（    ）
(10) 离子交换作用是可逆的，如果用酸或碱浸泡处理已发生交换反应后的树脂，树脂又可以回复到原来的状态。（    ）

### 4. 问答题

(1) 采样的原则是什么？如不遵守此原则会对分析结果有何影响？
(2) 对固体试样如何操作才能获取具有代表性的试样？
(3) 溶解与熔解有何不同？
(4) 简述下列各溶剂对样品的分解作用：$HCl$、$HNO_3$、$H_2SO_4$、$HClO_4$。
(5) 对于组成、粒度大小都极不均匀的试样，应该采取怎样的处理步骤？
(6) 如果试液中含有 $Fe^{3+}$、$Al^{3+}$、$Ca^{2+}$、$Mg^{2+}$、$Cr^{3+}$、$Cu^{2+}$、$Zn^{2+}$ 等离子，加入 $NH_3$-$NH_4Cl$ 缓冲溶液，控制 pH 为 9 左右，哪些离子以什么形式存在于溶液中？哪些离子以什么形式存在于沉淀中？分离是否完全？
(7) 什么是"萃取效率"？单次萃取和多次萃取的萃取效率有什么不同？
(8) 在进行农业科学实验时，需要了解微量元素对农作物栽培的影响。某人从实验田中挖了一小铲泥土试样，送分析人员测定其中微量元素的含量。试问所测定的分析结果有无意义？

### 5. 计算题

(1) 赤铁矿的 $K=0.06$。
①若矿石的最大颗粒直径为 10mm。问应采取多少试样？
②如果将所取的原始试样粉碎至全部通过 0.83mm 的筛孔时，应保留试样的质量为多少？
(2) 饮用水常含有痕量氯仿。实验指出，取 100mL 水，用 1.0mL 戊烷萃取时的萃取效率为 53％，试问取 10mL 水，用 1.0mL 戊烷萃取时的萃取效率为多少？

# 9. 化学分析实验的基本操作技术

### 实验指南

分析天平是定量分析最重要的仪器之一，分析工作中经常要准确称量一些物质的质量，称量的准确度直接影响测定的准确度，分析工作者了解分析天平的种类、结构，掌握分析天平的原理及正确的称量方法非常重要。在滴定分析中，经常要用到三种能准确测量溶液体积的玻璃仪器，这就是滴定管、容量瓶和移液管，这三种仪器的洗涤及正确使用是滴定分析最重要的基本操作，也是获得准确分析结果的必要条件。重量分析的基本操作比较烦琐费时，但每步操作过程都会直接影响分析结果，因此也应加以重视。

### 实验要求

掌握分析天平称量操作的一般程序和常用称量方法；
掌握滴定分析仪器的操作要点，学会按照程序洗净、检查、准备和使用滴定分析仪器；
掌握重量分析法的基本操作。

分析化学是**实践性很强**的一门学科。通过分析化学实验，可培养科学的实验方法和基本的实验技能。技能是在知识和经验的基础上，通过反复练习而获得的一种能顺利完成某种任务，接近自动化了的动作方式和智力活动方式，它是知识转化为能力的中间环节。

根据技能的形成规律，做实验之前应注意以下几方面。

① **领会知识**是技能形成的基础，为此，应重视基本知识、基本原理的理解，做好实验预习。只有同时重视基本知识和基本技能，能力的培养才会有好的收效；而能力的形成又反过来会促进知识的掌握和技能的达成。

② 技能是通过**反复练习**获得的，技能的形成有一个循序渐进的过程。具体地说，应包括掌握局部动作阶段、初步掌握完整动作阶段以及动作协调和完善的阶段。

③ 对于复杂困难的操作，可以**将操作分解后再进行复合**。如定量分析操作可分解为：a. 常用仪器的洗涤；b. 天平的正确使用；c. 移液管的正确使用；d. 酸碱滴定管的正确使用；e. 数据处理；f. 文明操作。学生可根据实际情况分别练习。

④ 各种滴定类型的分析操作，具有许多相同或相似的地方，这就为技能的迁移创造了条件。**练好实验基本功**，掌握科学的实验方法就可以做到举一反三。

⑤ 技能的形成不仅决定于练习的数量和质量，也决定于学习者本身的个性特点和学习态度。实验中**认真**、**严谨**、**科学**的态度及同学间竞争、合作精神的培养也是不容忽视的。

## 9.1 电子天平和称量方法

分析天平是定量分析最重要的仪器之一，分析工作中经常要准确称量一些物质的质量，称量的准确度直接影响测定的准确度，分析工作者了解分析天平的种类、结构，掌握分析天平的原理和正确的称量方法非常重要。

常用的分析天平有阻尼天平、部分机械加码电光天平、全机械加码电光天平、单盘天平和电子天平等。现以目前广泛使用的电子天平为例，介绍其工作原理、结构和称量方法。

### 9.1.1 电子天平的构造

电子天平是最新一代的天平，如图 9-1 所示。它是利用电子装置完成电磁力补偿的调节，使物体在重力场中实现力的平衡，或通过电磁力矩的调节，使物体在重力场中实现力矩的平衡。下面主要以 FA 系列电子天平为例来介绍其构造。

电子天平主要包括外框部分、称量部分、键盘部分和电路部分。

（1）外框部分

电子天平用以保护天平的外框一般为镶有玻璃的合金框架，顶部和左右两侧均有可移动的玻璃门，供称量及从事滴定工作时使用。天平底部有三个底脚，既是电子天平的支承部件，也是天平的水平调节器。电子天平一般用后两个底脚来调节天平的水平位置。

图 9-1 电子天平外观

（2）称量部分

称量部分包括水平仪、盘托、秤盘、传感器等。

水平仪位于天平框罩内秤盘的左（或右）前方，用来指示天平的水平情况。

盘托位于秤盘的下面，用来支承秤盘。秤盘位于框罩内中部，多由金属材料制成，使用中应注意清洁卫生，不允许随便调换秤盘。

传感器由外壳、磁钢、极靴和线圈等组成，装于秤盘的下方。其作用是检测被测物加载瞬间线圈及连杆所产生的位移。称量时要保持称量室清洁卫生，称量时勿使样品洒落，以保护传感器。

（3）键盘部分

FA 系列电子天平采用轻触按键，实行多键盘控制，操作灵活方便。

（4）电路部分

电路部分包括位移检测器、PID 调节器、前置放大器、模数（A/D）转换器、微机和显示器。

位移检测器的作用是将秤盘上的载荷转变成电信号输出。PID 调节器能保证传感器快速而稳定地工作。前置放大器可以将微弱的信号放大，从而保证电子天平的精度和工作要求。模数转换器的作用是将连续变化的模拟信号转换成计算机能接收的数字信号，其转换精度高，易于自动调零和有效地排除干扰。微机主要担负天平称量数据的采集、数据传送和数字显示工作，还兼具开机操作、自动校准、去皮、故障报警及操作错误控制等功能，是电子天平的关键部件。其作用是进行数据处理，具有记忆、计算和查表等功能。显示器的作用是将输出的数字信号显示在屏幕上。

### 9.1.2 电子天平的优点

① 使用寿命长，性能稳定。

② 灵敏度高，操作方便。

③ 称量速度快，精度高。

④ 功能多。电子天平可在全量程范围内实现去皮重、累加、超载显示、故障报警等功能。

### 9.1.3 电子天平的使用方法

(1) 准备工作

① 检查并调整天平至水平位置。

② 事先检查电源电压是否匹配（必要时配置稳压器），按仪器要求通电预热至所需时间。

③ 预热足够时间后打开天平开关，天平则自动进行灵敏度及零点调节。若天平不处于零位，则按去皮键 Tare 调零（去皮键也叫清零键）。待稳定标志显示后，可进行正式称量。

(2) 称量

① 在秤盘上放上器皿，关上侧门，读取数值并记录，此数值为器皿质量。

② 轻按去皮键清零，使天平重新显示为零。

③ 在器皿内加入样品至显示所需质量时为止，记录读数，此数值为样品质量。如有打印机可按打印键进行打印。

④ 将器皿连同样品一起拿出。

⑤ 若继续称量，按天平去皮键清零，以备再用。

(3) 关机

按关机键，显示器熄灭。

(4) 善后工作

称量结束，切断电源，罩好天平罩，并做好使用情况登记。

(5) 注意事项

① 天平应放置在牢固平稳的水泥台或木台上，室内要求清洁、干燥及较恒定的温度，同时应避免光线直接照射到天平上。

② 称量时应从侧门取放物质，读数时应关闭箱门以免空气流动引起天平摆动。前门仅在检修或清除残留物质时使用。

③ 电子分析天平若长时间不使用，则应定时通电预热，每周一次，每次预热 2h，以确保仪器始终处于良好使用状态。

④ 天平箱内应放置吸潮剂（如硅胶），当吸潮剂吸水变色时，应立即高温烘烤更换，以确保吸湿性能。

⑤ 挥发性、腐蚀性、强酸强碱类物质应盛于带盖称量瓶内称量，防止腐蚀天平。

⑥ 称量工作完成后，必须取下秤盘上的被称物才能关闭电源，否则将损坏天平。

⑦ 电子天平在安装或移动位置后需先进行校准后才可以使用。

### 9.1.4 称量试样的方法

#### 9.1.4.1 直接称样法

称取的方法是先称出容器（如表面皿或称样纸）的质量，再将试样放入容器内，称出容器和试样的总质量。两次称量质量之差即为试样的质量。然后将试样全部转移到接受容器中。

此方法适用于称取不吸湿、不挥发和在空气中稳定的固体物质，如邻苯二甲酸氢钾等。

(a) 捏取称量瓶　　　(b) 倾出样品

图 9-2　捏取称样瓶和倾出样品

#### 9.1.4.2 减量称样法（递减法或差减法）

分析同一样品，往往要称取等份样品做平行试验。称取的方法是先将盛装一定量试样的称量瓶放在分析天平上准确称量。然后从天平盘上取出称量瓶，捏取称量瓶的方法见图 9-2(a)（或操作时戴细纱手套），拿到接收器上方，让试样慢慢落入接受容器中，如图 9-2(b) 所示，当倾出试样接近需要量时，一边继续敲击瓶口，一边渐将瓶身竖直。盖好瓶盖，放回天平盘上再准确称其质量。两次质量之差即为倾入接受容器里的试样质量。称量时应检查所倾出的试样质量是否在称量范围内，如不足应重复上面的操作。

减量称样法简便、快速，对于易吸湿、易氧化、易与空气中 $CO_2$ 反应的样品，如碳酸钠等，宜用减量称样法称量。

#### 9.1.4.3 指定质量称样法

在分析试验中，当需要用直接法配制准确浓度的标准溶液时，常用指定质量称样法称取指定质量的基准物质。例如，要求直接配制 $c\left(\dfrac{1}{6}K_2Cr_2O_7\right)=0.1000\,\text{mol/L}$ 的重铬酸钾标准溶液 1000 mL 时，则必须准称 4.904 g $K_2Cr_2O_7$ 基准试剂。在例行分析中，为了便于分析结果的计算，也往往用指定质量称样法称取某一指定质量的被测样品。称取的方法是先称出容器（如表面皿或称样纸）的质量，然后再加所需样品量的砝码，用小药匙或窄纸条慢慢将试样加到容器内，在接近所需量时，应用食指轻弹药匙柄，使试样以非常缓慢的速度落入容器中，直至所指定的质量为止。取出容器，将试样全部转入小烧杯中。

## 9.2　滴定分析仪器及操作技术

在滴定分析中，经常要用到滴定管、容量瓶和移液管，以准确测量溶液体积。正确使用这些仪器是滴定分析中最主要的基本操作，是减少溶液体积的测量误差，获得准确的分析结果的先决条件。

### 9.2.1　滴定管

滴定管是滴定时用来滴加标准溶液，并准确量取流出液体体积的仪器。常量分析用的滴定管容积为 25mL 和 50mL，最小分度值为 0.1mL，读数可估计到 0.01mL。

实验室最常用的滴定管有两种，即酸式滴定管和碱式滴定管。如图 9-3(a) 所示，带有玻璃活塞的是酸式滴定管，也称具塞滴定管。酸式滴定管一般盛装酸性、中性或氧化性溶液，由于碱腐蚀玻璃，因此不能装碱性溶液。如图 9-3(b) 所示，滴头用橡胶管连起来，胶管内有一玻璃珠的滴定管，称为碱式滴定管，也称无塞滴定管。碱式滴定管用来盛装碱性和非氧化性溶液，但不能盛放酸性和氧化性溶液，如 $H_2SO_4$、$KMnO_4$、$I_2$、$AgNO_3$ 等，以避免腐蚀橡胶管。

近几年来，又制成了聚四氟乙烯酸碱两用滴定管，其旋塞是用聚四氟乙烯材料做成的，耐腐蚀，不用涂油，密封性好。本书将主要介绍前两种滴定管的洗涤和使用方法。

#### 9.2.1.1 滴定管使用前的准备

（1）洗涤

滴定管使用前必须进行洗涤。无明显油污的滴定管，可直接用自来水冲洗，或用肥皂水、洗衣粉水泡洗，但不可用去污粉刷洗，以免划伤内壁，影响体积的准确测量。若有油污不易洗净时，可用铬酸洗液洗涤。

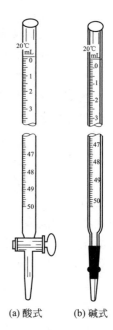

图 9-3 滴定管　(a)酸式　(b)碱式

① 酸式滴定管的洗涤　用铬酸洗液洗涤时，先关闭酸式滴定管的活塞，倒入 10～15mL 洗液于滴定管中，两手横持滴定管，并不断转动，直到洗液布满全管为止。立起后打开活塞，将洗液放回原瓶中。若滴定管油垢较严重，可倒入温洗液浸泡一段时间。洗液放出后，先用自来水冲洗，再用蒸馏水淋洗 3～4 次。

② 碱式滴定管的洗涤　碱式滴定管的洗涤与酸式滴定管基本相同，但要注意铬酸洗液不能直接接触胶管，否则胶管变硬损坏。为此，可将碱式滴定管的尖嘴部分取下，滴定管倒立于装有洗液的烧杯中，将橡胶管接在抽水泵上，打开抽水泵，轻捏玻璃珠，待洗液徐徐上升到接近橡胶管处即停止。让洗液浸泡一段时间后，将洗液放回原瓶中，然后先用自来水冲洗，再用蒸馏水涮洗几次。洗至滴定管的内壁完全被水均匀润湿而不挂水珠为止。

（2）活塞涂油和试漏

① 涂油　酸式滴定管使用前，应检查活塞转动是否灵活而且不漏。若不符合要求，应在活塞上涂一薄层凡士林。涂油的方法是将活塞取下，用滤纸将活塞和塞套内壁擦干，用手指蘸少量凡士林，在活塞的两端涂上薄薄一圈（切勿过多），把活塞放回套内，向同一方向旋转活塞，使凡士林分布均匀呈透明状，且无气泡无纹路，活塞旋转灵活。然后顶住活塞，套上小胶圈，以防止活塞松动或滑出而损坏。

由此可见，涂油的关键，一是活塞必须干燥，二是掌握薄而均匀。涂油过少，润滑不够，容易漏水；涂油过多，容易把孔堵住。如果活塞孔被凡士林堵塞，可以取下活塞，用细金属丝捅出，如果管尖被凡士林堵塞，可将水充满全管，将出口管尖浸在一小烧杯热水中，温热片刻后，打开活塞，使管内的水流突然冲下，即可将熔化的油脂带出。

② 试漏　滴定管使用之前必须严格检查，确保不漏。检查时，将酸式滴定管的活塞关闭，装入蒸馏水至一定刻线，直立滴定管 2min，仔细观察液面是否下降，滴定管下端是否有液珠，活塞缝隙处是否有水渗出。若不漏，将活塞旋转 180°，静置 2min，再观察一次，无漏水现象即可使用，若有漏水现象应重新擦干涂油。碱式滴定管若漏水，则应调换胶管中

的玻璃珠，选择一个大小合适且比较圆滑的配上再试，玻璃珠太小或不圆滑都可能漏水，太大则操作不方便。

(3) 装入溶液和赶气泡

滴定管准备好后即可装入标准溶液。首先将瓶中标准溶液摇匀，使凝结在瓶内壁上的液珠混入溶液，标准溶液应小心地直接倒入滴定管中，不得用其他容器（如烧杯、漏斗等）转移溶液。其次，为了除去滴定管内残留的水分，确保标准溶液浓度不变，应先用此标准溶液洗滴定管数次。倒入标准溶液时，关闭活塞，用左手大拇指和食指与中指持滴定管上端无刻度处稍微倾斜，右手拿住细口瓶往滴定管中倒入标准溶液，让溶液沿滴定管内壁缓缓流下。每次用约10mL标准溶液，从下口放出少量（约1/3）以洗涤尖嘴部分，然后关闭活塞，横持滴定管并慢慢转动，务使标准溶液洗遍全管，并使溶液与管壁接触1~2min，最后将溶液从管口倒出弃去，但不要打开活塞，以防活塞上的油脂冲入管内。尽量倒空后再洗第二次，每次都要冲洗尖嘴部分。如此洗2~3次后，即可装入标准溶液至"0"刻度以上。为使溶液充满出口管（不能留有气泡或未充满部分），在使用酸式滴定管时，右手拿滴定管上部无刻度处，使滴定管倾斜约30°，左手迅速打开活塞使溶液冲出，从而可使溶液充满全部出口管，若出口管中仍留有气泡或未充满部分，可重复操作几次。若仍不能使溶液充满，可能是出口管部分没有洗干净，必须重洗。

对于碱式滴定管，应注意玻璃珠下方的洗涤。用标准溶液洗完后，将其装满溶液垂直地夹在滴定管架上，左手拇指和食指放在稍高于玻璃珠所在的部位，使橡胶管向上弯曲，出口管斜向上，往一旁轻轻挤捏橡胶管，使溶液从管口喷出，再一边捏橡胶管，一边将其放直，这样可排除出口管的气泡，并使溶液充满出口管。

【注意】应在橡胶管放直后，再松开拇指和食指，否则出口管仍会有气泡存在。排尽气泡后，再倒入标准溶液使之在"0"刻度以上，临滴定前再调节液面在0.00mL刻度处备用。

9.2.1.2 滴定管的使用

(1) 滴定管的操作

将滴定管垂直地夹于滴定管架上的滴定管夹上。

使用酸式滴定管时，用左手控制活塞，无名指和小指向手心弯曲，轻轻抵住出口管，大拇指在前，食指和中指在后，手指略微弯曲，轻轻向内扣住活塞，手心空握，如实验图2-2(a)所示。转动活塞时切勿向外用力，以防活塞被顶出，造成漏液。也不要过分往里推，以免造成活塞转动困难，不能自如操作。

使用碱式滴定管时，左手拇指在前，食指在后，捏住橡胶管中玻璃珠所在部位稍上的地方，向右方挤橡胶管，使其与玻璃珠之间形成一条缝隙，从而放出溶液，如图9-4(b)所示。

【注意】不要捏玻璃珠下方的橡胶管，以免当松开手时空气进入而形成气泡；也不要用力捏压玻璃珠，或使玻璃珠上下移动，这样是不能使溶液顺利流出的。

滴定时，应能控制溶液流出速度，要求能够达到：a. 使溶液逐滴放出；b. 只放进一滴溶液；c. 使溶液悬而未滴，当在瓶壁上靠下时即为半滴操作。

(2) 滴定操作

滴定通常在锥形瓶中进行，为便于观察，锥形瓶下端垫一白瓷板，右手拇指、食指和中指捏住瓶颈，瓶底离瓷板2~3cm。调节滴定管高度，滴定管尖嘴部分伸入瓶口1~2cm处。左手按前述方法操作滴定管，右手运用腕力摇动锥形瓶，使其向同一方向作圆周运动，边滴加溶液边摇动锥形瓶（或边滴加溶液边搅拌均匀），见图 9-5。

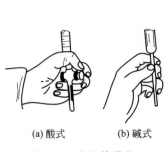

(a) 酸式　　(b) 碱式

图 9-4　滴定管操作

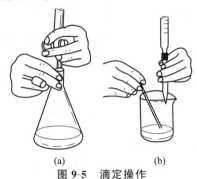

图 9-5　滴定操作

在滴定过程中，左手始终不可离开活塞任其溶液自流。边滴边摇时不应前后摇动，以免溅出溶液，勿使瓶口碰滴定管口，也不要使瓶底碰白瓷板。开始时，滴定速度可稍快些，一般以 10mL/min 即 3~4 滴/s 为宜，切不可成液柱流下。滴定到一定时候，滴落点周围会出现暂时性的颜色变化。在离滴定终点较远时，颜色变化立即消逝。临近终点时，变色且可以暂时地扩散至全部溶液，不过在摇动 1~2 次后变色又完全消逝，此时，应改为每滴 1 滴，摇几下。等到摇 2~3 次后，颜色变化缓慢消逝时，说明离终点已经很近。这时微微转动酸式滴定管的活塞，使溶液悬在出口管尖嘴上形成半滴，悬而未落，用锥形瓶内壁将其靠下。然后将锥形瓶倾斜，把附于壁上的溶液洗入瓶中，再摇匀溶液。如此重复，直到刚刚出现达到终点时应出现的颜色不再消逝为止。一般 30s 内不再变色即到达滴点终点。

每一次滴定最好都从 0.00 或 0.00 附近的某一读数开始，这样使用同一滴定管，重复测定可减小误差，提高分析结果的精密度。

滴定完毕，弃去滴定管内剩余的溶液，不得倒回原瓶。用水洗净，装入蒸馏水至刻度以上，用大试管套在管口上，保存备用。

（3）滴定管读数

滴定开始前和滴定操作结束都需读取数值。为了正确读数，应遵循如下规则：

① 注入溶液或放出溶液后，需等待 0.5~1min 后，以使管壁附着的溶液流下来，才能读数。

② 滴定管应垂直地夹在滴定管夹上读数，也可用右手大拇指和食指捏住滴定管上部无刻度处使管自然下垂读取数值。

③ 对于无色溶液或浅色溶液，应读弯月面下缘实线的最低点。为此，读数时视线应与弯月面下缘实线的最低点相切，即视线与弯月面下缘实线的最低点在同一水平面上，如图 9-6(a) 所示，以防止视差。对于有色溶液，应使视线与液面两侧的最高点相切，如图 9-6(b) 所示，初读和终读应用同一标准。

④ 使用带蓝色衬背的滴定管时，液面呈现三角交叉点，应读取交叉点与刻度相交之点的读数，如图 9-6(c) 所示。

⑤ 为了协助读数，有时可采用读数卡。这种方法有利于初学者练习读数，读数卡可用黑纸或涂有黑长方形（约 3cm×1.5cm）的白纸制成。读数时，将读数卡放在滴定管背后，使黑色部分在弯液面下约 1mm 处，此时即可看到弯液面的反射层成为黑色，然后读此黑色弯液面下缘的最低点，如图 9-6(d) 所示。

## 9.2.2　容量瓶

容量瓶是一种细颈梨形平底的玻璃瓶，带有玻璃磨口塞或塑料塞。颈上有一标线，表示

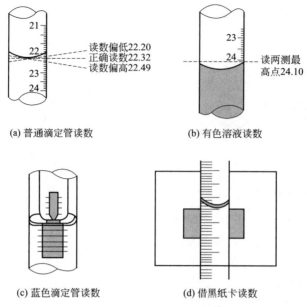

图 9-6 滴定管读数示意图

在所指定的温度（一般为 20℃）下，当液体充满标准线时瓶内液体的体积。容量瓶主要用于配制标准溶液或试样溶液，也可用于将一定量的浓溶液稀释成准确体积的稀溶液。通常有 25mL、50mL、100mL、250mL、500mL、1000mL 等数种规格。

### 9.2.2.1 容量瓶的准备

容量瓶在使用前应先检查瓶塞是否密合，其方法是加自来水至标线附近，盖好瓶塞，一手用食指按住塞子，其余手指拿住瓶颈标线以上部分，另一手用指尖托住瓶底边缘，倒立容量瓶 2min，用干滤纸片沿瓶口缝隙处检查看有无水渗出，如果不漏，把瓶直立，旋转瓶塞 180°塞紧，再倒立 2min，如仍不漏水，则可使用。使用中不能将玻璃磨口塞随便取下放在桌面上，以免沾污和混淆。

检查合格的容量瓶应洗涤干净。洗涤方法、原则与洗涤滴定管相同。洗净的容量瓶内壁应均匀润湿，不挂水珠，否则必须重洗。

瓶塞与瓶子必须保持配套使用，为了使瓶塞不丢失、不混乱、不跌碎，常用塑料线绳或橡皮筋等把它系在瓶颈上。

### 9.2.2.2 容量瓶的操作

若将固体物质配制一定体积的溶液，通常是将固体物质放在小烧杯中用水溶解后，再定量地转移到容量瓶中。转移时，将一根玻璃棒伸入容量瓶中，使其下端靠住瓶颈内壁，上端不要碰瓶口，烧杯嘴紧靠玻璃棒，使溶液沿玻璃棒和内壁流入，如图 9-7(a) 所示。溶液全部转移后，将玻璃棒稍向上提起，同时使烧杯直立，将玻璃棒放回烧杯，防止玻璃棒下端的溶液落至瓶外。用洗瓶中的蒸馏水吹洗玻璃棒和烧杯内壁，将洗涤液按上述方法也转移合并到容量瓶中。如此重复多次（至少 3~5 次）完成定量转移后，加水至容量瓶容积的 3/4 左右时，将容量瓶平摇几次（切勿倒转摇动），如图 9-7(b) 所示，使溶液初步混匀。然后把容量瓶平放在桌上，慢慢加蒸馏水到接近标线下 1cm 左右，等 1~2min，使黏附在瓶颈内壁的溶液流下，用细长滴管伸入瓶颈接近液面处，眼睛平视标线，加水至弯液面下缘最低点与标线相切。立即盖紧瓶塞，按图 9-7(c) 握持容量瓶的姿势，将容量瓶倒转，使气泡上升到顶。将瓶正立后，再次倒立振荡，如此反复 10~15 次，使溶液充分混合均匀，最后放正容量瓶，打开瓶塞，使其周围的溶液流下，重新塞好瓶塞，再倒立振荡 1~2 次，使溶液全部混匀。

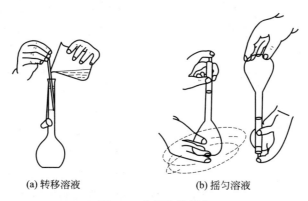

(a) 转移溶液　　(b) 摇匀溶液

图 9-7　容量瓶的操作

值得注意的是，在上述操作过程中不能用手掌握住瓶身，以免体温造成液体膨胀，影响容积的准确性，热溶液应冷却至室温后，再转入容量瓶中，否则将造成体积误差。容量瓶不要长期存放配制好的溶液，尤其是碱性溶液，如需保存配好的溶液，应转移到干净的磨口试剂瓶中。使用后的容量瓶应立即用水冲洗干净，如长期不用，将磨口处洗净擦干，垫上纸片，防止粘接。容量瓶不能进行加热溶液的操作，更不能放在烘箱中烘烤。

### 9.2.3　移液管和吸量管

移液管和吸量管统称吸管。吸管是用来准确移取一定体积液体的玻璃量器。

移液管又称无分度吸管或单标线吸管，用来准确移取一定体积的溶液，如图 9-8(a) 所示，它中间有一膨大部分（称为球部），上部刻有一标线，此标线是按放出液体的体积来刻度的。常用的移液管有 5mL、10mL、25mL、50mL 等规格。吸量管又称分度吸管，用于准确移取所需不同体积的液体，如图 9-8(b) 所示。

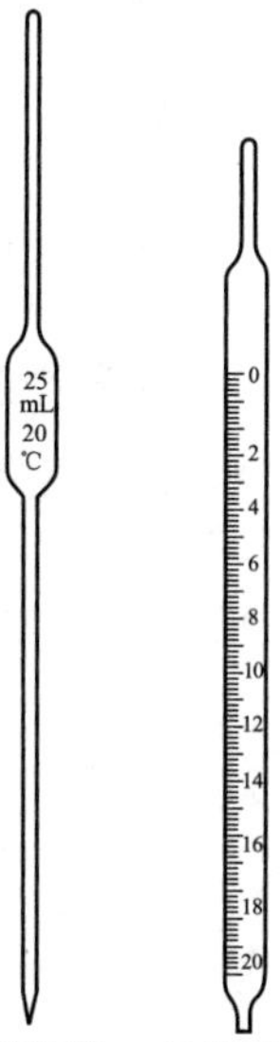

移液管标线部分管径较小，准确度较高；吸量管读数的刻度部分管径较大，准确度稍差，因此当量取整数体积的溶液时，常用相应大小的移液管而不用吸量管。吸量管在仪器分析中配制系列溶液时应用较多。

#### 9.2.3.1　移液管与吸量管的洗涤

洗涤前要检查管的上口和尖嘴是否完整无损。移液管和吸量管一般先用自来水冲洗，然后用铬酸洗液洗涤，其洗涤方法是：右手拿移液管或吸量管，管的下口插入洗液中，左手拿洗耳球，先把球内空气压出，然后把球的尖端接在移液管或吸量管的上口，慢慢松开左手手指，将洗液慢慢吸入管内直至上升到刻度以上部分，等片刻后，将洗液放回原瓶中。如需较长时间浸泡在洗液中时（如吸量管），可将吸量管直立于大量筒中，筒内装满洗液，筒上用玻璃片盖上，浸泡一段时间后，取出吸量管，沥尽洗液，用自来水冲洗，再用蒸馏水淋洗干净。洗净的标志是内壁不挂水珠。洗净后将其放在干净的吸管架上。

(a) 移液管　(b) 吸量管

图 9-8　移液管及吸量管

#### 9.2.3.2　移液管和吸量管的操作

移取溶液前，先吹尽管尖残留的水分，再用滤纸将管尖内外的水擦去，然后用欲移取的溶液涮洗几次，以确保所要移取的操作溶液浓度不变。

移取待吸溶液时，用右手的拇指和中指捏住移液管或吸量管的上端，将管尖插入液面下1~2cm，如图9-9（a）所示。管尖伸入液面不要太深或太浅，太深会在管外黏附过多溶液，太浅又会产生吸空。当管内液面借洗耳球的吸力而慢慢上升时，管尖应随容器中液面的下降而下降。当管内液面升高到刻度以上时，移去洗耳球，迅速用右手食指堵住管口（右手的食指应稍带潮湿，便于调节液面）；将管上提，离开液面，用滤纸拭干管下端外部。将管尖靠盛废液瓶的内壁，保持管身垂直，稍松右手食指，用右手拇指及中指轻轻捻转管身，使液面缓慢而平稳下降，直到溶液弯月面的最低点与刻度线上边缘相切，视线与刻度线上边缘在同一水平面上，立即停止捻动并用食指按紧管口，保持容器内壁与吸管尖嘴接触，以除去吸附于管口端的液滴。取出移液管或吸量管，立即伸入承接溶液的器皿中，仍使管尖接触器皿内壁，使容器倾斜而管直立，松开食指，让管内溶液自由地顺管壁流下。在整个排放和等待过程中，流液口尖端和容器内壁接触保持不动，如图9-9（b）所示。待移液管液面下降到管尖后，需等待15s再取出移液管。

使用吸量管移取溶液时，吸取溶液和调节液面至上端标线的操作同移液管相同。放溶液时要用食指控制管口，使液面慢慢下降至与所需刻度相切时，按住管口，随即将吸量管从接受容器中移开。残留在管末端的少量溶液，不可用外力强使其流出，因校准吸量管时已考虑了末端保留溶液的体积。若吸量管的分度刻至管尖，管口上刻有"吹"字，使用时必须使管内的溶液全部流出，末端的溶液也需吹出，不允许保留。

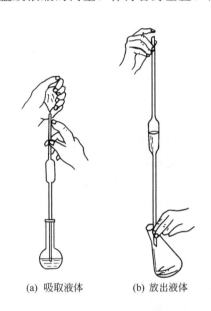

(a) 吸取液体　　　(b) 放出液体

图9-9　吸取、放出液体

移液管和吸量管用后应立即用自来水冲洗，再用蒸馏水冲洗干净，放于架上。

### 9.2.4　容量仪器的校正

由于制造工艺的限制、试剂的侵蚀等原因，容量仪器的实际容积与它所标示的容积存在或多或少的差值，此差值必须符合一定标准。根据JJG 196—2006《常用玻璃量器》规定，量器的容量允差见表9-1。

表9-1　量器的容量允差　　　　　　　　　　　　　　　　　　　　单位：mL

| 名称 | 滴定管 | | 单标线吸量管 | | 单标线容量瓶 | |
|---|---|---|---|---|---|---|
| 标准容量 | A级 | B级 | A级 | B级 | A级 | B级 |
| 500 | | | | | ±0.25 | ±0.50 |
| 250 | | | | | ±0.15 | ±0.30 |
| 100 | ±0.10 | ±0.2 | ±0.08 | ±0.16 | ±0.10 | ±0.20 |
| 50 | ±0.05 | ±0.10 | ±0.05 | ±0.10 | ±0.05 | ±0.10 |
| 25 | ±0.04 | ±0.08 | ±0.03 | ±0.060 | ±0.03 | ±0.06 |
| 10 | ±0.025 | ±0.050 | ±0.020 | ±0.040 | ±0.020 | ±0.040 |
| 5 | ±0.010 | ±0.020 | ±0.015 | ±0.030 | ±0.020 | ±0.040 |

量器按其精度（容量允差）的高低和流出时间分为A级、$A_2$级和B级三种，并在量器

上标出。

量器的准确度对于一般分析已经满足要求，但在要求较高的分析工作中则须进行校正。在实际工作中通常采用绝对校正和相对校正两种方法。

(1) 绝对校正

即衡量法（称量法），称量量器中所容纳或放出的水的质量，根据水的密度计算出该量器在20℃时的容积。

由质量换算成容积时，需对以下三个因素进行校正：

① 水的密度随温度而改变；
② 空气浮力对称量水质量的影响；
③ 玻璃容器的容积随温度而改变。

为便于计算，将此三次校正值合并而得一总校正值，列于表9-2中。

表 9-2 水的体积和质量换算

| 温度 $t/℃$ | 水所占的体积 $V/(mL/g)$ | 温度 $t/℃$ | 水所占的体积 $V/(mL/g)$ | 温度 $t/℃$ | 水所占的体积 $V/(mL/g)$ |
| --- | --- | --- | --- | --- | --- |
| 10 | 1.00161 | 19 | 1.00267 | 28 | 1.00458 |
| 11 | 1.00169 | 20 | 1.00283 | 29 | 1.00484 |
| 12 | 1.00177 | 21 | 1.00301 | 30 | 1.00511 |
| 13 | 1.00186 | 22 | 1.00321 | 31 | 1.00539 |
| 14 | 1.00196 | 23 | 1.00341 | 32 | 1.00569 |
| 15 | 1.00207 | 24 | 1.00363 | 33 | 1.00598 |
| 16 | 1.00220 | 25 | 1.00384 | 34 | 1.00629 |
| 17 | 1.00236 | 26 | 1.00409 | 35 | 1.00659 |
| 18 | 1.00250 | 27 | 1.00433 | | |

设 $V_{20}$ 是玻璃量器在20℃时所具有的容积，$V$ 是玻璃量器的标称容积，$m_t(g)$ 为 $t$℃在空气中称量的量器放出或装入纯水的质量，则

$$V_{20} = m_t V$$

滴定管、容量瓶、吸管都可以应用衡量法进行绝对校正。

(2) 相对校正

相对校正法是相对比较两容器所盛液体体积的比例关系。例如，250mL容量瓶的容积是否为25mL移液管所放出液体体积的10倍，可用相对校正的方法来检验，即用移液管准确量取纯水10次，放入清洁、干燥的容量瓶中，观察液面最低点是否与环形标线相一致。

绝对校正法是基本的方法，但是比较麻烦；相对校正法比较简单，但只限于两种仪器的相对关系，使用时受到一定的限制。

## 9.3 重量分析操作

重量分析的基本操作包括样品溶解、沉淀、过滤、洗涤、烘干和灼烧等步骤，分别介绍如下。

### 9.3.1 沉淀

重量分析对沉淀的要求是尽可能地完全和纯净，为了达到这个要求，应该按照沉淀的不同类型选择不同的沉淀条件，如沉淀时溶液的体积、温度，加入沉淀剂的浓度、数量、加入

速度、搅拌速度、放置时间等。因此，必须按照规定的操作要求进行。

一般进行沉淀操作时，左手拿滴管，滴加沉淀剂，右手持玻璃棒不断搅动溶液，搅动时玻璃棒不要碰烧杯壁或烧杯底，以免划损烧杯。溶液需要加热，一般在水浴中或电热板上进行，沉淀后应检查沉淀是否完全。检查的方法是：待沉淀下沉后，在上层澄清液中，沿杯壁加1滴沉淀剂，观察滴落处是否出现浑浊，无浑浊出现表明已沉淀完全，若出现浑浊，需再补加沉淀剂，直至再次检查时上层清液中不再出现浑浊为止，然后盖上表面皿。

### 9.3.2 过滤和洗涤

（1）用滤纸过滤

① 滤纸的选择  滤纸分定性滤纸和定量滤纸两种，称量分析中常用定量滤纸（或称无灰滤纸）进行过滤。定量滤纸灼烧后灰分极少，其质量可忽略不计，如果灰分较重，应扣除空白。滤纸的选择应根据沉淀的类型和沉淀的量的多少来进行。表9-3和表9-4分别是常用国产定量滤纸的类型和灰分质量。

表9-3　国产定量滤纸的类型

| 类　型 | 滤纸盒上带标志 | 滤速/(s/100mL) | 适用范围 |
| --- | --- | --- | --- |
| 快速 | 白色 | 60～100 | 粗粒结晶及无定形沉淀，如$Fe(OH)_3$ |
| 中速 | 蓝色 | 100～160 | 中等粒度沉淀，如$ZnCO_3$、大部分硫化物 |
| 慢速 | 红色 | 160～200 | 细粒状沉淀，如$BaSO_4$、$CaC_2O_4$等 |

表9-4　国产定量滤纸的灰分质量

| 直径/cm | 7 | 9 | 11 | 12.5 |
| --- | --- | --- | --- | --- |
| 灰分/(g/张) | $3.5\times10^{-5}$ | $5.5\times10^{-5}$ | $8.5\times10^{-5}$ | $1.0\times10^{-4}$ |

② 漏斗的选择  用于重量分析中的漏斗应该是长颈漏斗，颈长为15～20cm，漏斗锥体角应为60°，颈的直径要小些，一般3～5mm，以便在颈内容易保留水柱，出口处磨成45°，如图9-10所示。漏斗在使用前应洗净。

③ 滤纸的折叠  折叠滤纸的手要洗净擦干。滤纸的折叠如图9-11所示。

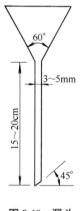

图9-10　漏斗

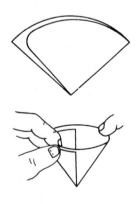

图9-11　滤纸的折叠

先把滤纸对折并按紧一半，然后再对折但不要按紧，把折成圆锥形的滤纸放入漏斗中。滤纸的大小应低于漏斗边缘0.5～1cm，若高出漏斗边缘，可剪去一圈。观察折好的滤纸折叠角度，直至与漏斗贴合，若未贴合紧密可以适当改变滤纸折叠角度，直至与漏斗贴紧后把最后一次的折边折紧。取出圆锥形滤纸，将半边为三层滤纸的外层折角撕下一块，这样可以使内层滤纸紧密贴在漏斗内壁上，撕下来的那一小块滤纸，保留作擦拭烧杯内残留的沉淀用。滤纸放入漏斗时，三层一边应在漏斗出口短的一边。

④ 做水柱 滤纸放入漏斗后，用手按紧使之密合，然后用洗瓶加水润湿全部滤纸。用手指轻压滤纸赶去滤纸与漏斗壁间的气泡，然后加水至滤纸边缘，此时漏斗颈内应全部充满水，形成水柱。滤纸上的水已全部流尽后，漏斗颈内的水柱应仍能保住，这样，由于液体的重力可起抽滤作用，加快过滤速度。

若水柱做不成，可用手指堵住漏斗下口，稍掀起滤纸的一边，用洗瓶向滤纸和漏斗间的空隙内加水，直到漏斗颈及锥体的一部分被水充满，然后边按紧滤纸边慢慢松开下面堵住出口的手指，此时水柱应该形成。如仍不能形成水柱，或水柱不能保持，而漏斗颈又确已洗净，则是因为漏斗颈太大。实践证明，漏斗颈太大的漏斗，是做不出水柱的，应更换漏斗。

做好水柱的漏斗应放在漏斗架上，下面用一个洁净的烧杯承接滤液，滤液可用做其他组分的测定。滤液有时是不需要的，但考虑到过滤过程中，可能有沉淀渗漏，或滤纸意外破裂，需要重滤，所以要用洗净的烧杯来承接滤液。为了防止滤液外溅，一般都将漏斗颈出口斜口长的一侧贴紧烧杯内壁。漏斗位置的高低，以过滤过程中漏斗颈的出口不接触滤液为度。

⑤ 倾泻法过滤和初步洗涤 过滤和洗涤一定要一次完成，因此必须事先计划好时间，不能间断，特别是过滤无定形沉淀。

过滤一般分为3个阶段，第一阶段采用倾泻法把尽可能多的清液先过滤掉，并将烧杯中的沉淀作初步洗涤，第二阶段把沉淀转移到漏斗上，第三阶段清洗烧杯和洗涤漏斗上的沉淀。

过滤时，为了避免沉淀堵塞滤纸的空隙，影响过滤速度，一般多须用倾泻法过滤，即倾斜静置烧杯，待沉淀下降后，先将上层清液倾入漏斗中，而不是一开始过滤就将沉淀和溶液搅混后过滤。

过滤操作如图9-12所示。将烧杯移到漏斗上方，轻轻提取玻璃棒，将玻璃棒下端轻碰一下烧杯壁使悬挂的液滴流回烧杯中，将烧杯嘴与玻璃棒贴紧；玻璃棒直立，下端接近三层滤纸的一边，慢慢倾斜烧杯，使上层清液沿玻璃棒流入漏斗中；漏斗中的液面不要超过滤纸高度的2/3，或使液面离滤纸上边缘约5mm，以免少量沉淀因毛细管作用越过滤纸上缘，造成损失。

暂停倾注时，应沿玻璃棒将烧杯嘴往上提，逐渐使烧杯直立，等玻璃棒和烧杯由相互垂直变为几乎平行时，将玻璃棒离开烧杯嘴而移入烧杯中。这样才能避免留在玻璃棒下端及烧杯嘴上的液体流到烧杯外壁上去。玻璃棒放回原烧杯时，勿将清液搅混，也不要靠在烧杯嘴处。如此重复操作，直至上层清液倾完为止。当烧杯内的液体较少而不便倾出时，可将玻璃棒稍向左倾斜，使烧杯倾斜角度更大些。

在上层清液倾注完了以后，在烧杯中作初步洗涤。选用什么洗涤液洗涤沉淀，应据沉淀的类型而定。

a. 晶形沉淀，可用冷的稀的沉淀剂进行洗涤，由于同离子效应，可以减少沉淀的溶解损失。但是如沉淀剂为不挥发的物质，就不能用作洗涤液，此时可改用蒸馏水或其他合适的溶液洗涤沉淀。

b. 无定形沉淀，用热的电解质溶液作洗涤剂，以防止产生胶溶现象，大多采用易挥发的铵盐溶液作洗涤剂。

c. 对于溶解度较大的沉淀,采用沉淀剂加有机溶剂洗涤沉淀,可降低其溶解度。

洗涤时,沿烧杯内壁四周注入少量洗涤液,每次约 20mL,充分搅拌,静置,待沉淀沉降后,按上法倾泻过滤(图 9-12),如此洗涤沉淀 4~5 次,每次应尽可能把洗涤液倾倒尽,再加第二份洗涤液。随时检查滤液是否透明不含沉淀颗粒,否则应重新过滤,或重做实验。

⑥ 沉淀的转移　沉淀用倾泻法洗涤后,在盛有沉淀的烧杯中加入少量洗涤液,搅拌混合,全部倾入漏斗中。如此重复 2~3 次,然后将玻璃棒横放在烧杯口上,玻璃棒下端比烧杯口长出 2~3cm,左手食指按住玻璃棒,大拇指在前,其余手指在后,拿起烧杯,放在漏斗上方,倾斜烧杯使玻璃棒仍指向三层滤纸的一边,用洗瓶冲洗烧杯壁上附着的沉淀,使之全部转移入漏斗中,如图 9-13 所示。最后用保存的小块滤纸擦拭玻璃棒,再放入烧杯中,用玻璃棒压住滤纸进行擦拭。擦拭后的滤纸块,用玻璃棒拨入漏斗中,用洗涤液再冲洗烧杯、将残存的沉淀全部转入漏斗中。有时也可用淀帚(如图 9-14 所示)擦洗烧杯上的沉淀,然后洗净淀帚。淀帚一般可自制,剪一段乳胶管,一端套在玻璃棒上,另一端用橡胶水黏合,用夹子夹扁晾干即成。

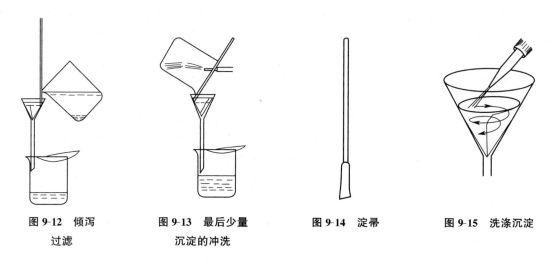

图 9-12　倾泻过滤　　　图 9-13　最后少量沉淀的冲洗　　　图 9-14　淀帚　　　图 9-15　洗涤沉淀

⑦ 洗涤　沉淀全部转移到滤纸上后,再在滤纸上进行最后的洗涤。这时要用洗瓶由滤纸边缘稍下一些地方螺旋形由上向下移动冲洗沉淀,如图 9-15 所示。这样可使沉淀集中到滤纸锥体的底部,不可将洗涤液直接冲到滤纸中央沉淀上,以免沉淀外溅。

洗涤沉淀采用"少量多次"的方法,即每次加少量洗涤液,洗后尽量沥干,再加第二次洗涤液,这样可提高洗涤效率。洗涤次数一般都有规定,如洗涤 8~10 次。沉淀洗净与否应据具体情况进行检查。如用 $H_2SO_4$ 沉淀 $Ba^{2+}$ 时,应洗至流出液无 $Cl^-$ 为止。可在洗几次以后,用小试管接取少量滤液,用硝酸酸化的 $AgNO_3$ 溶液检查滤液中是否还有 $Cl^-$,若无白色浑浊,即可认为已洗涤干净,否则需进一步洗涤。

(2) 用微孔玻璃坩埚(或漏斗)过滤

有些沉淀不能与滤纸一起灼烧,因其易被还原,如 AgCl 沉淀。有些沉淀不需灼烧,只需烘干即可称量,如丁二酮肟镍沉淀、磷钼酸喹啉沉淀等,但也不能用滤纸过滤,因为滤纸烘干后,质量改变很多,在这种情况下,应该用微孔玻璃坩埚(或微孔玻璃漏斗,如图 9-16 所示)过滤。

这种滤器的滤板是用玻璃粉末在高温下熔结而成的。这类滤器的选用可参见表 9-5。

表 9-5 微孔玻璃坩埚规格及用途

| 坩埚代号 | 对应的 G 牌号 | 滤板孔径 /μm | 一 般 用 途 | 坩埚代号 | 对应的 G 牌号 | 滤板孔径 /μm | 一 般 用 途 |
|---|---|---|---|---|---|---|---|
| $P_{250}$ | $G_{00}$ | 160~250 | | $P_{16}$ | $G_4$ | 10~16 | 过滤细颗粒沉淀 |
| $P_{160}$ | $G_0$ | 100~160 | | $P_{10}$ | $G_{4A}$ | 4~10 | 过滤细颗粒沉淀 |
| $P_{100}$ | $G_{1A}$、$G_1$、$G_2$ | 40~100 | 过滤较粗颗粒沉淀 过滤粗晶形颗粒沉淀 | $P_4$ | $G_5$ | 1.6~4 | 过滤极细颗粒沉淀 |
| $P_{40}$ | $G_3$ | 16~40 | 过滤一般晶形沉淀 | $P_{1.6}$ | $G_6$ | <1.6 | 滤除细菌 |

这种滤器在使用前，先用强酸（HCl 或 $HNO_3$）处理，然后再用水洗净。洗涤时通常采用抽滤法。如图 9-17 所示，在抽滤瓶口配一块稍厚的橡皮垫，垫上挖一圆孔，将微孔玻璃坩埚（或漏斗）插入圆孔中（市场上有这种橡皮垫出售），抽滤瓶的支管与水泵相连接。

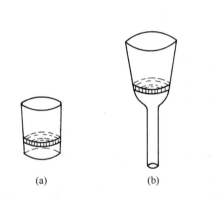

图 9-16 微孔玻璃坩埚 (a) 和微孔玻璃漏斗 (b)

图 9-17 抽滤装置

先将强酸倒入微孔玻璃坩埚（或漏斗）中，然后开水泵抽滤，当结束抽滤时，应先拔掉抽滤瓶支管上的胶管，再关闭水泵，否则水泵中的水会倒吸入抽滤瓶中。

这种滤器耐酸不耐碱，因此，不可用强碱处理，也不适于过滤强碱溶液。

将已洗净、烘干且恒重的微孔玻璃坩埚（或漏斗）置于干燥器中备用。过滤时，所用装置和上述洗涤时装置相同，在开动水泵抽滤下，用倾泻法进行过滤，其操作与上述用滤纸过滤相同，不同之处是在抽滤下进行。

### 9.3.3 烘干和灼烧

沉淀的烘干和灼烧是在一个预先灼烧至质量恒定的坩埚中进行的，因此，在沉淀的烘干和灼烧前，必须预先准备好坩埚。

（1）坩埚的准备

先将瓷坩埚洗净，小火烤干或烘干，编号（可用含 $Fe^{3+}$ 或 $Co^{2+}$ 的蓝墨水在坩埚外壁上编号），然后在所需温度下，加热灼烧。灼烧可在高温电炉中进行。由于温度骤升或骤降常使坩埚破裂，因此最好将坩埚放入冷的炉膛中，逐渐升高温度，或者将坩埚在已升至较高温度的炉膛口预热一下，再放进炉膛中。一般在高温下灼烧 30min（新坩埚需灼烧 1h）。从高温炉中取出坩埚后，应先使坩埚稍冷，然后再将其移入干燥器中，将干燥器连同坩埚一起移至天平室，冷却至室温（约需 30min），取出称量。随后第二次灼烧 15~20min，冷却后称量。如果前后两次质量之差不大于 0.2mg，即可认为坩埚已达质量恒定，即恒重。否则还需再灼烧，直至质量达恒重为止。灼烧空坩埚的温度必须与以后灼烧沉淀的温度一致。

(2) 沉淀的烘干和灼烧

坩埚准备好后即可开始沉淀的烘干和灼烧。利用玻璃棒把滤纸和沉淀从漏斗中取出。

晶形沉淀用药铲或尖头玻璃棒将滤纸的三层部分掀起，再用手将带沉淀的滤纸取出，按图 9-18(a) 所示包裹；无定形沉淀可用扁头玻璃棒将滤纸挑起，向中间折叠，按图 9-18(b) 所示包裹。此时应特别注意，勿使沉淀有任何损失。

(a) 过滤后滤纸的折叠　　　　　　　　　(b) 无定形沉淀滤纸的折叠

图 9-18　滤纸的折叠

将滤纸包转移至已质量恒定的坩埚内，使滤纸层较多的一边向上，可使滤纸灰化较易。按图 9-19 所示，斜置坩埚于泥三角上，盖上坩埚盖，然后如图 9-20 所示，将滤纸烘干并炭化，在此过程中必须防止滤纸着火，否则会使沉淀飞散而损失。若已着火，应立刻移开煤气灯，并将坩埚盖盖上，让火焰自熄。也可将坩埚放在电炉上烘干炭化，但温度不能太高，干燥不能急，否则瓷坩埚与水滴接触易炸裂。

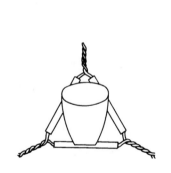

图 9-19　坩埚侧放于泥三角上

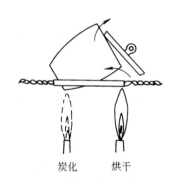

图 9-20　烘干和炭化

当滤纸炭化后，可逐渐提高温度，并随时用坩埚钳转动坩埚，把坩埚内壁上的黑炭完全烧去。将炭烧成 $CO_2$ 而除去的过程叫灰化。待滤纸灰化后，将坩埚放在高温电炉中于指定温度下灼烧。一般第一次灼烧时间为 30～45min，第二次灼烧为 15～20min。每次灼烧完毕从炉内取出后，都需要在空气中稍冷，再移入干燥器中。沉淀冷却到室温后称量，然后再灼烧、冷却、称量，直至恒重。

微孔玻璃坩埚（或漏斗）只需烘干即可称量，一般将微孔玻璃坩埚（或漏斗）连同沉淀放在表面皿上，然后放入烘箱中，根据沉淀性质确定烘干温度。一般第一次烘干时间要长些，约 2h，第二次烘干时间可短些，为 45min 到 1h，根据沉淀的性质具体处理。沉淀烘干后，取出坩埚（或漏斗），置于干燥器中冷却至室温后称量。反复烘干、称量，直至质量恒定为止。

（3）干燥器的使用方法

干燥器是具有磨口盖子的密闭厚壁玻璃器皿，常用以保存干坩埚、称量瓶、试样等物。它的磨口边缘涂一薄层凡士林，使之能与盖子密合，如图 9-21 所示。

干燥器的底部盛放干燥剂，最常用的干燥剂是变色硅胶和无水氯化钙，其上搁置洁净的带孔瓷板。坩埚等即可放在瓷板上。

干燥剂吸收水分的能力都是有一定限度的。如硅胶在 20℃时，被其干燥过的 1L 空气中残留水分为 $6×10^{-3}$mg；无水氯化钙在 25℃时，被其干燥过的 1L 空气中残留水分小于 0.36mg。因此，干燥器中的空气并不是绝对干燥的，只是湿度较低而已。

使用干燥器时应注意下列事项：

① 干燥剂不可放得太多，以免玷污坩埚底部。

② 搬移干燥器时，要用双手拿着，用大拇指紧紧按住盖子，如图 9-22 所示。

图 9-21 干燥器

图 9-22 搬干燥器的动作

③ 打开干燥器时，不能往上掀盖，应用左手按住干燥器，右手小心地把盖子稍微推开，等冷空气徐徐进入后，才能完全推开，盖子必须仰放在桌子上。

④ 不可将太热的物体放入干燥器中。

⑤ 有时较热的物体放入干燥器中后，空气受热膨胀会把盖子顶起来，为了防止盖子被打翻，应当用手按住，不时把盖子稍微推开（不到 1s），以放出热空气。

⑥ 灼烧或烘干后的坩埚和沉淀，在干燥器内不宜放置过久，否则会因吸收一些水分而使质量略有增加。

⑦ 变色硅胶干燥时为蓝色（含无水 $Co^{2+}$ 色），受潮后变粉红色（水合 $Co^{2+}$ 色），可以在 120℃烘受潮的硅胶待其变蓝色后反复使用，直至破碎不能用为止。

本章小结

1. 分析天平是定量分析中最主要最常用的仪器之一，目前应用比较广泛的是电子天平，它是采用电磁力平衡原理设计而成的一种称量用精密仪器。要了解电子天平的构造及主要部件的作用，学会正确使用电子天平，掌握直接称量法和递减称量法。

2. 学会正确使用滴定管、容量瓶和移液管，掌握每种仪器的操作要点，能按操作规程洗涤、检查、使用滴定分析仪器。

3. 重量分析的基本操作包括样品溶解、沉淀、过滤、洗涤、烘干和灼烧等步骤，沉淀是最重要的一步操作，应根据沉淀类型和性质采用不同的沉淀条件；沉淀的过滤和洗涤必须连续完成，同时还要做到：

(1) 选择合适的漏斗和滤纸；

(2) 采用倾泻法过滤；

(3) 洗涤液最好选择易挥发分解的物质；

(4) 洗涤采用"少量多次"原则。

为了除去沉淀中的水分，一般将沉淀放在坩埚中进行烘干和灼烧，在进行操作时要达到三个"一致"，即空坩埚灼烧温度与沉淀灼烧温度一致；每次灼烧在炉中的位置一致；每次冷却的时间一致。

### 思考与实践

**1. 填空题**

(1) 天平应放置在_____的水泥台或木台上，室内要求_____、干燥及较恒定的_____，同时，应避免光线_____到天平上。

(2) 试样称取的方法主要有_____法、_____法、_____法。

(3) 玻璃仪器洗净的标志是_____。

(4) 滴定管是用来_____、_____的量器。按用途不同，它可分为_____滴定管与_____滴定管。

(5) 酸式滴定管常用来装_____溶液，不宜装_____溶液。

(6) 滴定管读数时，对于无色或浅色溶液，视线应与弯液面成水平，初读数与终读数应采取_____标准。

(7) 容量瓶主要用于配制_____或_____，也可将一定量的浓溶液稀释成_____的稀溶液；

(8) 移液管和吸量管统称_____，是用来_____一定体积的玻璃量器。移液管又称_____吸管或_____吸管；

(9) 重量分析的基本操作包括_____、_____、_____、_____与_____等。

(10) 定量滤纸按孔隙大小可分为快、中、慢三速，分别适于过滤_____沉淀、_____沉淀与_____沉淀。

(11) 沉淀采用_____过滤，洗涤采用_____原则。

**2. 选择题**

(1) 移液管和吸量管用后应立即用自来水冲洗，再用（　　）冲洗干净，放于架上。
  A. 蒸馏水  B. 盐酸  C. 氢氧化钠  D. 铬酸洗液

(2) 采用称量瓶为称量容器时，递减称量法最适于称量（　　）。
  A. 在空气中稳定的试样  B. 在空气中不稳定的试样
  C. 干燥试样  D. 易挥发物

(3) 洗涤滴定管时，正确的操作包括（　　）。
  A. 无明显油污时，可直接用自来水冲洗，或用肥皂水，洗衣粉涮洗
  B. 用肥皂水洗不干净时，可使用去污粉刷洗
  C. 用洗涤剂洗毕，无需用自来水和蒸馏水冲净

D. 铬酸洗液可直接倒入碱式滴定管中长时间浸泡

(4) 下列溶液中，不能装在碱式滴定中的有（　　）。
　　A. $I_2$　　　　　B. NaOH　　　　　C. HCl　　　　　D. $AgNO_3$

(5) 容量瓶的用途为（　　）。
　　A. 贮存标准溶液　　　　　　　　　　　　B 量取一定体积的溶液
　　C. 将准确称量的物质准确地配成一定体积的溶液　　D. 转移溶液

(6) 使用移液管吸取溶液时，应将其口伸入液面以下（　　）。
　　A. 0.5～1cm　　B. 5～6cm　　　C. 1～2cm　　　D. 7～8cm

(7) 欲量取 9mLHCl 配制标准溶液，选用的量器是（　　）。
　　A. 容量瓶　　　B. 滴定管　　　C. 移液管　　　D. 量筒

(8) 欲移取 25mLHCl 标准溶液，标定 NaOH 溶液浓度，选用的量器为（　　）。
　　A. 容量瓶　　　B. 移液管　　　C. 量筒　　　　D. 吸量管

(9) 选择定量滤纸时，通常要求沉淀的量不超过滤纸圆锥体高度的（　　）。
　　A. 1/4　　　　B. 1/2　　　　C. 2/3　　　　D. 20%

(10) 下列不属于干燥器使用的注意事项是（　　）。
　　A. 干燥剂不可放得太多
　　B. 可将热的物质放入到干燥器中
　　C. 打开干燥器时，应用左手按住干燥器，右手小心把盖子稍微推开
　　D. 变色硅胶壳反复使用，直至破碎

### 3. 判断题

(1) 碱式滴定管可用于盛放氧化性溶液。（　　）
(2) 滴定管读数时，对于无色溶液或浅色溶液，应读弯月面下缘实线的最低点。（　　）
(3) 容量瓶可以进行加热溶液的操作，也能放在烘箱中烘烤。（　　）
(4) 折叠滤纸前无需洗手。（　　）
(5) 沉淀的烘干和灼烧是在一个预先灼烧至质量恒定的坩埚中进行的，因此，在沉淀的烘干和灼烧前，必须预先准备好坩埚。（　　）

# 10. 定量分析实验

## 实验一　电子天平称量练习

 **实验指南**

电子天平是定量分析中用于称量的精密仪器，也是分析化学实验中重要的实验仪器。在这次实验中要熟悉电子天平各部件的名称和作用，了解电子天平的主要性能，掌握电子天平的使用和称样方法。

**1. 仪器和试剂**

电子天平、称量瓶、称量纸、锥形瓶、滴瓶（含配套的胶头滴管）；固体试样（NaCl 或 $Na_2CO_3$）、纯水等。

**2. 实验内容**

2.1　熟悉电子天平的构造

按照电子天平的结构，观察、了解、熟悉天平各部件的名称和性能；检查天平是否水平，底板、称盘是否清洁。

2.2　直接法称量练习

（1）取下天平罩，调节天平水平。

（2）开机自检并预热 30min。

（3）用仪器配套的校准砝码进行校准。

（4）将一张称量纸轻轻放在秤盘中间，清零（去皮）。

（5）用小药匙取固体试样慢慢倾入称量纸中间，关好天平门，稳定后，读数，记录样品的质量。

（6）将样品转入锥形瓶中，重复称量 3 次，要求称取的样品质量为 0.25～0.35g。更换被称物反复练习。

2.3　减量法称量练习

（1）重新清零。

（2）将装有适量试样的称量瓶放在电子天平的秤盘中间，直接读取称量瓶＋试样的质量 $m_1$（不去皮）。

（3）取出称量瓶，将试样小心倾入锥形瓶中，当倾出试样接近需要量时，一边回敲，一边缓慢将称量瓶瓶身竖直，盖好瓶盖，放回天平盘上再准确称其质量 $m_2$。重复上述操作直至倾出的试样质量（即 $m_{样} = m_1 - m_2$）为 0.25～0.35g，记录 $m_2$ 的读数。连续称取 3 份以上样品。

（4）计算处理数据。可改变称量范围，进行反复练习。

数据填入下表。

| 样 品 编 号 | 1 | 2 |
|---|---|---|
| （称量瓶＋试样）质量/g | | |
| （倾样后瓶＋试样）质量/g | | |
| 试样质量/g | | |

2.4 液体试样的称量练习

(1) 清零。

(2) 将装有适量纯水的滴瓶放在电子天平的秤盘中间，直接读取（滴瓶＋试样）的质量 $m_1$。

(3) 取出滴瓶，将试样小心滴入锥形瓶中，至接近所需量时（可数滴数），将滴瓶放回天平盘上再准确称其质量 $m_2$。重复上述操作直至取出的试样质量（即 $m_样 = m_1 - m_2$）为 $0.25 \sim 0.35$ g，记录 $m_2$ 的读数。连续称取 3 份以上样品。

(4) 计算处理数据。

可改变称量范围，进行反复练习。

称量结束后，关闭天平开关，罩好天平罩，填写使用记录。

3. 思考与讨论

(1) 称量前要做哪些工作？

(2) 什么情况下需用减量法称量？

(3) 电子天平使用时，应注意哪些事项？

# 实验二　滴定分析仪器操作练习

 **实验指南**

滴定管、移液管、吸量管、容量瓶等，是分析化学实验中测量溶液体积的常用量器。正确和规范地使用这些玻璃仪器对于获得准确分析结果、减少误差具有重要意义。在这次实验中，主要认识常用分析玻璃仪器的性能和等级，掌握分析玻璃仪器的洗涤方法和操作方法。学会正确使用分析玻璃仪器是这次实验的重要内容。

**1. 仪器和试剂**

酸（碱）式滴定管、移液管、吸量管、容量瓶、量筒、烧杯、锥形瓶等玻璃仪器；吸耳球；铬酸洗涤液。

**2. 实验内容**

2.1　认领、验收仪器

按分析实验玻璃仪器清单验收，熟悉玻璃仪器的特征、规格和作用。

2.2　玻璃仪器的洗涤

进行分析工作前，应将仪器按正确洗涤方法洗涤干净，使其达到洁净的标准，即玻璃仪器倒置，器壁被水润湿不挂水珠。洗涤时要注意保护好酸式滴定管的旋塞不能松动漏液，避免移液管或吸量管管尖、容量瓶磨口及其他玻璃仪器碰撞而损坏。滴定管、移液管、吸量管和容量瓶不能用去污粉洗。

2.3　操作练习（以下每个玻璃仪器的练习重复 2～3 次）

2.3.1　移液管和吸量管的使用

(1) 25mL 移液管

洗涤→欲移取的溶液润洗（容量瓶中的水代替）→吸液→调液面→移液（移至锥形瓶中）

(2) 10mL 吸量管

洗涤→欲移取的溶液润洗（容量瓶中的水代替）→吸液→调液面→放液（按不同刻度把溶液移入锥形瓶中）

#### 2.3.2 容量瓶的使用

洗涤→试密→转移（以水代替）→稀释→平摇→稀释→静置→调液面至标线→摇匀

#### 2.3.3 滴定管的准备和使用

(1) 酸式滴定管

洗涤→涂油→试漏→标准溶液涮洗（水代替）→装溶液（水）→赶气泡→调"0"→滴定（连续放液、滴定、加一滴、加半滴的操作练习）→读数

(2) 碱式滴定管

洗涤→试漏→标准溶液涮洗（水代替）→装溶液（水）→赶气泡→调"0"→滴定（连续滴定、加一滴、加半滴的操作练习）→读数

练习调节滴定管中纯水的液面至某一刻度，放出 20 或 40 滴溶液，再读取体积，计算滴定管一滴和半滴溶液相当的体积。

### 3. 思考与讨论

(1) 使用酸、碱式滴定管为什么要用欲装溶液涮洗？使用移液管为什么也要用欲转移溶液涮洗？怎样操作？

(2) 使用移液管、吸量管的操作要领是什么？为何要垂直流下溶液？为何放完液体后要停一定时间？可否烘干？

(3) 总结酸、碱式滴定管的操作要点。滴定管中存有气泡对滴定有什么影响？怎样赶走气泡？

(4) 说明容量瓶的主要用途。容量瓶是否可烘干、加热？摇匀溶液怎样操作？

## 实验三　NaOH 标准溶液的配制和标定

**实验指南**

NaOH 标准溶液是最常用的碱标准溶液。在实验中要掌握 NaOH 标准溶液的配制、标定方法，掌握碱式滴定管的操作和使用酚酞指示剂确定终点的方法。

### 1. 实验原理

市售的 NaOH 容易吸收 $CO_2$ 和水，不能用直接法配制标准溶液，应先配成近似浓度的溶液，再用基准物标定。

配制 NaOH 标准溶液时，为防止碳酸盐存在影响分析结果，可先配制成饱和 NaOH 溶液（此时碳酸盐不溶）。静置过夜后，吸取上层清液，加水稀释，再进行标定。

标定 NaOH 溶液常用的基准物为邻苯二甲酸氢钾，指示剂为酚酞，由无色变为浅粉色半分钟不褪为终点。

### 2. 试剂

NaOH（A.R.）；邻苯二甲酸氢钾（工作基准试剂，于 105～110℃烘至恒重）；酚酞指示剂（10g/L，1g 酚酞加 100mL 95％乙醇溶液）。

## 3. 实验内容

### 3.1 实验步骤（本实验采用 GB/T 601—2016 所规定的方法）

#### 3.1.1 配制

称取 110g 氢氧化钠，溶于 100mL 无二氧化碳的水中，摇匀，注入聚乙烯容器中，密闭放置至溶液清亮。按下表的规定，用塑料管量取上层清液，用无二氧化碳的水稀释至 1000mL，摇匀。

| 氢氧化钠标准滴定溶液的浓度 $c(NaOH)/(mol/L)$ | 氢氧化钠溶液的体积 $V/mL$ |
|---|---|
| 1 | 54 |
| 0.5 | 27 |
| 0.1 | 5.4 |

#### 3.1.2 标定

按下表的规定称取于 105～110℃ 电烘箱中干燥至恒重的工作基准试剂邻苯二甲酸氢钾，加无二氧化碳的水溶解，加 2 滴酚酞指示液（10g/L），用配制好的氢氧化钠溶液滴定至溶液呈粉红色，并保持 30s。同时做空白试验。

| 氢氧化钠标准滴定溶液的浓度 $c(NaOH)/(mol/L)$ | 工作基准试剂 邻苯二甲酸氢钾的质量 $m/g$ | 无二氧化碳水的体积 $V/mL$ |
|---|---|---|
| 1 | 7.5 | 80 |
| 0.5 | 3.6 | 80 |
| 0.1 | 0.75 | 50 |

氢氧化钠标准滴定溶液的浓度 $c(NaOH)$（单位以 mol/L 表示）按下式计算：

$$c(NaOH) = \frac{m \times 1000}{(V_1 - V_2)M} \tag{10-1}$$

式中　$m$——邻苯二甲酸氢钾的质量，g；

　　　$V_1$——滴定时消耗氢氧化钠标准溶液的体积，mL；

　　　$V_2$——空白试验消耗氢氧化钠标准溶液的体积，mL；

　　　$M$——邻苯二甲酸氢钾的摩尔质量，$M(KHC_8H_4O_4) = 204.22 g/mol$。

### 3.2 实验记录与计算

## 4. 思考与讨论

（1）为什么不能用直接法配制 NaOH 标准溶液？装 NaOH 溶液的试剂瓶为什么不宜用玻璃塞？

（2）怎样得到不含 $CO_2$ 的蒸馏水？

（3）称入基准物的锥形瓶，其内壁是否需干燥？溶解基准物所用水的体积是否需要准确？说明理由。

（4）做平行实验时，为什么每次滴定管读数均要从"0"开始？

（5）以邻苯二甲酸氢钾标定 NaOH 溶液的称取量如何进行计算？为什么标定 0.1mol/L NaOH 溶液时邻苯二甲酸氢钾的称取量一定要在 0.4～0.6g 范围之内？

（6）以邻苯二甲酸氢钾标定 NaOH，用甲基橙作指示剂是否可以？浅粉红色为滴定终点，为什么要求维持半分钟不褪？

（7）根据标定结果，分析本次实验引入的个人操作误差。

# 实验四　HCl 标准溶液的配制和标定

 实验指南

HCl 标准溶液是常用的酸标准溶液。掌握 HCl 标准溶液的配制及标定方法，熟练掌握

称量操作和酸式滴定管滴定操作是这次实验的重要内容。

**1. 实验原理**

浓 HCl 含量约为 37%，具有挥发性。配制时可先根据欲配制 HCl 溶液的浓度和体积，量取一定量的浓 HCl，用水稀释至近似所需浓度的溶液，再用基准物质标定。标定 HCl 溶液常用的基准物是无水 $Na_2CO_3$，反应如下：

$$2HCl + Na_2CO_3 = 2NaCl + CO_2\uparrow + H_2O$$

可用甲基橙作指示剂，用 HCl 溶液滴定至橙色为终点，在近终点时应加热驱除 $CO_2$。按新的国家标准规定用甲基红-溴甲酚绿混合指示剂代替甲基橙确定滴定终点，终点由绿色变为酒红色。

**2. 试剂**

浓盐酸（密度为 1.19g/mL）；1% 甲基橙指示剂；溴甲酚绿-甲基红指示剂（1 份 0.2% 甲基红乙醇溶液和 3 份 0.1% 溴甲酚绿乙醇溶液混合）；工作基准试剂无水 $Na_2CO_3$。

**3. 实验内容**

**3.1 实验步骤**（本实验采用 GB/T 601—2016 所规定的方法）

**3.1.1 配制**

按下表的规定量取盐酸，注入 1000mL 水中，摇匀。

| 盐酸标准滴定溶液的浓度 $c(HCl)$/(mol/L) | 浓盐酸的体积 $V$/mL |
| --- | --- |
| 1 | 90 |
| 0.5 | 45 |
| 0.1 | 9 |

**3.1.2 标定**

（1）用 GB/T 601—2016 所规定的方法标定

按下表的规定称取于 270~300℃ 高温炉中灼烧至恒重的工作基准试剂无水碳酸钠，溶于 50mL 水中，加 10 滴溴甲酚绿-甲基红指示液，用配制好的盐酸溶液滴定至溶液由绿色变为暗红色，煮沸 2min，冷却后继续滴定至溶液再呈暗红色。同时做空白试验。

| 盐酸标准滴定溶液的浓度 $c(HCl)$/(mol/L) | 工作基准试剂无水碳酸钠的质量 $m$/g |
| --- | --- |
| 1 | 1.9 |
| 0.5 | 0.95 |
| 0.1 | 0.2 |

盐酸标准滴定溶液的浓度 $c(HCl)$（单位以 mol/L 表示）按下式计算：

$$c(HCl) = \frac{m \times 1000}{(V_1 - V_2)M} \tag{10-2}$$

式中 $m$——无水碳酸钠的质量，g；

$V_1$——滴定时消耗盐酸标准溶液的体积，mL；

$V_2$——空白试验消耗盐酸标准溶液的体积，mL；

$M$——无水碳酸钠的摩尔质量，$M\left(\frac{1}{2}Na_2CO_3\right) = 52.994$ g/mol。

（2）用甲基橙指示剂指示终点

准确称取基准物无水 $Na_2CO_3$ 0.15~0.2g，放入 250mL 锥形瓶中，加 25mL 水溶解，加入1滴甲基橙指示剂,以HCl溶液滴定。当溶液由黄色变为橙色时,加热煮沸2min,冷却后再继续滴定至橙色为终点。记录消耗HCl标准溶液的体积。平行测定三次。

3.2 实验记录与计算

### 4. 思考与讨论

(1) HCl标准溶液为什么不能采用直接配制法?若配制0.1mol/L HCl溶液400mL,取浓HCl多少毫升?

(2) 用$Na_2CO_3$基准物标定HCl溶液,$Na_2CO_3$的质量是如何确定的?是否可以用酚酞作指示剂?其结果如何?

(3) 说明标定HCl溶液的实验过程中,近终点加热的目的。

(4) 标定HCl溶液除无水$Na_2CO_3$外还可用哪些物质?

## 实验五 混合碱中NaOH和$Na_2CO_3$含量的测定

实验指南

在工业制碱生产中,常采用"双指示剂法"测定混合碱中NaOH和$Na_2CO_3$的含量。通过本次实验的实际操作,可以深刻理解"双指示剂法"分析混合碱的原理,从而理论联系实际,掌握测定方法,进一步学习酸碱滴定的基本操作,解决生产实际问题。同时对酸碱指示剂变色原理会有更深刻的认识。

### 1. 实验原理

含有NaOH和$Na_2CO_3$的碱试样,可在同一试液中先加酚酞指示剂(或混合指示剂),以HCl标准溶液滴定,反应如下:

$$HCl + NaOH = NaCl + H_2O$$

$$HCl + Na_2CO_3 = NaHCO_3 + NaCl$$

酚酞变为淡粉色,记下消耗HCl的体积$V_1$。再加甲基橙指示剂继续用HCl滴定至溶液由黄色变为橙色(或用甲基红-溴甲酚绿混合指示剂),反应如下:

$$HCl + NaHCO_3 = NaCl + H_2O + CO_2 \uparrow$$

记下消耗HCl的体积$V_2$。可根据$V_1$和$V_2$分别求出NaOH和$Na_2CO_3$的含量。

### 2. 试剂

0.1mol/L HCl标准溶液(配制与标定见基本实验四);1%酚酞指示剂;1%甲基橙指示剂;甲酚红-百里酚蓝混合指示剂(0.1g甲酚红溶于100mL 50%乙醇中;0.1g百里酚蓝指示剂溶于100mL 20%乙醇中;甲酚红与百里酚蓝按1:3配制);甲基红-溴甲酚绿混合指示剂(3份0.1%溴甲酚绿乙醇溶液与1份0.2%甲基红乙醇溶液混合);混合碱试样。

### 3. 实验内容

3.1 实验步骤

3.1.1 双指示剂法

准确称取混合碱试样1.5~2.0g于250mL烧杯中,加水使之溶解后,定量转入250mL容量瓶中,用水稀释至刻度,充分摇匀。移取试液25.00mL置于250mL锥形瓶中,加入酚酞指示剂 2 滴，用 0.1mol/L 的 HCl 标准溶液滴定至粉红色刚好褪去，记下体积 $V_1$(mL)；再加 1 滴甲基橙指示剂，继续以 0.1mol/L 的 HCl 标准溶液滴定至由黄色变为橙色为止（近终点应加热煮沸，赶 $CO_2$，记下所消耗 HCl 标准溶液的体积 $V_2$。平行测定 3 次，计算混合碱中 NaOH 和 $Na_2CO_3$ 的含量。

#### 3.1.2 混合指示剂法

移取碱试液 25mL 置于 250mL 锥形瓶中，加 5 滴甲酚红-百里酚蓝混合指示剂，以 0.1mol/L HCl 标准溶液滴定至溶液由蓝色变为粉红色，记下消耗 HCl 标准溶液的体积 $V_1$，再加 5 滴甲基红-溴甲酚绿混合指示剂，继续以 0.1mol/L HCl 标准溶液滴定，溶液由绿色变为酒红色为终点，记下所消耗 HCl 标准溶液的体积 $V_2$。平行测定 3 次，计算混合碱中 NaOH 和 $Na_2CO_3$ 的含量。

### 3.2 实验记录

| 序号 | 滴定所需 HCl 体积/mL | | NaOH 含量 | $Na_2CO_3$ 含量 | 碱试样量 |
|---|---|---|---|---|---|
| | $V_1$ | $V_2$ | | | |
| 1 | | | | | |
| 2 | | | | | |
| 3 | | | | | |

### 3.3 结果计算

计算样品中 $Na_2CO_3$ 和 NaOH 的质量分数。

## 4. 思考与讨论

（1）若用双指示剂法测定烧碱中各组分含量，总碱度以 NaOH 含量表示，应如何进行计算？

（2）如何称量混合碱试样？本实验中移取 25mL 试液能否用量筒？

（3）双指示剂法和混合指示剂法测定混合碱中 NaOH 和 $Na_2CO_3$ 的结果是否相同？说明原因。

（4）总结本次实验由于操作引入的误差有哪些？

# 实验六　EDTA 标准溶液的配制和标定

EDTA 是配位滴定法的主要滴定剂。通过本次实验，掌握 EDTA 溶液的配制和标定方法，了解用移液管法标定溶液的意义。

## 1. 实验原理

EDTA 标准溶液通常采用标定法配制。用于标定 EDTA 的基准物质有：含量不低于 99.95% 的某些金属（如 Zn、Cu 等）以及它们的金属氧化物，或某些盐类（如 $ZnSO_4 \cdot 7H_2O$、$CaCO_3$ 等）。以 ZnO 为基准物，指示剂可使用铬黑 T、二甲酚橙等；用 $CaCO_3$ 标定 EDTA，可用钙指示剂指示终点。

## 2. 试剂

EDTA（$Na_2H_2Y \cdot 2H_2O$）；工作基准试剂氧化锌（于 800℃ 灼烧至恒重）；20% HCl 溶液；10% 氨水溶液；pH≈10 的 10% $NH_3$-$NH_4Cl$ 缓冲溶液（称取 5.4g $NH_4Cl$，加水

20mL、浓氨水35mL，溶解后以水稀释成100mL，摇匀备用）；5g/L铬黑T指示剂（0.5g铬黑T加75mL乙醇、25mL三乙醇胺，微热溶解，装入棕色瓶中备用）。

## 3. 实验内容

### 3.1 实验步骤（本实验采用GB/T 601—2016所规定的方法）

#### 3.1.1 配制

按下表的规定量称取乙二胺四乙酸二钠（$Na_2H_2Y \cdot 2H_2O$），加1000mL水，加热溶解，冷却，摇匀。

| EDTA标准滴定溶液的浓度$c(EDTA)/(mol/L)$ | 乙二胺四乙酸二钠的质量$m/g$ |
| --- | --- |
| 0.1 | 40 |
| 0.05 | 20 |
| 0.02 | 8 |

#### 3.1.2 标定

（1）$c(EDTA)=0.1mol/L$、$0.05mol/L$的EDTA标准滴定溶液

按下表的规定量称取于800℃±50℃的高温炉中灼烧至恒重的工作基准试剂氧化锌，用少量水润湿，加2mL 20%盐酸溶液溶解，加100mL水，用10%氨水溶液调节溶液pH至7～8，加10mL氨-氯化铵缓冲溶液（pH≈10）及5滴铬黑T指示液（5g/L），用配制好的EDTA标准溶液滴定至溶液由紫色变为纯蓝色。同时做空白试验。

| EDTA标准滴定溶液的浓度$c(EDTA)/(mol/L)$ | 工作基准试剂氧化锌的质量$m/g$ |
| --- | --- |
| 0.1 | 0.3 |
| 0.05 | 0.15 |

EDTA标准滴定溶液的浓度$c(EDTA)$（单位以mol/L表示）按下式计算：

$$c(EDTA)=\frac{m \times 1000}{(V_1-V_2)M} \tag{10-3}$$

式中 $m$——氧化锌的质量，g；

$V_1$——滴定时消耗EDTA标准溶液的体积，mL；

$V_2$——空白试验消耗EDTA标准溶液的体积，mL；

$M$——氧化锌的摩尔质量，$M(ZnO)=81.39g/mol$。

（2）$c(EDTA)=0.02mol/L$的EDTA标准滴定溶液

称取0.42g于800℃±50℃的高温炉中灼烧至恒重的工作基准试剂氧化锌，用少量水润湿，加23mL 20%盐酸溶液溶解，移入250mL容量瓶中，稀释至刻度，摇匀。取35.00～40.00mL，加70mL水，用10%氨水溶液调节溶液pH至7～8，加10mL氨-氯化铵缓冲溶液（pH≈10）及5滴铬黑T指示液（5g/L），用配制好的EDTA标准溶液滴定至溶液由紫色变为纯蓝色。同时做空白试验。

EDTA标准滴定溶液的浓度$c(EDTA)$（单位以mol/L表示）按下式计算：

$$c(EDTA)=\frac{m \times \dfrac{V_1}{250} \times 1000}{(V_2-V_3)M} \tag{10-4}$$

式中 $m$——氧化锌的质量，g；

$V_1$——氧化锌溶液的体积，mL；

$V_2$——滴定时消耗EDTA标准溶液的体积，mL；

$V_3$——空白试验消耗 EDTA 标准溶液的体积，mL；

$M$——氧化锌的摩尔质量，$M(ZnO)=81.39\text{g/mol}$。

3.2 实验记录与计算

### 4. 注意事项

（1）配位滴定反应速率较慢，因而 EDTA 滴定速度不能太快，要充分振荡摇动。

（2）指示剂用量对滴定终点判断影响很大。

（3）铬黑 T 作指示剂标定 EDTA 时，以 10% 氨水调节溶液 pH 为 7～8，操作中应认真观察，不可过量。

（4）本实验所配制试剂和用水不含 $Fe^{3+}$、$Al^{3+}$、$Cu^{2+}$、$Co^{2+}$、$Ni^{2+}$、$Ca^{2+}$、$Mg^{2+}$ 等杂质离子，否则会影响实验结果。

### 5. 思考与讨论

（1）配位滴定中为什么需采用缓冲溶液？

（2）标定 $c(\text{EDTA})$ 为 0.1mol/L 和 0.05mol/L 的 EDTA 标准滴定溶液和标定 $c(\text{EDTA})$ 为 0.02mol/L 的 EDTA 标准滴定溶液的方法有何区别？为什么？

（3）为什么配制 EDTA 标准滴定溶液通常用乙二胺四乙酸二钠，而不用乙二胺四乙酸？

（4）用 $Zn^{2+}$ 标定 EDTA 时为什么要在调节溶液 pH 以后再加入缓冲溶液？

（5）用 $Zn^{2+}$ 标定 EDTA，用氨水调节溶液 pH 时，先有白色沉淀生成，后来又溶解，如何解释这种现象？写出反应方程式。

# 实验七　水的总硬度的测定

实验指南

水硬度指除碱金属以外的全部金属离子浓度的总和。大多数水硬度一般主要指对钙镁离子浓度的总和而言。世界各国表示水硬度的方法不尽相同，我国采用以每升水中所含 $CaCO_3$ 或 $CaO$ 的量来表示，通常以 mmol/L 或 mg/L 为单位表示。掌握配位滴定法测定水的总硬度的原理和方法，了解消除测定干扰的意义是本次实验的主要内容。

### 1. 实验原理

在 pH=10 的缓冲溶液中，以铬黑 T 为指示剂，用三乙醇胺掩蔽 $Fe^{3+}$、$Al^{3+}$ 等共存离子，以 $Na_2S$ 掩蔽 $Cu^{2+}$、$Pb^{2+}$ 等共存离子，用 EDTA 标准溶液可以直接滴定水中 $Ca^{2+}$ 和 $Mg^{2+}$ 的总量。

### 2. 试剂

0.02mol/L EDTA 标准溶液（配制与标定见实验六）；$NH_3$-$NH_4Cl$ 缓冲溶液（pH=10）；0.5% 的铬黑 T 指示剂；三乙醇胺溶液（200g/L）；$Na_2S$ 溶液（20g/L）；HCl 溶液（1+1）。

### 3. 实验内容

3.1 实验步骤

用移液管移取 50mL 水试样于 250mL 锥形瓶中，加入 5mL 氨性缓冲溶液，再加入 3 滴铬黑 T 指示剂，用 EDTA 标准溶液滴定至溶液由酒红色变成纯蓝色为终点。记录 EDTA 标准溶液的体积。平行测定三次。
3.2 实验记录
3.3 结果计算

$$\rho(\text{CaCO}_3) = \frac{c(\text{EDTA})V(\text{EDTA})M(\text{CaCO}_3)}{V_0} \times 1000 \tag{10-5}$$

式中 $\rho(\text{CaCO}_3)$——水样中 $\text{CaCO}_3$ 的含量，mg/L；

$c(\text{EDTA})$——EDTA 标准溶液的浓度，mol/L；

$V(\text{EDTA})$——滴定时消耗 EDTA 标准溶液的体积，mL；

$V_0$——水试样所取体积，mL；

$M(\text{CaCO}_3)$——$\text{CaCO}_3$ 的摩尔质量，g/mol。

## 4. 注意事项

（1）滴定速度不能过快，近终点时要慢加，以免滴定过量。

（2）硬度较大的试样可在水样中加入 1~2 滴 HCl 溶液（1+1）酸化后，煮沸数分钟后除去 $CO_2$，然后加缓冲溶液，以消除滴定反应速率慢及终点不稳定的影响。

（3）若水试样中有 $Fe^{3+}$、$Al^{3+}$ 存在，可加入 1~3mL 三乙醇胺掩蔽（在酸性溶液中加入后再调节至酸性）；若水试样含有 $Cu^{2+}$、$Pb^{2+}$ 等，加入 20g/L $Na_2S$ 溶液 1mL，将生成的沉淀过滤。

## 5. 思考与讨论

（1）说明 EDTA 法测定总硬度的原理。滴定酸度条件是如何确定的？

（2）本次实验中主要干扰离子有哪些？怎样消除的？

（3）水的硬度单位有几种表示方法？根据你的实验数据分别表示之。

（4）根据你这次实验结果，评价水试样的水质情况。

# 实验八　铅铋混合物中 $Pb^{2+}$、$Bi^{3+}$ 含量的连续滴定

### 实验指南

本实验要求掌握控制酸度，用 EDTA 连续滴定多种金属离子的原理和方法；掌握二甲酚橙指示剂的应用条件。

## 1. 实验原理

pH=1 的 $HNO_3$ 溶液中，以二甲酚橙为指示剂，用 EDTA 滴定 $Bi^{3+}$；以 pH=5 的六亚甲基四胺为介质，二甲酚橙为指示剂，用 EDTA 滴定 $Pb^{2+}$。该方法可行，是因为 $\lg K_{\text{BiY}} = 27.9$，$\lg K_{\text{PbY}} = 18.0$，$\Delta\lg K_{\text{稳}} > 5$，可以通过控制酸度实现连续滴定。

## 2. 试剂

$c(\text{EDTA}) = 0.02\text{mol/L}$ 的 EDTA 标准溶液；二甲酚橙指示剂（2g/L 水溶液）；六亚甲基四胺缓冲溶液（200g/L）；硝酸（0.1mol/L，2mol/L）；盐酸（6mol/L）；氢氧化钠（2mol/L）；精密 pH 试纸；$Bi^{3+}$-$Pb^{2+}$ 混合液 [$c(Bi^{3+})$、$c(Pb^{2+})$ 各约 0.02mol/L，称取硝酸铅 66g、硝酸铋 79g，将它们加入已放有 312mL $HNO_3$ 的烧杯中，在电炉上微热溶解

后，稀释至 10L]。

## 3. 实验内容

### 3.1 实验步骤

#### 3.1.1 $Bi^{3+}$ 的测定

用移液管移取 25mL $Bi^{3+}$-$Pb^{2+}$ 混合液，置于 250mL 锥形瓶中，用 2mol/L NaOH 和 2mol/L $HNO_3$ 调节试液的酸度至 pH=1，然后加入 10mL 0.1mol/L $HNO_3$ 溶液和 2 滴二甲酚橙指示剂，这时溶液呈紫红色，用 EDTA 标准溶液滴定至溶液由紫红色变为亮黄色，即为终点。记下消耗 EDTA 标准溶液的体积 $V_1$。

#### 3.1.2 $Pb^{2+}$ 的测定

在滴定 $Bi^{3+}$ 后的溶液中，滴加六亚甲基四胺缓冲溶液至溶液呈稳定的紫红色，再过量 5mL，此时 pH 为 5~6，继续用 EDTA 标准溶液滴定至溶液由紫红色变为亮黄色，即为终点。记下消耗 EDTA 标准溶液的体积 $V_2$。

### 3.2 实验记录

### 3.3 结果计算

$$\rho(Bi^{3+}) = \frac{c(EDTA)V_1 M(Bi)}{V} \tag{10-6}$$

$$\rho(Pb^{2+}) = \frac{c(EDTA)V_2 M(Pb)}{V} \tag{10-7}$$

式中 $\rho(Bi^{3+})$，$\rho(Pb^{2+})$——试样中 $Bi^{3+}$、$Pb^{2+}$ 的含量，g/L；

$c(EDTA)$ ——EDTA 标准溶液的浓度，mol/L；

$V_1$ ——滴定 $Bi^{3+}$ 时消耗 EDTA 的体积，mL；

$V_2$ ——滴定 $Pb^{2+}$ 时消耗 EDTA 的体积，mL；

$V$ ——所取试液的体积，mL；

$M(Bi)$ ——Bi 的摩尔质量，g/mol；

$M(Pb)$ ——Pb 的摩尔质量，g/mol。

## 4. 思考与讨论

(1) 控制酸度，用 EDTA 分别滴定金属离子的条件是什么？如何控制酸度？

(2) EDTA 测定 $Bi^{3+}$-$Pb^{2+}$ 混合液时为什么要在 pH≈1 时滴定 $Bi^{3+}$？酸度过高或过低对滴定结果有何影响？

(3) 本实验中，能否先在 pH 为 5~6 的溶液中测定 $Pb^{2+}$、$Bi^{3+}$ 的总量，然后再调整 pH≈1 时测定 $Bi^{3+}$ 的含量？

(4) 二甲酚橙指示剂使用 pH 范围是多少？本实验如何控制溶液的 pH？

# 实验九　高锰酸钾标准溶液的配制和标定

以 $KMnO_4$ 为标准溶液的氧化还原滴定法可以测定许多物质，应用比较广泛。在本次实验中，要学习掌握 $KMnO_4$ 标准溶液的配制方法和标定方法，了解 $KMnO_4$ 标定原理和反应条件。

**1. 实验原理**

$H_2C_2O_4 \cdot 2H_2O$、$Na_2C_2O_4$ 常用作标定 $KMnO_4$ 溶液浓度的基准物。标定反应如下：

$$2MnO_4^- + 5C_2O_4^{2-} + 16H^+ = 2Mn^{2+} + 10CO_2\uparrow + 8H_2O \tag{10-8}$$

$KMnO_4$ 的基本单元规定为 $\frac{1}{5}KMnO_4$，则 $Na_2C_2O_4$ 的基本单元为 $\frac{1}{2}Na_2C_2O_4$。

**2. 试剂**

固体 $KMnO_4$；工作基准试剂 $Na_2C_2O_4$；$H_2SO_4$ 溶液（8+92）。

**3. 实验内容**

3.1 实验步骤（本实验采用 GB/T 601—2016 所规定的方法）

3.1.1 $c\left(\frac{1}{5}KMnO_4\right) = 0.1 mol/L$ 的 $KMnO_4$ 溶液的配制

称取 3.3g 高锰酸钾，溶于 1050mL 水中，缓缓煮沸 15min，冷却，于暗处放置两周，用已处理过的 4 号玻璃滤埚❶过滤，贮存于棕色瓶中。

3.1.2 $c\left(\frac{1}{5}KMnO_4\right) = 0.1 mol/L$ 的 $KMnO_4$ 溶液的标定

称取 0.25g 于 105~110℃电烘箱中干燥至恒重的工作基准试剂草酸钠，溶于 100mL 硫酸溶液（8+92）中，用配制好的高锰酸钾溶液滴定，近终点时加热至 65℃，继续滴定至溶液呈粉红色，并保持 30s。同时做空白试验。

高锰酸钾标准滴定溶液的浓度 $c\left(\frac{1}{5}KMnO_4\right)$（单位以 mol/L 表示）按下式计算：

$$c\left(\frac{1}{5}KMnO_4\right) = \frac{m \times 1000}{(V_1 - V_2)M} \tag{10-9}$$

式中 $m$——草酸钠的质量，g；

$V_1$——滴定时消耗高锰酸钾溶液的体积，mL；

$V_2$——空白试验消耗高锰酸钾溶液的体积，mL；

$M$——草酸钠的摩尔质量，$M\left(\frac{1}{2}Na_2C_2O_4\right) = 66.999 g/mol$。

3.2 实验记录与计算

**4. 思考与讨论**

(1) 配制 $c\left(\frac{1}{5}KMnO_4\right) = 0.1 mol/L$ 的 $KMnO_4$ 溶液 100mL，需称取 $KMnO_4$ 多少克？

(2) 配制 $KMnO_4$ 标准溶液时，为什么要煮沸一定时间？为什么要冷却放置后过滤？能否用滤纸过滤？

(3) 装 $KMnO_4$ 的锥形瓶或烧杯放置较久，其壁上常有棕色沉淀物，这种沉淀物是什么？怎样能洗净？

(4) 标定 $KMnO_4$ 标准溶液时，酸度过低在滴定中将出现什么现象？酸度过高或过低对标定结果有什么影响？

---

❶ 玻璃滤埚的处理是指玻璃滤埚在同样浓度的高锰酸钾溶液中缓缓煮沸 5min。

(5) 用 $Na_2C_2O_4$ 标定 $KMnO_4$ 标准溶液浓度时，为什么必须在 $H_2SO_4$ 存在下进行？可否用 $HCl$ 或 $HNO_3$？

(6) $KMnO_4$ 为什么要装在棕色酸式滴定管中？盛 $KMnO_4$ 溶液的滴定管应怎样读数？

(7) 实验结束后，自己总结以 $Na_2C_2O_4$ 基准物标定 $KMnO_4$ 溶液的滴定条件。

# 实验十　水样中化学需氧量（COD）的测定（$KMnO_4$ 法）

 实验指南

化学需氧量（COD）是量度水体受还原性物质（主要是有机物）污染程度的主要性能指标，其测定属于条件性实验。在测定过程中，要学习 $KMnO_4$ 法测定水中 COD 的原理和方法，了解水质分析的重要意义。

**1. 实验原理**

化学需氧量（COD）指水体中易被强氧化剂氧化的还原性物质所消耗的氧化剂的量换算成氧的含量（以 mg/L 计）。其测定方法可采用高锰酸钾法。测定时在水样中加入 $H_2SO_4$ 及一定量的 $KMnO_4$ 溶液，在沸水浴中加热，使其中的还原物氧化，剩余的 $KMnO_4$ 用一定过量的 $Na_2C_2O_4$ 还原，再以 $KMnO_4$ 标准溶液返滴定 $Na_2C_2O_4$ 的过量部分，反应如下：

$$4MnO_4^- + 5C + 12H^+ =\!=\!= 4Mn^{2+} + 6H_2O + 5CO_2\uparrow$$

$$2MnO_4^- + 5C_2O_4^{2-} + 16H^+ =\!=\!= 2Mn^{2+} + 8H_2O + 10CO_2\uparrow$$

根据高锰酸钾标准溶液和草酸钠标准溶液的浓度和体积，计算 COD。

**2. 试剂**

$c\left(\frac{1}{5}KMnO_4\right)=0.1\text{mol/L}$ 的 $KMnO_4$ 标准溶液（配制与标定见实验九）；$c\left(\frac{1}{5}KMnO_4\right)=0.01\text{mol/L}$ 的 $KMnO_4$ 标准溶液[吸取 $c\left(\frac{1}{5}KMnO_4\right)=0.1\text{mol/L}$ 的 $KMnO_4$ 标准溶液 25.00mL 置于 250mL 容量瓶中，以新煮沸且冷却的蒸馏水稀释至刻度]；$c\left(\frac{1}{2}Na_2C_2O_4\right)=0.01\text{mol/L}$ 的 $Na_2C_2O_4$ 标准溶液（准确称取干燥 $Na_2C_2O_4$ 0.17g 左右于烧杯中，加水溶解后，定量转移至 250mL 容量瓶中，以水稀释至刻度）；$H_2SO_4$ 溶液（1+3）。

**3. 实验内容**

3.1　实验步骤

准确量取一定量水试样（洁净透明的水样取 100mL，污染严重、浑浊的水样取 10～30mL，补加蒸馏水至 100mL）放入 250mL 锥形瓶中，加入 10mL $H_2SO_4$ 溶液（1+3），再准确加入 10.00mL $c\left(\frac{1}{5}KMnO_4\right)=0.01\text{mol/L}$ 的 $KMnO_4$ 标准溶液，将锥形瓶放在沸水浴上加热 10min，若此时红色褪去，说明水样中的有机物含量较多，应补加适量 $KMnO_4$ 标准溶液至试样呈现稳定的红色，记录 $KMnO_4$ 标准溶液的体积。

取下锥形瓶，趁热加入 10.00mL $c\left(\frac{1}{2}Na_2C_2O_4\right)=0.01mol/L$ 的 $Na_2C_2O_4$ 标准溶液，摇匀，此时溶液应由红色转为无色。用 $c\left(\frac{1}{5}KMnO_4\right)=0.01mol/L$ 的 $KMnO_4$ 标准溶液滴定至稳定的粉红色即为终点。记录消耗 $KMnO_4$ 标准溶液的体积。

另取 100mL 用于本实验过程中的蒸馏水做空白试验，计算耗氧量时将空白值减去。

### 3.2 实验记录
### 3.3 结果计算

$$COD=\frac{\left[c\left(\frac{1}{5}KMnO_4\right)V(KMnO_4)-c\left(\frac{1}{2}Na_2C_2O_4\right)V(Na_2C_2O_4)-空白值\right]\times 8}{V(水样)}\times 1000 \quad (10\text{-}10)$$

$$空白值=c\left(\frac{1}{5}KMnO_4\right)V(KMnO_4)_空-c\left(\frac{1}{2}Na_2C_2O_4\right)V(Na_2C_2O_4) \quad (10\text{-}11)$$

式中　COD——水样的化学需氧量，mg/L；

　$V(KMnO_4)$——消耗 $KMnO_4$ 标准溶液的体积（加入量与滴定量的体积之和），mL；

　$V(Na_2C_2O_4)$——加入 $Na_2C_2O_4$ 标准溶液的体积，mL；

　$V(水样)$——水试样的体积，mL；

　$c\left(\frac{1}{5}KMnO_4\right)$——$KMnO_4$ 标准溶液的浓度，mol/L；

　$c\left(\frac{1}{2}Na_2C_2O_4\right)$——$Na_2C_2O_4$ 标准溶液的浓度，mol/L；

　$V(KMnO_4)_空$——空白测定时消耗 $KMnO_4$ 标准溶液的体积（加入量与滴定量之和），mL。

### 4. 注意事项

（1）用 $KMnO_4$ 标准溶液返滴定时，消耗量应为 4～6mL，如果过多或过少应重新取适当的试样，再进行测定。

（2）由于 $Cl^-$ 对测定有干扰，因而本法仅适用于地表水、地下水、饮用水和生活污水中 COD 的测定，含 $Cl^-$ 较高（超过 300mg/L）的工业废水应采用 $K_2Cr_2O_7$ 法测定。

### 5. 思考与讨论

（1）水试样如何采取和保存？

（2）若水试样中含有 $Cl^-$，讨论对本法的干扰。

（3）测定水中 COD 的意义是什么？测定原理是什么？

## 实验十一　硫代硫酸钠标准溶液的配制和标定

实验指南

$Na_2S_2O_3$ 溶液是碘量法所使用的标准溶液之一。在本次实验中，要求掌握 $Na_2S_2O_3$ 溶液的标定方法和条件，了解 $Na_2S_2O_3$ 溶液的配制方法以及淀粉专属指示剂的作用。

**1. 实验原理**

试剂 $Na_2S_2O_3 \cdot 5H_2O$ 通常含有少量杂质，并且 $Na_2S_2O_3$ 溶液易受空气和水中微生物作用分解而影响其浓度。因此，配制 $Na_2S_2O_3$ 标准溶液应用新煮沸并冷却的蒸馏水，并加少量 $Na_2CO_3$，贮于棕色瓶中，置于暗处放置 8～10 天，待 $Na_2S_2O_3$ 浓度稳定后再进行标定。

标定 $Na_2S_2O_3$ 溶液的基准物常用 $K_2Cr_2O_7$，在弱酸性溶液中，$K_2Cr_2O_7$ 与过量 KI 作用，定量析出 $I_2$，以淀粉为指示剂，用 $Na_2S_2O_3$ 标准溶液滴定。反应为：

$$Cr_2O_7^{2-} + 6I^- + 14H^+ = 2Cr^{3+} + 3I_2 + 7H_2O$$

$$I_2 + 2S_2O_3^{2-} = S_4O_6^{2-} + 2I^-$$

滴定至蓝色消失变为亮绿色为终点。

**2. 试剂**

$Na_2S_2O_3 \cdot 5H_2O$；$K_2Cr_2O_7$ 工作基准试剂；无水碳酸钠；$H_2SO_4$ 溶液（20%）；固体 KI；10g/L 淀粉溶液（将 1g 可溶性淀粉放入小烧杯中，加 10mL 水，调成糊状，在搅拌下倒入 90mL 沸水，微沸 2min，取下放置，取上层液加入少量 $HgI_2$，搅拌后放置备用）。

**3. 实验内容**

3.1 实验步骤（本实验采用 GB/T 601—2016 所规定的方法）

3.1.1 $c(Na_2S_2O_3)=0.1mol/L$ $Na_2S_2O_3$ 溶液的配制

称取 26g 硫代硫酸钠（$Na_2S_2O_3 \cdot 5H_2O$）（或 16g 无水硫代硫酸钠），加 0.2g 无水碳酸钠，溶于 1000mL 水中，缓缓煮沸 10min，冷却，放置两周后用 4 号玻璃滤坩过滤。

3.1.2 $c(Na_2S_2O_3)=0.1mol/L$ $Na_2S_2O_3$ 溶液的标定

称取 0.18g 于 120℃±2℃ 干燥至恒重的工作基准试剂重铬酸钾，置于碘量瓶中，溶于 25mL 水，加 2g 碘化钾及 20mL 硫酸溶液（20%），摇匀，于暗处放置 10min。加 150mL 水（15～20℃），用配制好的硫代硫酸钠溶液滴定，近终点时加 2mL 淀粉指示液（10g/L），继续滴定至溶液由蓝色变为亮绿色。同时做空白试验。

硫代硫酸钠标准滴定溶液的浓度 $c(Na_2S_2O_3)$（单位以 mol/L 表示）按下式计算：

$$c(Na_2S_2O_3) = \frac{m \times 1000}{(V_1 - V_2)M} \tag{10-12}$$

式中 $m$——重铬酸钾的质量，g；

$V_1$——滴定时消耗硫代硫酸钠溶液的体积，mL；

$V_2$——空白试验消耗硫代硫酸钠溶液的体积，mL；

$M$——重铬酸钾的摩尔质量，$M\left(\frac{1}{6}K_2Cr_2O_7\right)=49.031$ g/mol。

3.2 实验记录与计算

**4. 注意事项**

（1）由于 $K_2Cr_2O_7$ 与 KI 的反应很慢，在稀溶液中更慢，因此应等反应完成后再加水稀释。

（2）滴定前稀释溶液，是为了得到适当酸度，避免 $I^-$ 受空气氧化和 $Na_2S_2O_3$ 的分解，同时可使 $Cr^{3+}$ 的浓度降低，使终点颜色容易观察。

（3）淀粉指示剂须在近终点时加入，否则易影响测定结果。

(4) 滴定开始至加入淀粉指示剂前不要剧烈摇动溶液,以免 $I_2$ 挥发,加入指示剂后要充分摇动以防止 $I_2$ 吸附。

## 5. 思考与讨论

(1) 配制 $Na_2S_2O_3$ 标准溶液时,说明下列作法的原因。

　　a. 加入少量的 $Na_2CO_3$;

　　b. 配制好后放置几天。

(2) 标定 $Na_2S_2O_3$ 标准溶液时,说明下列作法的原因。

　　a. 加入 KI 后放置 10min;

　　b. 滴定前加 150mL 水;

　　c. 近终点时加淀粉指示剂。

(3) 若滴定一开始就加入指示剂,滴定开始前不加水稀释,分别讨论两种情况下对测定结果有何影响。

(4) 讨论本次实验个人操作误差的来源。

(5) 滴定时淀粉为何在接近终点时加入?若加入淀粉时不显蓝色,为什么?滴定终点为什么溶液呈亮绿色?

# 实验十二　水中溶解氧(DO)的测定

通过本次实验,了解溶解氧对人类生产、生活的影响,以增强环保意识,提高保护水资源的认识。实验要求掌握水中溶解氧的测定方法及碘量法的条件。

## 1. 实验原理

溶解于水中的氧气称为溶解氧(DO)。溶解氧的测定对了解水体在不同地点进行自净的速度有重要作用。清洁的地面水在常压下,所含溶解氧接近饱和,若水中含有植物并进行光合作用,可使水中含有过饱和的溶解氧;若水体受到污染,由于污染物被氧化而消耗氧,就会使水体所含溶解氧减少。溶解氧与水生动物的生存、工业生产管道腐蚀作用等关系密切,所以对水中溶解氧的测定极其重要。测定的方法可以采用碘量法。

$Mn^{2+}$ 在碱性溶液中(已知有 KI),生成白色的氢氧化亚锰沉淀。

$$MnSO_4 + 2NaOH = Mn(OH)_2 \downarrow + Na_2SO_4$$

如水中有溶解氧,则生成的 $Mn(OH)_2$ 沉淀立即被氧化:

$$2Mn(OH)_2 + O_2 = 2MnO(OH)_2 \downarrow$$

$$MnO(OH)_2 + Mn(OH)_2 = MnMnO_3 + 2H_2O$$

如果水中溶解氧很少时,则生成的沉淀为浅棕色。

在溶液中加酸后,高价锰化合物的沉淀溶解,并使碘化钾中的 $I_2$ 析出。

$$MnMnO_3 + 2KI + 3H_2SO_4 = 2MnSO_4 + K_2SO_4 + 3H_2O + I_2$$

然后用 $Na_2S_2O_3$ 标准溶液滴定析出的 $I_2$。

$$I_2 + 2Na_2S_2O_3 = 2NaI + Na_2S_4O_6$$

根据 $Na_2S_2O_3$ 标准溶液体积和浓度计算水中溶解氧含量。

**2. 试剂**

0.02mol/L $Na_2S_2O_3$ 标准溶液（配制与标定见基本实验十一）；硫酸锰溶液[称取硫酸锰（$MnSO_4·4H_2O$）48g，溶于60mL蒸馏水，过滤后用蒸馏水稀释至100mL]；碱性碘化钾溶液（称取50g氢氧化钠溶解于30~40mL蒸馏水中，另称取15g碘化钾溶解于20mL蒸馏水，将两溶液混合再用蒸馏水稀释至100mL）；0.5%淀粉溶液；浓 $H_2SO_4$ 溶液。

**3. 实验内容**

3.1 实验步骤

3.1.1 自来水试样的采取

由自来水管取样时，用橡皮管一端接水龙头，另一端插入具有磨口塞的测定瓶底部，待水试样进入测定瓶并溢出1min时，取出橡皮管，但试样瓶内不得留有气泡。

3.1.2 测定

准确吸取1mL硫酸锰溶液，轻轻插入试样瓶液面下0.2~0.5cm处放出溶液。再用相同的方法加入2mL碱性碘化钾溶液，盖好瓶塞，勿使瓶内有气泡。按紧瓶塞颠倒混合2~3次，静置，待沉淀降至半途，再混合一次。静置，待沉淀重新沉降至瓶底。打开瓶塞，用上述方法加入3mL浓 $H_2SO_4$ 溶液，盖紧瓶塞颠倒混合至沉淀溶解（若溶解不完全，可继续加少量 $H_2SO_4$ 溶液），放置于暗处5min。

准确移取上面溶液100.00mL置于250mL锥形瓶中，用0.02mol/L $Na_2S_2O_3$ 标准溶液滴定至浅黄色，加入1mL 0.5%淀粉溶液，继续滴定至蓝色消失恰好为止，记录 $Na_2S_2O_3$ 标准溶液的体积。

3.2 实验记录

3.3 结果计算

$$DO = \frac{c(Na_2S_2O_3)V(Na_2S_2O_3) \times 8}{V(水样)} \times 1000 \tag{10-13}$$

式中　　DO——自来水试样中的溶解氧量，mg/L；

$V(Na_2S_2O_3)$——滴定消耗 $Na_2S_2O_3$ 标准溶液的体积，mL；

$V$(水样)——水试样的体积，mL；

$c(Na_2S_2O_3)$——$Na_2S_2O_3$ 标准溶液的浓度，mol/L。

**4. 注意事项**

（1）测定时应尽量保持水含氧量恒定。最好在现场加入硫酸锰和碱性碘化钾溶液，使溶解氧固定在水中。

（2）当水试样中有大量的有机物或其他还原性物质时，会使结果偏低。当水试样中含有氧化性物质时，可使结果偏高。在这两种情况下均应将测定程序作适当修正。

（3）由于加入试剂，水试样体积有所变化，但对测定结果影响很小，故忽略不计。

（4）本法适用于0.2mg/L以上溶解氧的测定。

**5. 思考与讨论**

（1）测定中加入 $H_2SO_4$ 的作用是什么？加HCl是否可以？

（2）试讨论本次实验个人误差主要有哪些？

(3) 测定中淀粉指示剂加入时机对测定有何影响？

## 实验十三　碘标准溶液的配制和标定

 实验指南

碘易升华，会腐蚀天平，故不宜用直接法配制。在本次实验中要学习掌握碘标准溶液的配制方法和标定方法，了解碘标准溶液标定原理和注意事项。

**1. 实验原理**

用已知浓度的 $Na_2S_2O_3$ 标准滴定溶液来滴定碘溶液，以淀粉为指示剂，反应为：

$$I_2 + 2S_2O_3^{2-} = 2I^- + S_4O_6^{2-}$$

根据 $Na_2S_2O_3$ 标准滴定溶液用量和碘溶液的量，可计算碘溶液的浓度。

**2. 试剂**

固体碘，碘化钾，$c(Na_2S_2O_3)=0.10$ mol/L $Na_2S_2O_3$ 标准滴定溶液；0.1 mol/L 盐酸溶液；淀粉指示剂（10 g/L）。

**3. 实验内容**

3.1　实验步骤（本实验采用 GB/T 601—2016 所规定的方法）

3.1.1　$c\left(\dfrac{1}{2}I_2\right)=0.01$ mol/L 的碘标准溶液的配制

称取 13 g 碘和 35 g 碘化钾，溶于 100 mL 水中，置于棕色瓶中，放置 2 天，稀释至 1000 mL，摇匀。

3.1.2　$c\left(\dfrac{1}{2}I_2\right)=0.01$ mol/L 的碘标准溶液的标定

量取 30.00～35.00 mL 配制的碘溶液于 250 mL 碘量瓶中，加 150 mL 水，加 5 mL 盐酸溶液，用硫代硫酸钠标准溶液滴定，近终点时加 2 mL 淀粉指示剂，继续滴定至溶液蓝色消失。记录硫代硫酸钠标准溶液消耗体积 $V$。

同时做水所消耗碘的空白试验：取 250 mL 水，加 5 mL 盐酸溶液，加 0.05 mL 配制的碘溶液及 2 mL 淀粉指示剂，用硫代硫酸钠标准溶液滴定至溶液蓝色消失。记录消耗硫代硫酸钠标准溶液的体积 $V_2$。

碘标准滴定溶液的浓度按下式计算：

$$c\left(\frac{1}{2}I_2\right)=\frac{(V-V_2)c(Na_2S_2O_3)}{V_1-0.05} \tag{10-14}$$

式中　$c\left(\dfrac{1}{2}I_2\right)$——碘标准滴定溶液的浓度，mol/L；

$V$——硫代硫酸钠标准滴定溶液的体积，mL；

$V_2$——空白试验消耗硫代硫酸钠标准滴定溶液的体积，mL

$c(Na_2S_2O_3)$——硫代硫酸钠标准滴定溶液的浓度，mol/L；

$V_1$——碘溶液的体积，mL；

0.05——空白试验中加入碘溶液的体积，mL。

3.2 实验记录与计算
4. 注意事项
（1）制备好的碘标准溶液要置于暗处保存。
（2）硫代硫酸钠标准溶液滴定时，通常选择用棕色滴定管进行滴定。
（3）一般用硫代硫酸钠标准溶液滴定至呈浅黄色时（近终点），再加入淀粉指示液。
5. 思考与讨论
（1）配制碘标准溶液为什么加碘化钾？
（2）用硫代硫酸钠标准溶液滴定碘时，为何在近终点时加入淀粉指示剂？如果滴定前加入会有何影响？

# 实验十四　果脯中二氧化硫的测定

二氧化硫是国内外允许使用的一种食品添加剂，在食品工业中发挥护色、防腐、漂白和行氧化的作用。按照标准规定合理使用二氧化硫，不会对人体健康造成危害，但长期超限量接触二氧化硫可能导致人类呼吸系统疾病及多组织损伤。本实验学习掌握碘量法测定食品中二氧化硫的含量。

**1. 实验原理**

在密闭容器中对样品进行酸化、蒸馏，蒸馏物用乙酸铅溶液吸收。吸收后的溶液用盐酸酸化，碘标准溶液滴定，根据所消耗的碘标准溶液量计算出样品中的二氧化硫含量。

**2. 试剂**

$c\left(\dfrac{1}{2}I_2\right)=0.10\text{mol/L}$ 碘标准溶液（配制与标定见实验十三）；$c\left(\dfrac{1}{2}I_2\right)=0.01000\text{mol/L}$ 碘标准溶液［将 0.1000 mol/L 碘标准溶液用水稀释 10 倍］；盐酸溶液（1+1）［量取 50mL 盐酸，缓缓倾入 50mL 水中，边加边搅拌］；淀粉指示剂（10g/L）［称取 1g 可溶性淀粉，用少许水调成糊状，缓缓倾入 100mL 沸水中，边加边搅拌，煮沸 2min，放冷备用］；乙酸铅溶液（20g/L）［称取 2g 乙酸铅，溶于少量水中并稀释至 100mL］。

**3. 实验内容**

3.1 实验步骤

3.1.1 样品制备

将果脯适当剪成小块，再用剪切式粉碎机剪碎，搅均匀，备用。

3.1.2 测定

称取 5g（精确至 0.001g，取样量可视含量高低而定）均匀果脯样品，置于蒸馏烧瓶中。加入 250 mL 水，装上冷凝装置，冷凝管下端插入预先备有 25 mL 乙酸铅吸收液的碘量瓶的液面下，然后在蒸馏瓶中加入 10 mL 盐酸溶液，立即盖塞，加热蒸馏。当蒸馏液约 200mL 时，使冷凝管下端离开液面，再蒸馏 1min。用少量蒸馏水冲洗插入乙酸铅溶液的装置部分。同时做空白试验。

向取下的碘量瓶中依次加入 10mL 盐酸、1mL 淀粉指示液，摇匀之后用碘标准溶液滴定至溶液颜色变蓝且 30s 内不褪色为止，记录消耗的碘标准滴定溶液体积。
3.2 实验记录
3.3 结果计算

$$X = \frac{(V-V_0) \times 0.032 \times c\left(\frac{1}{2}I_2\right) \times 1000}{m} \qquad (10\text{-}15)$$

式中　$X$——试样中的二氧化硫总含量（以 $SO_2$ 计），g/kg；
　　　$V$——滴定样品所用的碘标准溶液体积，mL；
　　　$V_0$——空白试验所用的碘标准溶液体积，mL；
　　　$0.032$——1mL 碘标准溶液 $\left[c\left(\frac{1}{2}I_2\right)=1.0\text{mol/L}\right]$ 相当于二氧化硫的质量，g；
　　　$c\left(\frac{1}{2}I_2\right)$——碘标准溶液浓度，mol/L；
　　　$m$——试样质量或体积，g。

## 4. 注意事项

（1）计算结果以重复性条件下获得的两次独立测定结果的算术平均值表示。当二氧化硫含量≥1g/kg 时，结果保留三位有效数字；当二氧化硫含量＜1g/kg 时，结果保留两位有效数字。

（2）当取 5g 固体样品时，本方法的检出限（LOD）为 3.0mg/kg，定量限为 10.0mg/kg。

（3）用碘标准溶液滴定时要尽量快速滴定，避免碘的挥发。

## 5. 思考与讨论

（1）测定中加入 HCl 的作用是什么？加 $H_2SO_4$ 是否可以？对测定有何影响？

（2）简述如何做空白实验。

（3）当蒸馏液约 200mL 时，试讨论为什么要将冷凝管下端离开液面，并且再蒸馏 1min。如果不继续蒸馏，对测定结果有影响吗？

# 实验十五　硝酸银标准溶液的制备和水中可溶性氯化物的测定

天然水中大多数都含有氯化物，含氯化物量较高的水对人体健康、工业生产中的金属管道和锅炉的腐蚀，农业生产中的灌溉等均有影响。通过本次实验，学习掌握 $AgNO_3$ 标准溶液的制备和用莫尔法测定水中氯化物的含量。

## 1. 实验原理

水中可溶性氯化物含量 $\rho(Cl^-)$（mg/L）的测定可采用莫尔法。此法是在中性或弱碱性溶液中，以 $K_2CrO_4$ 为指示剂，用 $AgNO_3$ 标准溶液进行滴定，反应式为：

$$Ag^+ + Cl^- = AgCl\downarrow \text{（白色）}$$

$$2Ag^+ + CrO_4^{2-} = Ag_2CrO_4\downarrow \text{（砖红色）}$$

滴定至砖红色沉淀生成为终点。适宜的pH范围为6.5～10.5。

**2. 试剂**

NaCl基准试剂（在500～600℃高温炉中灼烧30min后，置于干燥器中冷却备用）；0.1mol/L AgNO$_3$溶液（称取8.5g AgNO$_3$溶解于500mL不含Cl$^-$的蒸馏水中，将溶液转入棕色瓶中置于暗处保存备用）；0.5% K$_2$CrO$_4$溶液（称取5g K$_2$CrO$_4$溶解于100mL水中）。

**3. 实验内容**

3.1 实验步骤

3.1.1 0.1mol/L AgNO$_3$溶液的标定

准确称取0.5～0.65g NaCl基准物于小烧杯中，用蒸馏水溶解后，转入100mL容量瓶中，稀释到刻度，摇匀。

用移液管移取25.00mL NaCl溶液放于250mL锥形瓶中，加入25mL水，加入1mL K$_2$CrO$_4$指示剂，用AgNO$_3$标准溶液滴定至呈砖红色即为终点。记录AgNO$_3$标准溶液的体积。平行测定3次。

$$c(\text{AgNO}_3) = \frac{m(\text{NaCl}) \times \frac{25}{100}}{V(\text{AgNO}_3) M(\text{NaCl})} \tag{10-16}$$

3.1.2 试样分析

准确吸取含氯化物的水试样25.00～75.00mL置于250mL锥形瓶中，加入1mL K$_2$CrO$_4$指示剂，在不断搅拌下，用AgNO$_3$标准溶液滴定至呈砖红色即为终点（与标定AgNO$_3$溶液时颜色一致）。记录AgNO$_3$标准溶液的体积。平行测定三次。

3.2 实验记录

3.3 结果计算

$$\rho(\text{Cl}^-) = \frac{c(\text{AgNO}_3) V(\text{AgNO}_3) \times 35.5}{V(\text{水样})} \times 1000 \tag{10-17}$$

式中 $\rho(\text{Cl}^-)$——水样中Cl$^-$的总含量，mg/L；

$c(\text{AgNO}_3)$——AgNO$_3$标准溶液的浓度，mol/L；

$V(\text{AgNO}_3)$——滴定时消耗AgNO$_3$标准溶液的体积，mL；

$V(\text{水样})$——水试样的体积，mL。

**4. 注意事项**

(1) 本次实验用水应是不含Cl$^-$的蒸馏水，否则应做空白试验。

(2) 实验前应初步知道水试样中的氯含量，以便估计取样量和选定AgNO$_3$标准溶液的浓度。

(3) 装AgNO$_3$标准溶液的滴定管用完后应及时洗涤干净。

**5. 思考与讨论**

(1) 莫尔法测Cl$^-$时，溶液的pH为什么控制在6.5～10.5？

(2) 指示剂K$_2$CrO$_4$的浓度过大或过小对测定结果有何影响？

(3) 试拟定空白试验的实验步骤。最后结果该怎样处理？

(4) 标准AgNO$_3$溶液用何种滴定管？

## 实验十六　废水中悬浮物的测定

水样中能被某种过滤材料分离出来的固体物质称为悬浮固形物，简称悬浮物。通过本次实验，学习悬浮物的测定方法，了解悬浮物测定的意义。

**1. 实验原理**

悬浮物的颗粒直径一般大于 100nm，主要是泥土、有机悬浮物、水藻、腐烂的植物和细菌等。测定水中悬浮物，用指定的过滤材料过滤水样，采用称量法测定。

**2. 仪器**

称量瓶（扁形，直径为 35～50mm）；移液管；中速定量滤纸（蓝带，$\phi$90mm）；烘箱。

**3. 实验内容**

3.1　实验步骤

3.1.1　称量瓶恒重及称量

将中速定量滤纸折叠，放入称量瓶，置于烘箱中在 105～110℃ 开盖烘干 2h，然后再置于干燥器内冷却 30min，盖好称量。反复烘干，称量至恒重（两次称量相差不超过 0.3mg）。记录滤纸与称量瓶的质量 $m_0$。

3.1.2　悬浮物恒重及称量

用移液管移取 100mL 水样，用上述烘干恒重的滤纸过滤，并用去离子水洗悬浮物 3～5 次。将悬浮物连同滤纸置于已恒重的原称量瓶中，置于烘箱中，在 105～110℃ 开盖烘干 2h，再置于干燥器内冷却 30min，称量至恒重。记录最后称量瓶及滤纸、悬浮物的质量 $m$。

3.2　实验记录

3.3　结果计算

$$\rho(悬浮物)=\frac{m-m_0}{V}\times 10^6 \tag{10-18}$$

式中　$\rho$(悬浮物)——废水试样中悬浮物的含量，mg/L；

$m$——悬浮物、滤纸和称量瓶的质量，g；

$m_0$——滤纸和称量瓶的质量，g；

$V$——废水水样的体积，mL。

**4. 注意事项**

（1）树叶、木棒、水草等杂质应从水样中除去。

（2）如果废水中有油脂，过滤后应当用 10mL 石油醚分两次淋洗悬浮物及滤纸。

（3）如果废水黏度大，可加入 2～4 倍水，摇匀、静置、沉降后再过滤。

（4）如果废水具有腐蚀性，应改用石棉坩埚法测定。

（5）实验中注意烘干温度，不能过高。

**5. 思考与讨论**

（1）滤纸在测定前为什么需要烘干至恒重？

（2）悬浮物为什么用去离子水洗 3～5 次？

# 实验十七　水中 $SO_4^{2-}$ 的测定

**实验指南**

$SO_4^{2-}$ 含量的测定可采用称量法分析。在实验中进一步学习称量分析的方法，掌握恒重的基本操作技术，这是实验的基本要求。

**1. 实验原理**

在微酸性溶液中，$SO_4^{2-}$ 可被定量沉淀为 $BaSO_4$，反应式为：

$$Ba^{2+} + SO_4^{2-} = BaSO_4 \downarrow$$

利用称量 $BaSO_4$ 法可以测定水中 $SO_4^{2-}$ 的含量。

**2. 试剂**

100g/L $BaCl_2$ 溶液；HCl 溶液（1+1）；氨水（1+1）；0.1% 甲基橙指示剂。

**3. 实验内容**

3.1　实验步骤

取适量的已用 0.45μm 微孔滤膜过滤的水样（约含 50mg $SO_4^{2-}$）置于 500mL 烧杯中。加两滴 0.1% 的甲基橙指示剂，用适量盐酸（1+1）或氨水（1+1）调至显橙黄色。再加 2mL 盐酸（1+1），加水使烧杯中溶液的总体积至 200mL。加热煮沸至少 5min，在不断搅拌下缓慢加 10mL 100g/L $BaCl_2$ 溶液至不再出现沉淀。

然后多加 2mL $BaCl_2$ 溶液，在 80～90℃ 下保持不少于 2h，或在室温下至少放置 6h，最好过夜以陈化沉淀。将沉淀过滤并用水反复洗涤沉淀直至洗涤液中不含氯化物为止。最后将沉淀烘干灰化并于 800℃ 灼烧至质量恒定。

3.2　实验记录

3.3　结果计算

$$\rho(SO_4^{2-}) = \frac{m(BaSO_4) \times \dfrac{M(SO_4^{2-})}{M(BaSO_4)} \times 10^6}{V(\text{水样})}$$

(10-19)

式中　$\rho(SO_4^{2-})$ ——水样中 $SO_4^{2-}$ 的含量，mg/L；

　　　$m(BaSO_4)$ ——从水样中沉淀出来的硫酸钡的质量，g；

　　　$M(SO_4^{2-})$ ——$SO_4^{2-}$ 的摩尔质量，g/mol；

　　　$M(BaSO_4)$ ——$BaSO_4$ 的摩尔质量，g/mol；

　　　$V(\text{水样})$ ——水样的体积，mL。

**4. 思考与讨论**

（1）本实验测定过程中以甲基橙作指示剂，是否可以用酚酞作指示剂？

（2）陈化时间对测定结果有无影响？

（3）用水洗涤沉淀至没有 $Cl^-$ 的原因是什么？

# 实验十八　污水中油的测定

本实验测定的是酸化样品中可被石油醚萃取的且在实验过程中不挥发的物质的总量。通过本实验,进一步学习重量分析方法和萃取操作技术。

**1. 实验原理**

以硫酸酸化水样,用石油醚萃取矿物油,蒸除石油醚后,称其质量。

实验测定的是酸化样品中可被石油醚萃取的且在实验过程中不挥发的物质的总量。溶剂去除时,使得轻质油有明显损失。由于石油醚对油是有选择地溶解,因此,石油的较重成分中可能含有不为溶剂萃取的物质。

**2. 仪器和试剂**

(1) 仪器

分析天平;恒温箱;恒温水浴锅;2000mL 分液漏斗;干燥器;直径 11cm 的中速定性滤纸。

(2) 试剂

石油醚(将石油醚重蒸馏后使用,100mL 石油醚的蒸干残渣不应大于 0.2mg);无水硫酸钠(在 300℃ 马弗炉中烘烤 1h,冷却后装瓶备用);硫酸(1+1);氯化钠。

**3. 实验内容**

3.1　实验步骤

(1) 在采集瓶上作一容量记号(以便以后测量水样体积)后,将所收集的大约 1L 已经酸化(pH<2)的水样全部转移至分液漏斗中,加入氯化钠,其量约为水样量的 8%。用 25mL 石油醚洗涤采样瓶并转入分液漏斗中,充分摇匀 3min,静置分层并将水层放入原采样瓶内,石油醚层转入 100mL 锥形瓶中。用石油醚重复萃取水样两次,每次用量 25mL,合并 3 次萃取液于锥形瓶中。

(2) 向石油醚萃取液中加入适量无水硫酸钠(加入至不再结块为止),加盖后,放置 0.5h 以上,以便脱水。

(3) 用预先以石油醚洗涤过的定性滤纸过滤,收集滤液于 100mL 已烘干至恒重的烧杯中,用少量石油醚洗涤锥形瓶、硫酸钠和滤纸,洗涤液并入烧杯中。

(4) 将烧杯置于 (65±5)℃ 水浴上,蒸除石油醚。近干后再置于 (65±5)℃ 恒温箱内烘干 1h,然后放入干燥器中冷却 30min,称量。

3.2　实验记录

3.3　结果计算

$$\rho(\text{油}) = \frac{(m_1 - m_2) \times 10^6}{V} \tag{10-20}$$

式中　$\rho(\text{油})$——污水含油量,mg/L;

$m_1$——烧杯加油的总质量,g;

$m_2$——烧杯的质量,g;

$V$——水样的体积,mL。

### 4. 注意事项

(1) 分液漏斗的活塞不要涂凡士林。

(2) 测定污水中石油类物质时,若含有大量动、植物性油脂,应取内径20mm、长300mm、一端呈漏斗状的硬质玻璃管,填装100mm厚活性色谱用氧化铝(在150～160℃活化4h,未完全冷却前装好柱),然后用10mL石油醚清洗。将石油醚萃取液通过色谱柱,除去动、植物性油脂,收集流出液于恒重的烧杯中。

(3) 采样瓶应为清洁玻璃瓶,用洗涤剂(不要用肥皂)清洗干净。应定容采样,并将水样全部移入分液漏斗测定,以减少油附着于容器壁上引起的误差。

### 5. 思考与讨论

(1) 用滤纸过滤前为什么要预先以石油醚洗涤?

(2) 分液漏斗的活塞为什么不能涂凡士林?

## *实验十九　食品添加剂冰乙酸中乙酸含量的测定

 **实验指南**

由发酵法生产的乙醇为原料制得的食品添加剂冰乙酸(又名冰醋酸),理化指标中乙酸含量按照规定需不小于99.5%。通过本次实验学习酸碱滴定法的应用,掌握食品添加剂冰乙酸中乙酸含量的测定方法。冰乙酸作为危险化学品,实验中操作者需提高安全和防护意识,应采取适当的安全和防护措施。

### 1. 实验原理

以酚酞为指示剂,用氢氧化钠标准滴定溶液滴定,根据消耗氢氧化钠标准滴定溶液的体积计算乙酸的含量。

### 2. 试剂

0.5mol/L氢氧化钠标准滴定溶液(配制与标定见实验三);10g/L酚酞指示液。

### 3. 实验内容

#### 3.1 实验步骤

称取1g试样(精确至0.0002g),置于250mL具塞锥形瓶中,锥形瓶中预先装有新煮沸并冷却的80mL水,加2滴酚酞指示液,用氢氧化钠标准滴定溶液滴定至溶液呈淡粉红色,保持30s不褪色为终点。

#### 3.2 实验记录

#### 3.3 结果计算

$$w = \frac{cVM}{1000m} \times 100\% \tag{10-21}$$

式中　$V$——氢氧化钠标准滴定溶液的体积,mL;

　　　$c$——氢氧化钠标准滴定溶液的浓度,mol/L;

　　　$M$——乙酸的摩尔质量,g/mol,$[M(CH_3COOH)=60.05\text{g/mol}]$;

$m$——试样的质量,g。

**4. 注意事项**

(1) 取两次平行测定结果的算术平均值为测定结果,两次平行测定结果的绝对差值不大于 0.2%。

(2) 试验方法规定的一些试验过程可能导致危险情况,操作者应采取适当的安全和防护措施。

**5. 思考与讨论**

(1) 测定中使用新煮沸并冷却的水的原因是什么?

(2) 根据本次实验结果,评估食品添加剂冰乙酸理化指标乙酸含量是否符合规定要求。

## *实验二十　水中 $CO_3^{2-}$ 含量的测定

水中 $CO_3^{2-}$ 含量是水样碱度的表示方法之一。通过本次实验,进一步熟悉酸碱滴定法,学习二元弱酸盐的滴定和指示剂的选择,加深对甲基橙指示剂颜色变化的识别。

**1. 实验原理**

水中 $CO_3^{2-}$ 常以 HCl 标准溶液为滴定剂进行测定。反应式为:

$$Na_2CO_3 + 2HCl = 2NaCl + CO_2\uparrow + H_2O$$

化学计量点时溶液 pH 为 3.8~3.9,以甲基橙为指示剂,滴定至溶液由黄色转变为橙色即为终点。

**2. 试剂**

0.1mol/L HCl 标准溶液(配制与标定见基本实验四);0.1%甲基橙指示剂。

**3. 实验内容**

3.1　实验步骤

取 100.00mL 透明的水样放入 250mL 锥形瓶中,加入甲基橙指示剂 1~2 滴,用盐酸标准溶液滴定至溶液呈橙色,记下盐酸的体积,并计算水中 $CO_3^{2-}$ 的含量(体积均以 mL 为单位)。

3.2　实验记录

3.3　结果计算

若水样中 $CO_3^{2-}$ 的含量以 $Na_2CO_3$ 计(单位是 mg/L),则

$$\rho(Na_2CO_3) = \frac{c(HCl)V(HCl)M\left(\frac{1}{2}Na_2CO_3\right)}{V_{样}} \times 1000 \quad (10-22)$$

**4. 注意事项**

(1) 甲基橙可用甲基红-溴甲酚绿混合指示剂代替。

(2) 若水样浑浊应先过滤。

### 5. 思考与讨论

(1) 本实验中是否可以用酚酞作指示剂？为什么？

(2) 若水样中含有 $HCO_3^-$ 该如何测定？试拟定测定步骤。

# *实验二十一　尿素中氮含量的测定

### 实验指南

尿素是农业生产中常用的无机氮肥，测定尿素中氮的含量用以评定尿素的质量。一般采用间接测定的方法来分析尿素的含氮量。通过本次实验进一步了解酸碱滴定法的应用，掌握尿素含氮量的测定方法。

### 1. 实验原理

尿素分子中的氮，以酰胺（—$CONH_2$）状态存在。为了测定酰胺态氮，通常采用凯达尔法。试样尿素和过量硫酸在加热条件下，尿素分解，反应如下：

$$CO(NH_2)_2 + H_2O + H_2SO_4 = (NH_4)_2SO_4 + CO_2\uparrow$$

然后，对所得硫酸铵和硫酸的混合物进一步用蒸馏法或甲醛法测定氮含量。

甲醛法是用强碱中和硫酸铵和硫酸混合物中的硫酸，然后加入甲醛，与硫酸铵作用生成六亚甲基四胺，同时产生相当量的酸，反应如下：

$$4NH_4^+ + 6HCHO = (CH_2)_6N_4 + 4H^+ + 6H_2O$$

用碱标准溶液滴定生成的酸，由碱标准溶液的浓度和消耗的体积计算氮含量。

### 2. 试剂

0.5mol/L NaOH 标准溶液；30% NaOH 溶液；25% 中性甲醛溶液；浓 $H_2SO_4$ 溶液；0.1% 甲基红指示剂；1% 酚酞指示剂。

### 3. 实验内容

#### 3.1 实验步骤

准确称取尿素试样 0.5g（准确至 0.0002g）于 500mL 凯达尔烧瓶中。沿瓶壁加入浓 $H_2SO_4$ 5mL。瓶口插入一支短颈小漏斗（如图 10-1 所示），于通风橱内缓缓加热至剧烈反应停止而开始产生三氧化硫白烟。冷却后，用水冲洗漏斗及瓶壁（注意浓 $H_2SO_4$ 和水的剧烈反应），加水 30mL，加 0.1% 甲基红指示剂溶液 2 滴。在流水中冷却并不断摇荡下，用 30% NaOH 溶液中和溶液至淡红色后，立即加入 25% 中性甲醛溶液 15mL、1% 酚酞指示剂溶液 5 滴，混合均匀。静置 5min 后，用 0.5mol/L NaOH 标准溶液滴定至溶液呈微橙色，并持续 30s 不褪色即为终点。记录消耗 NaOH 标准溶液的体积。

图 10-1　消化装置

#### 3.2 实验记录

#### 3.3 结果计算

$$w(N) = \frac{c(NaOH)V(NaOH) \times 14}{m} \tag{10-23}$$

式中　$w(N)$——尿素试样的含氮量，%；
　　$c(NaOH)$——NaOH 标准溶液的浓度，mol/L；
　　$V(NaOH)$——滴定消耗 NaOH 标准溶液的体积，L；
　　$m$——试样的质量，g。

**4. 注意事项**

（1）采用本方法测定简单，但准确度较低，可根据分析的要求选择。

（2）采用蒸馏法测定的准确度较高，但过程复杂、费时。

**5. 思考与讨论**

（1）测定过程中，甲醛的作用是什么？

（2）测定装置中瓶口插入一支短颈小漏斗的作用是什么？

## *实验二十二　双氧水含量的测定

**实验指南**

过氧化氢可以用作氧化剂，是合成强力消毒剂过氧乙酸的主要原料，可作绒布、皮革的漂白剂。在实验中，学习掌握用 $KMnO_4$ 法测定 $H_2O_2$ 含量的原理和方法，掌握液体试样取样的操作方法。

**1. 实验原理**

在强酸性条件下，$KMnO_4$ 与 $H_2O_2$ 进行如下反应：

$$2KMnO_4 + 5H_2O_2 + 3H_2SO_4 = 2MnSO_4 + K_2SO_4 + 5O_2\uparrow + 8H_2O$$

以 $KMnO_4$ 溶液为标准溶液，可直接滴定 $H_2O_2$，终点呈浅粉红色。

**2. 试剂**

$c\left(\dfrac{1}{5}KMnO_4\right)=0.1\,mol/L$ 的 $KMnO_4$ 标准溶液（配制与标定见基本实验九）；1mol/L $H_2SO_4$ 溶液。

**3. 实验内容**

**3.1　实验步骤**

用吸量管准确取 1mL 双氧水试样（$H_2O_2$ 含量约为 30%）放入装有 200mL 水的 250mL 容量瓶中，再用水稀释至刻度，摇匀。

用移液管吸取上述溶液 25mL 放于 250mL 锥形瓶中，加入 1mol/L $H_2SO_4$ 溶液 20mL，以 $c\left(\dfrac{1}{5}KMnO_4\right)=0.1\,mol/L$ 的 $KMnO_4$ 标准溶液滴定至浅粉红色，30s 不褪为终点。记录消耗 $KMnO_4$ 标准溶液的体积。平行测定三次。

**3.2　实验记录**

**3.3　结果计算**

$$\rho(H_2O_2)=\dfrac{c\left(\dfrac{1}{5}KMnO_4\right)V(KMnO_4)M\left(\dfrac{1}{2}H_2O_2\right)}{V_{样}\times\dfrac{25}{250}} \tag{10-24}$$

式中　$\rho(H_2O_2)$——试样中 $H_2O_2$ 的含量，g/L；

$c\left(\dfrac{1}{5}KMnO_4\right)$——$KMnO_4$ 标准溶液的浓度，mol/L；

$V(KMnO_4)$——消耗 $KMnO_4$ 标准溶液的体积，mL；

$M\left(\dfrac{1}{2}H_2O_2\right)$——$\dfrac{1}{2}H_2O_2$ 的摩尔质量，g/mol；

$V_{样}$——双氧水试样的体积，mL。

**4. 思考与讨论**

（1）用 $KMnO_4$ 法测定 $H_2O_2$ 时能否用 $HNO_3$、HCl 和 HAc 控制酸度？为什么？

（2）使用吸量管取样应注意什么？

## *实验二十三　铝盐中铝含量的测定

**实验指南**

铝盐中铝含量的测定，可以采用配位滴定法。在实验过程中，进一步学习配位滴定法，掌握以置换滴定方式测定铝含量的方法和测定条件。

**1. 实验原理**

在 pH=3 的条件下，于铝盐溶液中加入过量的 EDTA 溶液，加热使 $Al^{3+}$ 配位完全，调节 pH 为 5~6，加入二甲酚橙指示剂，用锌盐标准溶液滴定剩余的 EDTA，溶液由亮黄色变紫红色为止（不计体积）。然后，加入 $NH_4F$，加热，置换出与 $Al^{3+}$ 配合的 EDTA，再用锌盐标准溶液滴定至溶液由亮黄色变紫红色，根据消耗锌盐标准溶液的体积计算铝的含量。

**2. 试剂**

0.02mol/L EDTA 溶液（配制与标定见基本实验六）；0.02mol/L $Zn^{2+}$ 标准溶液（可用标定 EDTA 所配制的 $Zn^{2+}$ 溶液，计算出其准确浓度）；0.1%百里酚蓝指示剂（取 0.1g 百里酚蓝，加 100mL 20%乙醇溶解）；0.5%二甲酚橙指示剂（取 0.5g 二甲酚橙，加 100mL 水溶解）；HCl（1+1）；氨水（1+1）；20%六亚甲基四胺溶液［将 20g$(CH_2)_6N_4$ 溶于 100mL 水中］；固体 $NH_4F$（分析纯）。

**3. 实验内容**

**3.1　实验步骤**

准确称取工业硫酸铝样品约 0.5g，加入 1∶1 HCl 3mL，加 50mL 水溶解，移入 100mL 容量瓶中，以水稀释至刻度。

吸取 10mL 上述溶液于 250mL 锥形瓶中，加 20mL 水及 30mL 0.02mol/L 的 EDTA 溶液，加 4~5 滴百里酚蓝，用 1∶1 氨水中和至黄色，煮沸 2min，取下，加入 20%六亚甲基四胺溶液 10mL 及二甲酚橙指示剂 2 滴，冷却以后用 0.02mol/L 的锌盐标准溶液滴定至溶液由黄变成紫红色（不计体积）。然后向溶液中加入 2g $NH_4F$，加热煮沸 2min，再用 0.02mol/L 的锌盐标准溶液滴定至溶液由黄色变紫红色为止，记下消耗锌盐标准溶液的体积。平行测定三次。计算试样中铝的质量分数。

3.2　实验记录

3.3　结果计算

$$w(\text{Al}) = \frac{c(\text{Zn}^{2+})V(\text{Zn}^{2+})M(\text{Al})}{m \times \dfrac{10}{100}} \tag{10-25}$$

式中　$w(\text{Al})$——工业硫酸铝试样中铝的含量，%；

　　　$c(\text{Zn}^{2+})$——$\text{Zn}^{2+}$标准溶液的浓度，mol/L；

　　　$V(\text{Zn}^{2+})$——滴定消耗$\text{Zn}^{2+}$标准溶液的体积，mL；

　　　$M(\text{Al})$——Al的摩尔质量，g/mol。

4. 思考与讨论

（1）测定过程中为什么要二次加热？

（2）测定$\text{Al}^{3+}$为什么要用置换滴定法？能否采用直接滴定法？

（3）第一次用锌盐滴定EDTA为什么不计体积？若滴定过量是否影响分析结果？

（4）测定实验中加入氨水和六亚甲基四胺的目的是什么？

# *实验二十四　氯化钡中结晶水的测定

 实验指南

　　$\text{BaCl}_2 \cdot 2\text{H}_2\text{O}$中结晶水的测定可以采用重量分析法（汽化法）进行。通过本次实验，进一步学习重量分析的基本操作，掌握恒重在重量分析中的作用和意义。

**1. 实验原理**

　　汽化法是通过加热或其他方法使试样中的某种挥发性组分逸出后，根据试样减轻的质量计算该组分的含量。例如：测定试样中结晶水的含量时，可将一定质量的试样在烘箱中加热烘干除去水分，试样减少的质量即为所含水分的质量。

**2. 仪器和试剂**

　　扁形称量瓶；烘箱；干燥器；$\text{BaCl}_2 \cdot 2\text{H}_2\text{O}$试样。

**3. 实验内容**

3.1　实验步骤

　　取洗净的称量瓶，将瓶盖横放在瓶口上，置于烘箱中，在125℃下烘干1h，取出放入干燥器中冷却至室温（约20min），称量。再烘干一次（约10min），冷却、称重。重复进行直至恒重（两次称量之差小于0.2mg）。

　　在已恒重的称量瓶中放入氯化钡试样1～2g，盖上瓶盖，准确称量。然后将瓶盖斜立在瓶口上，于125℃烘干2h，取出稍冷放入干燥器中冷却至室温、称量。再烘干一次，冷却称量，重复烘干称重，直至恒重。

3.2　实验记录

3.3　结果计算

$$w(\text{H}_2\text{O}) = \frac{m_1 - m_2}{m} \tag{10-26}$$

式中　$w(\text{H}_2\text{O})$——水的质量分数；

$m_1$ —— 烘干前氯化钡试样与称量瓶的质量，g；

$m_2$ —— 烘干后氯化钡与称量瓶的质量，g；

$m$ —— 氯化钡试样的质量（烘干前氯化钡试样与称量瓶的质量减去称量瓶的质量），g。

### 4. 思考与讨论

（1）称量瓶为什么事先应烘干至恒重？如果没有烘干恒重对测定结果有何影响？

（2）试样烘干为什么也要恒重？

（3）重量分析中，如何进行恒重操作？

## *实验二十五　水中溶解性总固体（矿化度）的测定

**实验指南**

矿化度是水中含无机物成分的总量，用于评价水中的总含盐量，是水化学成分测定的主要指标。通过本次实验，学习水中溶解性总固体的测定方法，进一步学习和掌握重量分析的基本操作，了解矿化度的意义。

### 1. 实验原理

测定水的矿化度可用中速定量滤纸过滤，于瓷蒸发皿中蒸发至干，在烘箱内于 105～110℃烘干至恒重，由试样体积和称量结果可计算矿化度。

### 2. 仪器和试剂

瓷蒸发皿（φ90mm）；电热水浴；烘箱；干燥器；玻璃漏斗；中速定量滤纸；过氧化氢溶液（1＋1）。

### 3. 实验内容

#### 3.1 实验步骤

将洗净的瓷蒸发皿置于烘箱中，在 105～110℃烘 2h，放于干燥器中冷却至室温，称重，直至恒重（两次称量之差≤0.2mg）。

取适量水样，用中速定量滤纸过滤，用移液管移取过滤后的水样 50～100mL（残渣 0.05～0.2g），置于已恒重的瓷蒸发皿中，在水浴中蒸干，蒸干残渣一般为有色物质（有机物或铁杂质）。待蒸发稍冷，小心滴加过氧化氢溶液（1＋1）数滴至气泡消失，再蒸发至干，待残渣颜色变白或稳定后，将盛有残渣的蒸发皿放于烘箱中，在 105～110℃烘干 2h，取出放在干燥器中冷却至室温称量，直至恒重。记录称量的质量。

#### 3.2 实验记录

#### 3.3 结果计算

以 mg/L 为单位的矿化度按下式计算：

$$矿化度 = \frac{m - m_0}{V} \times 10^6 \tag{10-27}$$

式中　$m$ —— 蒸发皿及残渣的质量，g；

　　　$m_0$ —— 蒸发皿的质量，g；

　　　$V$ —— 水样的体积，mL。

### 4. 注意事项

(1) 水样可采集自来水、地下深井水、河水、湖水、水库水等。所测矿化度范围为 103～1589mg/L。

(2) 水样有腐蚀性时，应用砂芯玻璃坩埚 $P_{10}(G_3)$ 抽滤，清亮水样不必过滤。

(3) 矿化度较高的水样，含有大量钙、镁的氯化物、硝酸盐、硫酸盐，其中氯化物易吸水，硫酸盐结晶水不易除去，可加入 10mL 2% $Na_2CO_3$ 溶液，使之转变为碳酸盐，水溶液蒸干后在 180℃ 下烘箱内烘干 2～3h，称量至恒重。

### 5. 思考与讨论

(1) 测定水的矿化度有何意义？它是如何表示的？

(2) 蒸发皿为什么要恒重？

## *实验二十六  水中化学需氧量（COD）的测定（重铬酸钾法）

**实验指南**

化学需氧量（COD）是控制工业废水水质的主要指标之一。重铬酸钾可将大部分有机物氧化，但不能氧化直链烃、芳烃及一些杂环化合物。加入硫酸银作为催化剂，直链化合物有 85%～95% 被氧化，但对芳烃及一些杂环化合物效果不大，因此，重铬酸钾法测定的不是全部有机物。通过本次实验，主要学习重铬酸钾测定水中化学需氧量的方法，学会回流的基本操作，认识此方法和高锰酸钾法在应用上的区别。

### 1. 实验原理

在酸性溶液中，重铬酸钾的氧化作用按下列反应式进行：

$$Cr_2O_7^{2-} + 14H^+ + 6e \Longrightarrow 2Cr^{3+} + 7H_2O$$

加入硫酸银作催化剂，促进不易被氧化的直链烃氧化。过量的重铬酸钾以试亚铁灵为指示剂，用硫酸亚铁铵溶液滴定。

$$Cr_2O_7^{2-} + 6Fe^{2+} + 14H^+ \Longrightarrow 2Cr^{3+} + 6Fe^{3+} + 7H_2O$$

过量的亚铁离子与试亚铁灵作用生成红色配合物。

$$Fe^{2+} + 3C_{12}H_8N_2 \Longrightarrow [Fe(C_{12}H_8N_2)_3]^{2+}$$

当溶液由黄色变为绿色再到紫色时即为终点。根据消耗硫酸亚铁铵的体积和浓度即可计算出需氧量。

### 2. 仪器和试剂

回流装置（如图 10-2 所示）；$c\left(\dfrac{1}{6}K_2Cr_2O_7\right) = 0.2400\text{mol/L}$ 的 $K_2Cr_2O_7$ 标准溶液（准确称取预先在 105～110℃ 烘至恒重的基准物重铬酸钾 2.9418g，置于小烧杯中，用蒸馏水溶解，然后移入 250mL 容量瓶中，并用蒸馏水稀释至刻度，摇匀）；$c(Fe^{2+}) = 0.25\text{mol/L}$ 的硫酸亚铁铵标准溶液〔称取 98g 硫酸亚铁铵溶于蒸馏水中，加入 20mL 浓硫酸，冷却后稀释至 1L，用 $c\left(\dfrac{1}{6}K_2Cr_2O_7\right) = 0.2400\text{mol/L}$ 的 $K_2Cr_2O_7$ 标准溶液确定其准确浓度〕；硫酸银（固体）；浓硫酸溶液；试

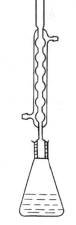

图 10-2  回流装置

亚铁灵指示剂［称取1.485g试亚铁灵（$C_{12}H_8N_2 \cdot H_2O$，邻二氮杂菲）指示剂和0.695g硫酸亚铁（$FeSO_4 \cdot 7H_2O$）溶于蒸馏水中，并稀释至100mL］。

### 3. 实验内容

#### 3.1 实验步骤

准确量取50.00mL水试样放入回流锥形瓶中。用移液管准确加入$c\left(\frac{1}{6}K_2Cr_2O_7\right)=0.2400$mol/L的$K_2Cr_2O_7$标准溶液25.00mL，再加入75mL浓硫酸（缓慢加入并摇动混合），再加入1g硫酸银和几块沸石。

接上回流冷凝管（装置如图10-2所示），打开冷却水，加热回流120min，冷却后将回流锥形瓶中的溶液转入500mL锥形瓶中，用蒸馏水冲洗冷凝管和回流锥形瓶3～4次，洗涤液并入500mL锥形瓶中，冷却。用蒸馏水把溶液稀释到350mL，加2～3滴试亚铁灵指示剂，用0.25mol/L硫酸亚铁铵标准溶液滴定过量的重铬酸钾至溶液由橙黄色变为绿色再到红紫色即为终点。记录消耗硫酸亚铁铵标准溶液的体积。

按如上操作步骤进行空白试验。

#### 3.2 实验记录

#### 3.3 结果计算

$$COD = \frac{(V_1 - V_2)c \times 8}{V} \times 1000 \tag{10-28}$$

式中 COD——水样的化学需氧量，mg/L；

$V_1$——空白试验消耗硫酸亚铁铵标准溶液的体积，mL；

$V_2$——测定消耗硫酸亚铁铵标准溶液的体积，mL；

$V$——水试样的体积，mL；

$c$——硫酸亚铁铵标准溶液的浓度，mol/L；

$8$——$\frac{1}{4}O_2$的摩尔质量，g/mol。

### 4. 注意事项

（1）测定中水试样如果太浓，可用蒸馏水进行适当稀释。

（2）在加热过程中，如果溶液由橙黄色变为绿色说明水试样太浓，需氧量太大，重铬酸钾量不够，应将水试样重新稀释后再作测定。

（3）若氯化物浓度过大，在强酸性溶液中，能被重铬酸钾氧化而干扰测定，可加入硫酸汞使氯离子生成难电离的氯化汞配合物。

（4）亚硝酸盐在酸性溶液中能被重铬酸钾氧化，使结果偏高。可加入氨基磺酸使之分解。

（5）用试亚铁灵为指示剂时，终点的颜色变化与加入指示剂的量有关，指示剂用量大，终点为红紫色，而指示剂用量小则是灰紫色。

### 5. 思考与讨论

（1）化学需氧量的测定原理是什么？测定过程中为什么要回流加热120min？

（2）测定时干扰元素有哪些？如何消除？

（3）测定过程中为什么要做空白试验？总结本次实验中应注意哪些问题，才能得到可靠结果？

# 附 录

### 附录1　弱酸、弱碱在水中的电离常数（25℃）

1. 弱酸

| 名　称 | 化　学　式 | $K_a$ | $pK_a$ |
|---|---|---|---|
| 砷酸 | $H_3AsO_4$ | $6.3\times10^{-3}(K_{a_1})$ | 2.20 |
| | | $1.0\times10^{-7}(K_{a_2})$ | 7.00 |
| | | $3.2\times10^{-12}(K_{a_3})$ | 11.50 |
| 亚砷酸 | $HAsO_2$ | $6.0\times10^{-10}$ | 9.22 |
| 硼酸 | $H_3BO_3$ | $5.8\times10^{-10}(K_{a_1})$ | 9.24 |
| 碳酸 | $H_2CO_3(CO_2+H_2O)$ | $4.2\times10^{-7}(K_{a_1})$ | 6.38 |
| | | $5.6\times10^{-11}(K_{a_2})$ | 10.25 |
| 氢氰酸 | $HCN$ | $6.2\times10^{-10}$ | 9.21 |
| 铬酸 | $H_2CrO_4$ | $1.8\times10^{-1}(K_{a_1})$ | 0.74 |
| | | $3.2\times10^{-7}(K_{a_2})$ | 6.50 |
| 氢氟酸 | $HF$ | $6.6\times10^{-4}$ | 3.18 |
| 亚硝酸 | $HNO_2$ | $5.1\times10^{-4}$ | 3.29 |
| 磷酸 | $H_3PO_4$ | $7.6\times10^{-3}(K_{a_1})$ | 2.12 |
| | | $6.3\times10^{-8}(K_{a_2})$ | 7.20 |
| | | $4.4\times10^{-13}(K_{a_3})$ | 12.36 |
| 焦磷酸 | $H_4P_2O_7$ | $3.0\times10^{-2}(K_{a_1})$ | 1.52 |
| | | $4.4\times10^{-3}(K_{a_2})$ | 2.36 |
| | | $2.5\times10^{-7}(K_{a_3})$ | 6.60 |
| | | $5.6\times10^{-10}(K_{a_4})$ | 9.25 |
| 亚磷酸 | $H_3PO_3$ | $5.0\times10^{-2}(K_{a_1})$ | 1.30 |
| | | $2.5\times10^{-7}(K_{a_2})$ | 6.60 |
| 氢硫酸 | $H_2S$ | $1.3\times10^{-7}(K_{a_1})$ | 6.88 |
| | | $7.1\times10^{-15}(K_{a_2})$ | 14.15 |
| 硫酸 | $HSO_4^-$ | $1.0\times10^{-2}(K_{a_2})$ | 1.99 |
| 亚硫酸 | $H_2SO_3(SO_2+H_2O)$ | $1.3\times10^{-2}(K_{a_1})$ | 1.90 |
| | | $6.3\times10^{-8}(K_{a_2})$ | 7.20 |
| 偏硅酸 | $H_2SiO_3$ | $1.7\times10^{-10}(K_{a_1})$ | 9.77 |
| 甲酸 | $HCOOH$ | $1.8\times10^{-4}$ | 3.74 |
| 乙酸 | $CH_3COOH$ | $1.8\times10^{-5}$ | 4.74 |
| 一氯乙酸 | $CH_2ClCOOH$ | $1.4\times10^{-3}$ | 2.86 |

续表

| 名　　称 | 化　学　式 | $K_a$ | $pK_a$ |
|---|---|---|---|
| 二氯乙酸 | $CHCl_2COOH$ | $5.0\times10^{-2}$ | 1.30 |
| 三氯乙酸 | $CCl_3COOH$ | 0.23 | 0.64 |
| 氨基乙酸盐 | $^+NH_3CH_2COOH$ | $4.5\times10^{-3}(K_{a_1})$ | 2.35 |
|  | $^+NH_3CH_2COO^-$ | $2.5\times10^{-10}(K_{a_2})$ | 9.60 |
| 抗坏血酸 | (结构式) | $5.0\times10^{-5}(K_{a_1})$ | 4.30 |
|  |  | $1.5\times10^{-10}(K_{a_2})$ | 9.82 |
| 乳酸 | $CH_3CHOHCOOH$ | $1.4\times10^{-4}$ | 3.86 |
| 苯甲酸 | $C_6H_5COOH$ | $6.2\times10^{-5}$ | 4.21 |
| 草酸 | $H_2C_2O_4$ | $5.9\times10^{-2}(K_{a_1})$ | 1.22 |
|  |  | $6.4\times10^{-5}(K_{a_2})$ | 4.19 |
| α-酒石酸 | $CH(OH)COOH$ | $9.1\times10^{-4}(K_{a_1})$ | 3.04 |
|  | $CH(OH)COOH$ | $4.3\times10^{-5}(K_{a_2})$ | 4.37 |
| 邻苯二甲酸 | (邻-C₆H₄(COOH)₂) | $1.1\times10^{-3}(K_{a_1})$ | 2.95 |
|  |  | $3.9\times10^{-6}(K_{a_2})$ | 5.41 |
| 柠檬酸 | $CH_2COOH$ | $7.4\times10^{-4}(K_{a_1})$ | 3.13 |
|  | $C(OH)COOH$ | $1.7\times10^{-5}(K_{a_2})$ | 4.76 |
|  | $CH_2COOH$ | $4.0\times10^{-7}(K_{a_3})$ | 6.40 |
| 苯酚 | $C_6H_5OH$ | $1.1\times10^{-10}$ | 9.95 |
| 乙二胺四乙酸 | $H_6\text{-}EDTA^{2+}$ | $0.1(K_{a_1})$ | 0.9 |
|  | $H_5\text{-}EDTA^+$ | $3\times10^{-2}(K_{a_2})$ | 1.6 |
|  | $H_4\text{-}EDTA$ | $1\times10^{-2}(K_{a_3})$ | 2.0 |
|  | $H_3\text{-}EDTA^-$ | $2.1\times10^{-3}(K_{a_4})$ | 2.67 |
|  | $H_2\text{-}EDTA^{2-}$ | $6.9\times10^{-7}(K_{a_5})$ | 6.16 |
|  | $H\text{-}EDTA^{3-}$ | $5.5\times10^{-11}(K_{a_6})$ | 10.26 |

2. 弱碱

| 名　　称 | 化　学　式 | $K_b$ | $pK_b$ |
|---|---|---|---|
| 氨水 | $NH_3$ | $1.8\times10^{-5}$ | 4.74 |
| 联氨 | $H_2NNH_2$ | $3.0\times10^{-6}(K_{b_1})$ | 5.52 |
|  |  | $7.6\times10^{-15}(K_{b_2})$ | 14.12 |
| 羟胺 | $NH_2OH$ | $9.1\times10^{-9}$ | 8.04 |
| 甲胺 | $CH_3NH_2$ | $4.2\times10^{-4}$ | 3.38 |
| 乙胺 | $C_2H_5NH_2$ | $5.6\times10^{-4}$ | 3.25 |
| 二甲胺 | $(CH_3)_2NH$ | $1.2\times10^{-4}$ | 3.93 |
| 二乙胺 | $(C_2H_5)_2NH$ | $1.3\times10^{-3}$ | 2.89 |
| 乙醇胺 | $HOCH_2CH_2NH_2$ | $3.2\times10^{-5}$ | 4.50 |
| 三乙醇胺 | $(HOCH_2CH_2)_3N$ | $5.8\times10^{-7}$ | 6.24 |
| 六亚甲基四胺 | $(CH_2)_6N_4$ | $1.4\times10^{-9}$ | 8.85 |
| 乙二胺 | $H_2NCH_2CH_2NH_2$ | $8.5\times10^{-5}(K_{b_1})$ | 4.07 |
|  |  | $7.1\times10^{-8}(K_{b_2})$ | 7.15 |
| 吡啶 | $C_5H_5N$ | $1.7\times10^{-9}$ | 8.77 |

## 附录2 常用的缓冲溶液

### 1. 几种常用缓冲溶液的配制

| pH | 配制方法 | pH | 配制方法 |
|---|---|---|---|
| 0 | 1mol/L HCl 或 HNO$_3$ | 8.0 | NH$_4$Cl 50g 溶于适量水中，加 15mol/L NH$_3$·H$_2$O 3.5mL，稀释至 500mL |
| 1 | 0.1mol/L HCl 或 HNO$_3$ | 8.5 | NH$_4$Cl 40g 溶于适量水中，加 15mol/L NH$_3$·H$_2$O 8.8mL，稀释至 500mL |
| 2 | 0.01mol/L HCl 或 HNO$_3$ | 9.0 | NH$_4$Cl 35g 溶于适量水中，加 15mol/L NH$_3$·H$_2$O 24mL，稀释至 500mL |
| 3.6 | NaAc·3H$_2$O 8g 溶于适量水中，加 6mol/L HAc 134mL，稀释至 500mL | 9.5 | NH$_4$Cl 30g 溶于适量水中，加 15mol/L NH$_3$·H$_2$O 65mL，稀释至 500mL |
| 4.0 | NaAc·3H$_2$O 20g 溶于适量水中，加 6mol/L HAc 134mL，稀释至 500mL | 10.0 | NH$_4$Cl 27g 溶于适量水中，加 15mol/L NH$_3$·H$_2$O 175mL，稀释至 500mL |
| 4.5 | NaAc·3H$_2$O 32g 溶于适量水中，加 6mol/L HAc 68mL，稀释至 500mL | 10.5 | NH$_4$Cl 9g 溶于适量水中，加 15mol/L NH$_3$·H$_2$O 197mL，稀释至 500mL |
| 5.0 | NaAc·3H$_2$O 50g 溶于适量水中，加 6mol/L HAc 34mL，稀释至 500mL | 11.0 | NH$_4$Cl 3g 溶于适量水中，加 15mol/L NH$_3$·H$_2$O 207mL，稀释至 500mL |
| 5.7 | NaAc·3H$_2$O 100g 溶于适量水中，加 6mol/L HAc 13mL，稀释至 500mL | 12.0 | 0.01mol/L NaOH 或 KOH |
| 7.0 | NH$_4$Ac 77g 用水溶解后，稀释至 500mL | 13.0 | 0.1 mol/L NaOH 或 KOH |
| 7.5 | NH$_4$Cl 60g 溶于适量水中，加 15mol/L NH$_3$·H$_2$O 1.4mL，稀释至 500mL | | |

### 2. 25℃时几种缓冲溶液的pH

| 25mL 0.2mol/L KCl + $x$ mL 0.2mol/L HCl，稀释至100mL | | 50mL 0.1mol/L 邻苯二甲酸氢钾 + $x$ mL 0.1mol/L HCl，稀释至100mL | | 50mL 0.1mol/L 邻苯二甲酸氢钾 + $x$ mL 0.1mol/L NaOH，稀释至100mL | | 50mL 0.1mol/L KH$_2$PO$_4$ + $x$ mL 0.1mol/L NaOH，稀释至100mL | |
|---|---|---|---|---|---|---|---|
| pH | $x$ | pH | $x$ | pH | $x$ | pH | $x$ |
| 1.00 | 67.0 | 2.20 | 49.5 | 4.20 | 3.0 | 5.80 | 3.6 |
| 1.20 | 42.5 | 2.40 | 42.2 | 4.40 | 6.6 | 6.00 | 5.6 |
| 1.40 | 26.6 | 2.60 | 35.4 | 4.60 | 11.1 | 6.20 | 8.1 |
| 1.60 | 16.2 | 2.80 | 28.9 | 4.80 | 16.5 | 6.40 | 11.6 |
| 1.80 | 10.2 | 3.00 | 22.3 | 5.00 | 22.6 | 6.60 | 16.4 |
| 2.00 | 6.5 | 3.20 | 15.7 | 5.20 | 28.8 | 6.80 | 22.4 |
| | | 3.40 | 10.4 | 5.40 | 34.1 | 7.00 | 29.1 |
| | | 3.60 | 6.3 | 5.60 | 38.8 | 7.20 | 34.7 |
| | | 3.80 | 2.9 | 5.80 | 42.3 | 7.40 | 39.1 |
| | | 4.00 | 0.1 | | | 7.60 | 42.8 |
| | | | | | | 7.80 | 45.3 |
| | | | | | | 8.00 | 46.7 |
| 8.00 | 20.5 | 9.20 | 0.9 | 11.00 | 4.1 | 12.00 | 6.0 |
| 8.20 | 18.8 | 9.40 | 6.2 | 11.20 | 6.3 | 12.20 | 10.20 |
| 8.40 | 16.6 | 9.60 | 11.1 | 11.40 | 9.1 | 12.40 | 16.20 |
| 8.60 | 13.5 | 9.80 | 15.0 | 11.60 | 13.5 | 12.60 | 25.6 |
| 8.80 | 9.4 | 10.00 | 18.3 | 11.80 | 19.4 | 12.80 | 41.2 |
| 9.00 | 4.6 | 10.20 | 20.5 | 12.00 | 26.9 | 13.00 | 66.0 |
| | | 10.40 | 22.1 | | | | |
| | | 10.60 | 23.3 | | | | |
| | | 10.80 | 24.25 | | | | |

### 附录3　常用酸碱溶液的密度和浓度

| 试剂名称 | 密度/(kg/L) | 浓度 /(g/100g) | 浓度 /(mol/L) | 试剂名称 | 密度/(kg/L) | 浓度 /(g/100g) | 浓度 /(mol/L) |
|---|---|---|---|---|---|---|---|
| 盐酸 | 1.18～1.19 | 36～38 | 11.6～12.4 | 冰醋酸 | 1.05 | 99～99.8 | 17.4 |
| 硝酸 | 1.39～1.40 | 65～68 | 14.4～15.2 | 氢氟酸 | 1.13 | 40.0 | 22.5 |
| 硫酸 | 1.83～1.84 | 95～98 | 17.8～18.4 | 氢溴酸 | 1.49 | 47.0 | 8.6 |
| 磷酸 | 1.69 | 85.0 | 14.6 | 氨水 | 0.88～0.90 | 28～35 | 14.8～18 |
| 高氯酸 | 1.68 | 70～72 | 11.7～12.0 | | | | |

### 附录4　常用标准溶液的保存期限

| 标准溶液 | 保存期限/月 | 标准溶液 | 保存期限/月 |
|---|---|---|---|
| 各种浓度的酸标准溶液 | 3 | 0.1mol/L $Na_2S_2O_3$ | 3 |
| 各种浓度的氢氧化钠溶液 | 2 | 0.05mol/L $Na_2S_2O_3$ | 2 |
| 0.1mol/L $AgNO_3$ | 3 | 0.1mol/L $FeSO_4$ | 3 |
| 0.1mol/L $NH_4SCN$ | 3 | 0.05mol/L $FeSO_4$ | 3 |
| 0.02mol/L $KMnO_4$ | 2 | 0.05mol/L $Na_3AsO_3$ | 1 |
| 0.02mol/L $KBrO_3$ | 3 | 0.05mol/L $NaNO_2$ | 0.5 |
| 0.05mol/L $I_2$ | 1 | 各种浓度的EDTA溶液 | 3 |

### 附录5　金属离子与氨羧配位剂配合物的形成常数（18～25℃，$I=0.1$）

| 金属离子 | 形成常数的对数（$\lg K$） EDTA | DCTA | DTPA | EGTA | HEDTA |
|---|---|---|---|---|---|
| $Ag^+$ | 7.32 | | | 6.88 | 6.71 |
| $Al^{3+}$ | 16.3 | 19.5 | 18.6 | 13.9 | 14.3 |
| $Ba^{2+}$ | 7.86 | 8.69 | 8.87 | 8.41 | 6.3 |
| $Bi^{3+}$ | 27.94 | 32.3 | 35.6 | | 22.3 |
| $Ca^{2+}$ | 10.69 | 13.20 | 10.83 | 10.97 | 8.3 |
| $Cd^{2+}$ | 16.46 | 19.93 | 19.2 | 16.7 | 13.3 |
| $Co^{2+}$ | 16.31 | 19.62 | | | 14.6 |
| $Co^{3+}$ | 36.0 | | | | 37.4 |
| $Cr^{3+}$ | 23.4 | | | | |
| $Cu^{2+}$ | 18.8 | 22.0 | 21.55 | 17.71 | 17.6 |
| $Fe^{2+}$ | 14.32 | 19.0 | 16.5 | 11.87 | 12.3 |
| $Fe^{3+}$ | 25.1 | 30.1 | 28.0 | 20.5 | 19.8 |
| $Ga^{3+}$ | 20.3 | 23.2 | 25.54 | | 16.9 |
| $Hg^{2+}$ | 21.7 | 25.0 | 26.70 | 23.2 | 20.3 |
| $In^{3+}$ | 25.0 | 28.8 | 29.0 | | 20.2 |
| $Li^+$ | 2.79 | | | | |
| $Mg^{2+}$ | 8.7 | 11.02 | 9.30 | 5.21 | 7.0 |
| $Mn^{2+}$ | 13.87 | 17.48 | 15.60 | 12.28 | 10.9 |
| $Ni^{2+}$ | 18.62 | 20.3 | 20.32 | 13.55 | 17.3 |
| $Pb^{2+}$ | 18.04 | 20.38 | 18.80 | 14.71 | 15.7 |
| $Sn^{2+}$ | 22.11 | | | | |
| $Sr^{2+}$ | 8.73 | 10.59 | 9.77 | 8.50 | 6.9 |
| $Th^{4+}$ | 23.2 | 25.6 | 28.78 | | |
| $Ti^{3+}$ | 21.3 | | | | |
| $TiO^{2+}$ | 17.3 | | | | |
| $Zn^{2+}$ | 16.50 | 19.37 | 18.40 | 12.7 | 14.7 |

注：DCTA为1,2-二氨基环己烷四乙酸；DTPA为二乙基三氨基五乙酸；EGTA为乙二醇二乙醚二胺四乙酸；HEDTA为$N-\beta$羟基乙基乙二胺三乙酸。

## 附录 6  氧化还原电对的标准电极电位及条件电极电位

| 半反应 | $\varphi^{\ominus}$/V | $\varphi^{\ominus'}$/V(介质) |
|---|---|---|
| $Li^+ + e^- \rightleftharpoons Li$ | −3.042 | |
| $K^+ + e^- \rightleftharpoons K$ | −2.925 | |
| $Ba^{2+} + 2e^- \rightleftharpoons Ba$ | −2.90 | |
| $Sr^{2+} + 2e^- \rightleftharpoons Sr$ | −2.89 | |
| $Ca^{2+} + 2e^- \rightleftharpoons Ca$ | −2.87 | |
| $Na^+ + e^- \rightleftharpoons Na$ | −2.714 | |
| $Mg^{2+} + 2e^- \rightleftharpoons Mg$ | −2.37 | |
| $H_2AlO_3^- + H_2O + 3e^- \rightleftharpoons Al + 4OH^-$ | −2.35 | |
| $Al^{3+} + 3e^- \rightleftharpoons Al$ | −1.66 | |
| $ZnO_2^{2-} + 2H_2O + 2e^- \rightleftharpoons Zn + 4OH^-$ | −1.216 | |
| $Mn^{2+} + 2e^- \rightleftharpoons Mn$ | −1.182 | |
| $[Sn(OH)_6]^{2-} + 2e^- \rightleftharpoons HSnO_2^- + H_2O + 3OH^-$ | −0.93 | |
| $Se + 2e^- \rightleftharpoons Se^{2-}$ | −0.92 | |
| $2H_2O + 2e^- \rightleftharpoons H_2\uparrow + 2OH^-$ | −0.828 | |
| $Zn^{2+} + 2e^- \rightleftharpoons Zn$ | −0.763 | |
| $AsO_4^{3-} + 3H_2O + 2e^- \rightleftharpoons H_2AsO_3^- + 4OH^-$ | −0.67 | −0.21[$c(HClO_4)=1mol/L$] |
| $SO_3^{2-} + 3H_2O + 4e^- \rightleftharpoons S + 6OH^-$ | −0.66 | |
| $2SO_3^{2-} + 3H_2O + 4e^- \rightleftharpoons S_2O_3^{2-} + 6OH^-$ | −0.58 | |
| $Fe^{2+} + 2e^- \rightleftharpoons Fe$ | −0.440 | −0.40[$c(HCl)=5mol/L$] |
| $Cr^{3+} + e^- \rightleftharpoons Cr^{2+}$ | −0.41 | −0.40[$c(HCl)=5mol/L$] |
| $Cd^{2+} + 2e^- \rightleftharpoons Cd$ | −0.403 | |
| $Se + 2H^+ + 2e^- \rightleftharpoons H_2Se$ | −0.40 | |
| $As + 3H^+ + 3e^- \rightleftharpoons AsH_3$ | −0.38 | |
| $In^{3+} + 3e^- \rightleftharpoons In$ | −0.345 | −0.47[$c(Na_2CO_3)=1mol/L$] |
| $Co^{2+} + 2e^- \rightleftharpoons Co$ | −0.277 | |
| $V^{3+} + e^- \rightleftharpoons V^{2+}$ | −0.255 | −0.21[$c(HClO_4)=1mol/L$] |
| $Ni^{2+} + 2e^- \rightleftharpoons Ni$ | −0.246 | |
| $Sn^{2+} + 2e^- \rightleftharpoons Sn$ | −0.136 | −0.16[$c(HClO_4)=1mol/L$] |
| | | −0.20[$c(HCl)=1mol/L$] |
| $Pb^{2+} + 2e^- \rightleftharpoons Pb$ | −0.126 | −0.14[$c(HClO_4)=1mol/L$] |
| | | −0.29[$c(H_2SO_4)=1mol/L$] |
| $2H^+ + 2e^- \rightleftharpoons H_2$ | 0.000 | −0.005[$c(HCl,HClO_4)=1mol/L$] |
| $S_4O_6^{2-} + 2e^- \rightleftharpoons 2S_2O_3^{2-}$ | 0.08 | |
| $TiO^{2+} + 2H^+ + e^- \rightleftharpoons Ti^{3+} + H_2O$ | 0.1 | 0.04[$c(H_2SO_4)=1mol/L$] |
| $S + 2H^+ + 2e^- \rightleftharpoons H_2S$(气) | 0.141 | |
| $Sn^{4+} + 2e^- \rightleftharpoons Sn^{2+}$ | 0.154 | 0.14[$c(HCl)=1mol/L$] |
| $Cu^{2+} + e^- \rightleftharpoons Cu^+$ | 0.159 | |
| $SO_4^{2-} + 4H^+ + 2e^- \rightleftharpoons H_2SO_3 + H_2O$ | 0.17 | |
| $AgCl + e^- \rightleftharpoons Ag + Cl^-$ | 0.2223 | 0.228[$c(KCl)=1mol/L$] |
| $Hg_2Cl_2 + 2e^- \rightleftharpoons 2Hg + 2Cl^-$ | 0.2676 | 0.242(饱和 KCl) |
| | | 0.282[$c(KCl)=1mol/L$] |
| | | 0.334[$c(KCl)=0.1mol/L$] |
| $BiO^+ + 2H^+ + 3e^- \rightleftharpoons Bi + H_2O$ | 0.32 | |
| $VO^{2+} + 2H^+ + e^- \rightleftharpoons V^{3+} + H_2O$ | 0.337 | |
| $Cu^{2+} + 2e^- \rightleftharpoons Cu$ | 0.337 | |
| $O_2 + 2H_2O + 4e^- \rightleftharpoons 4OH^-$ | 0.401 | 0.42[$c(H_2SO_4)=0.5mol/L$] |
| $H_2SO_3 + 4H^+ + 4e^- \rightleftharpoons S + 3H_2O$ | 0.45 | |
| $[HgCl_4]^{2-} + 2e^- \rightleftharpoons Hg + 4Cl^-$ | 0.48 | |
| $Cu^+ + e^- \rightleftharpoons Cu$ | 0.52 | |

续表

| 半反应 | $\varphi^{\ominus}$/V | $\varphi^{\ominus\prime}$/V(介质) |
|---|---|---|
| $I_2 + 2e^- \rightleftharpoons 2I^-$ | 0.5345 | |
| $I_3^- + 2e^- \rightleftharpoons 3I^-$ | 0.545 | |
| $H_3AsO_4 + 2H^+ + 2e^- \rightleftharpoons H_3AsO_3 + H_2O$ | 0.559 | $0.557[c(HCl, HClO_4) = 1mol/L]$ |
| $MnO_4^- + e^- \rightleftharpoons MnO_4^{2-}$ | 0.564 | |
| $MnO_4^- + 2H_2O + 3e^- \rightleftharpoons MnO_2 + 4OH^-$ | 0.588 | |
| $2HgCl_2 + 2e^- \rightleftharpoons Hg_2Cl_2 + 2Cl^-$ | 0.63 | |
| $O_2 + 2H^+ + 2e^- \rightleftharpoons H_2O_2$ | 0.682 | |
| $BrO^- + H_2O + 2e^- \rightleftharpoons Br^- + 2OH^-$ | 0.76 | |
| $Fe^{3+} + e^- \rightleftharpoons Fe^{2+}$ | 0.771 | $0.68[c(H_2SO_4) = 1mol/L]$ |
| | | $0.700[c(HCl) = 1mol/L]$ |
| | | $0.732[c(HClO_4) = 1mol/L]$ |
| $Hg_2^{2+} + 2e^- \rightleftharpoons 2Hg$ | 0.793 | $0.274[c(HCl) = 1mol/L]$ |
| | | $0.674[c(H_2SO_4) = 1mol/L]$ |
| | | $0.776[c(HClO_4) = 1mol/L]$ |
| $Ag^+ + e^- \rightleftharpoons Ag$ | 0.7995 | $0.228[c(HCl) = 1mol/L]$ |
| | | $0.77[c(H_2SO_4) = 1mol/L]$ |
| | | $0.792[c(HClO_4) = 1mol/L]$ |
| $Hg^{2+} + 2e^- \rightleftharpoons Hg$ | 0.854 | |
| $Cu^{2+} + I^- + e^- \rightleftharpoons CuI\downarrow$ | 0.86 | |
| $ClO^- + H_2O + 2e^- \rightleftharpoons Cl^- + 2OH^-$ | 0.89 | |
| $2Hg^{2+} + 2e^- \rightleftharpoons Hg_2^{2+}$ | 0.920 | $0.907[c(HClO_4) = 1mol/L]$ |
| $NO_3^- + 3H^+ + 2e^- \rightleftharpoons HNO_2 + H_2O$ | 0.94 | $0.92[c(HNO_3) = 1mol/L]$ |
| $V(OH)_4^+ + 2H^+ + e^- \rightleftharpoons VO^{2+} + 3H_2O$ | 1.00 | $1.02[c(HCl, HClO_4) = 1mol/L]$ |
| $HNO_2 + H^+ + e^- \rightleftharpoons NO + H_2O$ | 1.00 | |
| $NO_2 + H^+ + e^- \rightleftharpoons HNO_2$ | 1.07 | |
| $Br_2 + 2e^- \rightleftharpoons 2Br^-$ | 1.087 | $1.05[c(HCl) = 4mol/L]$ |
| $2IO_3^- + 12H^+ + 10e^- \rightleftharpoons I_2 + 6H_2O$ | 1.195 | |
| $MnO_2 + 4H^+ + 2e^- \rightleftharpoons Mn^{2+} + 2H_2O$ | 1.23 | $1.24[c(HClO_4) = 1mol/L]$ |
| $O_2 + 4H^+ + 4e^- \rightleftharpoons 2H_2O$ | | |
| $Tl^{3+} + 2e^- \rightleftharpoons Tl^+$ | | $0.77[c(HCl) = 1mol/L]$ |
| $Cr_2O_7^{2-} + 14H^+ + 6e^- \rightleftharpoons 2Cr^{3+} + 7H_2O$ | | $1.00[c(HCl) = 1mol/L]$ |
| | | $1.025[c(HClO_4) = 1mol/L]$ |
| | | $1.15[c(H_2SO_4) = 4mol/L]$ |
| $Cl_2 + 2e^- \rightleftharpoons 2Cl^-$ | | |
| $BrO_3^- + 6H^+ + 6e^- \rightleftharpoons Br^- + 3H_2O$ | 1.44 | |
| $ClO_3^- + 6H^+ + 6e^- \rightleftharpoons Cl^- + 3H_2O$ | 1.45 | |
| $PbO_2 + 4H^+ + 2e^- \rightleftharpoons Pb^{2+} + 2H_2O$ | 1.455 | |
| $HClO + H^+ + 2e^- \rightleftharpoons Cl^- + H_2O$ | 1.49 | |
| $MnO_4^- + 8H^+ + 5e^- \rightleftharpoons Mn^{2+} + 4H_2O$ | 1.51 | $1.45[c(HClO_4) = 1mol/L]$ |
| | | $1.27[c(H_3PO_4) = 8mol/L]$ |
| $2BrO_3^- + 12H^+ + 10e^- \rightleftharpoons Br_2 + 6H_2O$ | 1.5 | |
| $2HBrO + 2H^+ + 2e^- \rightleftharpoons Br_2 + 2H_2O$ | 1.59 | |
| $Ce^{4+} + e^- \rightleftharpoons Ce^{3+}$ | 1.61 | $1.61[c(HNO_3) = 1mol/L]$ |
| | | $1.70[c(HClO_4) = 1mol/L]$ |
| | | $1.44[c(H_2SO_4) = 4mol/L]$ |
| | | $1.28[c(HCl) = 1mol/L]$ |
| $2HClO + 2H^+ + 2e^- \rightleftharpoons Cl_2 + 2H_2O$ | 1.63 | |
| $MnO_4^- + 4H^+ + 3e^- \rightleftharpoons MnO_2 + 2H_2O$ | 1.679 | |
| $H_2O_2 + 2H^+ + 2e^- \rightleftharpoons 2H_2O$ | 1.77 | |
| $Co^{3+} + e^- \rightleftharpoons Co^{2+}$ | 1.84 | $1.85[c(HNO_3) = 4mol/L]$ |
| $S_2O_8^{2-} + 2e^- \rightleftharpoons 2SO_4^{2-}$ | 2.01 | |
| $O_3 + 2H^+ + 2e^- \rightleftharpoons O_2 + H_2O$ | 2.07 | |
| $F_2 + 2e^- \rightleftharpoons 2F^-$ | 2.87 | |

## 附录7 难溶化合物的溶度积（18～25℃，$I=0$）

| 微溶化合物 | $K_{sp}$ | $pK_{sp}$ | 微溶化合物 | $K_{sp}$ | $pK_{sp}$ |
|---|---|---|---|---|---|
| $Ag_3AsO_4$ | $1\times10^{-22}$ | 22.0 | $BiOOH$③ | $4\times10^{-10}$ | 9.4 |
| $AgBr$ | $5.0\times10^{-13}$ | 12.30 | $BiI_3$ | $8.1\times10^{-19}$ | 18.09 |
| $Ag_2CO_3$ | $8.1\times10^{-12}$ | 11.09 | $BiOCl$ | $1.8\times10^{-31}$ | 30.75 |
| $AgCl$ | $1.8\times10^{-10}$ | 9.75 | $BiPO_4$ | $1.3\times10^{-23}$ | 22.89 |
| $Ag_2CrO_4$ | $2.0\times10^{-12}$ | 11.71 | $Bi_2S_3$ | $1\times10^{-97}$ | 97.0 |
| $AgCN$ | $1.2\times10^{-16}$ | 15.92 | $CaCO_3$ | $2.9\times10^{-9}$ | 8.54 |
| $AgOH$ | $2.0\times10^{-8}$ | 7.71 | $CaF_2$ | $2.7\times10^{-11}$ | 10.57 |
| $AgI$ | $9.3\times10^{-17}$ | 16.03 | $CaC_2O_4\cdot H_2O$ | $2.0\times10^{-9}$ | 8.70 |
| $Ag_2C_2O_4$ | $3.5\times10^{-11}$ | 10.46 | $Ca_3(PO_4)_2$ | $2.0\times10^{-29}$ | 28.70 |
| $Ag_3PO_4$ | $1.4\times10^{-16}$ | 15.84 | $CaSO_4$ | $9.1\times10^{-6}$ | 5.04 |
| $Ag_2SO_4$ | $1.4\times10^{-5}$ | 4.84 | $CaWO_4$ | $8.7\times10^{-9}$ | 8.06 |
| $Ag_2S$ | $2\times10^{-49}$ | 48.7 | $CdCO_3$ | $5.2\times10^{-12}$ | 11.28 |
| $AgSCN$ | $1.0\times10^{-12}$ | 12.00 | $Cd_2[Fe(CN)_6]$ | $3.2\times10^{-17}$ | 16.49 |
| $Al(OH)_3$ 无定形 | $1.3\times10^{-33}$ | 32.9 | $Cd(OH)_2$ 新析出 | $2.5\times10^{-14}$ | 13.60 |
| $As_2S_3$① | $2.1\times10^{-22}$ | 21.68 | $CdC_2O_4\cdot 3H_2O$ | $9.1\times10^{-8}$ | 7.04 |
| $BaCO_3$ | $5.1\times10^{-9}$ | 8.29 | $CdS$ | $8\times10^{-27}$ | 26.1 |
| $BaCrO_4$ | $1.2\times10^{-10}$ | 9.93 | $CoCO_3$ | $1.4\times10^{-13}$ | 12.84 |
| $BaF_2$ | $1\times10^{-6}$ | 6.0 | $Co_2[Fe(CN)_6]$ | $1.8\times10^{-15}$ | 14.74 |
| $BaC_2O_4\cdot H_2O$ | $2.3\times10^{-8}$ | 7.64 | $Co(OH)_2$ 新析出 | $2\times10^{-15}$ | 14.7 |
| $BaSO_4$ | $1.1\times10^{-10}$ | 9.96 | $Co(OH)_3$ | $2\times10^{-44}$ | 43.7 |
| $Bi(OH)_3$ | $4\times10^{-31}$ | 30.4 | $Co[Hg(SCN)_4]$ | $1.5\times10^{-6}$ | 5.82 |
| $\alpha\text{-}CoS$ | $4\times10^{-21}$ | 20.4 | $NiCO_3$ | $6.6\times10^{-9}$ | 8.18 |
| $\beta\text{-}CoS$ | $2\times10^{-25}$ | 24.7 | $Ni(OH)_2$ 新析出 | $2\times10^{-15}$ | 14.7 |
| $Co_3(PO_4)_2$ | $2\times10^{-35}$ | 34.7 | $Ni_3(PO_4)_2$ | $5\times10^{-31}$ | 30.3 |
| $Cr(OH)_3$ | $6\times10^{-31}$ | 30.2 | $\alpha\text{-}NiS$ | $3\times10^{-19}$ | 18.5 |
| $CuBr$ | $5.2\times10^{-9}$ | 8.28 | $\beta\text{-}NiS$ | $1\times10^{-24}$ | 24.0 |
| $CuCl$ | $1.2\times10^{-6}$ | 5.92 | $\gamma\text{-}NiS$ | $2\times10^{-26}$ | 25.7 |
| $CuCN$ | $3.2\times10^{-20}$ | 19.49 | $PbCO_3$ | $7.4\times10^{-14}$ | 13.13 |
| $CuI$ | $1.1\times10^{-12}$ | 11.96 | $PbCl_2$ | $1.6\times10^{-5}$ | 4.79 |
| $CuOH$ | $1\times10^{-14}$ | 14.0 | $PbClF$ | $2.4\times10^{-9}$ | 8.62 |
| $Cu_2S$ | $2\times10^{-48}$ | 47.7 | $PbCrO_4$ | $2.8\times10^{-13}$ | 12.55 |
| $CuSCN$ | $4.8\times10^{-15}$ | 14.32 | $PbF_2$ | $2.7\times10^{-8}$ | 7.57 |
| $CuCO_3$ | $1.4\times10^{-10}$ | 9.86 | $Pb(OH)_2$ | $1.2\times10^{-15}$ | 14.93 |
| $Cu(OH)_2$ | $2.2\times10^{-20}$ | 19.66 | $PbI_2$ | $7.1\times10^{-9}$ | 8.15 |
| $CuS$ | $6\times10^{-36}$ | 35.2 | $PbMoO_4$ | $1\times10^{-13}$ | 13.0 |
| $FeCO_3$ | $3.2\times10^{-11}$ | 10.50 | $Pb_3(PO_4)_2$ | $8.0\times10^{-43}$ | 42.10 |
| $Fe(OH)_2$ | $8\times10^{-16}$ | 15.1 | $PbSO_4$ | $1.6\times10^{-8}$ | 7.79 |
| $FeS$ | $6\times10^{-18}$ | 17.2 | $PbS$ | $8\times10^{-28}$ | 27.9 |
| $Fe(OH)_3$ | $4\times10^{-38}$ | 37.4 | $Pb(OH)_4$ | $3\times10^{-66}$ | 65.5 |
| $FePO_4$ | $1.3\times10^{-22}$ | 21.89 | $Sb(OH)_3$ | $4\times10^{-42}$ | 41.4 |
| $Hg_2Br_2$② | $5.8\times10^{-23}$ | 22.24 | $Sb_2S_3$ | $2\times10^{-93}$ | 92.8 |
| $Hg_2CO_3$ | $8.9\times10^{-17}$ | 16.05 | $Sn(OH)_2$ | $1.4\times10^{-28}$ | 27.85 |
| $Hg_2Cl_2$ | $1.3\times10^{-18}$ | 17.88 | $SnS$ | $1\times10^{-25}$ | 25.0 |
| $Hg_2(OH)_2$ | $2\times10^{-24}$ | 23.7 | $Sn(OH)_4$ | $1\times10^{-56}$ | 56.0 |
| $Hg_2I_2$ | $4.5\times10^{-29}$ | 28.35 | $SnS_2$ | $2\times10^{-27}$ | 26.7 |
| $Hg_2SO_4$ | $7.4\times10^{-7}$ | 6.13 | $SrCO_3$ | $1.1\times10^{-10}$ | 9.96 |
| $Hg_2S$ | $1\times10^{-47}$ | 47.0 | $SrCrO_4$ | $2.2\times10^{-5}$ | 4.65 |
| $Hg(OH)_2$ | $3.0\times10^{-26}$ | 25.52 | $SrF_2$ | $2.4\times10^{-9}$ | 8.61 |
| $HgS$ 红色 | $4\times10^{-53}$ | 52.4 | $SrC_2O_4\cdot H_2O$ | $1.6\times10^{-7}$ | 6.80 |
| 黑色 | $2\times10^{-52}$ | 51.7 | $Sr_3(PO_4)_2$ | $4.1\times10^{-28}$ | 27.39 |
| $MgNH_4PO_4$ | $2\times10^{-13}$ | 12.7 | $SrSO_4$ | $3.2\times10^{-7}$ | 6.49 |
| $MgCO_3$ | $3.5\times10^{-8}$ | 7.46 | $Ti(OH)_3$ | $1\times10^{-40}$ | 40.0 |
| $MgF_2$ | $6.4\times10^{-9}$ | 8.19 | $TiO(OH)_2$④ | $1\times10^{-29}$ | 29.0 |
| $Mg(OH)_2$ | $1.8\times10^{-11}$ | 10.74 | $ZnCO_3$ | $1.4\times10^{-11}$ | 10.84 |
| $MnCO_3$ | $1.8\times10^{-11}$ | 10.74 | $Zn_2[Fe(CN)_6]$ | $4.1\times10^{-16}$ | 15.39 |
| $Mn(OH)_2$ | $1.9\times10^{-13}$ | 12.72 | $Zn(OH)_2$ | $1.2\times10^{-17}$ | 16.92 |
| $MnS$ 无定形 | $2\times10^{-10}$ | 9.7 | $Zn_3(PO_4)_2$ | $9.1\times10^{-33}$ | 32.04 |
| $MnS$ 晶体 | $2\times10^{-13}$ | 12.7 | $ZnS$ | $2\times10^{-22}$ | 21.7 |

① 为下列平衡的平衡常数 $As_2S_3+4H_2O \rightleftharpoons 2HAsO_2+3H_2S$。
② $(Hg_2)_m X_n$ 的 $K_{sp}=[Hg_2^{2+}]^m[X^{-2m/n}]^n$。
③ $BiOOH$ 的 $K_{sp}=[BiO^+][OH^-]$。
④ $TiO(OH)_2$ 的 $K_{sp}=[TiO^{2+}][OH]^2$。

## 附录8 常见化合物的摩尔质量 $M$(g/mol)

| 化合物 | 摩尔质量 | 化合物 | 摩尔质量 | 化合物 | 摩尔质量 |
|---|---|---|---|---|---|
| $Ag_3AsO_4$ | 462.52 | CdS | 144.47 | $FeSO_4 \cdot (NH_4)_2SO_4 \cdot 6H_2O$ | 392.13 |
| AgBr | 187.77 | $Ce(SO_4)_2$ | 332.24 | $H_3AsO_3$ | 125.94 |
| AgCl | 143.32 | $Ce(SO_4)_2 \cdot 4H_2O$ | 404.30 | $H_3AsO_4$ | 141.94 |
| AgCN | 133.89 | $CoCl_2$ | 129.84 | $H_3BO_3$ | 61.83 |
| AgSCN | 165.95 | $CoCl_2 \cdot 6H_2O$ | 237.93 | HBr | 80.91 |
| $Ag_2CrO_4$ | 331.73 | $Co(NO_3)_2$ | 182.94 | HCN | 27.03 |
| AgI | 234.77 | $Co(NO_3)_2 \cdot 6H_2O$ | 291.03 | HCOOH | 46.03 |
| $AgNO_3$ | 169.87 | CoS | 90.99 | $CH_3COOH$ | 60.05 |
| $AlCl_3$ | 133.34 | $CoSO_4$ | 154.99 | $H_2CO_3$ | 62.03 |
| $AlCl_3 \cdot 6H_2O$ | 241.43 | $CoSO_4 \cdot 7H_2O$ | 281.10 | $H_2C_2O_4$ | 90.04 |
| $Al(NO_3)_3$ | 213.00 | $CO(NH_2)_2$ | 60.06 | $H_2C_2O_4 \cdot 2H_2O$ | 126.07 |
| $Al(NO_3)_3 \cdot 9H_2O$ | 375.13 | $CrCl_3$ | 158.36 | HCl | 36.46 |
| $Al_2O_3$ | 101.96 | $CrCl_3 \cdot 6H_2O$ | 266.45 | HF | 20.01 |
| $Al(OH)_3$ | 78.00 | $Cr(NO_3)_3$ | 238.01 | HI | 127.91 |
| $Al_2(SO_4)_3$ | 342.14 | $Cr_2O_3$ | 151.99 | $HIO_3$ | 175.91 |
| $Al_2(SO_4)_3 \cdot 18H_2O$ | 666.41 | CuCl | 99.00 | $HNO_3$ | 63.01 |
| $As_2O_3$ | 197.84 | $CuCl_2$ | 134.45 | $HNO_2$ | 47.01 |
| $As_2O_5$ | 229.84 | $CuCl_2 \cdot 2H_2O$ | 170.48 | $H_2O$ | 18.015 |
| $As_2S_3$ | 246.02 | CuSCN | 121.62 | $H_2O_2$ | 34.02 |
|  |  | CuI | 190.45 | $H_3PO_4$ | 98.00 |
| $BaCO_3$ | 197.34 | $Cu(NO_3)_2$ | 187.56 | $H_2S$ | 34.08 |
| $BaC_2O_4$ | 225.35 | $Cu(NO_3)_2 \cdot 3H_2O$ | 241.60 | $H_2SO_3$ | 82.07 |
| $BaCl_2$ | 208.24 | CuO | 79.55 | $H_2SO_4$ | 98.07 |
| $BaCl_2 \cdot 2H_2O$ | 244.27 | $Cu_2O$ | 143.09 | $Hg(CN)_2$ | 252.63 |
| $BaCrO_4$ | 253.32 | CuS | 95.61 | $HgCl_2$ | 271.50 |
| BaO | 153.33 | $CuSO_4$ | 159.60 | $Hg_2Cl_2$ | 472.09 |
| $Ba(OH)_2$ | 171.34 | $CuSO_4 \cdot 5H_2O$ | 249.68 | $HgI_2$ | 454.40 |
| $BaSO_4$ | 233.39 |  |  | $Hg_2(NO_3)_2$ | 525.19 |
| $BiCl_3$ | 315.34 | $FeCl_2$ | 126.75 | $Hg_2(NO_3)_2 \cdot 2H_2O$ | 561.22 |
| BiOCl | 260.43 | $FeCl_2 \cdot 4H_2O$ | 198.81 | $Hg(NO_3)_2$ | 324.60 |
|  |  | $FeCl_3$ | 162.21 | HgO | 216.59 |
| $CO_2$ | 44.01 | $FeCl_3 \cdot 6H_2O$ | 270.30 | HgS | 232.65 |
| CaO | 56.08 | $FeNH_4(SO_4)_2 \cdot 12H_2O$ | 482.18 | $HgSO_4$ | 296.65 |
| $CaCO_3$ | 100.09 | $Fe(NO_3)_3$ | 241.86 | $Hg_2SO_4$ | 497.24 |
| $CaC_2O_4$ | 128.10 | $Fe(NO_3)_3 \cdot 9H_2O$ | 404.00 |  |  |
| $CaCl_2$ | 110.99 | FeO | 71.85 | $KAl(SO_4)_2 \cdot 12H_2O$ | 474.38 |
| $CaCl_2 \cdot 6H_2O$ | 219.08 | $Fe_2O_3$ | 159.69 | KBr | 119.00 |
| $Ca(NO_3)_2 \cdot 4H_2O$ | 236.15 | $Fe_3O_4$ | 231.54 | $KBrO_3$ | 167.00 |
| $Ca(OH)_2$ | 74.10 | $Fe(OH)_3$ | 106.87 | KCl | 74.55 |
| $Ca_3(PO_4)_2$ | 310.18 | FeS | 87.91 | $KClO_3$ | 122.55 |
| $CaSO_4$ | 136.14 | $Fe_2S_3$ | 207.87 | $KClO_4$ | 138.55 |
| $CdCO_3$ | 172.42 | $FeSO_4$ | 151.91 | KCN | 65.12 |
| $CdCl_2$ | 183.32 | $FeSO_4 \cdot 7H_2O$ | 278.01 | KSCN | 97.18 |

续表

| 化合物 | 摩尔质量 | 化合物 | 摩尔质量 | 化合物 | 摩尔质量 |
|---|---|---|---|---|---|
| $K_2CO_3$ | 138.21 | $CH_3COONH_4$ | 77.08 | NiS | 90.76 |
| $K_2CrO_4$ | 194.19 | $NH_4Cl$ | 53.49 | $NiSO_4 \cdot 7H_2O$ | 280.86 |
| $K_2Cr_2O_7$ | 294.18 | $(NH_4)_2CO_3$ | 96.09 | $P_2O_5$ | 141.95 |
| $K_3[Fe(CN)_6]$ | 329.25 | $(NH_4)_2C_2O_4$ | 124.10 | $PbCO_3$ | 267.21 |
| $K_4[Fe(CN)_6]$ | 368.35 | $(NH_4)_2C_2O_4 \cdot H_2O$ | 142.11 | $PbC_2O_4$ | 295.22 |
| $KFe(SO_4)_2 \cdot 12H_2O$ | 503.24 | $NH_4SCN$ | 76.12 | $PbCl_2$ | 278.11 |
| $KHC_2O_4 \cdot H_2O$ | 146.14 | $NH_4HCO_3$ | 79.06 | $PbCrO_4$ | 323.19 |
| $KHC_2O_4 \cdot H_2C_2O_4 \cdot 2H_2O$ | 254.19 | $(NH_4)_2MoO_4$ | 196.01 | $Pb(CH_3COO)_2$ | 325.29 |
| $KHC_4H_4O_6$ | 188.18 | $NH_4NO_3$ | 80.04 | $Pb(CH_3COO)_2 \cdot 3H_2O$ | 379.34 |
| $KHSO_4$ | 136.16 | $(NH_4)_2HPO$ | 132.06 | $PbI_2$ | 461.01 |
| KI | 166.00 | $(NH_4)_2S$ | 68.14 | $Pb(NO_3)_2$ | 331.21 |
| $KIO_3$ | 214.00 | $(NH_4)_2SO_4$ | 132.13 | PbO | 223.20 |
| $KIO_3 \cdot HIO_3$ | 389.91 | $NH_4VO_3$ | 116.98 | $PbO_2$ | 239.20 |
| $KMnO_4$ | 158.03 | $Na_3AsO_3$ | 191.89 | $Pb_3(PO_4)_2$ | 811.45 |
| $KNaC_4H_4O_6 \cdot 4H_2O$ | 282.22 | $Na_2B_4O_7$ | 201.22 | PbS | 239.26 |
| $KNO_3$ | 101.10 | $Na_2B_4O_7 \cdot 10H_2O$ | 381.37 | $PbSO_4$ | 303.26 |
| $KNO_2$ | 85.10 | $NaBiO_3$ | 279.97 | $SO_3$ | 80.06 |
| $K_2O$ | 94.20 | NaCN | 49.01 | $SO_2$ | 64.06 |
| KOH | 56.11 | NaSCN | 81.07 | $SbCl_3$ | 228.11 |
| $K_2SO_4$ | 174.25 | $Na_2CO_3$ | 105.99 | $SbCl_5$ | 299.02 |
| $MgCO_3$ | 84.31 | $Na_2CO_3 \cdot 10H_2O$ | 286.14 | $Sb_2O_3$ | 291.50 |
| $MgCl_2$ | 95.21 | $Na_2C_2O_4$ | 134.00 | $Sb_2S_3$ | 339.68 |
| $MgCl_2 \cdot 6H_2O$ | 203.30 | $CH_3COONa$ | 82.03 | $SiF_4$ | 104.08 |
| $MgC_2O_4$ | 112.33 | $CH_3COONa \cdot 3H_2O$ | 136.08 | $SiO_2$ | 60.08 |
| $Mg(NO_3)_2 \cdot 6H_2O$ | 256.41 | NaCl | 58.44 | $SnCl_2$ | 189.60 |
| $MgNH_4PO_4$ | 137.32 | NaClO | 74.44 | $SnCl_2 \cdot 2H_2O$ | 225.63 |
| MgO | 40.30 | $NaHCO_3$ | 84.01 | $SnCl_4$ | 260.50 |
| $Mg(OH)_2$ | 58.32 | $Na_2HPO_4 \cdot 12H_2O$ | 358.14 | $SnCl_4 \cdot 5H_2O$ | 350.58 |
| $Mg_2P_2O_7$ | 222.55 | $Na_2H_2Y \cdot 2H_2O$ | 372.24 | $SnO_2$ | 150.69 |
| $MgSO_4 \cdot 7H_2O$ | 246.47 | $NaNO_2$ | 69.00 | $SnS_2$ | 150.75 |
| $MnCO_3$ | 114.95 | $NaNO_3$ | 85.00 | $SrCO_3$ | 147.63 |
| $MnCl_2 \cdot 4H_2O$ | 197.91 | $Na_2O$ | 61.98 | $SrC_2O_4$ | 175.64 |
| $Mn(NO_3)_2 \cdot 6H_2O$ | 287.04 | $Na_2O_2$ | 77.98 | $SrCrO_4$ | 203.61 |
| MnO | 70.94 | NaOH | 40.00 | $Sr(NO_3)_2$ | 211.63 |
| $MnO_2$ | 86.94 | $Na_3PO_4$ | 163.94 | $Sr(NO_3)_2 \cdot 4H_2O$ | 283.69 |
| MnS | 87.00 | $Na_2S$ | 78.04 | $SrSO_4$ | 183.68 |
| $MnSO_4$ | 151.00 | $Na_2S \cdot 9H_2O$ | 240.18 | $UO_2(CH_3COO)_2 \cdot 2H_2O$ | 424.15 |
| $MnSO_4 \cdot 4H_2O$ | 223.06 | $Na_2SO_3$ | 126.04 | $ZnCO_3$ | 125.39 |
| NO | 30.01 | $Na_2SO_4$ | 142.04 | $ZnC_2O_4$ | 153.40 |
| $NO_2$ | 46.01 | $Na_2S_2O_3$ | 158.10 | $ZnCl_2$ | 136.29 |
| $NH_3$ | 17.03 | $Na_2S_2O_3 \cdot 5H_2O$ | 248.17 | $Zn(CH_3COO)_2$ | 183.47 |
| | | $NiCl_2 \cdot 6H_2O$ | 237.70 | $Zn(CH_3COO)_2 \cdot 2H_2O$ | 219.50 |
| | | NiO | 74.70 | $Zn(NO_3)_2$ | 189.39 |
| | | $Ni(NO_3)_2 \cdot 6H_2O$ | 290.80 | $Zn(NO_3)_2 \cdot 6H_2O$ | 297.48 |
| | | | | ZnO | 81.38 |
| | | | | ZnS | 97.44 |
| | | | | $ZnSO_4$ | 161.44 |
| | | | | $ZnSO_4 \cdot 7H_2O$ | 287.55 |

## 附录9  元素的原子量

| 元素 | 符号 | 原子量 | 元素 | 符号 | 原子量 | 元素 | 符号 | 原子量 |
|---|---|---|---|---|---|---|---|---|
| 银 | Ag | 107.8682(2) | 铪 | Hf | 178.49(2) | 镭 | Ra | 226.0254 |
| 铝 | Al | 26.9815386(8) | 汞 | Hg | 200.59(2) | 铷 | Rb | 85.4678(3) |
| 氩 | Ar | 39.948(1) | 钬 | Ho | 164.93032(2) | 铼 | Re | 186.207(1) |
| 砷 | As | 74.92160(2) | 碘 | I | 126.90447(3) | 铑 | Rh | 102.90550(2) |
| 金 | Au | 196.966569(4) | 铟 | In | 114.818(3) | 钌 | Ru | 101.07(2) |
| 硼 | B | 10.811(7) | 铱 | Ir | 192.217(3) | 硫 | S | 32.065(5) |
| 钡 | Ba | 137.327(7) | 钾 | K | 39.0983(1) | 锑 | Sb | 121.760(1) |
| 铍 | Be | 9.012182(3) | 氪 | Kr | 83.798(2) | 钪 | Sc | 44.955912(6) |
| 铋 | Bi | 208.98040(1) | 镧 | La | 138.90547(7) | 硒 | Se | 78.96(3) |
| 溴 | Br | 79.904(1) | 锂 | Li | 6.941(2) | 硅 | Si | 28.0855(3) |
| 碳 | C | 12.017(8) | 镥 | Lu | 174.967(1) | 钐 | Sm | 150.36(2) |
| 钙 | Ca | 40.078(4) | 镁 | Mg | 24.3050(6) | 锡 | Sn | 118.710(7) |
| 镉 | Cd | 112.411(8) | 锰 | Mn | 54.938045(5) | 锶 | Sr | 87.62(1) |
| 铈 | Ce | 140.116(1) | 钼 | Mo | 95.94(2) | 钽 | Ta | 180.94788(2) |
| 氯 | Cl | 35.453(2) | 氮 | N | 14.0067(2) | 铽 | Tb | 158.92535(2) |
| 钴 | Co | 58.933195(5) | 钠 | Na | 22.98976928(2) | 碲 | Te | 127.60(3) |
| 铬 | Cr | 51.9961(6) | 铌 | Nb | 92.90638(2) | 钍 | Th | 232.03806(2) |
| 铯 | Cs | 132.9054519(2) | 钕 | Nd | 144.242(3) | 钛 | Ti | 47.867(1) |
| 铜 | Cu | 63.546(3) | 氖 | Ne | 20.1797(6) | 铊 | Tl | 204.3833(2) |
| 镝 | Dy | 162.500(1) | 镍 | Ni | 58.6934(2) | 铥 | Tm | 168.93421(2) |
| 铒 | Er | 167.259(3) | 镎 | Np | 237.0482 | 铀 | U | 238.02891(3) |
| 铕 | Eu | 151.964(1) | 氧 | O | 15.9994(3) | 钒 | V | 50.9415(1) |
| 氟 | F | 18.9984032(5) | 锇 | Os | 190.23(3) | 钨 | W | 183.84(1) |
| 铁 | Fe | 55.845(2) | 磷 | P | 30.973762(2) | 氙 | Xe | 131.293(6) |
| 镓 | Ga | 69.723(1) | 镤 | Pa | 231.03588(2) | 钇 | Y | 88.90585(2) |
| 钆 | Gd | 157.25(3) | 铅 | Pb | 207.2(1) | 镱 | Yb | 173.04(3) |
| 锗 | Ge | 72.64(1) | 钯 | Pd | 106.42(1) | 锌 | Zn | 65.409(4) |
| 氢 | H | 1.00794(7) | 镨 | Pr | 140.90765(2) | 锆 | Zr | 91.224(2) |
| 氦 | He | 4.002602(2) | 铂 | Pt | 195.084(9) | | | |

## 附录10  思考与实践参考答案

各章思考与实践参考答案可扫描二维码查看。

附录10  思考与实践参考答案

# 参 考 文 献

[1] 张振宇. 化工分析. 4版. 北京：化学工业出版社，2015.
[2] 蔡增俐. 分析化学. 2版. 北京：化学工业出版社，2007.
[3] 刘珍. 化验员读本. 4版. 北京：化学工业出版社，2004.
[4] 邢文卫. 陈艾霞. 分析化学. 3版. 北京：化学工业出版社，2016.
[5] 于世林. 苗凤琴. 分析化学. 3版. 北京：化学工业出版社，2010.
[6] GB 5009.34—2016.
[7] GB 1886.10—2015
[8] 姜洪文. 分析化学. 4版. 北京：化学工业出版社，2017.
[9] 高职高专化学教材编写组. 分析化学. 2版. 北京：高等教育出版社，2000.
[10] GB/T 601—2016.
[11] 杨永杰. 化工环境保护概论. 3版. 北京：化学工业出版社，2012.
[12] 刘斌总主编. 刘景晖. 许颂安. 化学. 高等教育出版社，2014.
[13] 马荣萱. 李继忠. 纳米技术及材料在环境保护中的应用 [J]. 环境科学与技术. 2006.29（7）：112-114.
[14] 武汉大学. 分析化学. 4版. 北京：高等教育出版社，2000.
[15] 华中师范大学. 东北师范大学. 陕西师范大学. 分析化学. 3版. 北京：高等教育出版社，2001.
[16] 辛述元. 分析化学例题与习题. 3版. 北京：化学工业出版社，2018.
[17] 武汉大学. 分析化学实验. 北京：高等教育出版社，2001.
[18] 孙胜龙. 环境污染与控制. 北京：化学工业出版社，2001.
[19] 尹邦跃. 纳米时代. 北京：中国轻工业出版社，2002.
[20] 张瑾译. 分离的科学与技术. 北京：中国轻工业出版社，2001.
[21] 李楚芝. 王桂芝. 分析化学实验. 4版. 北京：化学工业出版社，2018.
[22] 苗凤琴. 于世林. 分析化学实验. 4版. 北京：化学工业出版社，2015.
[23] 王建梅. 刘晓薇. 化学实验基础. 3版. 北京：化学工业出版社，2015.
[24] 赵泽禄. 化学分析技术. 北京：化学工业出版社，2006.
[25] 胡伟光. 张文英. 定量化学分析实验. 4版. 北京：化学工业出版社，2020.